高等职业教育"十四五"规划畜牧兽医宠物大类新形态纸数融合教材

新形态教材

动物生产技术

DONG WU SHENG CHAN JI SHU

主　编　李　嘉　　吕树臣　　张国庆

副主编　李亚丽　　张伟彬　　张蓝艺　　王　勤　　黄立敏

编　者　(按姓氏笔画排序)

马改彦　　江西生物科技职业学院

王　勤　　达州职业技术学院

古丽孜议娜·阿斯哈尔　　伊犁职业技术学院

吕树臣　　吉林农业科技学院

朱平军　　周口职业技术学院

李　嘉　　周口职业技术学院

李亚丽　　黑龙江农业工程职业学院

张伟彬　　河南农业职业学院

张国庆　　伊犁职业技术学院

张蓝艺　　贵州农业职业学院

赵　玮　　黑龙江职业学院

海日汗　　内蒙古农业大学职业技术学院

黄立敏　　黑龙江农业工程职业学院

U0345140

华中科技大学出版社
http://press.hust.edu.cn
中国·武汉

内 容 简 介

本教材为高等职业教育"十四五"规划畜牧兽医宠物大类新形态纸数融合教材。

本教材除绪论外,分为猪生产技术、禽生产技术、羊生产技术、牛生产技术、家兔生产技术共五篇,内容包括猪场建设、猪的品种与经济类型、种猪生产、肉猪生产等共二十一个情境。教材采用情境教学模式,并设有案例导学、知识链接等数字资源,旨在为学生提供丰富的教学资源。

本教材可作为高等职业院校畜牧兽医及相关专业的教学用书,还可作为基层畜牧兽医技术人员和养殖户的参考书。

图书在版编目(CIP)数据

动物生产技术/李嘉,吕树臣,张国庆主编.—武汉:华中科技大学出版社,2022.7(2024.1重印)
ISBN 978-7-5680-8446-8

Ⅰ.①动…　Ⅱ.①李…　②吕…　③张…　Ⅲ.①畜禽-饲养管理-高等职业教育-教材　Ⅳ.①S815

中国版本图书馆 CIP 数据核字(2022)第 127174 号

动物生产技术　　　　　　　　　　　　　　　　　李　嘉　吕树臣　张国庆　主编
Dongwu Shengchan Jishu

策划编辑:罗　伟
责任编辑:曾奇峰　丁　平
封面设计:廖亚萍
责任校对:王亚钦
责任监印:周治超
出版发行:华中科技大学出版社(中国·武汉)　　　电话:(027)81321913
　　　　　武汉市东湖新技术开发区华工科技园　　　邮编:430223
录　　排:华中科技大学惠友文印中心
印　　刷:武汉科源印刷设计有限公司
开　　本:889mm×1194mm　1/16
印　　张:20.25
字　　数:607 千字
版　　次:2024 年 1 月第 1 版第 2 次印刷
定　　价:59.80 元

高等职业教育"十四五"规划
畜牧兽医宠物大类新形态纸数融合教材
编审委员会

网络增值服务

使用说明

欢迎使用华中科技大学出版社医学资源网 yixue.hustp.com

1 教师使用流程

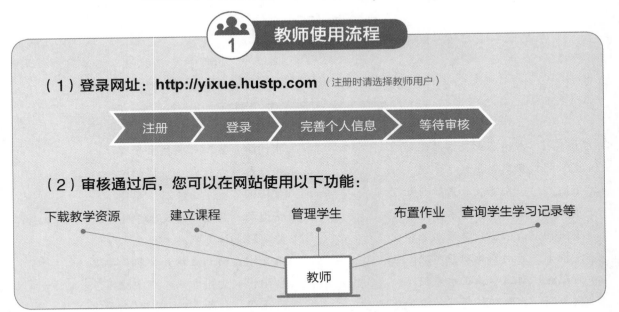

（1）登录网址：**http://yixue.hustp.com** （注册时请选择教师用户）

> 注册 ＞ 登录 ＞ 完善个人信息 ＞ 等待审核

（2）审核通过后，您可以在网站使用以下功能：

下载教学资源　　建立课程　　管理学生　　布置作业　查询学生学习记录等

教师

2 学员使用流程

（建议学员在PC端完成注册、登录、完善个人信息的操作）

（1）PC端操作步骤

① 登录网址：http://yixue.hustp.com （注册时请选择普通用户）

> 注册 ＞ 登录 ＞ 完善个人信息

② 查看课程资源：（如有学习码，请在个人中心-学习码验证中先验证，再进行操作）

选择课程

首页课程 ＞ 课程详情页 ＞ 查看课程资源

（2）手机端扫码操作步骤

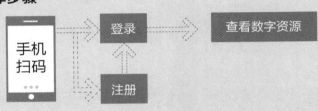

手机扫码 → 登录 → 查看数字资源

注册

出版
说明

　　随着我国经济的持续发展和教育体系、结构的重大调整,尤其是2022年4月20日新修订的《中华人民共和国职业教育法》出台,高等职业教育成为与普通高等教育具有同等重要地位的教育类型,人们对职业教育的认识发生了本质性转变。作为高等职业教育重要组成部分的农林牧渔类高等职业教育也取得了长足的发展,为国家输送了大批"三农"发展所需要的高素质技术技能型人才。

　　为了贯彻落实《国家职业教育改革实施方案》《"十四五"职业教育规划教材建设实施方案》《高等学校课程思政建设指导纲要》和新修订的《中华人民共和国职业教育法》等文件精神,深化职业教育"三教"改革,培养适应行业企业需求的"知识、素养、能力、技术技能等级标准"四位一体的发展型实用人才,实践"双证融合、理实一体"的人才培养模式,切实做到专业设置与行业需求对接、课程内容与职业标准对接、教学过程与生产过程对接、毕业证书与职业资格证书对接、职业教育与终身学习对接,特组织全国多所高等职业院校教师编写了这套高等职业教育"十四五"规划畜牧兽医宠物大类新形态纸数融合教材。

　　本套教材充分体现新一轮数字化专业建设的特色,强调以就业为导向、以能力为本位、以岗位需求为标准的原则,本着高等职业教育培养学生职业技术技能这一重要核心,以满足对高层次技术技能型人才培养的需求,坚持"五性"和"三基",同时以"符合人才培养需求,体现教育改革成果,确保教材质量,形式新颖创新"为指导思想,努力打造具有时代特色的多媒体纸数融合创新型教材。本教材具有以下特点。

　　(1)紧扣最新专业目录、专业简介、专业教学标准,科学、规范,具有鲜明的高等职业教育特色,体现教材的先进性,实施统编精品战略。

　　(2)密切结合最新高等职业教育畜牧兽医宠物大类专业课程标准,内容体系整体优化,注重相关教材内容的联系,紧密围绕执业资格标准和工作岗位需要,与执业资格考试相衔接。

　　(3)突出体现"理实一体"的人才培养模式,探索案例式教学方法,倡导主动学习,紧密联系教学标准、职业标准及职业技能等级标准的要求,展示课程建设与教学改革的最新成果。

　　(4)在教材内容上以工作过程为导向,以真实工作项目、典型工作任务、具体工作案例等为载体组织教学单元,注重吸收行业新技术、新工艺、新规范,突出实践性,重点体现"双证融合、理实一体"的教材编写模式,同时加强课程思政元素的深度挖掘,教材中有机融入思政教育内容,对学生进行价值引导与人文精神滋养。

　　(5)采用"互联网＋"思维的教材编写理念,增加大量数字资源,构建信息量丰富、学习手段灵活、学习方式多元的新形态一体化教材,实现纸媒教材与富媒体资源的融合。

　　(6)编写团队权威,汇集了一线骨干专业教师、行业企业专家,打造一批内容设计科学严谨、深入浅出、图文并茂、生动活泼且多维、立体的新型活页式、工作手册式、"岗课赛证融通"的新形态纸数融合教材,以满足日新月异的教与学的需求。

　　本套教材得到了各相关院校、企业的大力支持和高度关注,它将为新时期农林牧渔类高等职业

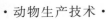

教育的发展做出贡献。我们衷心希望这套教材能在相关课程的教学中发挥积极作用,并得到读者的青睐。我们也相信这套教材在使用过程中,通过教学实践的检验和实践问题的解决,能不断得到改进、完善和提高。

高等职业教育"十四五"规划畜牧兽医宠物大类

新形态纸数融合教材编审委员会

前言

本教材为高等职业教育"十四五"规划畜牧兽医宠物大类新形态纸数融合教材,主要供高等职业院校畜牧兽医类专业教学用。本教材依据教育部《国家职业教育改革实施方案》《高等学校课程思政建设指导纲要》等文件精神编写而成。

动物生产技术是动物医学、动物药学、动物防疫与检疫、动物营养与饲料等专业的专业课程,是进行动物科学研究、指导动物生产所必需的课程,着重培养具有扎实的基础理论知识、较强的技术应用能力、较高专业素质的生产、建设、管理和服务第一线的畜牧兽医专业人才。本教材结合动物生产实际介绍了动物生产中主要家畜、家禽的生产管理技术,是按照高等职业院校畜牧兽医专业教学标准和高等职业教育畜牧兽医专业类课程标准完成的。本教材在编写时采用情境教学模式,力求体现以职业需求为导向,以实践能力培养为重点,并及时纳入动物生产新技术、新工艺和新规范。

本教材由绪论、猪生产技术、禽生产技术、羊生产技术、牛生产技术、家兔生产技术共六个部分构成。教学目标明确,内容翔实丰富,重点突出,文字简练、规范,通俗易懂。能够使学生牢固掌握动物生产所必需的基础理论知识和实践技能,并具备解决动物生产技术问题的能力。全书强调理论联系实际,重在生产应用,体现了高等职业教育的特色。

本教材由李嘉、吕树臣、张国庆主持编写,张伟彬、朱平军、海日汗、李亚丽、马改彦、张蓝艺、古丽孜议娜·阿斯哈尔、王勤、黄立敏、赵玮参与编写。

编　者

目录

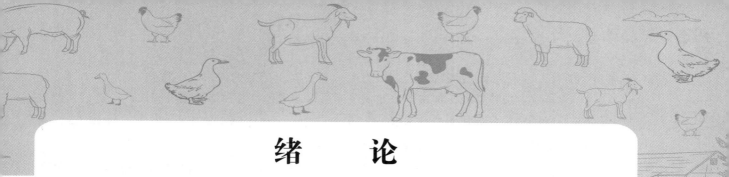

绪　　论

一、畜牧业在国民经济中的地位和作用

畜牧业是国民经济的基础产业和农村经济的支柱产业,在我国国民经济中占有极其重要的地位。畜牧业的发展不仅可以为人们的生活提供大量的肉、蛋、奶等动物性产品,改善人们的食物构成结构、保障城乡食品价格稳定,而且畜牧业正成为广大农村地区农民发家致富和乡村振兴的优势产业。改革开放以后,我国畜牧业经过40多年的快速发展,发生了翻天覆地的变化,取得了举世瞩目的成就,畜牧业生产规模不断扩大,畜产品总量大幅增加,畜产品质量不断提高,畜牧业生产方式也发生了深刻积极的变化,集约化、标准化、规模化和区域化步伐加快。目前,我国畜牧业产值已占我国农业总产值的60%以上,多数畜产品产值指标已居世界前列。畜牧业在提高人民生活水平、促进农民增收方面发挥了至关重要的作用,许多地方畜牧业已经成为农业中最具活力的支柱产业。但我们也要清醒地看到,在我国畜牧业发展中还存在许多问题,与发达国家畜牧业相比,还有一定差距。因此,调整和优化畜牧业产业结构、解决畜牧业发展中亟待解决的问题,促进农业和农村经济持续发展,是实现农民收入稳定增长和乡村振兴的战略选择。

（一）发展畜牧业可以提高人民的生活水平

人民生活水平的高低与动物性蛋白质在人们膳食结构中的比例高低有关,肉、蛋、奶等动物性食品中含有丰富的蛋白质,蛋白质中氨基酸的比例平衡,易于被人体吸收和利用。一般认为动物性蛋白质在人们膳食结构中的比例在30%以上较为合适。随着我国畜牧业的快速发展,人们膳食中动物性蛋白质的比例正在逐步增高。

（二）畜牧业是农业的重要组成部分

农业是国民经济的基础,而畜牧业是农业的重要组成部分,是发展农村经济、实现乡村振兴的支柱产业。一个国家农业现代化水平的高低,在很大程度上取决于畜牧业产值在农业总产值中所占比例的高低,发达国家畜牧业产值在农业总产值中所占比例一般都在60%以上,例如,日本、韩国和德国畜牧业产值都占农业总产值的60%以上,荷兰、丹麦在80%以上。随着社会经济的发展,畜牧业在农业现代化过程中会发挥越来越重要的作用,没有发达的畜牧业,就不可能实现农业现代化。

（三）发展畜牧业可以促进饲草、粮食转化和农副产品的有效利用

人多地少的现实,决定了我国饲料业将长期面临原料资源严重紧缺的压力,并已成为制约我国饲料业及养殖业发展的"瓶颈"。我国畜牧业年均直接或间接消费谷物1.6亿吨左右,约占谷物总产量的1/3,即1/3的粮田生产饲料谷物,再加上14%的耕地种植饲料作物,共计将近50%的耕地用于饲料生产。从某种意义上说,我国的粮食问题实质上是饲料问题。由于长期受国外谷物类饲料为主的饲料配方模式制约,以及饲料原料加工利用技术薄弱,我国大量的非常规饲料资源未得到合理利用。因此,开发新型饲料原料势在必行。我国草地资源丰富,在种植业中,农作物产物中仅有5%的能量被人们直接利用,其余部分为秸秆、糠麸等物质。秸秆类能被草食动物消化利用,糠麸类一般畜禽都可以很好地利用,转化为畜禽产品。发展草食畜牧业可以有效地利用农作物秸秆,实现秸秆"过腹还田",防止秸秆大量焚烧对生态环境的污染和破坏。发展畜牧业也可以促进种植业向以粮食、饲料和经济作物为主的三元结构调整,促进农业的可持续发展、绿色发展。

（四）发展畜牧业可以为轻工业提供原料

畜牧业生产出的肉、毛、皮、骨、内脏、腺体和血液等是毛纺、皮革、食品、生物制药等轻工业的重

要原料。随着人民生活水平的提高,人们对畜牧业相关轻工产品的需求不断增加,需求也出现多样化,这就需要畜牧业加快发展。加快畜牧业发展还可以促进种植业和加工业等相关产业链的快速发展,促进农业内部结构合理化和产业间的良性循环。

（五）发展畜牧业能为农业提供有机肥料

畜牧业是生态农业链的重要环节,既能提供优质的畜禽产品,又能为种植业提供大量廉价、优质的有机肥料。有机肥的使用能够改良土壤,增加保肥保水能力,减少化肥施用量,避免污染,促进农业的可持续发展。发展畜牧业还可以提高土地的利用效率和种植业的效益,有利于保持土壤微生物平衡,从而实现农业生态系统的良性循环。

（六）发展畜牧业能增加农民收入,实现乡村振兴

从当前农民收入构成分析,由于受土地资源的限制,农民仅靠种植业增收的潜力越来越小。而畜牧业在增加农民收入方面优势明显。畜牧业具有生产周期短、投资少、见效快等特点,规模化的畜牧业可以吸纳较多农村的剩余劳动力,缓解农村就业难的问题,能充分调动广大农民在乡村振兴中的积极性。

二、我国畜牧业的发展现状、存在问题及发展对策

（一）我国畜牧业的发展现状

1. 畜产品供应能力稳步提升　改革开放以来,我国无论是肉类总产量、禽蛋总产量还是人均产量都呈现出持续增长的态势,其中猪肉、禽蛋已经超过世界发达国家水平。我国的肉类产量年均增长近10%,禽蛋、奶类产量也保持着近12%的发展速度;畜产品产量在世界上占有重要的地位,已成为名副其实的畜牧业生产大国。据国家统计局公布的数据,2021年,我国全年猪牛羊禽肉产量8887万吨,比上年增长16.3%;其中,猪肉产量5296万吨,增长28.8%;牛肉产量698万吨,增长3.7%;羊肉产量514万吨,增长4.4%;禽肉产量2380万吨,增长0.8%;牛奶产量3683万吨,增长7.1%;禽蛋产量3409万吨,下降1.7%。2021年末,生猪存栏、能繁殖母猪存栏量比上年末分别增长10.5%、4.0%。

2. 产业素质显著提高　2020年全国畜禽养殖规模化率达到67.5%,畜牧养殖机械化率达到35.8%。畜禽种业自主创新水平稳步提高,畜禽核心种源自给率超过75%。养殖主体格局发生深刻变化,小、散养殖场户加速退出,规模化养殖快速发展,呈现龙头企业引领、集团化发展、专业化分工的发展趋势,组织化程度和产业集中度显著提升。

3. 重大动物疫病得到有效防控　疫病防控由以免疫为主向综合防控转型,强制免疫、监测预警、应急处置和控制净化等制度不断健全,重大动物疫情应急实施方案逐步完善,动植物保护能力提升工程深入实施,动物疫病综合防控能力明显提升,非洲猪瘟、高致病性禽流感等重大动物疫情得到有效防控,全国动物疫情形势总体平稳。

（二）我国畜牧业发展存在的主要问题

1. 产业发展面临风险更加凸显　生产经营主体生物安全水平参差不齐,周边国家和地区动物疫病多发常发,内疫扩散和外疫传入的风险长期存在。基层动物防疫机构队伍严重弱化,一些地方动物疫病防控能力与畜禽饲养量不平衡,生产安全保障能力不足。"猪周期"有待破解,猪肉价格波动频繁,市场风险加剧。贸易保护主义抬头,部分畜禽品种核心种源自给水平不高,"卡脖子"风险加大。我国畜牧业劳动生产率、科技进步贡献率、资源利用率与发达国家相比仍有较大差距。国内生产成本整体偏高,行业竞争力较弱,畜产品进口连年增加,不断挤压国内畜牧生产空间。

2. 环境保护压力持续加大　规模化养殖场畜禽粪便造成的环境污染,是导致畜牧业环境污染的主要污染源。据统计,我国每年产生的畜禽粪便量约为17.3亿吨,而我国工业行业每年产生的工业固体废物仅为6.34亿吨,畜禽粪污是工业固体废弃物的约2.7倍。目前除了大规模的现代化养殖场外,中小规模的养殖场对畜禽的粪尿处理还缺乏相应的环保措施和废物处理系统,粪污无害化

处理困难,环境保护压力持续加大。

3. 饲料资源匮乏 "十四五"时期畜牧业发展的内、外部环境更加复杂,依靠国内资源增产扩能的难度日益增大,依靠进口调节国内余缺的不确定性加大,构建国内国际双循环的新发展格局面临诸多挑战。稳产保供任务更加艰巨,未来一段时期,畜产品消费仍将持续增长,但玉米等饲料用粮供需矛盾突出,大豆、苜蓿等严重依赖国外进口,饲料用粮短缺影响我国畜牧业的进一步发展。畜牧业的飞速发展导致饲料用粮需求大幅上升,目前我国的饲料用粮约占粮食的1/3,仍存在着人畜争粮的问题,豆粕、鱼粉等主要蛋白质饲料资源进口依存度超过70%,这种饲料用粮不足的情况仍将长期困扰畜牧业的可持续发展。

(三)畜牧业发展的基本对策

1. 加快推进畜牧业转型升级,依靠科技进步,实现生态绿色循环发展 重点围绕优化畜牧产业布局、提升养殖设施装备水平、完善还田利用技术标准、培育种养循环社会化服务主体等方面,加快推进畜牧业转型升级,着力构建生产布局优化、保障供给有力、资源利用高效、生态环境良好、产品质量安全的新发展格局。切实提高劳动者的综合素质与基本技能,要充分发挥科学技术在畜牧业经济增长中的作用,以高质量的教育普及科学技术,加速科技成果的转化推广。生态绿色循环发展是现代化畜牧业的必由之路,我国在畜禽养殖中积极推广种养一体化、三改两分再利用、污水深度处理、养殖密集区废弃物集中处理等九种粪污处理主推技术模式,使畜牧业绿色发展取得了巨大成效。

2. 要高度重视对畜禽种业的保护、开发和利用 良种是畜牧业发展的源头和畜牧业现代化的基础,是现代畜牧业发展的关键环节。要围绕畜禽种质资源保护、育种创新、良种繁育三个关键环节发力,加大畜禽地方品种、特色种质资源保护与利用,实施种源"卡脖子"攻关和新一轮畜禽遗传改良计划,在政策、项目、技术、资源等方面给予支持,加强和完善畜禽良种繁育基础设施建设,整合资源、人才、技术等要素,坚持自主选育与良种引进相结合,努力构建以育种企业为主体,产学研相结合、育繁推一体化的畜禽种业发展机制。

3. 重视环境保护和食品质量安全 高度重视畜牧业对环境造成的污染问题,加强畜牧业生态保护,发展生态环保型畜牧经济,要践行"绿水青山就是金山银山"的畜牧业发展理念,运用现代动物营养理论,配制全价平衡日粮,提高动物对饲料的利用率。加强对畜牧业环境污染监测,提高生产发展与资源环境承载力匹配度,持续推进畜禽养殖废弃物资源化利用,形成种养结合、农牧循环的绿色循环发展新方式。提高畜产品安全意识,加强畜禽及其产品的安全管理与质量认证。建立与国际接轨的检疫、检验、防疫的监督管理体制,加大监管力度。贯彻执行《中华人民共和国农产品质量安全法》,加大动物及其产品的检疫工作,全面提高农产品质量安全水平。严格执行国家有关饲料、兽药管理的规定,严禁在饲养过程中使用国家明令禁止、世界卫生组织禁止使用的药物,禁止抗生素等药物作为饲料添加剂使用,确保畜产品质量安全。

4. 广辟饲料资源,优化饲料资源配置 饲料工业是支撑现代畜牧水产养殖业发展的基础产业,是关系到城乡居民动物性食品供应的民生产业。应坚持开源节流,优化饲料资源配置,始终把资源开发和高效利用作为保障饲料工业持续发展的根本要求。广辟饲料来源、加大非常规饲料资源开发力度、减少生产损耗、提高饲料转化效率,始终把保障质量安全作为饲料工业发展的首要目标。健全饲料管理法律法规体系,加大饲料质量安全监管力度,完善饲料生产经营诚信体系,推动饲料生产经营规模化、标准化、集约化,建立并完善政府监管、企业负责、社会参与的饲料质量安全风险防控机制。

第一篇　猪生产技术

情境一　猪场建设

扫码学
课件1

情境导入

在畜牧业生产中,养猪业占有重要的地位,在我国有"猪为六畜之首"和"粮猪安天下"之说。目前,我国生猪存栏数和猪肉产量已稳居世界首位,养猪业对我国畜牧业的贡献率超过55%。大力发展养猪业,对我国社会主义市场经济建设意义重大。

情境目标

▲知识目标

了解猪场规模确定的依据和猪场饲养规模的确定方法。掌握猪场场址选择的要求、规划和布局。了解猪场设备、设施建设,掌握猪场粪污的处理原则和方法。

▲技能目标

基本具备运用线性规划法确定猪场规模的能力,熟悉猪场场址选择的原则和规划布局的要求,掌握猪场粪污处理的常用方法。

▲思政目标

引导学习者增强养殖生产的市场经济观念和环境保护的观念,提高养殖业的生产水平和效率,为养猪业的可持续发展、绿色发展贡献自己的智慧和力量。

单元一　猪场规模的确定

单元目标

知识目标:了解猪场规模确定的依据和猪场饲养规模的确定方法。

技能目标:能够根据已有条件,运用线性规划法确定猪场规模。

思政目标:引导学习者通过所学知识,增强养猪生产的市场经济观念,科学确定养猪经营方向和生产规模,为养猪业的可持续发展做出应有贡献。

案例导学

规模化猪场示例。

案例导学

Note

→ 课前思考

怎样确定养猪经营方向和生产规模？养猪生产如何进行才能获得最大经济效益？

一、猪场规模确定的依据

1. 根据市场情况确定饲养规模 在市场经济条件下，市场对养猪生产的调节功能日趋凸显，养猪生产必须树立竞争观念和市场观念。在国家有关法规、政策的指导下，养猪生产者首先要对市场进行调查研究，了解市场的供求变化。例如：市场的地域范围、大小、性质，当地肉猪和种猪的年存栏量及出栏量、消费量、产品成交价格，对猪肉产品需求的旺淡季变化规律，以及市场发展变化趋势等，然后进行科学的判断和预测。在此基础上，结合自身的生产条件，包括现有的资金、猪群、房舍、设备、饲料、产品销售渠道等进行综合分析。必要时，邀请养猪专家进行可行性论证，最终确定养猪生产经营方向和生产规模。

2. 根据预期生产目标确定规模 规模化猪场多采取按生产目标确定生产规模。因为在养猪企业生产投资中，大部分资金来自银行贷款或民间借贷，要求养猪企业在一定时间内用所获得的产品利润进行还款。根据具体的预期生产目标，在投资总额一定的前提下，通过市场调查，进行预期成本、预期价格和预期利润的测算，以确定还贷年限。

二、饲养规模的确定方法

在畜牧经济原理中，只有经营方向正确，经营规模适度，才能对养猪资源和生产进行最佳配置，才能取得最佳的经济效益。

1. 线性规划法 线性规划法就是把要解决的问题转化为线性规划问题，利用线性方程求出最佳解，最终得出结论的方法。

（1）线性规划法所需要具备的条件：利用线性规划法确定经营方向和最佳生产规模时，必须掌握以下资料：一是几种有限资源的供应量；二是利用有限资源能够从事的生产方向有几种；三是某一生产方向的单位产品所需要消耗的各种资源的数量；四是单位产品的价格、成本及收益等。

（2）线性规划模型的组成：包括求解的目的、常用最大收益或最小成本，它们都可以用数学形式表达为目标函数；对达到一定生产目的的各种约束条件，就是取得最佳经济效益或达到最低成本，具有限制作用的生产因素；为达到一定生产目的可供选择的各种生产经营方向。

（3）举例说明这种方法的运用：已知某猪场目前拥有的限制性资源主要有两种，一是资金数量（猪自身的成本费、饲料费、医药费、工资、管理费等）为 50 万元，二是猪舍面积为 1000 m²。生产方向为只养肉猪或只养种猪或两者均养。饲养每头肉猪需要资金 900 元，需要占用猪舍面积 0.8 m²，饲养种猪一年每头所需要资金为 3000 元，占用猪舍面积为 8 m²（公母一致），种公、母猪比例为 1：25。每头肉猪出栏可获利 100 元，一年可饲养两批；母猪按年产两窝计算，可得收益 2000 元（表 1-1）。

表 1-1 已知养猪条件

项 目	资金消耗/元	占用猪舍面积/(米²/头)	每头猪收益/元
肉猪	900	0.8	100
种猪	3000	8	2000
最大资源数	500000	1000	

种公、母猪比例为 1：25，由母猪数量可计算出公猪数量，再把公猪的资金消耗、占用猪舍面积分摊入母猪的消耗中去，这样每头母猪资金消耗为 3000＋3000/25＝3120（元），同样，一头母猪占用猪舍面积为 8＋8/25＝8.32（m²）。肉猪按一年养两批计算，每头一年可获利 100×2＝200（元）。

根据以上资料，建立目标函数和约束方程。设肉猪饲养数为 x 头，种猪饲养数为 y 头，z 为一年所得收益，则目标函数为 $z＝2×100x＋2000y$。

约束方程为

$$900x + 3120y \leqslant 500000 \quad ①$$
$$0.8x + 8.32y \leqslant 1000 \quad ②$$
$$x \geqslant 0 \quad ③$$
$$y \geqslant 0 \quad ④$$

上述方程中，由于 x、y 是猪的饲养头数，只能为 0 或正整数。

由于约束方程有两个未知数，所以可用图解法进行解答。

下面运用图解法解出使目标函数 $z = 2 \times 100x + 2000y$ 为最大时的 x、y。

建立直角坐标系，如图 1-1 所示。

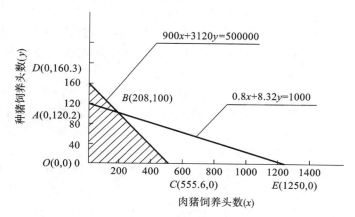

图 1-1 线性规划图

将方程①取等号得

$$900x + 3120y = 500000$$

令 $x = 0$，得 $y = 160.3$，得到点 $D(0, 160.3)$。

令 $y = 0$，得 $x = 555.6$，得到点 $C(555.6, 0)$。

根据 D、C 两点在图上绘出直线 $900x + 3120y = 500000$，则此直线左下方的区域就是满足约束方程①解的区域。

将约束方程②取等号得

$$0.8x + 8.32y = 1000$$

令 $x = 0$，得 $y = 120.2$，得到点 $A(0, 120.2)$。

令 $y = 0$，得 $x = 1250$，得到点 $E(1250, 0)$。

根据 A、E 两点在图上绘出直线 $0.8x + 8.32y = 1000$，则此直线左下方的区域就是满足约束方程②解的区域。

由方程③、④知，$x \geqslant 0$，$y \geqslant 0$，则 x、y 的值都应该在第一象限内，因此，在图中 $OABC$ 的区域就是满足约束方程①、②、③、④的公共区域，即 x、y 只能在四边形 $OABC$ 范围内取值（图中阴影部分）。

在 $\triangle ABD$ 范围内，有资金没有猪舍，在 $\triangle BCE$ 范围内，有猪舍而没有资金，在 DBE 三点以外的范围中，既无资金又无猪舍。以上三种情况都不能使生产进行，只有在四边形 $OABC$ 区域内取值，生产才能进行。但要使目标函数值最大，只有取四边形上凸点的值。由图 1-1 可知，可以选择的四边形的凸点是 O、A、B、C 四点。其中，O 是原点，是未生产状态，z 值为 0，A、B、C 三点为生产状态，将三个点处 x、y 的值，分别代入目标函数方程 $z = 2 \times 100x + 2000y$ 中，比较它们的大小。

A 点处 $x = 0$，$y = 120$（x、y 代表猪的头数，取正整数），可得

$$z = 2 \times 100x + 2000y = 2000 \times 120 = 240000（元）$$

B 点由联立方程

$$900x + 3120y = 500000$$
$$0.8x + 8.32y = 1000$$

解出 $x = 208$，$y = 100$，则有

$$z = 200 \times 208 + 2000 \times 100 = 241600(元)$$

C 点处 $x = 555, y = 0$, 可得

$$z = 200 \times 555 + 2000 \times 0 = 111000(元)$$

比较 $A、B、C$ 三点处的 z 值, 可知在 B 点 $(208, 100)$ 时, 能使 z 值即目标函数值最大, 即肉猪每批饲养 208 头, 一年共养 416 头, 种猪饲养 100 头, 该猪场收益最大。按公母比 1:25 计算, 则 100 头种猪内应有 96.2 头母猪、3.8 头公猪, 取整数为 96 头母猪、4 头公猪。

2. 盈亏平衡分析法 可以运用盈亏平衡分析法进行短期生产的最佳生产经营规模的确定, 盈亏平衡分析法也称保本分析法。它是分析在一定时期内的产量、成本、利润之间的相互关系, 并且通过计算盈亏临界点或保本点的产销量, 来测算在短期内某一生产项目是否为最佳规模的方法。

(1) 盈利及其计算: 在市场经济条件下, 生产经营的目的是盈利, 盈利是对养猪生产者的生产投入、技术应用和经营管理的一种报酬。盈利通常分为两种情况, 一是税前盈利, 二是税后盈利。

利润 = 生产经营总收入 - 生产总成本

(2) 成本特点及其分析: 成本的特点是随产品量的增减而变动。各种成本中, 有些成本在一定的条件和范围内是不变的, 根据这一特点, 可将成本分为固定成本和变动成本。各成本项目中, 总额不随产量的增加而变动的成本是固定成本, 如固定资产折旧费、年固定工资总额等。各成本项目中, 总额随产量的增减成正比例变动的成本是变动成本, 如原材料费、易耗品材料费、饲料费等。固定成本总额与变动成本总额之和是总成本。平均每产出一个单位某种产品所消耗的物化劳动力之和是单位产品成本。

(3) 盈亏平衡点计算: 盈亏平衡分析是一种动态分析, 又是一种确定性分析, 适合分析短期问题。这种分析的关键环节是求出盈亏平衡点, 即保本点。盈亏平衡点是产出和投入的变动依存关系中盈利与亏损的转折点。在价格不变的情况下, 产出量未达到平衡点之前, 会出现亏损, 只有产出量超过平衡点之后, 才能盈利。

在市场基本稳定的条件下, 猪场产品的总收入等于产品产量与单位产品售价之积。当盈亏平衡时, 产品的总收入恰好等于产品的总成本, 即:

总收入 = 产量 × 单价 = 单位变动成本 × 产量 + 固定成本总额 = 总成本

在一定条件下固定成本总额和单价均处于不变状态。因此, 盈亏平衡与否取决于产量。根据上式中二者的关系, 可以推导出: 产量 = 固定成本总额 ÷ (单价 - 单位变动成本)时, 即为盈亏平衡时的产量水平。

例如, 某猪场年固定成本为 10 万元, 肉猪每千克活重的变动成本为 14 元, 当肉猪售价为每千克活重 20 元时, 试判断该猪场在制订计划时, 应使饲养量达到多少千克才能保本? 此时的收入额是多少?

解: 当盈亏平衡时, 产量 = 固定成本总额 ÷ (单价 - 单位变动成本), 代入已知条件:

产量 = $100000 ÷ (20 - 14) = 16667(kg)$

总收入 = $16667 \times 20 = 333340(元)$

盈亏平衡点是盈亏平衡分析的基础, 它是生产经营的最低水平。在制订计划时, 不论是产量指标还是销售量指标, 都应大于平衡点, 而且越大就越能获得更大的经济效益。

单元二　猪场规划布局

单元目标

知识目标: 了解猪场场址选择的要求, 掌握猪场的规划和布局。

技能目标: 熟悉猪场场址的选择要求。初步掌握规模化猪场的规划与布局方法, 能熟练地对新猪场各功能区进行规划, 熟悉猪场内各建筑物的布局。

思政目标: 培养学习者观察、分析、解决问题的能力和团队合作的精神。

案例导学

规模化猪场规划布局示例。

课前思考

猪场在选址上有什么要求？怎样合理地对猪场进行规划和布局？

建设一个猪场，首先要考虑场址的选择，并对猪场进行合理的建筑规划和布局。场址选择正确、规划和布局合理，既方便生产管理，又有利于严格执行防疫制度。

一、猪场场址的选择

场址选择是猪场筹划的重要内容，不仅关系到猪场本身的经营和发展，还关系到当地生态环境的保护。因此在选择场址时，尽量不占耕地或少占耕地，实行农、林、牧结合，更能适应我国国情。在选择场址时，应根据猪场的性质和规模，并结合相关的自然条件和社会条件，综合分析后确定。

1. 地势干燥，通风良好　猪场一般要求建在地形开阔、排水良好、空气相对流通的地方。地势较高、背风向阳，地面平坦或有缓坡，坡度在 1‰～3‰ 为宜，最大不超过 25%。在寒冷地区要避开西北方向和长形谷地建场，炎热地区要避开山坳和低洼盆地建场，以免给猪舍环境控制带来不便。

2. 水源充足、水质良好　水源充足、水质良好是建场的先决条件，否则会给生产带来极大的不便和损失。水源水量应能满足猪场内生活用水、猪饮用及饲养管理用水（如清洗冲洗猪舍、清洗工具、调制饲料等）的要求。为保证猪场用水的质量，选择猪场场址时，应首先对水质进行检测化验，分析水中的盐类及其他无机物的含量，并要检测是否被微生物污染。猪群需水量标准见表 1-2。

表 1-2　猪群需水量标准　　　　　　　　　　　　　　　单位：升/（头·天）

猪 别	饮 用 量	总 需 要 量
种公猪	10	40
妊娠母猪	12	40
带仔母猪	20	75
保育仔猪	2	5
生长猪	6	15
育肥猪	6	25

3. 土壤类型　以沙壤土最为理想。沙壤土兼具沙土和黏土的优点，透气透水性好，既可避免雨后泥泞潮湿，又便于土壤自净，还能防止病原微生物的污染，是理想的建场土壤。

4. 交通方便，供电稳定，有利于防疫　交通便利对猪场极为重要，因此，猪场必须选在交通便利的地方。一个万头猪场平均每天进出饲料约 20 吨，每天运出商品猪 30 头左右，肥料 4 吨，交通不便会给生产带来巨大困难。选址时必须保证有可靠的电力供应，并要有备用电源。万头猪场配备有成套的机电设备，包括供水、保温、通风、饲料加工、清洁、消毒、冲洗等设备，加上职工生活用电，一个万头猪场装机容量为 70～100 kW。如果当地电网不能稳定供电，大型猪场应自备相应的发电机组。

考虑到猪场的防疫需要和对周围环境的污染，规模化猪场应建在远离城区、居民点、交通干线的地方，一般要求距离主要干道 400 m 以上，距居民点、工厂 500 m 以上。如果有围墙、河流、林带等屏障，则距离可适当缩短些。距其他养殖场应在 500 m 以上，距屠宰场和兽医院宜在 1000 m 以上。禁止在旅游区及工业污染严重的地区建场，不应在旧猪场原址上再建新猪舍，因为旧猪场曾被污染过，不利于防疫。

二、猪场规划与布局

场址选定后，根据有利于防疫、改善场区小气候、方便饲养管理、节约用地等原则，考虑当地气

Note

候、风向、场址的地形地势、猪场各种建筑物和设施的功能关系,规划全场的道路、排水系统、厂区绿化等,安排各功能区的位置及每种建筑物和设施的位置及朝向。

1. 猪场规划　完善的工厂化猪场应包括 4 个功能区,即生产区、生产管理区、隔离区及生活区。规划时应根据当地全年主风向与地势,依次安排各功能区,即生活区→生产管理区→生产区→隔离区。

(1) 生活区:该区主要包括职工宿舍、食堂、资料档案室、文化娱乐室和体育运动场等。为了防止生产区对生活区的空气污染,生活区应设在上风向或偏风方向和地势较高的地方,一般独成一院,同时其位置应便于与外界联系。

(2) 生产管理区:该区主要包括办公室、接待室、技术室、化验分析室、饲料加工车间、饲料仓库、修理车间、变电所、锅炉房、水泵房、车库、消毒池、更衣消毒和洗澡间等。它们与日常的饲养工作有密切的关系,距生产区不宜过远。该区与外界联系频繁,应严格做好消毒防疫工作。

(3) 生产区:生产区是猪场的主体部分,包括各类猪舍和生产设施,一般建筑面积占全场总建筑面积的 70%~80%。禁止一切外来车辆进入,同时禁止生产区车辆外出。

生产区包括配种舍、妊娠舍、分娩舍、保育舍和生长育肥舍。规划时应遵循以下原则:种猪、仔猪区应设在人流较少区域和猪场的上风向或偏风向;分娩舍既要靠近妊娠舍,又要接近保育舍;保育舍和生长育肥猪舍应设在下风向或偏风向,两区之间最好保持一定距离或采取一定的隔离防疫措施,生长育肥猪应离出猪台较近;猪舍的朝向关系到猪舍的通风、采光和排污效果,一般要求猪舍在夏季少接受太阳辐射、舍内通风量大而均匀,冬季多接受太阳辐射、冷风渗透少,在设计时,猪舍一般以南向或南偏东、南偏西 45°以内为宜;猪舍间距以能满足光照、通风、卫生防疫和防火的要求为原则,一般以猪舍檐高的 3~5 倍为宜。

(4) 隔离区:隔离区包括兽医室、病猪隔离间、尸体剖检和处理设施、粪污处理区等。该区应设在下风向、地势较低的地方,兽医室可靠近生产区,病猪隔离间等其他设施应远离生产区。

除以上 4 个功能区外,在进行猪场总体布局时,要安排好场内道路、排水及绿化的规划。场区道路与猪场生产、防疫有重要关系。场内道路应分设净道、污道,两者互不交叉。净道用于运送饲料、产品等;污道则专运粪污、病猪、死猪等。为了防疫安全,生产区不宜直通场外的道路,生产管理区和隔离区应分别设置通向场外的道路。场区地势宜有 1%~3% 的坡度,场区排水设施为排雨水、雪水而设,一般可在道路一侧或两侧设明沟或暗沟排水。场区排水管道不宜与舍内排水系统的管道相通,以防杂物堵塞管道影响舍内排污,并防止雨季污水池满溢,污染周围环境。做好猪场绿化,绿化不仅美化环境,净化空气,还可以防暑、防寒,在场区内植树、种草,搞好绿化,对改善场区小气候有重要意义,同时还可以降低噪声。场区绿化可在冬季主风向的上风向设防风林,乔木、灌木搭配种植;猪场周围设隔离林;夏季上风向常种植落叶乔木;猪舍之间、道路两旁进行遮阳绿化,常种植落叶乔木,也可搭架种植藤蔓植物;场区裸露地面可种花草。

2. 猪场建筑物布局　猪场建筑物的布局在于正确安排各类建筑物的位置、朝向、间距。布局时需考虑各建筑物间的功能关系、卫生防疫、通风、采光、防火及节约土地等。

(1) 建筑物的位置:各建筑物应排列整齐、合理,既要利于道路、输水管道、绿化带、电线等的布置,又要便于生产管理工作。生活区和生产管理区与场外联系密切,为保障猪群防疫安全,宜设在猪场大门附近,门口分设行人和车辆消毒池,两侧设值班室和更衣室。生产区各猪舍的位置需考虑配种、转群等联系方便,并注意卫生防疫。种猪舍要求与其他猪舍隔开,形成种猪区。种猪区及仔猪培育舍应设在猪场的上风向和地势较高处,种公猪设在种猪区的上风向,可防止母猪的气味对公猪造成不良刺激,同时可利用公猪的气味刺激母猪发情。分娩舍既要靠近妊娠舍,又要接近保育舍。育肥舍应设在下风向和相对较低处,且离装猪台较近。病猪和粪污处理应置于全场最下风向和地势最低处,与生产区宜保持 50 m 以上的距离。

(2) 猪舍的朝向:猪舍的朝向与其采光、舍内温度及通风均有重要关系。猪舍的朝向应根据当地主风向和光照情况而定。猪舍在夏季应少接受太阳辐射,以舍内通风量大而均匀为宜;冬季应多接受光照,以冷风渗透较少为宜。炎热地区,应根据当地夏季主风向安排猪舍朝向,以加强通风效果,避免太阳辐射;寒冷地区,应根据当地冬季主风向确定朝向,减少冷风渗透量,增加太阳辐射,一般以冬季或夏季主风向与猪舍长轴有 30°～60°夹角为宜,应避免主风向与猪舍长轴垂直或平行。为利于防暑和防寒,猪舍一般以南向或南偏东、南偏西 45°以内为宜。

(3)猪舍的间距:猪舍之间的距离以能满足光照、通风、卫生、防疫和防火的要求为原则。间距过大则猪场占地过多,间距过小则会影响猪舍的光照,同时影响其通风效果,也不利于防疫、防火,猪舍间距一般以猪舍檐高的 3～5 倍为宜。

一个饲养 600 头基础母猪的现代化猪场的总体布局见图 1-2。

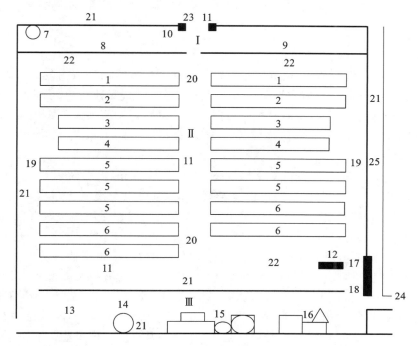

图 1-2　猪场总体布局图

Ⅰ,场前区;Ⅱ,生产区;Ⅲ,隔离区。

1.配种舍;2.妊娠舍;3.分娩舍;4.保育舍;5.生长舍;6.育肥舍;7.水泵房;8.生活、办公用房;9.生产附属用房;
10.门卫;11.消毒室;12.厕所;13.隔离间及剖检室;14.死猪处理设施;15.污水处理设施;16.粪污处理设施;
17.选猪间;18.装猪台;19.污道;20.净道;21.围墙;22.绿化隔离带;23.场大门;24.粪污出口;25.场外污道

单元三　设备设施建设

单元目标

知识目标:了解养猪生产中常用设备、设施的种类及功能。

技能目标:熟悉养猪生产中常用设备和设施的功能和作用。

思政目标:正确合理配置猪场设备,能有效地提高劳动生产效率,降低养猪生产成本,对节能减排有重要意义。

 案例导学

案例导学

规模化猪场设备、设施示例。

 课前思考

猪场中有哪些设备和设施？如何高效利用猪场的设备和设施？

正确合理配置猪场设备和设施,是现代化养猪生产的重要条件,不仅有利于猪群饲养管理条件的改善和生产性能的发挥,而且能提高劳动生产效率。现代化猪场的设备和设施主要包括各类猪栏、漏缝地板、供水系统、饲料储存输送及饲喂设备、环境控制设备、废弃物处理设备、卫生防疫器具、检测器具和运输工具等。

一、猪栏

猪栏是养猪场的基本生产单元,根据所用材料的不同,分为实体猪栏、栅栏式猪栏和综合式猪栏三种类型;根据猪栏内所养猪只种类的不同,猪栏又分为公猪栏、配种猪栏、母猪栏、分娩栏、保育猪栏、生长猪栏和育肥猪栏。猪栏的占地面积应根据饲养猪的数量和每头猪所需的面积确定。栅栏式猪栏的间距:成年猪≤100 mm,哺乳仔猪≤35 mm,保育存猪≤55 mm,生长猪≤80 mm,育肥猪≤90 mm。

1. 公猪栏 按每栏饲养 1 头公猪设计,一般栏高 1.2～1.4 m,占地面积 6～7 m²,栏长、栏宽可根据猪舍内栏架布置来确定。栅栏结构可以是金属结构,也可以是混凝土结构,但栏门应采用金属结构,便于通风和管理人员观察和操作。通常舍外与舍内公猪栏相对应的位置要配置运动场。工厂化猪场一般不设配种栏,公猪栏同时用作配种栏。

2. 母猪栏 现代化猪场繁殖母猪的饲养,有大栏分组群饲、小栏个体饲养和大、小栏相结合群养三种方式。其中小栏单体限位栏占地面积少,便于观察母猪发情和及时配种,母猪不争食、不打架,避免互相干扰,减少机械性流产,但投资大。若母猪运动量小,不利于延长繁殖母猪使用年限。猪栏的栏长、栏宽可根据猪舍内栏架布置来确定,一般栏高 0.9～1 m,个体限位栏长 2 m、宽 0.65 m、高 1 m。栅栏结构可以是金属结构,也可以是水泥结构,但栏门应采用金属结构。

3. 分娩栏 分娩栏是一种单体栏,是母猪分娩哺乳的场所。分娩栏的中间为母猪限位架,是母猪分娩和仔猪哺乳的地方,一般采用圆钢管和铝合金制成,后部安装漏缝地板以利于清除粪便和污物;两侧是仔猪活动栏,用于隔离仔猪。分娩栏的尺寸与母猪品种有关,长度一般为 2.2～2.3 m,宽度为 1.7～2.0 m;母猪限位栏的宽度一般为 0.6～0.65 m,高 1.0 m,离地高度为 30 cm;仔猪活动围栏每侧的宽度一般为 0.6～0.7 m,高 0.5 m 左右,栏栅间距 5 cm。

4. 保育猪栏 我国广泛采用高床网上保育猪栏,它能给仔猪提供一个清洁、干燥、温暖、空气清新的生长环境。保育猪栏由金属编织的漏缝地板网、围栏、自动翻料饲槽、连接卡、饮水器、支腿等组成,漏粪地板通过支架设在粪沟上或实体水泥地面上,相邻两栏共用一个自动翻料饲槽,每栏设一个自动饮水器。这种保育猪栏能保持床面干燥清洁,降低仔猪的发病率,是一种较理想的保育猪栏。保育猪栏的栏高一般为 0.6 m,栅栏间距 5～8 cm,网床面积按每头保育仔猪 0.3～0.35 m² 设计。

5. 生长猪栏和育肥猪栏 生长猪和育肥猪均采用大栏饲养,其结构类似,只是面积稍有差异。猪只通常在地面上饲养,栏内地面铺设局部漏缝地板或金属漏缝地板,其栏架有金属栏和实体栏两种结构。一般生长栏高 0.8～0.9 m,育肥栏高 0.9～1.0 m。占地面积:生长猪栏按每头 0.5～0.6 m² 计算,育肥猪栏按每头 0.8～1.0 m² 计算。

二、漏缝地板

漏缝地板能使猪与粪、尿隔离,易保持卫生清洁、干燥的环境,现代化猪场普遍采用粪尿沟上设漏缝地板的方式。常用漏缝地板的类型有钢筋混凝土板条、金属编织网、塑料板块等。

钢筋混凝土板条的规格可根据猪栏及粪沟设计要求而定,漏缝断面呈梯形,上宽下窄,便于漏粪,适合母猪和生长育肥猪使用。其主要结构参数见表 1-3。

表 1-3 不同材料漏缝地板的结构与尺寸 单位：mm

猪 群	铸 铁		钢筋混凝土	
	板条宽	缝隙宽	板条宽	缝隙宽
幼猪	35～40	14～18	120	18～20
育肥猪、妊娠母猪	35～40	20～25	120	22～25

金属编织网由冷拔圆钢编织成的缝隙网片与角钢、扁钢焊合，再经防腐处理而成。这种漏缝地板具有漏粪效果好、易冲洗、栏内清洁、干燥、猪只行走不打滑、使用效果好等特点，适合分娩母猪和保育仔猪使用。

塑料漏缝地板由工程塑料模压而成，具有易冲洗、保温好、防腐蚀、防滑、坚固耐用、漏粪效果好等特点，适合分娩母猪和保育仔猪使用。

在生产中要正确选用和安装漏缝地板，制作和选用时应考虑三点：①板条的宽度必须符合猪的类型，既不使粪堆积，又不影响猪的采食和运动。②板条面既要有适度的光滑度，便于清扫且不擦伤猪蹄，又要适度粗糙，便于猪行走时不打滑。③板缝宽度要适当，以利于粪便漏下，但也不能太宽，防止猪蹄卡入缝内。

三、供水系统

现代化猪场的供水系统由供水管路、过滤器、减压阀和自动饮水器等组成。常用的自动饮水器有鸭嘴式、乳头式和杯式三种。鸭嘴式饮水器密封性能好，水流出时压力降低，流速较低，符合猪只饮水要求。而乳头式和杯式自动饮水器的结构与性能不如鸭嘴式饮水器，因此目前应用最普遍的是鸭嘴式自动饮水器。在群养猪栏中，每个自动饮水器供 15 头猪使用；在单养猪栏中，每个栏内应安装一个自动饮水器。

鸭嘴式饮水器有大、小两种规格，小型的适用于哺乳仔猪和保育仔猪，大型的适用于中猪和大猪。产床和保育栏的饮水器安放在饲槽旁，其他栏的饮水器宜安放在漏缝地板旁。饮水器离地高度应随猪体重变化而变化，具体高度见表 1-4。

表 1-4 鸭嘴式自动饮水器安装参数

猪只类型	妊娠母猪	哺乳母猪	仔 猪	生 长 猪	肉 猪
高度/cm	50～60	50～60	30～45	35～45	40～50
负担头数/(头/只)	10～15	1	10～12	10～15	10～15

四、饲料储存、输送及饲喂设备

集约化、工厂化猪场的饲料供给采用机械化、自动化。现代化猪场的自动喂料系统的工作原理是，饲料厂把加工好的饲料直接用专用运输车运输到猪场，输送到猪舍旁边的饲料塔中，然后用螺旋输送机将饲料输入猪舍的自动落料饲槽内进行喂饲。用自动喂料系统喂猪，可以保证饲料新鲜、不受污染，减少包装和散漏损失，而且可实现饲喂机械化、自动化，节省劳动力，提高劳动生产率。但这些设备造价高，投资大，对电的依赖性大，大型集约化猪场使用较多，中小猪场使用较少。我国大多数猪场采用袋装饲料，用汽车运送到猪场，卸入饲料库，再用饲料车运送到猪舍进行人工饲喂。这种方式虽然劳动生产率低，饲料装卸、运送损失大，又易污染，但机动性好、设备简单、投资少、故障少、不需电力，使用范围广泛。

1. 饲料运输车 根据卸料的工作部件不同，饲料运输车可分为机械式和气流输送式两种。机械式饲料运输车是在载重车上加装饲料罐而组成，罐底有一条纵向搅龙，罐尾有一条立式搅龙，其上有一条与之相连的悬臂搅龙，饲料通过搅龙的输送即可卸入储料仓中。气流输送式饲料运输车也是在载重车上加装饲料罐而组成，罐底有一条或两条纵向搅龙，所不同的是搅龙出口处设有鼓风机，饲料通过鼓风机产生的气流输送进储料仓中。

2. 储料仓(塔) 储料仓多用 1.5～3 mm 厚的镀锌钢板压型组装而成,由 4 根钢管作为支架。仓体由进料口、上锥体、柱体和下锥体构成,进料口多位于顶端,也有在锥体侧面开口的,储料仓的直径约 2 m,高度多在 7 m 以下,容量有 2 吨、4 吨、6 吨、8 吨、10 吨等多种规格。储料仓要密封,避免漏进雨水、雪水,还应设出气孔和料位指示器。

3. 饲料输送机 把饲料由储料仓直接分送到食槽、定量料箱或撒落到猪床面上的设备,称为饲料输送机。饲料输送机的种类较多,使用较多的是螺旋弹簧输送机和塞管式输送机。

4. 加料车 用于将饲料由饲料仓出口装送至食槽,有手推机动加料车和手推人工加料车两种。

5. 食槽 根据饲喂方式的不同分为自动食槽和限量食槽两种形式,要求坚固耐用,减少饲料浪费,保证饲料清洁,便于猪只采食。

(1) 自动食槽:采用自由采食喂饲方式的猪群所使用的食槽。在食槽的顶部装有饲料储存箱,随着猪只的采食,饲料在重力的作用下不断落入食槽内,可以间隔较长时间加料,减少饲喂工作量。自动食槽有长方形、圆形等形状。按采食面划分,长方形自动食槽分为单面和双面两种。前者供一个猪栏使用,后者供两个猪栏使用。长方形自动食槽的技术参数:高度为 700～900 mm,前缘高度为 120～180 mm,最大宽度为 500～700 mm。

(2) 限量食槽:限量饲喂猪群所用的食槽,常用水泥、金属等材料制造。公猪用的限量食槽长度为 500～800 mm。群养母猪限量食槽长度根据它所负担猪的数量和每头猪所需要的采食长度(300～500 mm)确定。

(3) 仔猪补料槽:在仔猪哺乳期为其补充饲料所使用的食槽,有长方形、圆形等多种形式。

(4) 干-湿食槽:用于自由采食猪群,为其提供湿料的自动食槽。在干-湿食槽中,食槽上部的储存箱储存的是干饲料,在下部安有乳头式自动饮水器和放料装置。猪吃食时,拱动下料开关,饲料从储料箱流到食槽中,再咬饮水器时,水流入食槽中,使干饲料成为湿饲料。猪也可以先吃料再饮水。使用干-湿食槽喂猪,能增加其采食量,并且节省饲料,有利于改善猪舍的卫生环境。

五、环境控制设备

环境控制设备是指为各类猪群创造适宜温度、湿度、通风换气等使用的设备,主要有供热保温、通风降温、清洁消毒设备等。

1. 供热保温设备 猪舍供暖分为集中供暖和局部供暖两种方法。集中供暖主要利用热水、蒸汽、热空气及电能等形式,我国多采用热水供暖设备,该系统包括热水锅炉、供水管路、散热器、回水管及水泵等设备;局部供暖一般采用红外线灯、电热地板或红外线辐射板加热器。目前大多数猪场已实现高床分娩和育仔,常用的局部供暖设备是红外线灯或远红外板。

公猪舍、母猪舍和生长育肥舍一般不予供暖,而分娩舍和保育舍在冬季必须供暖。在分娩舍为了满足母猪和仔猪的不同温度要求,常采用集中供暖,维持分娩哺乳舍温 18 ℃,而在仔猪栏内设置局部供暖设施,保持局部温度达到 30～32 ℃。

2. 通风降温设备 为了排除舍内的有害气体,降低舍内的温度和控制舍内的湿度,猪舍一定要进行适时的通风换气。对于猪舍面积小、跨度不大、门窗较多的猪场,为节约能源,可以利用自然通风;对于猪舍面积大、跨度大、猪的密度高,特别是采用冲水清粪或水泡清粪的全漏缝或半漏缝地板养猪场,一定要采用机械强制通风。常用的通风降温设备有以下几种。

(1) 通风机配置:猪场使用的通风机多为大直径、低速、小功率,这种通风机通风量大、噪声小、耗电少、可靠耐用。常用方案:侧进(机械)上排(自然)通风;上进(自然)下排(机械)通风;机械进风(舍内进),地下排风和自然排风;纵向通风,一端进风(自然),另一端排风(机械)。应用时要注意以下几点:要避免通风机通风短路,必要时用导流板引导流向;如果采用单侧排风,应将两侧相邻猪舍的排风口设在相对的一侧,以避免一个猪舍排出的浊气被另一个猪舍吸入;尽量使气流在猪舍内大部分空间通过,尤其是粪沟上不要造成死角。

(2) 湿帘-风机降温系统:利用水蒸发降温原理为猪舍进行降温的系统,由湿帘、通风机、循环水路和控制装置组成。湿帘是能使空气通过的蜂窝状板,安装在猪舍的进气口,与负压机械通风系统联合为猪舍降温。

(3)喷雾降温系统:利用高压水雾化后漂浮在猪舍中吸收空气的热量使舍温降低的喷雾系统,主要由水箱、压力泵、过滤器、喷头、管路及自动控制装置组成。

(4)喷淋降温或滴水降温系统:喷淋降温系统是将水喷淋在猪身上为其降温的系统,主要由时间继电器、恒温器、电磁水阀、降温喷头和水管等组成。降温头是一种将压力水雾化成小水滴的装置。而滴水降温系统是一种通过在猪身上滴水而为其降温的系统,其组成与喷淋降温系统基本相同,只是用滴水器代替了喷淋降温系统的降温喷头。

3. 清洁消毒设备 规模化猪场必须有严格的卫生防疫制度,对进场的人、车辆和猪舍环境都要进行严格的清洁消毒,才能保证猪的安全生产。

(1)人员、车辆清洁消毒设施:人员必须经过温水冲洗、更换场内工作服,工作服应在场内清洗、消毒,更衣间主要设有更衣柜、热水器、淋浴间、洗衣机、紫外线灯等。此外,还应设置进场车辆清洗消毒池、车身冲洗喷淋机等设备。

(2)环境清洁消毒设备:高压清洗机是对水进行加压形成高压水冲洗猪舍的清洗设备,常用的高压清洗机利用卧式三柱塞泵产生高压水;火焰消毒器是利用煤油燃烧产生的高温火焰对猪舍及设备进行扫烧,杀灭各种病原微生物;人力喷雾器是猪场中用于对猪舍及设备进行药物消毒的设备,常用的人力喷雾器有背负式喷雾器和背负式压缩喷雾器。

六、废弃物处理设备

对猪场产生的废弃物应进行及时有效的处理,否则会造成环境污染,影响人、猪的健康。因此,猪场筹划必须要考虑污粪等废弃物的处理。

1. 冲水设备 采用水冲清粪方式清粪时,在猪舍的一端或两端设容积 2 m³ 的水箱,用浮球控制存水量,定时放水冲洗粪尿沟。常用的有自动翻水斗和虹吸自动冲水器。水冲清粪设备简单、效率高、故障少、工作可靠,有利于猪场的卫生和疾病控制,但基建投资大,水消耗量大,舍内湿度大,寒冷地区和水源缺乏地区不宜采用。

2. 清粪设备 猪场中常用的清粪机有链式刮板清粪机、往复式刮板清粪机和螺旋搅龙清粪机等。

(1)链式刮板清粪机:它由链子、刮板、驱动装置、导向轮、张紧装置和钢丝绳等部分组成。

(2)往复式刮板清粪机:它由带刮粪板的滑架、传动装置、张紧装置和钢丝绳等部分组成。采用电动机带动刮粪机具的钢绳,牵动钢绳上的刮板做往复运动,进行单向刮粪。一般采用自动控制,每天刮粪 3 次,亦可人工开机刮粪。

(3)螺旋搅龙清粪机:一种采用螺旋搅龙输送粪便的清粪机,一般用于猪舍的横向清粪。往复式刮板清粪机将纵向粪沟内的粪便送到横向粪沟中,螺旋搅龙转动而将粪便送至舍外。刮粪机设备简单,操作维修方便,基本上可满足清粪要求,但须加强对钢绳及钢板的防腐蚀措施,以延长刮粪机的使用寿命。

3. 粪尿水固液分离机 有倾斜式粪水分离机、压榨式粪水分离机、螺旋回转滚式粪水分离机和平面振动筛式粪水分离机。

(1)倾斜式粪水分离机:将集粪池中的粪尿水通过污水泵抽出送至倾斜筛的上端,粪尿水沿筛面下流,液体通过筛孔流到筛板背面的集液槽而流入储粪池,固形物则沿筛面下滑落到水泥地面上,定期人工运走。这种分离机结构简单,但获取的固形物含水率较高。

(2)压榨式粪水分离机:固形物下落时,再通过压榨机压榨,所获得的固形物含水率较低。

(3)螺旋回转滚式粪水分离机:由集粪池抽出的粪尿水从滚筒一端加入,粪尿通过滚筒时,液体通过滚筒的筛网经集液槽最后流入集粪池,固形物则由于滚筒的回转、滚筒内的螺旋驱动而从滚筒的另一端排出。

(4)平面振动筛式粪水分离机:由集粪池抽出的粪尿水平置于平面振动筛内,经机械振动,液体通过筛孔流入集粪池,固形物则留在筛面上,倒入储粪槽内。

4. 堆肥处理设备 对固体粪便进行堆肥处理的设备。在进行堆肥处理前要对粪便进行预处理,在其中添加一定量切碎的秸秆,并调整其含水率,使其成为碳氮比适宜、水分合适的物料。堆肥处理后的物料含水率在30%~40%,为了便于储存和运输,需要再进行干燥处理,使其含水率降至13%以下。在猪场中常用的堆肥处理设备有堆肥发酵塔和螺旋式充氧发酵仓等。

5. 污水处理设备 在猪场中利用好氧微生物对有机物的氧化分解作用对污水进行处理时,为其提供充足氧气,创造有利于其繁殖的良好环境的设备称为污水处理设备。在猪场中常用的污水处理设备有曝气机和生物转盘。

(1)曝气机:一种将空气中的氧有效地转移到污水中而使污水中的好氧微生物对有机物进行氧化分解的污水处理设备。

(2)生物转盘:一种利用生物膜处理污水的设备。这种处理法使微生物在生物转盘填料载体上生长繁育,形成膜状生物性污泥——生物膜。生物膜与污水接触后,微生物摄取污水中的有机污物作为营养,使污水得到净化。生物转盘的主要工作部件是固定在转轴上的多片盘片。盘片的一半浸在氧化槽的污水中,另一半暴露在空气中,转轴高出水面100~250 mm。工作时,电机带动生物转盘缓慢转动,污水从氧化槽中流过。

6. 沼气发酵设备 利用厌氧微生物的发酵作用处理各类有机废物并制取沼气的工程设备。主要由粪泵、发酵罐、加热器和储气罐等组成。发酵罐是一个密闭的容器,为砖或钢筋混凝土结构。罐的四周有粪液输入管、粪便输出管、沼气导出管、热交换器以及循环粪泵等。

7. 死猪处理设备 常用的死猪处理设备有腐尸坑和焚化炉。

(1)腐尸坑:也称生物热坑。腐尸坑用来处理在流行病学及兽医卫生学方面具有危险性的死猪尸体。一般坑深9~10 m,内径3 m,坑底及壁用防渗、防腐材料建造。坑口要高出地面,放入死猪后要将坑口密封,一段时间后,微生物分解死猪所产生的热量可使坑内温度达到65 ℃,经过4~5个月的高温分解,就可消灭原病菌,实现尸体无害化处理。

(2)焚化炉:焚化炉是指用于处理因烈性传染病而死亡的猪的炉具。在焚化炉中添加燃油对死猪进行焚烧,通过焚烧可以将病死猪烧为灰烬,彻底消灭病毒、细菌。此法方便、迅速、卫生。

七、其他常用设备

1. 饲料加工设备 如粉碎机、制粒机、搅拌机等。

2. 运输工具 如仔猪运输车、运猪车和粪便运输车等。

3. 兽医设备及日常用具 如检疫、检验和治疗设备,母猪妊娠诊断器,活体超声波测膘仪和耳号牌、抓猪器等。

单元四 粪污处理

单元目标

　　知识目标:了解如何有效地处理好猪场粪污及其与周围环境的关系,掌握猪场粪污的处理原则和常用方法。

　　技能目标:熟悉粪污的处理原则,初步掌握猪场常用的处理粪污的方法。

　　思政目标:引导学习者辩证地看待养殖生产和环境保护的关系,树立绿色生态养殖与"绿水青山就是金山银山"的理念,把猪场产生的粪污变废为宝。

案例导学

案例导学

Note

规模化猪场粪污处理设备展示。

→ 课前思考

怎样处理养猪生产中产生的粪污才能把对环境的污染降到最低？

生猪的养殖给我们日常生活带来了大量高品质的猪肉产品，但同时生猪养殖过程中会产生大量的粪污，这些粪污的排放给猪场周围环境带来了很大的危害，已成为制约猪场可持续发展的重要因素。随着当前国内生猪养殖规模的不断扩大，猪场与周围环境之间的矛盾也日益凸显，如何有效地处理好粪污，已成为一个公众关注的焦点问题。

然而，从资源的循环利用角度考虑，粪污有很大的潜在经济价值，由于家畜粪便中有机物含量高，家畜污水可作为农用肥料及能源加以利用。养猪废水产气中甲烷含量高达 60%，发热量达 $2.508 \times 10^4 \ kJ/m^3$，是很好的生物能源。同时，污水经过净化处理后可用于农田灌溉，也可以经消毒后回用于冲洗猪场。良好的粪污处理方法不但可以减少环境污染，还可以降低养殖成本，甚至可以带动相关联的其他产业发展。因此，对规模化猪场的粪污治理与再利用研究，成为农业环保方面学者关注的热点。

当前猪场粪污的处理方法有很多种，这些处理方法主要取决于猪场清粪的工艺、猪场周围可利用的农田土地量的大小及运行费用。

一、粪污的处理原则

1. 减量化　要从养殖过程着手，来实现减少污水和有害物质的排放量。采用干清粪工艺，使粪尿分离，减少冲圈用水。

2. 无害化　选用先进的工艺技术，结合猪场周围的环境、粪污消纳能力和能量流动、生态平衡的特征，因地制宜，消除污染，实现污水达标排放。另外，提高环保饲料配制技术，可减少有害物质的排放量，也有助于粪污的无害化处理。

3. 资源化　有害粪污经过处理，可以变废为宝。粪便可以加工为有机肥或有机复合肥。污水经过处理可以灌溉耕地和回收利用，节约水资源。

4. 生态化　建成"猪—污—沼—饲—菜—畜"和"猪—污—水—菜—果—田—畜"的生态平衡系统，以协调养猪生产与环境之间的关系。

二、粪污处理的方法

1. 干清粪工艺粪污处理工艺

（1）堆肥法＋活性污泥法：这是处理畜禽场粪污比较早的一种处理工艺，该工艺的具体流程如下。

猪舍的猪粪与尿及污水分开收集（干清粪工艺），或是将粪污池中的猪粪、尿、污水的混合物进行固液分离。收集后的猪粪运送到堆肥设施处进行堆肥前处理。由于干清粪或者固液分离后的猪粪具有很高的含水率，影响猪粪的进一步堆肥发酵，所以堆肥前必须加入适量的调节水分的物质（如锯末、秸秆末等）进行水分调节（水分调节到 60% 左右即可）。调好水分的猪粪，在发酵车间进行一次发酵，发酵时间一般是 25～30 d，整个发酵过程需要发酵设备的翻堆搅拌来保证高效的好氧发酵。一次发酵后的堆肥产品通常都可以直接作为有机肥进行施用。如果有必要，制作品质高的有机肥，就需要将一次发酵的产品进行二次发酵。尿、污水的混合物在一次处理池中，经过初步的微生物降解及沉淀处理后进入活性污泥曝气池进行好氧处理，经过固定时间的好氧曝气处理，污水中的有机物被曝气池中的絮状污泥（微生物）有效降解，降解后的污水经过沉淀池沉淀后，一部分污水可用于农田灌溉，另一部分就可以直接进行排放。沉淀后的固体残渣运送到堆肥处，与猪粪一起进行堆肥发酵。

该工艺的优点是能够有效地处理猪粪和污水。将猪粪制成有机肥，有利于肥田，将污水处理后可以排放或浇地。该工艺的缺点是整个工艺处理过程的日运行费用比较高，非规模化的小型猪场不适用。

（2）堆肥法＋沼气法：该方法的干粪处理工艺与第一种处理工艺完全相同，只是在处理尿和污水时不同。尿、污水的混合物直接进入厌氧发酵池进行厌氧发酵，厌氧发酵产生的沼气，经过脱水和脱硫净化后进入沼气储存罐，沼气储存罐中的沼气大部分用于发电，供场区日常运行使用，另一小部分可以作为生活用燃气，沼渣进行固液分离后与猪粪一起进行堆肥发酵。

Note

该处理工艺克服了第一种处理工艺运行费用高的部分缺点,主要是因为沼气发电抵消了部分电能的消耗。但经过厌氧发酵的污水通常不能达标,如果有足量的农田进行容纳的话,沼液完全能用来肥田,同样达到粪污处理的无害化目的。

2. 水泡粪处理工艺

(1)沼气法:猪舍产生的粪、尿及污水通过漏粪地板储存在猪舍下面,经过 2 周到 1 个月的储存,通过猪舍下的虹吸管自流到粪污池,粪污池中的粪污用污泥泵直接打到厌氧发酵池进行厌氧发酵,厌氧发酵产生的沼气经脱水和脱硫净化后,进入沼气储存罐,沼气储存罐中的沼气大部分用于发电,供场区日常运行使用,另一小部分可以作为生活用燃气,沼渣进行固液分离后作为固体沼肥,沼液是农田灌溉的良好水肥。

该处理工艺运行费用比较低,厌氧发酵产生的沼气量比较大,完全能够满足场区日常运行所需的能耗,整个处理过程自动化程度比较高,只需要较少的人工,适用于大型规模化猪场。但沼液和沼渣的最终处理是一个很大的问题,需要足够的农田来进行消纳。

(2)堆肥法+沉淀法:猪舍的粪污进行干湿分离,猪粪经过堆肥前的水分调节后,直接进行一次发酵,堆肥产生的产品直接作为有机肥施用于农田,如果要制作成高品质的有机肥,就需要将一次发酵的产品进行二次发酵。猪场的尿和污水,直接进入四级沉淀池进行自然沉淀和降解处理,沉淀池的储水量设计通常为 1 年,在整个自然处理过程中,粪污中一部分的水分通过蒸发进入空气,另一部分经过自然的微生物发酵处理,逐步达到无害化处理,最终进行排放或是浇地。

该处理工艺比较适合远离人口密集区、雨水较少地区的规模化猪场,但需要大量的土地来作为污水的储存场地,整个处理过程的一次性投入适中,长期的运行管理费用较低,长远来说,此处理工艺的长期经济价值比较可观,如果土地允许,建议采用此种处理方式。猪场的粪污处理工艺的选择要因地而异,不仅要考虑到投资的费用,更主要的是长期的运行管理费用,适当的粪污处理方式,能为猪场带来长期的环境效益和经济效益。

情境小结

猪场建设包括猪场规模的确定、猪场规划布局、设备设施建设和粪污处理四个部分,其中猪场规模的确定和猪场规划布局是猪场建设的重点,设备设施建设和粪污处理是猪场建设的重要内容。

知识链接

非洲猪瘟。

知识链接1

自测训练

一、选择题

现代化猪场常用的自动饮水器是(　　　)。
A.鸭嘴式　　　　　　B.乳头式　　　　　　C.杯式

二、填空题

1. 猪场饲养规模的确定方法有_____和_____。

2. 完善的工厂化猪场应包括 4 个功能区,即_____、_____、_____及_____。

3. 现代化猪场的设备主要包括_____、_____、_____、_____等。

4. 粪污的处理原则有_____、_____、_____及_____。

情境二 猪的品种与经济类型

情境导入

　　猪品种对养猪生产极为重要,那么这些品种是如何进行分类的?从国外引入的品种和国内的地方品种相比有哪些优点?国内的地方品种的优缺点有哪些?

情境目标

　　▲知识目标
　　掌握猪的经济类型及不同经济类型猪的特点,熟悉主要引入品种和国内一些优良地方品种的特性和利用价值。
　　▲技能目标
　　能根据猪的体型、外貌识别我国优良地方品种、培育品种和引入品种,能判断猪的经济类型。
　　▲思政目标
　　通过对猪的品种与类型的学习,学习者应了解我国猪品种资源的优势,辩证看待国外引入品种在我国目前养猪生产中发挥的作用,提高学习积极性。

单元一 猪 的 品 种

单元目标

　　知识目标:熟悉主要引入品种和国内一些优良地方品种的特性和利用价值。
　　技能目标:能根据猪的体型、外貌识别我国优良地方品种、培育品种和引入品种。
　　思政目标:引入品种在提高国内养猪生产水平中发挥了积极作用,辩证地看待国内地方品种和引入品种的优缺点,充分利用国内地方猪品种的优点,加强国内猪育种的基础研究工作。

➡ 案例导学

　　猪的品种识别。

➡ 课前思考

　　引入品种究竟在哪些方面比国内地方猪品种有优势?国内地方猪品种的优势在哪里?

扫码学
课件2

案例导学

Note

猪的品种是在一定自然和社会条件下,经人工选择形成的一个具有共同来源、相似并能稳定遗传的外形和生产性能,并拥有一定数量的种群。

一、中国地方猪品种

我国国土面积大,南北跨度大,气候条件复杂,在这些复杂多样的条件下,经我国劳动人民的精心选育,逐渐形成了丰富的地方猪品种资源。据国家畜禽遗传资源委员会公布的资料,(FAO)统计,中国现有地方猪品种 84 个,是世界上猪品种资源最丰富的国家。这些地方猪品种大都具有对周围环境的高度适应性、耐粗饲放养管理、繁殖力强和肉质好等优良种质特性,对中国乃至世界养猪业的发展做出了重要的贡献。

2014 年 2 月 14 日,农业部公告第 2061 号《国家级畜禽遗传资源保护名录》中,159 个畜禽品种被确定为国家级畜禽遗传资源保护品种,其中猪品种有 42 个,它们分别是八眉猪、大花白猪、马身猪、淮猪、莱芜猪、内江猪、乌金猪、五指山猪、二花脸猪、梅山猪、民猪、两广小花猪、里岔黑猪、金华猪、荣昌猪、香猪、华中两头乌猪、清平猪、滇南小耳猪、槐猪、蓝塘猪、藏猪、浦东白猪、撒坝猪、湘西黑猪、大蒲莲猪、巴马香猪、玉江猪、姜曲海猪、粤东黑猪、汉江黑猪、安庆六白猪、莆田黑猪、嵊县花猪、宁乡猪、米猪、皖南黑猪、沙乌头猪、乐平猪、海南猪、嘉兴黑猪、大围子猪。

1. 中国地方猪品种及其特点　根据已有的地方猪品种调查报告和考察资料,按照猪的体质外形、生产性能和饲养管理方法的不同,结合生活习性和环境条件等,我国猪品种可划分为华北型、华南型、华中型、江海型、西南型和高原型六个类型。

(1) 华北型:分布地区主要在淮河、秦岭以北,包括东北、华北、新疆、宁夏以及陕西、湖北、安徽、江苏四省的北部地区和青海西宁市、四川广元市附近的小部分地区。

华北型猪的体躯高大,骨骼发达,背狭长而直,四肢粗长,腹部不太下垂,肌肉较发达,精肉多,脂肪较少,臀倾斜,腿较单薄。头较平直,嘴筒长,耳大下垂,额间皱纹纵行,皮厚多皱褶,毛粗密,鬃毛发达,毛色几乎全为黑色。耐粗饲,表现在以青粗饲料为主搭配少量精饲料的饲养方式下,不仅生长发育良好,而且能保持较强的繁殖力。与我国其他地方品种相比,华北型母猪的性成熟时间较晚,繁殖力很强,每胎产仔 12 头以上,母性强,泌乳性能好,乳头亦多,一般有 14～16 个,仔猪育成率较高;增重稍慢,育肥能力中等,屠宰率(胴体重占空腹体重的比例)较低,一般为 60%～70%。

由于长期采取放牧和吊架子的饲养方法,华北型猪前期增重缓慢,后期增重快,脂肪在后期积累,故一般猪的背膘不厚,但板油较多。

这一类型的猪品种有民猪、八眉猪、黄淮海黑猪、汉江黑猪和沂蒙黑猪。

(2) 华南型:分布在云南省西南和南部边缘,广西壮族自治区和广东省偏南的大部分地区,以及福建省东南角和台湾省。

华南型猪的体躯偏小,背腰宽阔滚圆,背部凹陷明显,曲肋弯,胸较深;腹部疏松,下垂拖地;后腿丰满,臀部丰圆;四肢开阔粗短,骨骼细致;头相对较短宽,嘴短,耳小直立或向两侧平伸;皮薄毛稀,毛色多为黑白花。

华南型猪早熟易肥,皮薄肉嫩,繁殖力相对较弱,一般每胎产仔 6～10 头,性成熟时间较早,母性良好,护仔性强。

这一类型猪有两广小花猪、海南猪、滇南小耳猪、蓝塘猪、香猪、槐猪和五指山猪。

(3) 华中型:主要分布在长江南岸到北回归线之间的大巴山和武陵山以东的地区,包括江西、湖南和浙江南部以及福建、广东和广西的北部,安徽和贵州局部也有分布。

华中型猪的外形和生产性能与华南型猪基本相似,但体格较华南型猪大,耳亦稍大而下垂,乳头一般为 6～7 对,额间皱纹多横行。被毛稀疏,毛色多为黑白花和两头乌,也有少量为全黑色。四肢较短,头较小,背较宽,骨骼也较细,背腰的凹陷程度较华南型猪轻。华中型猪性成熟时间早,母猪每胎产仔 10～13 头。育肥猪生长发育较快,屠宰率达 67%～75%,肉质细嫩。

这一类型猪有宁乡猪、金华猪、华中两头乌猪、湘西黑猪、大围子猪、大花白猪、龙游乌猪、闽北花猪、嵊县花猪、乐平猪、杭猪、赣中南花猪、玉江猪、武夷黑猪、清平猪、南阳黑猪、皖浙花猪、莆田猪和福州黑猪。

（4）江海型：分布于华北型和华中型两大类型分布区之间的狭长过渡地带，包括长江中下游沿岸、东南沿海地区和中国台湾省东部的沿海平原。

江海型猪体型、生产性能等方面的变化较复杂，属于过渡型。体格大小不一，毛色自北向南由全黑逐渐向黑白花过渡，个别猪品种为全白色。头大小适中，额较宽，皱纹深且多呈菱形。耳大，长而下垂，头部侧线有不同程度的凹陷。背腰较宽，平直或微凹。腹较大，骨骼粗壮，皮厚而松，且多皱褶。体脂肪沉积能力强，肉质较为优良。江海型猪以繁殖力强而闻名于世。母猪性成熟早，发情明显，受胎率高。成年母猪每胎产仔13头以上，乳头在8对以上。

这一类型猪有太湖猪、姜曲海猪、东串猪、虹桥猪、圩猪、阳新猪和中国台湾猪等。

（5）西南型：主要分布在云贵高原和四川盆地，包括湖北省的西南部、湖南省沅江以北的西北部、四川省的东部、重庆市、贵州省的西北部和云南省的大部分地区。

西南型猪的特点是头大，腿较粗短，额部多有旋毛或横行皱纹，毛色复杂，以全黑为多，并有相当数量的黑白花，还有少量的红毛猪及白毛猪。背腰宽而凹，腹大略下垂。产仔数不多，一般每胎8～10头，乳头6～7对。

这一类型的猪有荣昌猪、内江猪、成华猪、雅南猪、湖川山地猪、乌金猪和关岭猪等。

（6）高原型：主要分布于青藏高原，此类型属于小型晚熟品种，长期放牧奔走，因而体型紧凑，四肢发达，细短而有力，蹄小结实，嘴尖长而直，耳小而直立，背窄而微弓，腹紧，臀倾斜。毛密长并有绒毛。母猪每胎产仔5～6头，乳头一般为5对。

这一类型的猪有藏猪、合作猪。

中国主要地方猪品种介绍见表2-1。

表 2-1　中国主要地方猪品种简介

名称	产地、分布	被毛特征	成年体重/kg	经产仔数/头	屠宰率/（%）	胴体瘦肉率/（%）	特点及应用
民猪	东北及内蒙古	全黑，鬃毛密	♂190～200 ♀140～150	13～14	71～72	46.3左右	突出的抗寒力，耐粗饲，繁殖力强，抗病力强，腹脂肪率高；与长白猪、大白猪杂交效果好
太湖猪	长江下游，太湖流域的沿江沿海地区	黑色或青灰色，梅山猪四肢末端为白色	♂130～200 ♀100～180	15～16	70～74	40～45	经产仔数最多，品种内部结构丰富，肉质好；与长白猪、大白猪杂交效果好
金华猪	浙江省的东阳、义乌和金华等地	体躯中间白、两端黑的"两头乌"特征	♂100～110 ♀90～100	13～14	71～72	43.36左右	繁殖力强，肉质优良，适宜腌渍火腿；与长白猪、大白猪、杜洛克猪和汉普夏猪等杂交效果较好
荣昌猪	重庆市荣昌区和四川省隆昌市等地	两眼四周及头部有黑斑，其他部位为白色	♂160 ♀145	10～11	69左右	42～46	适应性强，胴体瘦肉率较高，鬃毛优良；与长白猪、大白猪杂交效果好
两广小花猪	广东省和广西壮族自治区	黑白花色，具有头短、颈短、耳短、身短、脚短和尾短的"六短"特点	♂131左右 ♀112左右	11～12	67～68	37.2左右	皮薄，肉质嫩美；与长白猪、大白猪杂交效果好

Note

续表

名称	产地、分布	被毛特征	成年体重/kg	经产仔数/头	屠宰率/(%)	胴体瘦肉率/(%)	特点及应用
香猪	黔、桂交界的榕江、荔波及融水等县	黑色或白色,或"六白"、不完全"六白",或"两头乌"	♀40左右	5～6	65左右	47左右	体格小,胴体瘦肉率高,肉嫩味鲜,适合做烤乳猪,也适合用作实验动物

2. 中国地方猪品种的总体特征

（1）繁殖力强：中国地方猪品种性成熟时间早,排卵数多,平均98日龄性成熟。排卵数,初产猪为7～21个,经产猪为21～58个;国外猪品种一般在180日龄以上性成熟,排卵数也没有中国地方猪品种多。

中国地方猪品种产仔数多,如东北民猪（民猪）平均窝产仔达13.5头,太湖猪平均窝产仔15.8头;而国外繁殖力强的品种长白猪、大约克夏猪产仔数也只有10～11头。产仔数少为低遗传力性状,本品种选育基本无效。因此,我国地方猪品种的高繁殖力性状就显得更加重要。

中国地方猪品种与国外猪品种比较,还具有乳头数多、发情明显、受胎率高、产后疾病少、护仔能力强、仔猪育成率高等优良繁殖特性。

（2）肉质好：中国地方猪品种虽然脂肪多,瘦肉少,但是肉质显著优于国外猪品种。肌肉颜色鲜红,肌纤维较细,密度较大,肌肉大理石花纹分布适中,肌肉脂肪含量高,嫩而多汁,烹调时可产生特殊的香味。

（3）适应性强：中国地方猪品种相比国外猪品种能更好地适应当地的饲养管理和环境条件,在长期的自然选择和人工选择过程中,中国地方猪品种具有良好的抗寒能力、耐热能力、抗病能力以及对低营养的耐受能力和对粗纤维饲料的适应能力。

我国地方猪品种与国外猪品种相比,虽然具有一些独特的优点,但缺点也是明显的,如育肥猪生长较慢,单位增重消耗饲料较多,瘦肉率低,皮厚等。所以需要扬长避短,合理利用。

二、国外引入猪品种

我国自19世纪末期开始,从国外引入的外来猪品种（现称引入品种）有十多个。其中对我国猪品种影响较大的有巴克夏猪、约克夏猪、杜洛克猪、苏联大白猪、汉普夏猪、皮特兰猪、长白猪等。这些猪品种在我国各地不断繁育和驯化,成为我国种猪资源的一部分。

1. 约克夏猪（Yorkshire） 原产于英国约克郡及其邻近地区。该品种是以当地的猪品种为母本,引入我国广东猪品种和莱塞斯特猪杂交育成,1852年正式确定为新品种。约克夏猪分为大、中、小三型。目前在世界分布最广的是大约克夏猪,又名大白猪。

大约克夏猪的体格较大,毛色全白;头颈较长,颜面宽而呈中等凹陷,部分品系嘴筒稍向上翘,耳薄而大,直立;体躯较长、胸深广,肋开张;背平直稍呈弓形,腹线稍向下弯但不疏松下垂;后躯宽长,但大腿欠充实。

在标准饲养条件下,大约克夏猪生长发育迅速,日增重可达850 g以上。成年公猪体重约263 kg,成年母猪体重约224 kg。胴体瘦肉率达61%左右。繁殖力很强,经产母猪窝产仔数为11～12头。

由于大约克夏猪的繁殖力很强,而且具有较好的生长育肥性能和胴体瘦肉率,故其他国家引入该猪种的数量也很多,并在世界各地经过长期选育,形成了不同的品系类型。我国近年引入的原大约克夏猪有英系、美系、法系、德系、日系等不同的品系。

2. 长白猪（Landrace） 又名兰德瑞斯猪,原产于丹麦。与大约克夏猪一样,在世界上的分布很广,并在不同的国家中培育成为不同的品系类型,是目前世界分布最广的瘦肉型品种。

长白猪的体格大,毛色白,后躯偶有钱币大小的黑斑;头狭长,颜面直,耳大且向前下垂;头肩轻盈,体躯长,呈流线型,体躯丰满,后腿肌肉发达;背腰特长,背线直,腹线稍下弯但不疏松下垂;某些品系的骨骼过于细致而使四肢不够健壮。

生长发育迅速,日增重可达 800 g 以上,饲料利用率高;成年公猪体重约 246 kg,成年母猪体重约 218 kg,胴体瘦肉率达 60%～63%;母猪繁殖力较强,窝产仔数为 11～12 头,乳头有 6～7 对。

由于长白猪具有生长速度快、饲料利用率高、瘦肉率高、母猪产仔多、泌乳性能好等优点,在二元或三元杂交商品猪生产体系中常用作父本,对提高我国养猪生产水平和新品种培育起到了重要的作用。

3. 杜洛克猪(Duroc) 原产于美国东北部,其亲本是纽约州的杜洛克猪和新泽西州的泽西红猪,原名为杜洛克-泽西猪,简称杜洛克猪,是世界著名的瘦肉型品种。

杜洛克猪的毛为红棕色,头较小而清秀,脸部微凹,耳中等大而向前下垂;背腰较长,背部呈轻度弓形弯曲,腹线紧收,后腿丰满,体质结实,四肢粗壮。

成年公猪体重约 250 kg,成年母猪体重约 300 kg,经产母猪窝产仔数为 9～10 头。胴体瘦肉率为 62%～63%,育肥猪在 20～90 kg 阶段,日增重可达 850 g 以上。

杜洛克猪具有生长速度快、饲料报酬高、抗逆性强等优点,但它又具有母猪产仔少、泌乳力稍差的缺点,所以在二元杂交中一般作为父本,在三元杂交中作为终端父本。

4. 汉普夏猪(Hampshire) 原产于美国肯塔基州的布奥尼地区,是由薄皮猪和白肩猪杂交选育而成的,为世界著名的瘦肉型品种之一。我国在 1934 年首次引入少量的汉普夏猪,并与江北猪(淮猪)进行杂交试验。

汉普夏猪的毛色特点是全身被毛黑色,有一条约 10 cm 宽的白带环绕前肩和两前肢,故又称"白带猪"。嘴较长而直,耳中等大小而直立;体躯较长,背微弓,腹线紧缩,肌肉发达,体格健壮,后腿丰满。

成年公猪体重为 315～410 kg,成年母猪体重为 250～340 kg,产仔数平均为 9～10 头。胴体瘦肉率约为 64%,育肥猪在 20～90 kg 阶段,日增重可达 725～845 g。

汉普夏猪具有瘦肉率高、眼肌面积大、胴体品质好等优点,但生长速度比其他的瘦肉型猪慢,饲料报酬稍低,生产中主要作为杂交的父本(特别是终端父本)利用。

5. 皮特兰猪(Pietrain) 产于比利时的布拉邦特省,是由法国的贝叶杂交猪与英国的巴克夏猪进行回交,然后再与英国大约克夏猪杂交育成的。主要特点是瘦肉率高,后躯和双肩肌肉丰满。

皮特兰猪的毛色灰白,夹有黑白斑点,有的杂有红毛。耳直立,体躯宽短,背宽,前后肩丰满,后躯发达,呈双肌臀,有"健美运动员"的美称。四肢较粗壮,但因其肌肉发达,常使四肢承压过大而受伤。

皮特兰猪产仔数为 10～11 头,6 月龄体重可达 90～100 kg,日增重 750 g 左右,瘦肉率可高达 70%,膘薄至 1 cm 以下。

用皮特兰猪作为父本与其他品种猪杂交,胴体瘦肉率能得到明显的提高,但皮特兰猪的应激反应是所有猪种中最大的,肉质较差,苍白松软渗水肉(PSE 肉)发生率几乎达 100%。近年选育的应激抵抗系皮特兰猪,在适应性和肉质上都有所改进。

总的来说,引入猪品种具有的突出优点是生长速度快、屠宰率和胴体瘦肉率高,但繁殖力较弱,肉质欠佳、肌纤维较粗、肌内脂肪含量较少,抗逆性较差,对饲养管理条件的要求较高。

三、中国培育猪品种

中国培育猪品种是指将我国具有特点的优良地方猪品种通过与引入品种杂交选育,经过长时间的培育而形成的新品种。目前,已通过国家鉴定验收的培育品种(系)有 50 余个,丰富了中国的猪品种资源,推动了中国养猪业的发展。

1. 哈尔滨白猪 简称哈白猪,由不同类型约克夏猪与民猪杂交选育而形成。产于黑龙江省南部和中部地区,以哈尔滨及其周围各县为中心产区,广泛分布于滨州、滨绥、滨北和牡佳等铁路沿线。

哈白猪体格较大,全身被毛白色,头中等大小,两耳直立,面部微凹。背腰平直,腹稍大但不下垂,腿臀丰满,四肢健壮,体质结实。乳头有 7 对以上。

哈白猪成年公猪体重约 222 kg,母猪约 176 kg,产仔数为 11～12 头;体重在 14.95～120.6 kg 阶段,平均日增重 587 g;育肥后屠宰率达 74%,胴体瘦肉率为 45% 以上,胴体品质好,肥瘦比例适

当,肉质细嫩适口。

哈白猪经过杂交育种,具有育肥速度较快、仔猪初生重大、断奶体重高等优良特性,以其作为母本,与引入品种做二元、三元杂交可取得较好的效果。

2. 三江白猪 三江白猪是用长白猪和民猪两个品种采用正反交、回交、横交的方式育成的,主要分布在黑龙江省东部三江平原地区,是生产商品猪及开展杂交利用的优良亲本。

三江白猪头轻嘴直,两耳下垂或稍前倾,全身被毛白色,背腰平直,中躯较长,腹围较小,后躯丰满,四肢健壮。蹄质坚实,乳头有 7 对,排列整齐。

三江白猪成年公猪体重 250～300 kg,母猪体重 200～250 kg,产仔数平均为 12 头;育肥猪在 20～90 kg 阶段,平均日增重 600 g,胴体瘦肉率为 57％～59％。

三江白猪属瘦肉型品种,具有生长速度快、产仔较多、瘦肉率高、肉质良好和耐寒冷气候等特性,与杜洛克猪、汉普夏猪、长白猪杂交都有较好的配合力,与杜洛克猪杂交效果较好。

3. 苏太猪 苏太猪是以小梅山猪、中梅山猪、二花脸猪和枫泾猪为母本,以杜洛克猪为父本,通过杂交育成的中国瘦肉型猪新品种。

苏太猪全身被毛黑色,耳中等大小、前垂,脸面有浅纹,嘴中等长而直,四肢结实,背腰平直,腹小,后躯丰满,结构匀称,具有明显的瘦肉型猪特征。有效乳头 7 对以上。

苏太猪公猪 10 月龄体重约 126.56 kg,母猪 9 月龄体重约 116.31 kg,经产母猪平均产仔数为 14.5 头;育肥猪体重在 25～90 kg 阶段,日增重 623.12 g;胴体瘦肉率约 56.10％,肌内脂肪高达 3％,肉色鲜红,肉质鲜美,细嫩多汁。

苏太猪具有生长速度快、瘦肉率高、耐粗饲、肉质鲜美等优良特点,可作为生产三元瘦肉型猪的母本。

4. 北京黑猪 北京黑猪是在北京本地黑猪引入巴克夏猪、中约克夏猪、苏联大白猪、高加索猪进行杂交后选育而成的,主要分布在北京市朝阳区、海淀区、昌平区、顺义区、通州区等各区,并推广于河北、河南、山西等省。

北京黑猪体质结实,结构匀称,被毛全黑;头部清秀,两耳向前上方直立或平伸,面微凹,额较宽,嘴筒直,粗细适中,中等长;颈肩结合良好,背腰平直或微弓;四肢强健,腿臀丰满,腹部平直;乳头多在 7 对以上。

北京黑猪成年公猪体重约 260 kg,母猪约 220 kg。每窝产仔数为 10～12 头,平均日增重 578 g,屠宰率为 74.38％,胴体瘦肉率 54.59％,背膘较薄,肉质好。

北京黑猪属优良瘦肉型的配套母系猪种,与国外瘦肉型良种长白猪、大约克夏猪杂交,均有较好的配合力。

培育品种既保留了我国地方品种母性强、发情明显、繁殖力强、肉质好、适应力强、能利用大量青粗饲料等优点,又兼备了引入品种的特点,大大丰富了我国猪品种资源基因库,并且普遍应用于商品瘦肉猪生产。

单元二 猪的经济类型

单元目标

知识目标:掌握猪的经济类型及不同经济类型猪的特点。

技能目标:能根据猪的体型、外貌和有关生产性能指标,正确判断猪的经济类型。

思政目标:引导学习者了解我国立足"大国小农",培养"兴农富农"的乡村振兴战略使命感。

课前思考

学习完中国地方猪品种、国外引入猪品种和中国培育猪品种,请思考,这么多猪品种怎么从经济类型上进行划分呢?

由于自然生态条件、社会经济条件和人们对肉食的不同要求,对猪的培育方法也有所不同,从而形成了多种经济类型。猪的经济类型一般可分为瘦肉型、脂肪型和兼用型。

一、瘦肉型(肉用型)

外形特征表现为背稍呈弓形,身腰窄而长,体长较胸围大 15～20 cm,四肢较高,腿臀丰满,肌肉发达。瘦肉型猪能有效地将饲料中的蛋白质转化为瘦肉,生长速度快,饲料报酬高。一般 6 月龄体重可达 90～100 kg,料肉比为 3.0 左右,胴体瘦肉率达 55％～60％甚至更高。国外引进的长白猪、大约克夏猪、杜洛克猪、汉普夏猪以及我国培育的三江白猪都属于瘦肉型品种。

二、脂肪型

猪体脂含量较高,背膘厚在 6 cm 以上,外形特征表现为体躯深、宽,全身肥胖,细致疏松,四肢较短,头颈较粗重,体长与胸围大致相等或相差不超过 3 cm。脂肪型猪利用饲料转化成体脂肪的能力强,而转化饲料蛋白质为瘦肉的能力较差,胴体脂肪多,瘦肉率一般在 45％以下。陆川猪、宁乡猪、内江猪等都属于脂肪型品种,国外巴克夏猪也属于此类型。

三、兼用型

其体型、外貌特点介于上述两者之间。胴体中瘦肉和脂肪的比例基本一致,胴体瘦肉率为45％～55％。猪的体格较大,体躯长短适中,结构匀称,体质结实,体长比胸围大 5 cm 以上。我国大多数猪品种属于这一类型,苏联大白猪也属于这一类型。

情境小结

猪的品种包括中国地方猪品种、中国培育猪品种和国外引入猪品种,中国地方猪品种中的代表猪品种和国外引入猪品种是需要重点掌握的内容。

知识链接

如何缓解"猪周期"?

知识链接 2

自测训练

填空题

1. 国外引入猪品种的优点是_____、_____和_____。
2. 猪的经济类型一般可分为_____、_____和_____。

情境三 种猪生产

情境导入

种猪生产是猪群繁殖的重要组成部分,分为母猪、种公猪和仔猪的饲养管理。

情境目标

▲知识目标

掌握后备猪、种公猪、空怀母猪、妊娠母猪、哺乳母猪、哺乳仔猪和保育仔猪的饲养管理方法。

▲技能目标

能熟练地应用人工授精技术配种,能对不同生理阶段的种猪进行饲养管理。

▲思政目标

引导学习者树立智能、安全、高效、生态、创新的养猪理念,引领学习者践行于养殖生产一线,增长本领,不断前行。

单元一 后备猪的饲养管理

单元目标

知识目标:了解后备猪的生长发育规律,掌握后备公猪、后备母猪的饲养管理方法。

技能目标:能进行后备猪的选留,能合理饲养后备公猪、后备母猪。

思政目标:通过学习生猪生产的各项基本技能,学习者应具备吃苦耐劳、团结协作的职业操守。

扫码学
课件 3-1

案例导学

后备公猪的选留要点。

课前思考

后备猪体组织的生长发育规律是什么?如何进行后备猪的选留?后备猪如何饲养管理?

Note

一、后备公猪的饲养管理

1. 后备猪的生长发育特点 猪的生长发育是一个从小到大、从成熟到衰老的复杂过程。根据后备猪的生长发育特点,在其不同的饲养阶段,控制营养水平、饲喂量和饲料种类,从而改变猪的生长曲线,抑制或加速某些组织的生长。后备猪的饲养管理目标是发育良好,体质健壮,肌肉发达,有功能完善的消化系统、血液循环系统和生殖器官。

体重的增长:体重是衡量后备猪各组织器官综合生长状况的指标,并呈现出品种特征。在正常的饲养管理情况下,后备猪体重的绝对增长随着年龄的增长而增加,但是其相对生长强度随着年龄的增长而降低,到成年时,趋于一定的水平。例如,长白猪公猪在出生后 6～7 月龄体重的增长速度达到了高峰,长白猪仔猪出生后到 2 月龄之前的生长强度最高。

饲料营养水平、饲养管理环境和饲养方式等诸多因素都会影响猪的体重变化与生长发育情况。营养物质缺乏会导致后备猪的生长发育情况受阻,猪的体重达不到正常标准。若后备猪的生长速度过快,会导致母猪的繁殖能力降低,因此在生产中不能将猪的日增重的高低作为确定种猪发育的唯一指标。

体组织的变化规律:猪体内各组织的生长率不同,导致身体各部位发育早晚顺序不同,呈现出两个生长波。一个是从颅骨开始,向下伸向颅面,向后移至腰部;另一个是从四肢下部开始,向上移行到躯干和腰部,两个生长波在腰部汇合。因此,刚出生的仔猪头和四肢较大,躯干短而浅,后腿发育较差。随着年龄和体重的增长,体长和身高首先增加,其后是深度和宽度增加。腰部的生长期长,因此是最晚熟的部位。

各组织器官的生长顺序:骨骼→肌肉→脂肪。一般从出生到 4～5 月龄,骨骼、肌肉生长强度大,而脂肪沉积速度慢。在 6 月龄后,脂肪沉积高峰期出现,脂肪沉积速度较快。脂肪的沉积按花油、板油、肉间脂肪、皮下脂肪的顺序生长。

2. 公猪精子的形成

(1) 性成熟:地方品种公猪 3～6 月龄可达到性成熟,引入品种一般在 6～7 月龄可达到性成熟,能产生正常成熟的精子,具有繁殖能力。

(2) 精子的形成:精原细胞在睾丸内经 4 次分裂,历时 15～17 d,形成初级精母细胞,初级精母细胞历时 15～16 d 分裂形成染色体为单倍体的次级精母细胞,又经过 1 d 的分裂形成精细胞,精细胞不再分裂,历时 10～15 d 形成精子,最后在附睾内完成成熟过程。精子形成时间为 44～45 d。

3. 后备猪的饲养 后备猪的饲养要求是能正常地生长发育,要保持较好的种用体况,因此要喂给全价日粮,注重日粮中能量和蛋白质的比例,矿物质、维生素和必需氨基酸等应满足后备猪的需要。在体重 80 kg 前,日喂量应占体重的 2.5%～3.0%,体重 80 kg 以后,日喂量应占体重的 2.0%～2.5%。不同的生长阶段饲喂量不同,不仅能保持后备猪良好的生长发育体况,而且能让各组织器官充分地发育完善。

4. 后备公猪的选留 做好后备公猪的选留是生产中的一项重要内容。后备公猪的选择标准包括体型外貌、乳房发育、身体结实度和生产性能四个方面。

(1) 体型外貌:要符合本品种典型特征,即毛色、脸型、耳型要一致;体型适中,不能过肥或过瘦;动作灵活;没有隐睾、疝气等情况,外生殖器发育正常。

(2) 乳房发育:生产中不能忽视后备公猪的乳房发育情况,不良乳头情况会遗传给后代,生产中也要及时进行选择。

(3) 身体结实度:后备公猪要肢蹄健壮,无论从遗传学还是从抗环境应激方面都进行身体结实度的评价。若肢体结构较差,则公猪不能长时间站立在地面上,会影响配种。患有身体畸形的公猪可能会将有缺陷的基因遗传给后代。

(4) 生产性能:对于后备公猪的选留重视生产速度和胴体品质的选择。

5. 后备猪的管理

（1）合理分群：后备猪在体重 60 kg 以前，可进行小群饲养，一般为 4～6 头，但是 60 kg 之后，为防止偷配应按照体重大小、性别、强弱分群饲养，一般 2～3 头为一群或单栏饲养。

（2）加强运动：运动锻炼可加强后备猪的身体结实度，促进肌肉和骨骼的正常发育，防止过胖。

（3）适当调教：适当调教后备猪，建立人畜亲和关系，使猪保持温顺的性情，在采精、配种和接产过程中不惧怕人，因此饲养员应经常抚摸猪敏感部位，如耳根、乳房等处。也应培养指定地点吃食、睡觉和排泄粪尿的习惯，以便于以后的饲养管理。

（4）日常管理：一是为后备猪生长提供适宜的环境条件。冬季做好防寒保暖的工作，在夏季做好通风和降温工作，减少热应激对猪的影响，温度过高，会导致后备母猪推迟发情。二是做好保健工作。定期驱虫和预防接种，防止皮肤病的发生，及时进行卫生清扫工作。

（5）定期称量体重：当后备猪 6 月龄以后，应进行活体背膘厚的测量，每个月进行体尺和体重测量各一次，检查后备猪的生长发育情况，对发育较差的及时进行淘汰。

6. 后备猪的利用　地方品种的后备公猪 6～7 月龄时体重达 60～70 kg，开始配种；晚熟的培育猪品种和引进猪品种在 8～10 月龄，体重 110～130 kg 开始配种较好。后备母猪，早熟的地方品种 6～8 月龄、体重 50～60 kg 时配种较好，晚熟的大型品种及其杂种在 8～9 月龄、体重 100～120 kg 时配种较适宜。生产中应掌握好月龄和体重才能进行合理配种，配种过早会导致使用年限的降低，配种过晚，会影响经济效益。

二、后备母猪的饲养管理

1. 性成熟　后备母猪地方早熟品种出生后 3～4 月龄、体重 30～50 kg 达到性成熟，而引入品种和大型品种等，要到出生后 5～6 月龄、体重 60～80 kg 达到性成熟。

2. 后备母猪的选留

（1）体型外貌：要符合本品种典型特征，阴户小的后备母猪不宜留种。

（2）身体结实度：后备母猪要肢蹄健壮。

（3）乳房发育：对于后备母猪的选留最重要的是看乳头的数量，沿着腹底线应有整齐均匀的 6 对乳头，不能有瞎乳头、翻转乳头和其他畸形乳头，因为这会影响母猪将来的哺乳能力。

（4）生产性能：重视生产速度和饲料的转化率。

3. 后备母猪的选择时间

（1）2 月龄选择：从产仔数多、泌乳量高、断奶体重大的窝中选择发育良好的猪，主要是选择一窝中个体较大的母猪。

（2）4 月龄选择：淘汰生长发育不良或是有突出缺陷的母猪。

（3）6 月龄选择：后备母猪在 6 月龄时组织器官已发育到一定程度，优缺点更加明显。可根据体型外貌特征、生长发育情况、外生殖器的好坏等进行选择。

（4）配种前选择：主要排除发情周期不规律、发情征象不明显的后备母猪。

单元二　种公猪的饲养管理

单元目标

知识目标：了解种公猪的饲养管理方法。

技能目标：熟练进行种公猪的调教，能合理利用种公猪，并做好种公猪的饲养管理。

思政目标：培养学习者规范操作、热爱事业的职业操守。

扫码学
课件 3-2

Note

案例导学

种公猪的管理要点。

案例导学

课前思考

如何进行种公猪的调教与管理？如何合理利用种公猪？

饲养种公猪的目标是提高种公猪精液的数量和品质，即使其性欲旺盛，体质强健，睾丸发育良好，从而产出数量多、质量好的仔猪。

在养猪生产中，公猪对猪群的影响非常大。在常年产仔的情况下，采用本交的方法，一头公猪可负担20～30头母猪的配种任务，一年内可繁殖仔猪400～600头；若采用人工授精技术，一头公猪一年内可繁殖仔猪万头左右。

一、种公猪的饲喂技术

1. 营养需要 种公猪要有良好的繁殖力，与其他家畜的公畜相比较，种公猪射精量大，总精子数多（表3-1），配种时间长。公猪交配的时间平均为10 min。公猪精液中干物质占5%，其中蛋白质为3.7%。

表 3-1 各种家畜精液的比较

家 畜 种 类	射精量/mL	精子数/(亿个/毫升)	总精子数/亿个
猪	250(150～500)	1(0.25～5)	250
马	70(30～300)	1.2(0.3～8)	84
驴	50(10～80)	4(2～6)	200
牛	4(2～10)	10(3～20)	40
羊	1(0.7～2)	30(20～50)	30

为了保持种公猪良好的种用体况，饲粮营养应全面。营养水平不能过高或过低，否则会导致种公猪过肥或过瘦，影响配种。公猪日粮中能量水平，每千克消化能控制在10.46～12.56 MJ，日粮中粗蛋白质为14%左右。不仅要重视蛋白质的数量，也要重视蛋白质的质量，参与公猪精子形成的氨基酸有赖氨酸、色氨酸、胱氨酸、组氨酸、蛋氨酸等，其中最重要的是赖氨酸。日粮中蛋白质缺少，或氨基酸不平衡，会影响精液的品质。蛋白质数量也不能过高，否则会降低精子活力，增加畸形精子数。

日粮中钙、磷不足，会降低精液品质，出现死精、发育不全或活力差的精子。应注意公猪日粮中钙和食盐的补充。维生素A、维生素C、维生素E也是公猪不可缺少的营养物质。若日粮中缺少维生素A，会导致公猪的睾丸肿胀、萎缩，精子数减少。缺乏维生素D，也会影响精液品质，影响机体对钙、磷的利用。

2. 饲养方式 根据猪全年配种任务的集中程度，分为两种饲养方式。

（1）一贯加强的饲养方式：在工厂化养猪生产中，母猪实行全年均衡分娩，故公猪需常年保持种用体况。

（2）配种季节加强：在小型养殖场或散户养猪时，母猪实行季节性分娩，故在配种季节开始前1个月，提高公猪日粮的营养水平，从而提高公猪精液品质，但是配种季节过后，逐渐降低饲粮营养水平，只提供公猪维持种用体况的营养需要。

3. 饲喂技术 公猪的日粮应营养全面，易于消化，饲料的体积不宜过大，否则会导致公猪草肚垂腹，降低配种能力。在饲喂种公猪时，公猪过肥或过瘦都会影响配种能力。若猪场中公猪的数量过少,公猪的饲粮可用哺乳母猪的饲料来代替。公猪通常采用限量饲喂的方法,根据公猪的体重、年龄等情况,给予不同饲料。一般日喂次数为 2 次,日粮可喂干粉料、生湿拌料或颗粒料,供给充足的饮水。在较好的情况下,非配种期时,公猪的日采食量可为 2~2.5 kg,在配种期日采食量为 2.5~3 kg,最好在公猪的日粮中添加一些动物性饲料,来提高精液品质,例如,可以添加鱼和虾,也可加喂带壳的生鸡蛋,或是把母猪产仔的胎衣煮熟,切碎拌在公猪的日粮中,这些措施可明显提高公猪的品质。

二、种公猪的管理

1. 单养 种公猪应单圈饲养,尽量不要和母猪同舍饲养。

2. 适度运动 适度运动可促进机体新陈代谢、增强食欲、增强体质、提高精液品质。可在圈舍外设置运动场,让公猪自由运动,也可进行驱赶运动。一般每日在早饲后、晚饲前运动,夏季应在早晚,冬季可在中午,每日 2 次,每次运动 500~1500 m。运动量不足,会缩短公猪的使用年限。

3. 刷拭和修蹄 经常用刷子刷拭猪体,可促进猪体的血液循环,保证猪体皮肤干净,防止寄生虫病的发生,增进食欲。经常注意公猪的肢蹄,若蹄壳过长,在配种时会刺伤母猪,应及时进行修蹄;若蹄裂,要及时进行治疗。

4. 定期称量体重 猪应定期称量体重,一般可每个月进行 1 次。根据体重的变化检查饲粮中营养水平是否正常,若发现公猪的膘情较差应及时调整日粮。正在生长的后备猪,体重应逐渐增加,但膘情应适度,成年公猪体重变化不大,但要保持良好的体况。

5. 经常检查精液的品质 一般采用人工授精时,每次采精后都要进行精液品质鉴定,而在本交的情况下,应尽量在 10 d 左右检查一次。若精液品质比较差,即精子的数量过少、颜色异常、密度过低等,应及时调整日粮营养水平和采用适当的饲养管理方法,提高种公猪配种能力。

6. 日常管理 妥善安排公猪的饲喂、饮水、运动、采精管理等环节,让猪养成良好的规律,以利于管理。冬季猪舍要注意防寒保暖,以减少饲料的消耗和疾病发生。夏季采取降温的方法,如机械通风、喷雾、洒水等。高温对种公猪的影响非常大,轻者食欲下降,性欲降低,导致公猪精液品质下降,重者可致中暑而死亡。若种公猪在 33 ℃的高温条件下待 72 h,精子活力和精子数量逐渐减少,畸形精子数增加,会导致与其交配的母猪的发情期受胎率严重下降。

三、种公猪的利用

1. 公猪的调教 公猪的初配年龄与品种、体重和饲养管理条件等因素有关。若采用人工授精技术,公猪在 7~8 月龄就应开始进行调教。训练种公猪一定要有耐心,要细心,并使之形成条件反射。早期不良的刺激会导致公猪采精失败。

(1)观察法:当成年的公猪爬跨台猪、进行采精时,将小公猪赶到采精室旁观看,激发小公猪的性欲,经过 3~4 次的观察后,训练小公猪爬跨台猪。经过 1~2 次的训练,小公猪能顺利采精。

(2)气味诱导法:在台猪上涂抹发情母猪的尿液或分泌物,将小公猪赶到采精室,根据气味,小公猪产生性欲,爬跨。一般训练 2~3 d 就能成功。但是若公猪无性兴奋表现,不爬跨,这时应立刻赶一头发情旺盛的母猪到台猪旁边,以引起公猪的性欲。当公猪性欲旺盛时,将发情母猪赶走,让公猪重新爬跨台猪,一般都能训练成功。

(3)发情母猪刺激法:将一头发情旺盛的母猪赶到台猪旁,将母猪和台猪用麻袋盖好,并在台猪上涂抹发情母猪的尿液。将公猪赶来与母猪接触,当公猪性欲旺盛时,将母猪迅速赶走,再让公猪爬跨台猪射精。若公猪不爬跨台猪或不射精,应让公猪爬跨母猪。

2. 合理利用 公猪的利用强度过大会降低配种效率,缩短利用年限。公猪睾丸产生精子是连续性的,若公猪长期不配种,副睾丸内储藏的精子会剩下很多,精子会老死,导致受胎率下降,因此必须合理利用种公猪。公猪年龄在 1.5 岁以上时,每周可配种 4~5 次。

3. 公猪的淘汰 在现代化的养猪生产过程中,对种公猪的要求更高,因此为了提高养猪生产经济效益,对体质衰退、失去配种能力,有恶癖的,因各种疾病不能配种的,精液品质差的公猪应及时淘汰,为满足生产的要求,应不断补充后备公猪。

单元三　空怀母猪的饲养管理

单元目标

知识目标：了解空怀母猪短期优饲的意义,掌握母猪发情排卵规律,了解人工授精方法。
技能目标：能进行空怀母猪的短期优饲,会进行人工授精操作。
思政目标：通过实践技能的训练,学习者应具备完善的协同创新能力。

 案例导学

母猪发情时的主要表现。

 课前思考

什么是短期优饲？促进空怀母猪发情排卵的方法是什么？母猪的发情排卵规律是什么？

案例导学

空怀母猪是指断奶后到再次配种阶段的母猪。饲养空怀母猪的目标是使母猪尽快恢复种用体况,尽早进行配种。

一、短期优饲

对断奶后膘情较好的母猪,在仔猪断奶前 3 d 开始逐渐减少饲喂量,且少喂精饲料,多喂青绿饲料,断奶后 3 d 内减少饲喂量,尽快达到干奶期,之后开始增加饲喂量,促进母猪尽快发情排卵,及时配种。对断奶后膘情较差的母猪,断奶时比较瘦,泌乳量已经不多,在断奶时可直接进行短期优饲,增加饲喂量,使其尽快恢复种用体况,及时进行配种。

空怀母猪日粮中的能量水平可为每千克饲料含 11.715 MJ 消化能。日粮中粗蛋白质可维持在 12%～13%,日粮中的维生素、矿物质的数量都会影响母猪的繁殖力。因此要注意饲料的多样化,要饲喂全价饲料。

二、饲养方式

空怀母猪的饲养方式有两种,分别是单栏饲养和小群饲养。单栏饲养是指采用母猪单体限位栏进行饲养,这种饲养方式下母猪活动范围小,为了促进母猪尽快发情,可在母猪栏后侧(尾侧)饲养种公猪。小群饲养是将 4～6 头同期断奶的母猪饲养在一个圈内,这种饲养方式增大了母猪的活动范围。已经发情的母猪可促进其他母猪的发情。

三、促进空怀母猪发情排卵的方法

1. 试情公猪诱导法　此法简便易行,比较有效,让试情公猪去追爬不发情的空怀母猪,通过公猪的气味和接触刺激,可促使空怀母猪发情排卵。

2. 同圈饲养法　采用小群饲养方式,将已经发情的空怀母猪与未发情的空怀母猪同圈饲养,利用爬跨和外激素等刺激,促进空怀母猪发情排卵。

3. 按摩乳房　按摩乳房可促进母猪的发情排卵,包括表层按摩和深层按摩。表层按摩即抚摸猪乳房和两侧,深层按摩即以每个乳头为圆心,用五个手指在乳房周围做圆周运动。每日 10 min 的表层按摩,可促进空怀母猪发情。待母猪出现发情表现后可进行深层按摩,以促进母猪排卵。

4. 加强运动　通过增加运动量来促进未发情母猪尽快地发情,运动可促进机体新陈代谢,改善膘情,促进发情,通常可进行驱赶运动、放牧运动。

5. 激素法 不发情母猪或屡配不孕的母猪可注射激素,如孕马血清促性腺激素等。

6. 并窝 使产仔数少和泌乳量少的母猪提早断奶下床,前提是所生的仔猪吃上初乳,这样可提高母猪的年产仔窝数。

四、母猪发情与配种

1. 母猪发情征象 我国地方猪品种的发情征象比较明显,而引入品种和大型的杂交猪发情征象不明显。母猪的发情征象主要表现为神经症状:母猪发情时对周围环境比较敏感,经常张望、早起晚睡、闹圈和食欲不振。外阴部表现:母猪发情时,外阴部充血肿胀,有黏液流出,阴道黏膜的颜色发生变化,由浅红色变成深红色,之后又变成浅红色。接受公猪爬跨:母猪发情到一定时间才开始接受公猪的爬跨。用手用力压母猪的背腰部,母猪呆立不动,表现为静立反射或呆立反射。

2. 发情周期 母猪到了初情期后,生殖器官及整个机体发生一系列周期性的变化,称为发情周期。根据母猪的精神状态、对公猪的反应、卵巢及生殖器官的变化等来判断,一般将母猪的发情周期分为发情前期、发情期、发情后期和间情期。母猪的发情周期一般为21 d左右。

(1) 发情前期:母猪烦躁不安,外阴部逐渐肿胀,阴道黏膜由淡黄色变为红色,阴道湿润并有少量黏液。外阴部肿胀明显,黏膜变红,母猪越来越烦躁,阴道黏液增多。母猪对公猪的声音和气味比较感兴趣,但是无性欲表现。一般时间为3 d左右。

(2) 发情期:母猪外阴红肿,阴道内流出黏液,接受公猪的爬跨。靠近公猪,压背时母猪静立不动、两耳直立、若有所思,是最适宜的配种时机。

(3) 发情后期:母猪拒绝公猪爬跨,不让公猪接近,发情征象完全消失,卵巢破裂排卵后形成红体,最后形成黄体。

(4) 间情期:从上一次发情征象消失至下一次发情征象出现的时间。卵巢排卵后形成黄体,并分泌孕酮,母猪无性欲,外阴部恢复正常。

发情持续期是指从母猪出现发情征象到发情结束所持续的时间。母猪发情持续期为2~5 d,平均为2.5 d,受季节、品种、年龄的影响有所不同,往往春季发情持续期比较短,而秋冬季较长;国外品种较短,而我国地方品种较长;老龄母猪较短,而幼龄母猪较长。

产后发情:母猪在哺乳期的发情规律性较差,发情征象不明显,而且持续期短,母猪在哺乳期即使发情也不配种,一般是在仔猪断奶后,3~7 d后再次发情。

3. 母猪配种时间的确定 母猪适宜的配种时间是决定母猪妊娠的重要因素。母猪配种时间的确定因素主要有4个。

(1) 母猪发情后的排卵规律:成年母猪一般在发情期开始后24~48 h排卵,排卵持续时间为10~15 h,或时间更长一些。母猪的排卵高潮出现在发情后的26~35 h。

(2) 卵子保持受精能力的时间:母猪在一个发情周期中排出的卵子数量比较多,达几十个。卵子在输卵管中仅能保持8~10 h的受精能力。

(3) 精子在母猪体内前进的速度:精子进入母猪生殖道后,经历2~3 h,便可通过子宫角到达输卵管。

(4) 保持持续受精的时间:精子在母猪生殖器官内保持持续受精的时间也是有限的,一般为10~12 h。

因此,根据母猪发情后的排卵规律、卵子保持受精能力的时间、精子在母猪体内前进的速度以及保持持续受精的时间,确定的最适宜的配种时间应为母猪排卵前的2~3 h,也就是母猪发情开始后19~30 h。品种、年龄均影响母猪的配种时间。我国地方品种母猪一般在发情开始后第2天到第3天配种;引入品种多在发情开始后的第2天配种;大型杂交品种在发情开始后第2天下午到第3天上午配种;老龄母猪应在发情的当天及时配种;壮龄母猪应在发情后的第2天配种;小母猪可在发情后的第3天配种,即老百姓通常说的"老配早,少配晚,不老不少配中间"。

4. 配种方式

（1）单次配种：在母猪发情期内，只用公猪配种一次。优点是能减轻公猪的负担，提高公猪的利用率，可减少公猪的饲养数量。缺点是由于母猪的最适宜配种时间较难掌握，在母猪的一个发情期内只配种一次，会降低母猪的受胎率和减少产仔数。因此，生产中应适当采用单次配种。

（2）重复配种：在母猪一个发情期内，先后用同一头公猪配种两次。第一次配种后，间隔 8～12 h 再配种一次。这是因为母猪生殖道内经常有活力较强的精子存在，当卵泡不断成熟排出卵子时，增加了精子与卵子结合的机会，可提高母猪的产仔数。根据母猪的发情排卵规律，母猪在一个发情期内的排卵时间，可持续 10～15 h 及以上，但是精子和卵子的有效受精时间是有限的。而适宜的配种时间很难准确判断，若只配种一次，则会出现先排出来的卵子或后排出来的卵子不能受精，因此为增加卵子受精的机会，生产中可采用重复配种。

（3）双重配种：在母猪一个发情期内，用两头同一品种的公猪或用两头不同品种的公猪与母猪配种，第一头公猪交配后，可间隔 5～12 min，再用另一头公猪配种。优点是用两头公猪和同一头母猪在一定时间内配种两次，易引起母猪反射性兴奋，加速卵子成熟，增加排卵数，缩短排卵期，增加母猪的产仔数。两头公猪的精液一起进入母猪的子宫，可促进卵子挑选活力强的精子受精，提高仔猪生活力。缺点是会降低公猪的利用率。在种猪场应严禁使用此种方法，以避免造成血缘的混淆。

5. 配种方法

配种方法一般分为自然交配、人工辅助交配和人工授精三种。

（1）自然交配：自然交配是将公、母猪关在同圈，让公、母猪自由交配，因为结果不是很理想，现在很少采用。

（2）人工辅助交配：应选择安静、平坦的地方进行配种。在配种人员的帮助下，有计划地进行公、母猪配种。在配种时，当公猪爬跨母猪后，配种人员将母猪的尾巴拉向一侧，使公猪阴茎顺利插入母猪的阴道内。当公猪射精完成离开母猪后，为防止精液倒流，配种人员用手按压母猪腰部。交配的公、母猪的个体体重应相差不大，个体体重相差较大会给配种造成很大的困难。

（3）人工授精：人工授精可充分利用优良种公猪。人工授精的优点：a. 促进猪群的改良：公猪的广泛应用可将优良公猪的优质特点广泛推广，进行选优去劣，促进种猪的品种性能改良，提高商品肉猪生产性能。b. 减少疾病的传播：在人工辅助交配中，公、母猪的接触可导致某些疾病的传播，但是在人工授精过程中，只要严格按照人工授精操作规程操作，避免精液的污染，可减少疾病的发生和传播，而且能提高母猪的受胎率和产仔数。c. 克服公、母猪体格大小的差别：引入品种体格较大，而我国的地方猪品种体格较小，因此在进行配种改良中往往存在问题，例如，成年长白猪的公猪与初配的民猪母猪配种，母猪往往不接受爬跨，若采用人工授精技术，则可完全解决这个问题。d. 解决了异地配种难的问题：为了进行猪的选种选配，往往采用异地配种。在本交的情况下，比较困难，若采用人工授精技术，精液携带方便，则可解决异地配种难的问题。e. 减少公猪的饲养量，降低饲养成本：人工授精和传统的配种方法相比较，公猪的饲养量相对减少，因此不仅节省了饲料，同时减少了猪栏、人工的投入成本，提高了养猪生产的经济效益。

① 采精：猪的采精方法主要是徒手采集法，该方法简单方便。徒手采精法主要是模仿母猪子宫颈对公猪螺旋阴茎龟头的约束力而引起射精。当公猪爬跨台猪后，用 0.1% 高锰酸钾溶液将公猪包皮洗净消毒，用清水冲洗干净，并擦干。采精员戴上手套，一手拿集精杯，根据个人习惯，蹲在公猪的左侧或右侧，若蹲在公猪的左侧，右手握成空拳，当公猪阴茎伸出后，将阴茎导入空拳内，用手指由松到紧有节奏地握住阴茎龟头不让其转动，用手指摩擦，促进公猪射精。一般最开始的精液不要采集，因为精子很少甚至没有。当发现精液是乳白色时应立即收集。公猪射精的时间一般是 6～10 min。公猪在射精时通常的表现为爬在台猪上不动，肛门不断收缩，伴有阵阵的哼哼声。在采精时，采集员应注意力集中，避免公猪突然下滑被踩伤。

② 精液品质检查：公猪精液的数量因品种、年龄、个体差异、饲养情况以及采精频率而不同，一般情况下为 150～500 mL。正常猪的精液颜色是乳白色或灰白色。若出现淡黄色或淡红色，应废弃。

正常猪的精液有腥味,若有臭味等应马上淘汰。猪正常精液的 pH 值为 7.3～7.9。在 400～600 倍的显微镜下观察,正常精子像蝌蚪。若精子中双头、双尾和无尾的精子数超过 20%,精液应该废弃。精子密度是指精液中精子的密集程度。在显微镜下观察,精子的密度分为密、中、稀和无四级。精子间的空隙小于 1 个精子为"密",等于 1 个精子为"中",大于 1 个精子为"稀",无精子的应淘汰。精子活力是检验精液品质是否良好的重要指标之一。精子的活动方式有三种,分别是直线前进式活动、旋转式活动和摆动式活动。通常在 150～300 倍显微镜下观察呈直线运动精子的比例,采用 10 级制评分法。直线前进运动的精子占 100%,评分为 1 分,占 90% 评分为 0.9 分,占 80% 评分为 0.8 分,等等。在人工授精中,精子的活力要求不能低于 0.7 分,若活力评分低于 0.7 分应废弃。

③精液的稀释:为了更好地改善精子在体外的生活条件,延长精子的寿命,更好地长期保存和运输,以及增加与之交配母猪的数量,生产中必须进行精液的稀释。常用的稀释液有葡萄糖、鲜牛奶、奶粉等。稀释精液时,一定要将精液和稀释液放在同一温度中调温。最终稀释时要将稀释液倒入原精液中,且要摇匀。精液的稀释倍数应根据原精液的品质、与之交配母猪的头数以及是否需要运输和储存等情况而定。

最大稀释倍数:密度为密级、活力评分在 0.8 分以上,可稀释 2 倍;密度为中级、活力评分在 0.6～0.7 分的,可稀释 0.5～1 倍;活力评分不到 0.6 分的任何密度级的精液均不宜保存和稀释,只能随取随用。

④精液的分装和保存:为了取用方便,最好把稀释液分装在 80～100 mL 的袋内或瓶中。稀释精液保存的最佳温度是 17 ℃。一般情况下,可保存 48～72 h。可利用便携式保温箱随时运输。

⑤输精:输精是人工授精的最后一个环节,直接影响着人工授精的成败。输精前要准确判断母猪的输精时间,可用试情公猪,若母猪接受公猪爬跨即可进行第一次输精。生产中若根据经验来判断,可观察母猪的情况,一般用手按压母猪的背腰部,当母猪反应为站立不动、两耳竖立、若有所思时,是适宜的输精时间。

输精量的确定:可根据精子的活力和母猪体重来确定输精的数量。现在的猪多数是大型品种,因此一般生产中每次的输精量采用 100 mL。在输精前要进行猪的精液活力检查,若发现活力评分低于 0.7 分,就应淘汰。

输精过程:输精人员准备好输精管,最好用 0.1% 的高锰酸钾溶液消毒母猪外阴部,冲洗并擦干。输精人员一手张开母猪阴门,另一手持输精管插入母猪阴道。先向上推进 10 cm 左右,再向水平方向慢慢推进,边插入输精管边旋转,经抽送 2～3 次,手感到不能继续推进时,便可缓慢地注入精液。若发现精液逆流,可轻轻地活动一下输精管,在输精过程中可按压母猪腰部,再继续注入精液,直至把输精管内全部精液输注完,再慢慢抽出输精管。一般输精时间是 5～10 min。为了提高母猪的发情期受胎率,在母猪的一个发情期内最好输精 2 次,间隔时间是 8～12 h。

单元四　妊娠母猪的饲养管理

单元目标

知识目标:掌握妊娠母猪妊娠期和预产期的计算方法,妊娠母猪的分阶段饲养管理方式,以及分娩母猪的饲养管理。

技能目标:初步掌握妊娠母猪分娩日期、助产方法及分娩母猪的饲养管理。

思政目标:培养学习者在养殖生产中的责任担当和职业素养。

扫码学
课件 3-4

案例导学

妊娠母猪及分娩母猪的饲养管理示例。

课前思考

妊娠母猪妊娠期及预产期的计算方法是什么？如何对母猪进行助产？

一、妊娠母猪的饲养管理目标

1. 母猪的妊娠期　母猪的妊娠期为113～115 d,平均为114 d(也可以记为333,3 个月加 3 周加 3 d)。应充分激发妊娠母猪的繁殖潜力,减少流产,特别是妊娠早期和妊娠后期胎儿的死亡。现代母猪每个周期的排卵数可达 20～25 枚,受精率在 95% 以上,若所有受精卵在子宫中都得到发育,平均产仔数可达 14 头或更多,而实际母猪的产仔数仅为 10 头左右。为了保证胎儿在母体内正常发育,确保每窝都能生产大量健壮、生活力强、初生重大的仔猪,母猪妊娠后期应合理增加营养,保持母猪合理体况,使妊娠母猪后期达到中上等体况。

2. 妊娠母猪的营养需求　母猪妊娠后,妊娠前期胎儿发育缓慢,需要的营养物质较少,一般采用低营养水平饲料饲养;妊娠后期,尤其是妊娠的最后 1 个月,胎儿生长发育迅速,妊娠母猪需要更多的营养,此阶段应给妊娠母猪饲喂充足的饲料。妊娠母猪前期营养需要建议见表 3-2。

表 3-2　妊娠母猪前期的营养需要建议

营 养 素	营 养 指 标	营 养 素	营 养 指 标
消化能	12.96 MJ/kg	烟酸	25 mg/kg
粗蛋白质	14.60%	核黄素	6 mg/kg
赖氨酸	0.55%	胆碱	300 mg/kg
钙	1.45%	泛酸	30 mg/kg
磷	0.70%	叶酸	1 mg/kg
盐	0.50%	生物素	300 mg/kg
维生素 A	10000 IU/kg	锌	125 mg/kg
维生素 D	1500 IU/kg	铁	100 mg/kg
维生素 E	35 IU/kg	镁	25 mg/kg
维生素 B_{12}	25 mg/g	碘	0.5 mg/kg

3. 妊娠母猪的饲养方式及不同阶段妊娠母猪的饲养重点　妊娠母猪的常用饲养模式如下。

(1)抓两头顾中间:适用于断奶后体况较差的经产母猪。母猪经过一个哺乳期之后,体力消耗很大,在配种妊娠初期就加强饲养,使其迅速恢复到繁殖体况,所需的时间为 20～30 d,加喂精饲料,此时进入"妊娠合成代谢",只要饲养好,恢复膘情很快,要多喂一些含高蛋白质的饲料,待体况好转达到一定程度时再喂一些青粗饲料,按饲养标准饲喂即可,直到妊娠后期再加喂精饲料,这样形成了"高-低-高"的营养水平。

(2)步步登高:适用于初产母猪。初产母猪体力还处在生长发育阶段,营养需要量较大,因此在整个妊娠期间的营养水平,是根据胎儿体重的增长而逐步提高的,到分娩前 1 个月达到最高峰,饲喂方式一般在妊娠初期以青粗饲料为主,以后逐渐增加精饲料比例,并且增加蛋白质和矿物质饲料,到产前 3～5 d 日粮减少 10%～20%。

(3)前粗后精:适用于配种前体况良好的经产母猪。因为妊娠初期胎儿很小,加之母猪膘情良好,60 d前可喂一般水平的饲料,自80 d后需要提高营养,增加精饲料比例,因胎儿体重增加很快,营养只靠母体已经不足,故需要增加母猪饲喂量。

(4)根据膘情和季节调整饲喂量:妊娠中期是调整母猪体况的最佳时期,应对妊娠母猪定期进行评估,根据母猪的膘情调整投料量。判定评分可通过活体测膘或手摸测母猪臀部背膘厚度。如果母猪的评分是2分,就应每天增加0.5 kg饲料,一直喂到体况评分是3分;如果母猪评分是4分,就应每天减少0.5 kg饲料,一直喂到体况评分是3分,但每天饲喂量不应低于1.8 kg,一般3周时间可达到预期效果。

根据季节调整母猪的饲喂量,大部分情况下,成年母猪每天需要2~3 kg饲料维持自身的营养需求。初产母猪需要多给1 kg饲料供生长需要。温度会影响母猪的维持需要量和采食量,在气温低于15 ℃的条件下,要增加饲料量。母猪在寒冷的环境温度条件下会有较高的采食量,见表3-3。

表3-3 环境温度对妊娠母猪采食量的影响

单位:kg

体　　重	20 ℃时的采食量	15 ℃时的采食量	10 ℃时的采食量	5 ℃时的采食量	0 ℃时的采食量
120	2.3	2.6	2.9	3.2	3.6
160	2.4	2.8	3.2	3.5	3.9
200	2.5	2.9	3.4	3.8	4.3
240	2.6	3.1	3.6	4.2	4.7
280	2.8	3.3	3.9	4.4	5.0

二、妊娠母猪各个阶段的饲喂标准

1. 妊娠前期(配种至30 d)　配种后1周内要严格限饲,因为配种后48~72 h是受精卵向子宫植入阶段,饲喂量过高会引起血流增加和肝脏性激素代谢增加,从而导致外周血的性激素减少,特别是孕酮减少,导致胚胎死亡率增高,使产仔数下降(表3-4)。1周后按照猪的体况调整饲喂量,但此时胎儿还小,绝对增重不大,对营养的需要量也较少,母体此时除维持本身生命活动外,稍有积储即可。

表3-4 妊娠前期饲喂量对血浆孕酮水平和胚胎成活率的影响

饲喂量/(千克/(头·天))	血浆孕酮/(ng/mL)	胚胎成活率/(%)
1.50	16.7	82.8
2.25	13.8	78.6
3.00	11.8	71.9

2. 妊娠中期(31~84 d)　妊娠母猪应适当增加体重,有必要在妊娠中期对体脂肪的储存状况进行评估和纠正。根据母猪膘情决定饲喂量,调整母猪膘情,达到中等膘情。尤其要注意妊娠70~84 d这个阶段,是乳腺发育的重要时期,过多给予能量,会增加乳腺的脂肪蓄积,减少分泌细胞数,造成泌乳期泌乳量减少。

3. 妊娠后期(85~114 d)　胎儿在妊娠后期的生长发育占整个发育量的70%以上,因此在妊娠后期要增加饲喂量,特别是增加能量饲料的供给,最后的2~3周尤为重要,必须在满足后期胎儿快速生长的营养需要的基础上,提高仔猪的初生重和整齐度。使仔猪在初生时由于肝糖原、肌糖原水平的提高而增强活力,提高成活率。

4. 产前3~5 d及产后　妊娠母猪在产前3~5 d每日减少饲喂量0.5~1 kg,直到分娩前。分娩当日不喂料,产后3~5 d每日增加饲喂量0.5~1 kg,直到恢复正常喂料量。此措施可以预防便秘的发生,减少产后厌食症和分娩困难的发生,保持良好的食欲和营养摄入,保证胎儿正常的生长发育(表3-5)。

表 3-5　母猪妊娠过程胎儿生长发育变化规律

妊娠时间/d	胎儿重/g	占初生重百分率/(%)
28	1.0~1.5	0.08~1.25
50	5	4.17
70	220	18.33
90	600	50
114	1000~1300	100

注意事项:妊娠母猪一定要限饲,受精后采食过多可能增高胚胎死亡率。子宫沉积过多的脂肪,会影响血液循环,导致胎儿营养供给不足。过多的脂肪沉积还会影响母猪乳腺细胞的分化和生长。妊娠后期饲喂量过大,易造成过肥,导致母猪体质差、便秘、分娩困难,分娩时仔猪死亡率高。

三、妊娠母猪的流产及预防

妊娠母猪的胚胎死亡原因如下。

1. 子宫内环境及胚胎的不同时期　妊娠母猪胚胎发育过程中的死亡:母猪排卵多,产仔少,主要是胚胎死亡率高。尤其是妊娠后 20 d 之内,受精卵经分裂开始在子宫壁上着床,在未定植之前或者在胎盘没有形成之前,胚胎没有胎盘保护,在子宫内尚处于"游离"状态,容易受到外界不良因素的影响。配种后 1~5 d,内环境不适宜,死亡率>20%;配种后 9~24 d,胚胎植入子宫,死亡率>25%;配种后 26~40 d,胚胎形成器官,死亡率>30%。胎儿期(配种后 30~90 d)死亡率也高,胎盘发育停止,母体生理调整,对胎儿有应激。当胎儿开始迅速发育时,营养可能供不应求,若母猪体况异常,对胎儿影响更大,胎儿死亡率可能达到 30%左右。

2. 热应激　热应激对妊娠母猪胚胎威胁大,应做好母猪的防暑降温工作。母猪妊娠后 1~3 d,每天在 40 ℃下 2 h,胚胎存活率降低 35%~40%,一般热应激对配种后 11~12 d 的胚胎影响最大,而 20 d 后胚胎对热应激有一定的抗性,故此时热应激对胚胎危害变小,但高温对妊娠后期(尤其妊娠 100 d 以后)的胎儿危害很大。夏季应做好母猪的防暑降温工作,注意使猪舍温度保持在 16~22 ℃。保持凉爽卫生、干燥的环境。

3. 疾病因素　妊娠母猪感染某些细菌和病毒时,会发高热,引起胚胎死亡或流产。如伪狂犬病毒、猪瘟病毒、乙脑病毒、细小病毒等,妊娠母猪感染这类病毒都会造成胚胎死亡、产木乃伊胎。可以饲喂抗生素进行预防,配种前 2 周和配种后 1 周母猪饲料中添加抗生素,预防生殖道感染,也可以注射猪细小病毒疫苗、伪狂犬病毒疫苗、乙脑疫苗、蓝耳病疫苗等。

4. 营养因素　胚胎前期(21 d 前),胎盘分泌某种类蛋白质物质(营养素),有利于胚胎发育,在争夺这类物质时,强存弱亡,有一部分胚胎因得不到营养而死亡。胎儿中期(60~70 d),胎盘发育停止,而胎儿发育迅速,营养供应不均而致使胎儿死亡或发育不良。其中位于中间的胎儿受害最严重,原因是子宫角的血液上端来自卵巢动脉,下端来自子宫颈端的总动脉,两端动脉血都向中部汇合,所以中间的胎儿受害最严重。

5. 玉米霉变　利用脱霉剂做好玉米脱霉或用小麦替代玉米。对母猪影响最大的是玉米霉菌毒素,尤其是玉米赤霉烯酮,此种毒素分子结构与雌激素相似。母猪摄入含有毒素的饲料后,霉菌毒素蓄积到一定程度后,其正常的内分泌功能将被打乱,导致流产。利用脱霉剂是去除玉米霉菌毒素的有效方法。

6. 机械性流产　对妊娠母猪进行精心呵护,减少驱赶、呵斥、殴打造成的母猪机械性流产。对有流产先兆的母猪,先用孕酮注射液 15~25 mg 一次性肌内注射保胎。保胎无效时可选用苯甲酸雌二醇 3~10 mg 或己烯雌酚 3~10 mg 肌内注射,以促使胎儿流出,以防死胎停滞。

四、妊娠母猪的妊娠诊断方法

1. 外部观察法　观察发情周期:母猪配种后 20 d 左右不再出现发情,可初步认为已妊娠,待第二个发情期仍不发情,则说明已妊娠受胎。观察行动表现:母猪配种后表现得安静,贪吃贪睡,食欲增加,容易上膘,皮毛光亮,性情温顺,行动谨慎、稳重,腹围逐渐增大即是妊娠征象(疲倦贪睡不想动,性情温顺步态稳,食欲增加上膘快,皮毛发亮紧贴身,尾巴下垂很自然,阴户缩成一条线)。

2.利用B超进行早孕检查 B超检查是利用换能器(探头)经压电效应发射出高频超声波透入机体组织产生回声,回声又能被换能器接收变成高频电信号后传送给主机,经放大处理于荧光屏上显现出被探查部位的切面声像图的一种高科技影像诊断技术。探查时无任何损伤和刺激,具有探查时间短、无应激、准确率高、图像直观的特点。看到黑色的孕囊暗区或者胎儿骨骼影像即可确认早孕阳性。早孕监测最早在配种后18 d即可进行,第22天时妊娠监测的准确率可达100%。母猪保定和测前处理:被检母猪可在限饲栏内自由站立或保定栏内侧卧保定,于其大腿内侧、最末乳头外侧腹壁上洗净、剪毛,涂布超声耦合剂。探查时只需给探头涂上耦合剂,然后贴在下腹壁上即可。

仪器操作:打开B超仪,调节好对比度、灰度和增益以适合当时当地的光线强弱及检测者的视觉。探头涂布耦合剂后置于检测区,使超声发射面与皮肤紧密相接,调节探头前后上下位置及入射角度,首先找到膀胱暗区,再在膀胱顶上方寻找子宫区或卵巢切面。

图像观察:看到典型的孕囊暗区即可确认早孕阳性。操作熟练时在几秒内即可完成一头母猪的检测。但早孕阴性的判断须慎重,因为在受胎数目少或操作不熟练时难以找到孕囊。未见孕囊不等于没有受孕,因此会存在漏检的可能。在判断早孕阴性时应于两侧大面积仔细探测,并需在几天后多次复检。妊娠期监测需小心翼翼地探测胎动和胎心搏动才能鉴别死、活胎;估测怀胎数时更需双侧子宫角全面探查,否则估测数不准,探测怀胎数的时间在配种后28~35 d最适宜,此时能观察到胎体,而且胎囊并不很大,在一个视野内可观其全貌,随着胎龄增加和胎体增大,一个视野只能观察到胎囊的一部分,估测误差也会增大。

五、妊娠母猪的产前免疫及疾病防治

1.妊娠母猪的产前免疫 通过母猪产前免疫,增加母源抗体水平,通过初乳使仔猪获取被动免疫保护是保持仔猪健康的重要措施。妊娠母猪的免疫应根据动物的免疫状态和传染病的流行季节,结合当地疫情和各种疫苗的免疫特性,合理地安排预防接种次数和间隔时间,制订免疫程序。

2.预防妊娠后期母猪的便秘

(1)分娩前后母猪易便秘:若妊娠母猪缺乏运动,当母猪移入妊娠圈或分娩栏后,常因活动减少和环境突然变化导致应激,采食量和饮水量减少,进而造成肠道运动紊乱而致便秘。妊娠后期胎儿压迫直肠,造成直肠蠕动减少,粪便在直肠内停留时间过长,水分被过度吸收,可造成便秘。饲料颗粒过细、粗纤维含量不足、不喂青绿饲料造成直肠蠕动减少,直肠中没有足够的水分也可导致便秘。母猪妊娠最后2周饲喂量大经常会造成母猪的便秘。母猪妊娠相关的各种生理因素也会引起分娩前后母猪的便秘,如母猪的乳房水肿、妊娠母猪的内分泌状态变化、母猪年龄、饲养管理因素,特别是应激因素等,都有可能引起母猪的便秘。母猪便秘并不是一个因素作用的结果,而是几个因素共同作用的结果,更可能是应激和其他因素的综合作用,常发生在某些管理不善的猪群。

(2)妊娠母猪便秘的后果:妊娠母猪发生便秘后,母猪盆腔肌群(会阴深横肌、尿道括约肌、阴道括约肌等)受到持续的不良刺激(硬粪),持续痉挛,久而久之,这些肌群供血不足,对子宫及宫内胎儿损伤很大。特别是妊娠后期胎儿急速生长,急需母猪胎盘供给大量养分。便秘后,肠道蠕动缓慢,更加剧供血不畅,这样胎儿氧气和营养供给不足,很容易导致胎儿活力不足,弱胎增多,活仔数减少。分娩时子宫收缩乏力,产程大大延长,死产、难产增加;胎儿活力不足,分娩时对子宫挤压刺激太小,挤压反射产生的催产素减少,导致产程延长,"白仔"(白色死胎)增多,奶水必然减少很多,母猪抗体水平低下。

便秘的直肠后端持续压迫子宫,使子宫颈变形,毛细血管扩张,静脉曲张后严重影响血液回流,一方面引起血管破裂,子宫黏膜功能丧失,"不养胎"了,直至掉胎(流产)、死胎;另一方面静脉血管的主要功能之一是把血管内毒素排出,但被直肠卡住后,毒素无法从体内排出而被逐渐吸收,蓄积于体内,扩散而重新分布到全身各脏器,发生毒血症、发热等现象。临床时,常见便秘不除,高热很难退

去,一旦便秘除去,退热也快了。在生产实践中,许多母猪贫血严重,这与母猪体内发生便秘造成代谢紊乱关系很大。

总之,便秘的直接危害表现:易诱发子宫炎、乳房炎、阴道炎(MMA 综合征);黑仔、白仔(死胎)增多,易引起难产、流产;易诱发猝死症,由于肠道菌群失衡,便秘使血压骤然升高,引起"脑溢血"死亡;毒素蓄积引起慢性中毒,免疫力大为下降,母猪食欲减退甚至废绝。

(3)便秘的防治。

①增加母猪的运动:妊娠前1个月使母猪吃好睡好,少运动;1个月后母猪要有足够的运动时间,这样可以改善其血液循环,增进食欲,锻炼肢蹄,一般每天运动1~2 h,能结合放牧更好。运动的时间安排:夏季在早晚进行,冬季在中午进行;雨天、雪天和严寒天气应停止运动,以免母猪受冻或滑倒造成流产;产前1周应停止运动。

②增加青绿饲料的喂量,使用粗纤维饲料,如麦麸、紫花苜蓿草等。但高含量粗纤维会导致日粮中代谢能下降,能量和蛋白质的消化吸收率会随着日粮中纤维素含量的增加而降低,加重母猪分娩前后的厌食和营养不良。粗纤维饲喂量小又不起作用,用粗纤维饲料防治母猪便秘并不理想。

③采用泻药:硫酸镁和硫酸钠等都具有轻泻作用,以硫酸镁作用最强烈,效果最好;也可采用防治母猪便秘的营养性生理调理剂。

3. 妊娠母猪的驱虫 在分娩前2周,进行常规驱虫。主要目的是把寄生虫控制在母猪群,不要让寄生虫卵传染给仔猪。驱虫药可配在饲料、水里或注射驱虫药。

4. 产前转入产房

(1)转猪前的清洗:转猪前的清洗对控制寄生虫病和其他疾病是很重要的。母猪在圈舍中沾满了粪尿,特别是侧面、腹部和乳房处。新生的仔猪常用鼻寻找母猪的乳头,它们很容易在食入初乳前食入粪尿,导致在初乳内的抗体到达前,仔猪的消化道已感染上了大量的寄生虫卵和造成下痢的病原菌。另外,受污染的乳房常常会引起乳房炎的发生,因此,在将母猪移到产房前,应彻底清洗母猪以防止这些疾病的发生。

(2)清洗方法:将母猪赶入洗猪栏内(根据母猪的大小,每次转猪3~5头)进行清洗,具体做法是在种猪舍将母猪身上的脏物冲洗干净,用低压力的温热水最好,然后用药液消毒一次,上产床后第2天再连猪带床进行一次消毒清洗,尽可能减少从种猪舍带来的病原体。最后将母猪轻柔地赶到产仔间的产床内待产。

(3)妊娠母猪上产床。

①设计赶猪路:赶猪时应人为设计一条赶猪路,这条路的墙最好是固定的、结实的墙;如果没有,可以使用临时墙,如用铁栏杆、长的彩条布代替(也可以用饲料包装袋缝合成长条布),或用其他不透光的板等,让猪看见只有向前才是对的,这样猪一般都会顺着给它设计的路前进。

②以喊代打:人在后面喊叫,猪会向前走,但如果人用很细的木条打猪,又没有给猪明确的指示,猪往往不知该怎么办,经常回头,会更加难赶。

③给猪制作一个上床台:初产母猪不愿上产床往往与产床高度有关,给猪制作一个上床台,猪就会乖乖地听人指挥了。这时千万不要采取强制性的措施,因母猪的应激会造成仔猪提前死亡。上床时母猪因肚子大,活动不便,遇到光滑的地面容易滑倒,可以在较滑的地面上撒沙土或铺防滑垫,或给猪购置专用的地毯,平时卷起,使用时铺开,效果较好。

六、分娩母猪的饲养管理

1. 分娩母猪的饲养管理目标

(1)协助母猪顺利产下仔猪,尽量缩短产程。

(2)防止和减轻产褥期综合征。

(3)防止分娩后初乳分泌延迟。

(4)防止分娩后母猪胃肠不适、便秘或者腹泻。

2. 母猪围产期管理的重要性 分娩母猪大多数生殖问题出现在分娩前后,饲养分娩母猪的关键时期是分娩前后各 7 d。好品种的母猪对环境、营养和饲养管理的要求较高,如果没有在饲养环境、饲料配方、饲养管理和疾病控制等方面做相应的改善或提高,会造成母猪分娩前后出现一系列问题。母猪可能发生便秘、产程过长,特别是母猪可发生三联征,即母猪子宫炎、乳房炎、无乳综合征等,使仔猪不能获得足够的母源抗体,造成仔猪疾病多,死亡率高,断奶体重低,母猪无乳或泌乳能力弱,虚弱无力,容易压死仔猪,导致养猪经济效益差。

3. 母猪分娩前后的护理

(1)临产母猪的饲喂:临产母猪胃肠蠕动弱,不能采食过多,分娩前 3～4 d 开始减少饲喂量,每头饲喂量从 2.5 kg/d 逐步减少到 0.5 kg/d,以防止妊娠延长及子宫炎、乳房炎、无乳综合征的发生,并可将死胎头数减少到最低,但膘情差、乳房膨胀不明显的母猪不减料,只在分娩当天不喂料。产后母猪需要哺乳,需要逐渐增加饲喂量,如饲喂不食,则应清除饲料,隔顿再喂,饲喂量减半。

(2)母猪分娩前的准备工作。

①准备分娩舍:母猪进入分娩舍前,分娩舍及内部的设备应彻底清洗消毒。消毒程序:清扫,冲洗(高压水枪),喷洒 2%～4%氢氧化钠溶液,2 h 后高压水枪冲洗,等分娩舍干燥后密闭门窗,用福尔马林熏蒸 24 h 备用(疫情时重复 2 次)。

②在母猪产前 7～15 d 将母猪从妊娠母猪舍经消毒后转入产房。用于母体消毒的消毒剂必须是无毒、无味、无刺激性的消毒剂(如百胜消毒剂),为临产母猪提供舒服的产房环境。

③母猪分娩前的乳房调理工作:必须在母猪分娩前对母猪的乳房进行调理,所以母猪分娩前的乳房调理工作应从妊娠期开始,在母猪分娩前要增加饲料中的蛋白质、维生素,促进母猪乳房充分发育和奶水的分泌。此外,酌情合理地在饲料中添加药物,清除母猪体内携带的病原菌,防止病原菌污染产房,保障母猪和仔猪健康。

④准备好催产素等药品:经常检查母猪的生产记录卡,对妊娠至 112 d 以后的母猪视生产管理情况与待产母猪的数量,可以肌内注射催产素 2 mL 或外阴注射催产素 1 mL,以保证所有妊娠至 114 d 的母猪在白天较短的时间内全部生产,便于分娩管理,缩短母猪的分娩时间,有利于母猪、仔猪的健康,便于仔猪寄养、全进全出、超前免疫等生产管理。

⑤检查临近产期的母猪的乳房和外阴:当最末一对乳头有大量乳汁挤出,乳房肿胀,阴户肿胀潮湿时,就应该做好接产准备。

⑥接产用品的准备:多准备几条干毛巾,保温箱底垫上干燥清洁的麻袋或电热板,确保保温灯随时可以开启,准备百胜消毒剂或碘酒、高锰酸钾溶液、液体石蜡等物品。

注意事项:前列腺素及其类似物(如氯前列烯醇)可用于诱发分娩,可酌情使用。

4. 母猪产前产后保健

(1)临产前的用药:哺乳期是母猪最易感染发病的关键时期,此时给母猪添加抗生素可以减少母猪体内外细菌的感染,减少垂直传播,预防母猪子宫炎、乳房炎、无乳综合征和仔猪细菌性疾病(下痢)的发生。一般情况下,在母猪产前 7 d 和产后 7 d 应在饲料中添加药物,如每吨饲料添加利高霉素 44～100 g 或 15%的金霉素 3000 g＋80%的支原净 120 g＋70%阿莫西林 300 g 等。在炎热的夏季,产前 15 d 和产后整个哺乳期内,饲料中除了添加药物以外,还应添加 2%葡萄糖粉或 5%膨化大豆,以增加能量和采食量;还可添加 0.5%碳酸氢钠(小苏打)和磺胺类药物,以防便秘和弓形虫病的发生。

(2)控制或诱发分娩:母猪足月妊娠至 112 d 使用催产素,可控制或诱发母猪分娩,群体使用可以达到同期分娩的目的。使用催产素能使死产率降低 50%,可使母猪窝产活仔猪数平均增加 0.5头,有利于仔猪寄养,缩短母猪产仔时间,简化管理,节省劳动力,最大限度地利用现有设施和设备,有利于猪瘟疫苗等超前免疫的进行,有利于仔猪同进同出的实施,特别是降低母猪妊娠后期的风险,提高饲养母猪的经济效益。使用催产素应控制分娩投药时间,例如:母猪妊娠 113 d,早上 9:00 时肌内注射催产素 10 mg(2 mL),或外阴注射催产素 5 mg(1 mL),第 2 天 15:00 前母猪顺利分娩。产后母猪 24～48 h 内肌内注射 10 mg(2 mL)催产素,可防治母猪"三联征"(子宫炎、乳房炎、无乳综合征)的发生,提高仔猪断奶体重,促使断奶母猪较早发情。

(3)分娩过程的保健:当分娩母猪产出第二头仔猪时,使用5%葡萄糖生理盐水500～1000 mL,安乃近10～20 mL,鱼腥草50 mL＋地塞米松5 mL,先锋霉素500～1000 IU,在最后100 mL时加入缩宫素5 mL,对其进行静脉输液,对预防子宫内膜炎、乳房炎和提高泌乳量有很好的效果。分娩过程输液可给母猪补充能量,由于分娩过程中母猪子宫的血流量很大,有利于把药物带到子宫的组织中,有利于加快母猪的分娩速度,减少分娩时间过长造成的仔猪窒息死亡。及时补液对母猪的乳房炎有很好的预防作用,同时,一部分药物由母猪的乳汁代谢排出,仔猪吃到含有药物的乳汁对预防黄白痢的发生也可起到一定的作用。

(4)产后注射土霉素长效注射液进行保健:母猪过肥、过瘦、长期笼养等因素都可导致其抵抗力下降,产后的母猪身体虚弱,易感染疾病。体弱母猪常表现为子宫收缩乏力、产程过长、胎衣不下、难产,产道和子宫易感染细菌。母猪产仔后注射土霉素长效注射液进行保健能很好地预防母猪产后的各种疾病,如子宫炎、乳房炎、无乳综合征等,提高母猪的各种生产性能,特别是促进乳汁的分泌,促使仔猪健康生长。母猪从产第一头仔猪到产完仔猪后12 h内都可以注射土霉素长效注射液进行保健,预防各种细菌性疾病,每头母猪一次性注射10 mL土霉素长效注射液。

(5)预防哺乳母猪的便秘:母猪产前便秘会引起食欲减退、仔猪初生重降低,分娩母猪便秘会引起母猪泌乳障碍和仔猪下痢,降低仔猪断奶体重。母猪便秘一般通过调整母猪日粮的粗纤维量来解决,若母猪排出干硬圆粒状粪便,应每天给每头母猪饲喂人工盐50 g或硫酸镁25 g,有条件的猪场可加喂青饲料,并提供充足的洁净饮水。

5. 母猪的安全分娩技术

(1)根据临产征象准确判定母猪的分娩时间:根据母猪行动的变化和外阴部特征,可以大体确定母猪分娩时间。分娩前2周,母猪腰角部和尾根两侧凹陷,骨盆开张,腹部变大并下垂,用手触摸腹部可以感觉到胎动,母猪的乳房基部与腹部之间形成两条丰满的"乳镜";分娩前1周,母猪的乳头呈"八"字形向两侧分开;分娩前4～5 d,母猪的乳房显著膨大,两侧乳房外张,呈潮红色,用手挤压乳头有少量稀薄乳汁流出;分娩前3 d,母猪起卧行动稳重谨慎,乳头可分泌乳汁,用手触摸乳头有热感;分娩前1 d,母猪神经症状明显,絮窝、起卧不安、经常翻身改变躺卧姿势,母猪的阴门肿大,松弛,呈紫红色,有黏液从阴门流出,挤出的乳汁比较浓稠,呈黄色;分娩前6～10 h,母猪频频排尿,阵痛,从乳头可以挤出较多乳汁;在分娩前6 h呼吸增加至91次/分,当呼吸逐渐下降至72次/分时,第一头仔猪即将分娩。我国地方品种母猪产前有衔草摆窝的习性,通过观察此习性能较好把握母猪分娩的时间。

(2)分娩时必须有专人看护:母猪分娩时给予看护,可以降低在生产过程中和生产后数小时的仔猪死亡率,必须保持产房环境安静,避免刺激正在分娩的母猪,以免母猪分娩中断,造成死胎。如果环境温度太高,母猪的分娩时间就会延长,死胎的问题就会出现。因此,分娩时的室温应保持在20～24 ℃。检查胎衣的数量,常见一大块、两小块胎衣,根据母猪是否努责,可以确认生产是否结束。及时处理胎衣,胎衣排出后应立即取走,以免母猪食后养成吃仔的恶习。

(3)难产时正确使用催产素:催产素有兴奋子宫平滑肌、引起子宫收缩从而促进分娩的作用。当母猪由于体内催产素含量低、子宫收缩微弱引起难产时,可使用催产素催产,但如果使用不当,不但发挥不了其应有的作用,还可能产生很大的不良反应。通常,当母猪分娩过程较慢时,有的饲养员或兽医初学人员,为求快速分娩,喜欢用催产素(缩宫素)来催产,但催产素的使用是有一定适应证的,不能滥用,且不能超剂量使用,若使用不当,不仅催产不成,反而会造成胎儿窒息而死,使母猪因子宫破裂而亡,造成不必要的损失。催产素的正确使用方法:催产素要应用在子宫颈全开的情况下,马和牛可通过开膣器窥视或手检来判断,但对猪一般不提倡,在仔猪出生1～2头后,估计母猪骨盆大小正常,胎儿大小适中,胎位正常,从产道娩出没有问题,但子宫收缩无力,母猪长时间有努责而不能产出仔猪时(间隔时间超过45 min),可考虑使用催产素,使子宫收缩力增强,促使胎儿娩出。

此外,在人工助产的情况下,进入产道的仔猪已被掏出,估计还有仔猪在子宫角未下来时也可使用催产素。一般产仔1～3 h即可排出胎衣,若3 h后仍没有排出则称为胎衣不下,此时也可注射催产素,2 h后可重复注射一次。

（4）仔猪出生慢的原因:仔猪出生慢的原因往往是产道里有一头大的仔猪,而骨盆腔又相对狭窄,或同时有两头仔猪出生,堵在交叉部,或胎位不正,或已分娩很长时间,母猪虚弱,子宫收缩无力,或产房中温度过高,或冬季生煤炉造成氧气不足,及二氧化碳、氨气浓度过高等。

如果出现分娩较慢的问题,应认真分析原因和检查产道,若不分情况地注射催产素,弊多利少,轻者可造成胎儿与胎盘过早分离,或在分娩前脐带断裂,使胎儿失去氧气供应,窒息死亡,重者如果骨盆狭窄,胎儿过大,胎位不正（横位）,会造成母猪子宫破裂。

6. 母猪产程过长的原因分析

（1）母猪产程过长的原因:母猪分娩乏力在我国猪场广泛存在,是当今我国猪群分娩时间延长的主要原因之一。在我国大型猪场,第二产程多在 4～5 h 及以上,远远超过母猪正常的产程时间（2～3 h）。而且众多猪场规定,产出第二胎后一律注射催产素,多数母猪在药物催产情况下第二产程才能在 4～5 h 内完成,这无疑证明分娩乏力导致的异常分娩广泛存在。

（2）高度的选育和现代饲养制度是导致母猪分娩乏力的根本原因:国外引入的大型瘦肉型猪品种,母猪产仔数多、泌乳量大,但对采食量的选育不够,造成泌乳潜能提高和采食量不足的矛盾,使母猪体质下降。在现代畜牧生产中,母猪多数被养在限位栏内,这限制了母猪的自由活动,使其无法进行大量运动,导致体质严重下降。而分娩对母猪来说是一项严峻的体能挑战,强度高,持续时间长,现代母猪耐受不了这么长时间的高强度运动,可能会耗尽体力,中断分娩过程。

（3）限位栏饲养:产前母猪便秘是由母猪的生理决定的,限位栏饲养导致的活动减少,肠道蠕动迟缓,加剧了便秘的发生。妊娠期肠道内积粪,尤其是大肠内大量粪便蓄积,易导致异常发酵,有毒有害的细菌产生毒素,吸收进入血液后,容易对胎儿产生影响,对产仔率、初生重有负面的影响;在围产期,母猪急于造窝,一直处于紧张状态,加上环境改变和生理变化,多数母猪会出现严重的便秘问题。大量的积粪存在于直肠后段,其重力压迫子宫颈部位,容易造成子宫平滑肌麻痹,子宫血液供应不良,影响了胎儿发育和分娩时子宫平滑肌的蠕动,导致产程延长,子宫内膜炎发生率增高;分娩后,肠道内有大量积粪,容易出现产后没有食欲,采食量恢复很慢,导致泌乳减少,乳猪腹泻发生率增高。

（4）母猪贫血:母猪一次要产十几头小猪,造血原料铁又最不容易吸收,所以母猪十有八九发生缺铁性贫血,进而造成仔猪的缺铁性贫血。母猪贫血使身体组织缺氧,子宫肌肉组织缺氧使收缩无力,导致产程过长。

（5）母猪过肥和过瘦:母猪过肥一方面是内分泌失调引起的,另一方面是饲料能量太高或者没有采取限制饲养,使腹腔特别是产道沉积过多的脂肪而致。过瘦是由于母猪营养不良或母猪有疾病,过瘦的母猪产仔无力。母猪过肥和过瘦都会延长产程。

其他因素如产房缺氧、使用不合格饲料添加剂、胎儿畸形或胎位异常、感染传染性疾病等也可能造成产程延长。

（6）母猪产程过长对母猪和仔猪的影响:母猪分娩应激大,易得产期病,如子宫炎、阴道炎、阴道外翻,严重者可造成死亡。分娩后腹腔减压使本来就舒张弛缓的子宫更易淤血,子宫收缩乏力。良好的体能储备是子宫收缩的主要动力,因此临床上常见到体能储备好的母猪站立时也可排出恶露,体能储备差的母猪多在卧下腹压增大时才能排出恶露。恶露不能尽早排尽,子宫复原就会推迟。子宫复原推迟会导致发情推迟或发情障碍。

分娩过程中,脆弱的脐带很容易受到挤压,甚至出现更糟糕的情况——脐带破裂。这两种情况都会导致供应胚胎的血流中断,结果造成缺氧,CO_2 和乳酸水平持续上升,同时血液 pH 值下降。多数仔猪出生过程比较快,这种血流中断不会影响健康。然而,如果某个仔猪生到一半的时候母猪因疲劳而停下来,仔猪就会经历长时间的呼吸障碍。2 min 以内的呼吸障碍一般不会产生影响,如果呼吸障碍超过 5 min,就会导致仔猪死产,2～5 min 的呼吸障碍会造成仔猪的代谢损伤。"酸中毒"的仔猪,出生后需要更长的时间才能缓过来,从而很容易受低温影响,也容易被母猪压死。这些仔猪寻找奶头也很困难,抢不过其他仔猪,因此这些仔猪很容易在产后 1 d 之内死亡。

7. 母猪产程过长的对策

（1）增强体质、提升产力是关键：产程过长的主要原因在于母猪体质差，所以应改善饲养方式、增强运动。有条件的猪场可以采用母猪自动饲养管理系统。它可以让母猪从限位栏的桎梏中彻底解放出来，使每头母猪都有充分自由运动的空间，同时能达到人类定向控制的目的。采取后备母猪小群饲养、发情配种上限位栏、28 d确认妊娠下限位栏、恢复小群饲养、产前5 d上产床或进产房等模式，也可大大减少滞产，小群饲养时，饲喂栏应采用限位或半限位，以控制个体之间不同的投料采食量。

（2）补充营养物质对缓解分娩疲劳很有效：分娩对母猪来说，是一项严峻的体能挑战，强度高，持续时间长。根据分娩过程的代谢需要，通过口服和静脉注射等途径补充营养物质，缓解分娩疲劳，可获得良好的效果。

（3）良好的环境有助于母猪的分娩：保证畜舍最适温度下的最大通风量是饲养管理的核心。具体生产实践中要尽可能增加分娩室的通风换气量，保证分娩母猪有足够的氧气供应。

8. 分娩后母猪护理的要点　母猪产后身体极度虚弱，抗病力降低，消化能力减弱，容易受病原体感染而患病，也容易出现便秘、食欲下降等不良反应，应加强母猪产后护理。

检查胎衣数量和母猪是否努责，确认生产是否结束、胎衣是否完全排出、母猪腹部是否收缩及回弹；确保母猪安定下来睡觉，安静地休息，给仔猪哺乳。可以用0.1％高锰酸钾溶液擦洗母猪乳房及后躯。

不论接产消毒如何严格，不论环境如何优越，母猪产后都会处于最虚弱的时期，最易受到细菌感染而致病，应采取必要的保健措施，如注射兽医指定抗生素、促进恶露排出的药物或进行子宫冲洗等，这样对母猪是有利的。

检查母猪的健康状况：检查母猪的采食量，对食欲较差或厌食的母猪做全面检查，注射促进胃肠蠕动的药，以促进母猪食欲，或通过静脉补液、消炎等方式，防治母猪疾病。对产后1周内的母猪，进行乳房检查，观察是否有红、肿、热、痛，仔猪是否发生下痢或生长不良，发现问题及时处理。

检查母猪有无不正常的阴道排泄物和阴户红肿等症状：对于产后的母猪，如果阴道排泄物一直不干净或有阴户红肿等症状，可以考虑使用催产素进行调理，促进子宫收缩以排出恶露，保证子宫内膜干净，子宫恢复原状，最终保证母猪下一胎发情正常，易配种。对于哺乳性能较差或产仔数多的母猪，应将其仔猪全部或部分转移给其他母猪哺乳。

哺乳期内注意环境安静，圈舍清洁、干燥，做到冬暖夏凉。随时观察母猪的采食量和泌乳量的变化，以便针对具体情况采取相应措施。

母猪发热处理：母猪产后发热，将危及全窝仔猪的生命。此时，应严禁大剂量使用安乃近之类的药物，因为这类药抑制性强，大剂量注射后，会使心脏负担过重，引起心力衰竭。另外，此类药物还能使括约肌痉挛，造成乳房膨胀，排不出乳汁，最后造成母猪、仔猪全亡。可以使用传统方法退热：取3000～5000 mL温水，水温低于体温，加4勺洗衣粉溶解，使用胃导管从直肠导入，当大量水流出时，可以排出体内热量，再配合用药等措施可以取得良好的效果。

单元五　哺乳母猪的饲养管理

单元目标

知识目标：掌握哺乳母猪的饲养管理方法及哺乳母猪异常状况的处理。

技能目标：初步掌握哺乳母猪的饲养管理方法，哺乳母猪的营养需求及疾病防治。

思政目标：培养学习者爱岗敬业、勇担责任的工匠精神。

扫码学
课件 3-5

Note

→ **案例导学**

影响哺乳母猪泌乳量的因素。

→ **课前思考**

如何对哺乳母猪进行饲养管理？如何提高哺乳母猪的泌乳能力？

饲养好哺乳母猪不仅直接关系到仔猪的成活率和健壮性，也关系到母猪本身的健康状况，以使其分泌丰富的乳汁，保持良好的种用体况，断奶后及时发情配种。

饲养哺乳母猪的主要任务：一方面始终保持母猪的旺盛食欲，提高泌乳量，这是仔猪增重的基础；另一方面还要控制母猪泌乳期的减重，以便在断奶后能正常发情、排卵，并延长其利用年限。为此，需要掌握母猪的泌乳行为和泌乳规律、影响母猪泌乳量和乳成分的因素、哺乳母猪对营养需要的特点等，以便进行科学的饲养和管理。

一、哺乳母猪的泌乳行为

哺乳母猪泌乳的过程是神经、内分泌系统共同参与作用的结果。要促进母猪泌乳，提高泌乳量，不仅需要营养物质基础的保证，而且要创造有利于泌乳反射的条件，如安静环境等。

母猪的泌乳行为在一定程度上反映了母猪的泌乳性能。泌乳行为通常以泌乳次数、泌乳间隔时间、仔猪拱乳时间、放乳持续时间等表示。测定方法通常是母猪分娩后每隔 5 d，观察记录一昼夜，至泌乳期结束。

1. 哺乳母猪泌乳次数与泌乳间隔时间　哺乳母猪平均每天泌乳 20～26 次，每次间隔 1 h 左右，一般哺乳前期次数较多，随产后仔猪日龄增加泌乳次数减少，有人认为由于夜间安静泌乳次数应较白天多，而据实际测定，白天和夜间泌乳次数基本相同，但品种和个体之间差异较大。

2. 仔猪拱乳时间与放乳持续时间　哺乳母猪每次放乳时，先躺倒侧卧，同时发出"哼哼"声，仔猪开始寻找母猪的乳头，用鼻嘴拱撞乳房，一般拱乳时间为 70～80 s，然后有一短暂的安静时间，持续几秒到 10 多秒，此时仔猪紧含乳头，一动不动，紧接着母猪开始放乳，仔猪的嘴巴高频率蠕动。实际放乳持续时间为 10～20 s。当母猪准备放乳时，若有外界干扰，如陌生人进舍、大声喧哗等，则仔猪拱乳时间会大大延长，甚至母猪不放乳。因此，保持泌乳母猪舍安静的环境有利于提高母猪泌乳量。

二、哺乳母猪的泌乳量

母猪在哺乳期间要分泌大量乳汁，一般在母猪泌乳全期泌乳量为 300～400 kg，每日泌乳 5～10 kg。泌乳量在分娩后逐渐增加，产后 10～20 d 达到高峰，以后随仔猪日龄增加泌乳量逐渐降低。营养充足则母猪维持泌乳高峰的时间延长。因此，在整个哺乳期，尤其是泌乳前 30 d，哺乳母猪物质代谢水平比空怀母猪要高得多，需要的营养物质和饲料量显著增加。

1. 影响母猪泌乳量的因素

（1）品种：品种是影响母猪泌乳量的首要因素。不同品种母猪的泌乳量差异很大。从现有报道的资料来看，泌乳量最高的品种是长白猪。当然，母猪泌乳量因营养水平、试验方法以及管理条件不同，不一定有可比性。一般来说，大型母猪泌乳力较强，体重大而膘情好的母猪，泌乳力也相对要好些，但母猪过于肥胖、体内代谢失调，也会造成泌乳量降低。就同一品种来看，个体间也有较大差异。在生产中可根据经验进行观察：泌乳性能好的母猪所带仔猪，出生后 3 d 左右开始上膘，仔猪活泼健壮，被毛光亮，紧贴皮肤；母猪乳房膨大，乳头下垂，仔猪吃奶时，拱乳时间短，母猪放乳时间长；哺乳母猪掉膘快者多为泌乳量高的母猪；而仔猪吸乳时经常咬架，母猪乳头有咬伤的是低泌乳量的表现。

（2）胎次：母猪胎次不同，泌乳量也不同，初产母猪的泌乳量常常低于经产母猪，原因是初产母猪尚未达到体成熟，特别是乳腺等各组织还处在进一步发育过程中，又缺乏哺乳的习惯。因此，泌乳量受到影响,从第二胎开始,泌乳量上升,第五胎达到高峰,第六至七胎后泌乳量逐渐下降。例如,对太湖猪连续三胎的实际测定结果显示,第一胎平均日泌乳量为 5.9～7 kg,第二胎为 7～22 kg,第三胎为 9～25 kg。第一至三胎的泌乳量差异极其显著。

后备母猪如果过早配种,第一胎的泌乳量往往不高,而适当增大配种年龄,第一胎泌乳量可能与以后差别不大。老龄母猪泌乳量多数显著下降,主要原因是母猪新陈代谢功能减退,营养转化能力差,不仅导致仔猪初生重低,而且因泌乳量减少,导致仔猪生长缓慢。因此,不断更新母猪群、适龄母猪及时配种,是提高母猪泌乳量的有效措施。

(3)带仔头数:带仔头数多的母猪泌乳量高,原因是仔猪有固定乳头吃奶的习惯,母猪排乳必须经过仔猪拱乳头的刺激引起垂体后叶分泌催乳素,才能排乳,而未被吃奶的乳头分娩后不久即萎缩。因此,带仔多,吸出的乳量也多。生产中应调整母猪产后的带仔数,使其有效乳头全部带满,这样可提高母猪的泌乳量。

(4)不同乳头位置:乳头的位置不同,泌乳量也不相同。一般靠近胸部的前几对乳头的乳腺和乳导管数比后面的多,因此泌乳量也多(表 3-6)。仔猪出生后有固定乳头吃奶的习惯,可通过人工方法将初生重小、体弱的仔猪放在前面的乳头吃奶,使体弱仔猪吃到较多的奶,加快生长,从而使同窝仔猪发育均匀,断奶时仔猪体重相差较小。

表 3-6　母猪不同对乳头的泌乳量

乳头位置	第1对	第2对	第3对	第4对	第5对	第6对	第7对
泌乳量/(%)	23	24	20	11	9	9	4

(5)营养水平:哺乳母猪的营养水平和饲料品质也是影响泌乳量的主要因素。合成乳汁的各种营养物质都来自饲料。要想使母猪分泌充足的乳汁,除了考虑母猪维持正常生理水平的需要外,还应根据仔猪的多少综合考虑母猪的营养需要,尤其要注意蛋白质饲料、能量饲料和青饲料的质和量。只有满足母猪营养需要,泌乳性能才能得到充分发挥。营养水平对母猪的泌乳量起着重要作用。保证足够的能量和蛋白质的摄入,特别是赖氨酸的摄入,可提高母猪的泌乳潜力。

在日粮配合中不仅要确保足够的能量和蛋白质水平,同时要保证矿物质和维生素的供给。我国 2004 年发布的《猪饲养标准》规定,哺乳母猪每千克饲料营养成分含量:消化能 13.8 MJ、粗蛋白质 17.5%～18.5%、钙 0.77%、磷 0.62%。每天采食量为 4.65～5.65 kg。

哺乳母猪的饲喂次数应当增加,一般每日喂 3～4 次。饲料喂量除母猪本身的基础喂量(日喂 3～4 kg)外,还应加上哺乳仔猪所需要的饲喂量。哺乳仔猪每头每天所需饲料量:出生至 20 日龄给料 0.2 kg,21～50 日龄给料 0.4 kg,51～60 日龄断奶给料 0.6 kg。例如,一头哺乳母猪带仔 10 头,则在仔猪 21～50 日龄时,母猪日喂量为 3+0.4×10=7(kg)。给仔猪开始补料时,母猪的喂量要相应递减。青饲料每头每天饲喂量以 1.5～2 kg 为宜。

在母猪分娩后的 1～5 d 内不宜喂料太多,要减少精饲料喂量,然后经 3～5 d 逐渐增加投料量,至产后 1 周,母猪采食和消化正常,可放开饲喂,任其采食。断奶前 2～3 d,应减少日喂量,减少的量应根据母猪膘情灵活确定。断奶后应根据膘情酌情调整饲喂量。

哺乳母猪要供足清洁饮水,以提高其泌乳量。如喂生干料,饮水充足与否是采食量的限制因素,饮水器应保证出水量及速度。哺乳母猪最好喂生湿料(料:水=1:(0.5～0.7))。如有条件,可以喂豆饼浆汁,在饲料中添加经打浆的南瓜、甜菜、胡萝卜、甘薯等催乳饲料。

哺乳母猪饲料结构要相对稳定,不要频变、骤变饲料品种,不喂发霉变质和有毒饲料,以免造成母猪乳质改变而引起仔猪腹泻。

仔猪断奶后,母猪在仔猪断奶的当天不喂料,并控制饮水,以防发生乳房炎。对哺乳期间掉膘太快的母猪可少减料或不减料,让其尽快恢复膘情,及时发情配种。对泌乳性能很差或无奶的母猪,经过 1～2 胎的繁殖观察,应及时淘汰处理。

2. 哺乳母猪管理　哺乳母猪应单圈饲养,且每天应有适当运动,以利于恢复体力,增强母猪、仔猪体质和提高母猪泌乳量。有条件的地方,特别是传统养猪时,可让母猪带领仔猪在就近牧场上活动,以提高母猪泌乳量,改善乳质,促进仔猪发育。无牧场条件时,最好每天让母猪、仔猪有适当的舍外自由活动时间。保持栏圈清洁卫生,空气新鲜,除每天清扫猪栏、冲洗排污道外,还必须坚持每 2～3 天用对猪无副作用的消毒剂喷雾消毒猪栏和走道。尽量减少噪声,禁止大声呼喊、粗暴对待母猪,保持安静的环境条件。保持母猪乳头清洁,防止乳头损伤、冻伤和萎缩,严禁惊吓和鞭打母猪。

三、异常情况的处理

1. 乳房炎　哺乳母猪患乳房炎,一种是乳房肿胀,体温上升,乳汁停止分泌,多出现于分娩之后,病因是精饲料过多,缺乏青绿饲料引起便秘、难产、高热等疾病。另一种是部分乳房肿胀,病因是哺乳仔猪中途死亡,个别乳头没有仔猪吮乳,或母猪断奶过急,使个别乳头肿胀,乳头损伤,细菌侵入而引起。哺乳母猪患乳房炎后,初期可用手或湿布按摩乳房,后期可用温暖的毛巾进行热敷,将残存乳汁挤出来,每天挤 4～5 次,2～3 d 乳房出现皱褶,逐渐萎缩。如乳房已变硬,挤出的乳汁呈脓状,可注射抗生素或磺胺类药物进行治疗。

2. 产褥热　母猪产后感染,体温上升到 41 ℃,全身痉挛,停止泌乳。该病多发生在炎热季节,主要是子宫受外界因素感染造成炎症。为预防此病的发生,母猪产前要减少饲料喂量,分娩前几天可喂一些轻泻性饲料,减轻母猪消化道的负担。母猪产后 3 d 在饲料中添加保健药物可防止子宫感染引起产褥热。如患病母猪停止泌乳,必须把全窝仔猪进行寄养,并对母猪进行及时治疗。

3. 产后乳少或无乳　引起产后乳少或无乳的原因:母猪妊娠期间饲养管理不善,特别是妊娠后期饲养水平太低,会导致母猪消瘦,乳腺发育不良;母猪年老体弱,食欲不振,消化不良,营养不足;母猪妊娠期间喂给大量碳水化合物饲料,而蛋白质、维生素和矿物质供给不足;母猪过胖,内分泌失调;母猪体质差,产圈未消毒,分娩时容易发生产道和子宫感染。为了防止产后乳少或无乳,必须做好母猪的饲养管理,及时淘汰老龄母猪,做好产圈消毒和接产护理。对消瘦和乳房干瘪的母猪,可喂给催乳饲料,如豆浆、麸皮汤、小米粥、小鱼汤等,亦可用中药催乳(药方:木通 30 g,茴香 30 g,加水煎煮,拌少量稀粥,分 2 次喂给)。因母猪过肥而无乳,可减少饲料喂量,适当加强运动。

4. 子宫炎　母猪产后子宫炎主要是由难产,胎衣不下,子宫脱出,助产时手术用具不洁、操作不当而造成子宫损伤,产后感染引起,主要表现是母猪体温升高,精神不振,食欲减退或废绝,时常努责,特别是在母猪刚卧下时,阴道内流出灰红色或黄白色脓性带腥臭味的分泌物,分泌物黏附于尾根部,恶臭难闻。治疗方案:首先应清除积留在子宫内的炎性分泌物,再结合全身疗法,可用抗生素或磺胺类药物治疗;也可采用直达病灶的子宫栓剂与全身疗法相结合治疗。

单元六　哺乳仔猪的饲养管理

单元目标

知识目标:了解哺乳仔猪的饲养管理,掌握哺乳仔猪的腹泻及疾病防治,提高断奶成活率。

技能目标:初步掌握哺乳仔猪的饲养管理方法,哺乳仔猪的营养需求,腹泻的预防方法及疾病防治。

思政目标:引导学习者敬畏生命、敬畏自然,体会人与动物的和谐相处,提高专业素养。

扫码学
课件 3-6

案例导学

Note

案例导学

初乳对初生仔猪的重要性。

→ **课前思考**

哺乳仔猪出生后应做哪些处理？如何处理哺乳仔猪的腹泻及疾病防治？

哺乳仔猪生长发育迅速，物质代谢旺盛，生理调节能力差，消化器官发育不够完善，且胃肠容积小，应少喂多餐，精心管理。

一、喂养

1. 及时吃足初乳　初乳是指母猪分娩后 36 h 内分泌的乳汁，它含有大量的母源性免疫球蛋白。哺乳仔猪出生后 24～36 h 内肠壁可以吸收母源性免疫球蛋白，以获得被动免疫。初生仔猪不具备先天性免疫能力，必须通过吃初乳而获得。让仔猪出生后 1 h 内吃到初乳，是初生仔猪获得抵抗各种传染病的抗体的唯一有效途径；推迟初乳的吸食，会影响免疫球蛋白的吸收。哺乳仔猪出生后立即放到母猪身边吃初乳，还能刺激消化器官的活动，促进胎粪排出。初生仔猪若吃不到初乳，则很难成活。免疫球蛋白在初乳中的含量见表 3-7。

表 3-7　免疫球蛋白在初乳中的含量

出生后时间/h	抗体含量及吸收能力/（%）
1	90～100
3	70～75
8	40～45
16	20～30
24	10～15
48	5～10

2. 早期补铁、补硒　早期补铁已成为培育仔猪的一项重要技术措施。补铁方法过去多采用在仔猪吮奶时，向母猪乳头上滴硫酸亚铁水溶液的方法，让仔猪随着吮乳一起吸入铁溶液从而达到补铁的目的。目前，仔猪铁制剂已形成商品化生产。铁制剂含铁 150～200 mg/mL，每头仔猪在出生后 3 日龄内一次性肌内注射 1 mL，即可有效地预防仔猪缺铁性贫血。大量实践证明，仔猪出生后 2～3 d 补铁 150～200 mg，平均每窝断奶育成活仔数可增加 0.5～1 头，60 日龄体重可提高 1～2 kg。在缺硒地区，还应同时注射 0.1% 亚硒酸钠与维生素 E 合剂，每头注射 0.5 mL，10 日龄时每头再注射 1 mL。现在市场有生血素、铁硒合剂等，可在出生后 3 日龄一次性肌内注射 1 mL。

3. 水的补充　哺乳仔猪生长迅速，新陈代谢旺盛，需水量较多，而乳汁和仔猪补料中蛋白质和脂类含量较高，若不及时补水，就会有口渴感，生产实践中会看到哺乳仔猪喝尿液和污水，这不利于哺乳仔猪的健康成长。可在哺乳仔猪补料栏内安装自动饮水器或适宜的水槽，随时供给哺乳仔猪充足的饮水。据试验，3～20 日龄仔猪可补给 0.8% 的盐糖水溶液，20 日龄后改用清水。补饮盐糖水溶液可弥补哺乳仔猪胃液分泌不全的缺陷，具有活化胃蛋白酶和提高断奶体重的功效，并且成本较低。

4. 提早诱食补料　哺乳仔猪出生 1 周后，前门齿开始长出，喜欢啃咬硬物以消解牙痒，这时可向饲槽中投入少量易消化的具有香甜味的颗粒料，供哺乳仔猪自由采食，其主要目的是训练哺乳仔猪采食饲料。给哺乳仔猪提早开食补料，是促进哺乳仔猪生长发育、增强体质，提高成活率和断奶体重的一项关键措施。哺乳仔猪出生后随着日龄的增长，其体重及营养需要与日俱增，自第二周开始，单纯依靠母乳不能满足哺乳仔猪体重日益增长的要求，如不及时诱食补料，弥补营养的不足，就会影响哺乳仔猪的正常生长。及早诱食补料，还可以促进胃肠发育，防止腹泻。诱食补料在出生后 5～7 日龄进行，此时把饲料撒入饲槽，让仔猪自由采食。补料的同时补喂一些幼嫩的青菜、瓜类等青绿多汁饲料，供足清洁饮水，并注意观察哺乳仔猪排便情况。诱食补料后一周左右，哺乳仔猪才习惯采食饲料，俗称"开食"。

提早诱食补料,不仅可以满足哺乳仔猪快速生长发育对营养物质的需要,提高日增重,而且可以刺激哺乳仔猪消化系统的发育和功能完善、防止断奶后因营养性应激而导致腹泻,为断奶的平稳过渡打下基础。

二、管理

1. 加强分娩看护,减少分娩死亡 母猪分娩一般持续 5 h 左右,分娩时间越长,仔猪死亡率越高。因此,母猪分娩时应保持安静,若分娩间隔超过 30 min,应仔细观察并准备实施人工助产。另外,哺乳仔猪出生后编耳号、断尾以及注射铁制剂等工作可放到 3 日龄时进行,避免使哺乳仔猪感到疼痛而减少吮乳次数和吮乳量。哺乳仔猪死亡原因见表 3-8。

表 3-8 哺乳仔猪死亡原因

死 因	比例/(%)	死 因	比例/(%)
压死	44.80	下痢	3.80
弱死	23.60	关节炎	1.70
饿死	10.60	湿疹	1.20
畸形	3.80	流感	0.70
咬死	1.10	其他	5.70
外翻腿	3.00		

2. 加强保温,防压防冻 前已述及,哺乳仔猪体温调节机制不完善,防寒能力差,且体温较成年猪高 1～2 ℃,需要的能量亦比成年猪多。因此,应为哺乳仔猪创造一个温暖舒适的小气候环境,如设保温箱,以满足哺乳仔猪对环境温度的特殊要求。哺乳仔猪日龄越低,要求的温度越高。母猪的适宜环境温度为 18～22 ℃,而哺乳仔猪所需要的适宜温度如下:1～3 日龄 30～32 ℃,4～7 日龄 28～30 ℃,8～15 日龄 25～27 ℃,16～27 日龄 22～24 ℃,28～35 日龄 20～22 ℃。为保证哺乳仔猪有适宜的温度,较为经济的方法是施行 3—5 月份和 9—10 月份的季节产仔制度,避免在严寒或酷暑季节产仔。若常年产仔,则应设产房。产房内设产床和仔猪保温箱,保温箱内挂白炽灯或红外线灯,底部铺设电热板,使仔猪舍温度保持在适宜的范围。

新生仔猪反应迟钝,行动不灵活,稍有不慎就会被压死。因此,新生仔猪的防压也很重要。一般仔猪出生 3 d 后,行动逐渐灵活,可自由出入保温箱,被踩、压死的危险减少。生产中可训练哺乳仔猪养成吃乳后迅速回保温箱休息的习惯,可用红外线电热板等诱使仔猪回保温箱内。此外,仔猪出生后 3 d 内,应保持产房安静,工作人员应加强照管,提高警惕,一旦发现母猪有踩压仔猪行为,应立即将母猪赶开,以防仔猪被踩或被压。

3. 固定乳头 母猪的乳房各自独立,互不相通,自成一个功能单位。各个乳房的泌乳量差异较大,一般前部乳房奶量多于后部乳头。每个乳房由 1～3 个乳腺组成,每个乳腺有 1 个乳头管,没有乳池储存乳汁。因此,母猪乳汁的分泌除分娩后最初 2 d 是连续分泌外,之后是通过刺激有控制地放乳,不放乳时仔猪吃不到乳汁。仔猪吮乳时,先拱揉母猪乳房,刺激乳腺放乳,仔猪才能吮到乳汁。母猪每次放乳时间很短,一般为 10～20 s,哺乳间隔约为 1 h,后期间隔加大,日哺乳次数减少。

仔猪有固定乳头吮乳的习性,乳头一旦固定,直到断奶时不变。仔猪出生后有寻找乳头的本能,产仔数多时常有争夺乳头的现象。初生重大、体格强壮的仔猪往往抢先占领前部的乳头,而弱小的仔猪则迟迟找不到乳头,即使找到乳头,也只能是后部的乳头,且常常被强壮的仔猪挤掉,造成弱小的仔猪吃乳不足或吃不到乳。甚至仔猪互相争夺乳头,从而咬伤乳头或其他仔猪颊部,导致母猪拒不放乳或个别仔猪吮不到乳汁。为使同窝仔猪均匀生长,放乳时有序吮乳,须在仔猪出生后 3 d 内人工辅助固定乳头,使其养成固定吮乳的良好习惯。

人工辅助固定乳头方法:在分娩过程中,让仔猪自寻乳头,待大多数仔猪找到乳头后,对个别弱小或强壮而争夺乳头的仔猪进行调整,把弱小的仔猪放在前部乳汁多的乳头上,体大强壮的放在后部的乳头上。这样就可以利用母猪不同乳头泌乳量不同的生理特点,使弱小的仔猪获得较多的乳汁以弥补先天不足,后部的乳头泌乳量不足,但仔猪的初生重较大,体格健壮,可弥补吮乳量相对不足的缺点,从而达到窝内仔猪生长发育快且均匀的目的。

当窝内仔猪差异不大,且有效乳头足够时,可不干涉。但如果个体间竞争激烈,则有必要人工辅助仔猪固定乳头。固定乳头的工作要有恒心和耐心,开始时不是很顺利,经过 2~3 d 的反复人工固定后,就能使仔猪自己固定下来。

4. 寄养与并窝 在多头母猪同期产仔的猪场,若母猪产仔数过多、无奶或少奶,或母猪死亡,对其所生仔猪可进行寄养或并窝。寄养是指将母猪分娩后因疾病或死亡造成缺乳或无乳的仔猪,或超过母猪正常哺育能力的过多的仔猪寄养给一头或几头同期分娩的母猪哺育。并窝则是指将同窝仔猪数较少的 2 窝或几窝仔猪,合并起来由几头泌乳能力好、母性强的母猪集中哺育,其余的母猪则可以提前催情配种。寄养和并窝是提高哺乳仔猪成活率,充分发挥母猪繁殖力的重要措施。

寄养与并窝时应注意以下几点。

(1)寄养和并窝仔猪的母猪产仔时间接近,时间相隔在 3 d 内为宜,同时做到寄大不寄小。

(2)寄养和并窝仔猪之前,要使仔猪吃过初乳,否则不易成活。

(3)寄养和并窝仔猪之前,使仔猪处于饥饿状态,在养母放乳时引入或并入。

(4)所有寄养和并窝仔猪均用养母的乳汁或尿液涂抹,混淆母猪嗅觉,使养母接纳其他仔猪吮乳。

(5)寄养于同一母猪的仔猪数可视具体情况而定,最好控制在 2 头以内。并窝后仔猪总数不可过多,以免养母带仔过多,影响仔猪的生长发育。

5. 预防下痢与腹泻 仔猪下痢与腹泻的发病率很高,它不仅影响仔猪增重,严重者会引起死亡。下痢分黄痢、白痢和红痢 3 种,以白痢多见;腹泻分疫病性腹泻、应激性腹泻、营养性腹泻等。引起仔猪下痢和腹泻的原因是多方面的,如饲养管理不当、营养不良、疫病感染、气候突变、阴雨潮湿等。所以,为预防仔猪下痢与腹泻,必须做到让仔猪吃上充足的初乳,增强仔猪抗病力;对哺乳母猪的日粮要合理搭配,营养水平要适当,并注意补充维生素、矿物质和微量元素;制订母仔药物保健措施;搞好疫苗免疫;保持圈内清洁卫生、干燥,通风;冬季做好舍内保暖工作,同时注意气候变化,避免和控制仔猪下痢与腹泻的发生。

6. 剪犬齿与断尾 初生仔猪的犬齿容易咬伤母猪的乳头或其他仔猪颊部,可在仔猪出生后 3 d 内剪去犬齿。钳刀要锐利,使用前要消毒,从牙尖部剪去,断面要平整,不要弄伤仔猪牙龈。

用作育肥的仔猪,为防止育肥期间的咬尾现象,可在去犬齿的同时断尾。方法是用钳子剪去仔猪尾巴的 1/5,然后涂上碘酒以防感染。

7. 断奶 仔猪一般在 21~28 日龄断奶。仔猪断奶的方法有两种:一种是一次性断奶法,即按照预定的断奶时间,全窝仔猪在同一天一次性断奶;另一种是逐渐断奶法,即在临近断奶前的 3~5 d,逐日减少哺乳次数至预定日期进行断奶。仔猪断奶时采取赶母留仔的方法,即仔猪留在原圈饲养,把母猪调离到其他圈舍饲养。

单元七　保育仔猪的饲养管理

单元目标

　　知识目标:了解保育仔猪的饲养管理,掌握保育仔猪腹泻的相关知识及疾病防治,提高保育仔猪成活率。

　　技能目标:初步掌握保育仔猪的饲养管理方法,保育仔猪的营养需求及疾病防治。

　　思政目标:引导学习者初步具备独立开展岗位工作、解决实际问题和继续学习的能力。

扫码学
课件 3-7

Note

案例导学

僵猪的形成原因和预防要点。

课前思考

如何进行仔猪保育？如何对保育仔猪进行饲养管理及疾病防治？

保育仔猪是指35～70日龄阶段的仔猪，也称断奶仔猪。仔猪断奶后，因生活环境条件的变化，大多数在2周内表现出食欲不振、生长缓慢，甚至掉膘、消瘦。为了消除和减轻这种现象，应于仔猪断奶后采取赶母留仔的方法，使仔猪仍留在原圈进行饲养；仔猪断奶后10～15 d继续饲喂哺乳仔猪料，以后逐渐改喂保育仔猪料。

一、饲料与饲喂方式

通常刚断奶的仔猪采食量会减少，这是由于断奶应激造成的。如果饲养管理得当，一周后仔猪即可正常进食。鉴于保育仔猪的生理特点，保育仔猪对饲料和饲养方式有着特殊要求。

保育仔猪饲料要求适口性好，易消化，能量和蛋白质水平高，限制饲料中粗纤维的含量，补充必需的矿物质和维生素等营养物质。保育仔猪日粮中添加酶制剂、有机酸和有益微生物，对保育仔猪的生长发育有很多益处。早期保育仔猪体内消化酶分泌不足。许多研究表明，在保育仔猪日粮中添加酶制剂（尤其注意淀粉酶和蛋白酶的添加）可弥补内源酶的不足，提高饲料利用率和日增重，减少因消化不良所造成的腹泻。日粮中添加有机酸（如乳酸、柠檬酸、乙酸等）可弥补胃内盐酸分泌不足的缺点，使胃内pH值降低，提高胃蛋白酶的活性，增强仔猪对饲料蛋白质的消化能力，防止腹泻。有益微生物添加剂能维持肠道菌群平衡，其所产生的有机酸和过氧化氢可以杀死有害微生物或抑制有害微生物的生长。有益微生物可产生多种酶类和维生素，提高饲料转化率，增强机体的免疫力。

为使保育仔猪尽快适应断奶后的饲料，减少断奶应激，应做好以下工作。

（1）对哺乳仔猪提早开食。

（2）断奶前减少母乳供给量（通过减少哺乳次数和减少母猪饲料喂量）。

（3）对仔猪断奶后实施饲料过渡和饲喂方式的过渡。所谓饲料过渡就是仔猪断奶后两周内仍饲喂哺乳仔猪饲料，并在饲料中添加适量微生态制剂、维生素和氨基酸，以减轻断奶应激，两周后逐渐过渡到投喂保育仔猪料。

（4）仔猪断奶前、后一周内不要去势，以免过多的刺激影响仔猪的生长。

饲喂方式上，仔猪断奶后前几天仍饲喂断奶前的饲料，并控制饲喂量，以免胃肠道负担过重而导致仔猪消化不良，引起腹泻。然后，逐渐换喂保育仔猪料。为使仔猪进食次数与哺乳期进食次数相似，可以少喂、勤喂，每天饲喂5～6次，或自由采食。

二、管理

1. 同窝原圈饲养　仔猪断奶后将母猪转走，仔猪仍是同窝在原圈中进行培育，3 d后转入保育舍，这样可有效减轻仔猪断奶造成的应激。若要分圈饲养，要按仔猪性别、体重大小、体质强弱、采食快慢等同窝分圈饲养，同圈内体重差异以不超过1 kg为宜。

2. 创造适宜的生活环境　保育仔猪的适宜温度为18～22 ℃。冬季可适当增加栏内仔猪头数，最好能根据当地的气候条件安装暖气、热风炉等取暖设备，以做好保育仔猪的保温工作。酷暑季节则要做好防暑降温工作，主要方法有湿帘降温、通风、喷雾、淋浴等。

猪舍若湿度过大，冬季仔猪会感到更加寒冷，夏季则更加炎热。湿度过大还为病原微生物的寄生繁衍提供温床，可引起仔猪患多种疾病。保育仔猪舍适宜的相对湿度为65%～75%。

3. 保持良好的环境卫生 猪舍内含有氨气、硫化氢、二氧化碳等有害气体,对猪的危害具有长期性、连续性和累加性,使仔猪生长减缓,抗病力下降,还会引起呼吸系统、消化系统和神经系统疾病。因此,猪舍要定期打扫,及时清除粪尿,勤换垫草,保持垫草干燥,控制通风量,使舍内空气清新,为仔猪生长创造一个良好、清洁的环境条件。

4. "三点"定位的调教训练 仔猪分圈后其采食、睡卧、饮水和排泄还没有形成固定位置,除设计好仔猪栏的合理分区外,还要加强调教训练,使仔猪形成理想的采食、睡卧和排泄的"三点"定位的习惯。要根据猪的生活习性进行训练。排泄区内的粪便暂时不清除或将少许粪便放到排泄区,诱使仔猪在指定地点排泄,其他区域的粪便随时清除干净。睡卧区的地势可稍微高些,并保持干燥,可铺一层垫草,使仔猪喜欢在此躺卧休息。个别仔猪不在指定位置排便时,要及时将其粪便铲到指定位置,并结合守护看管,经过 3～5 d 的行为训练,仔猪就会养成采食、睡卧、排便"三点"定位的习惯。

5. 供给充足的饮水保育 舍栏内安装自动饮水器,保证仔猪有充足的饮水。仔猪采食干饲料后,渴感增加,需水较多,若供水不足则阻碍仔猪生长发育,还会因口渴而饮用尿液和脏水,从而引起胃肠道疾病。采用鸭嘴式饮水器时要注意控制其出水量,保育仔猪要求的最低出水量为 1.5 L/min。

6. 减少保育仔猪腹泻 腹泻通常发生在断奶后两周内,所造成的仔猪死亡率可达10%～20%。若发生腹泻,则死亡率在 40% 以上。腹泻是对早期断奶仔猪危害性最大的一种断奶后应激综合征。引起仔猪断奶后腹泻的因素很多,一般可分为断奶后腹泻综合征和非传染性腹泻。腹泻综合征多发生于仔猪断奶后 5～10 d,主要是由于仔猪消化不良导致腹泻后,肠道中正常菌群失调,某些致病菌大量繁殖并产生毒素。毒素使仔猪肠道受损,进而引起消化功能紊乱,肠黏膜将大量的体液和电解质分泌到肠道内,从而导致腹泻。非传染性腹泻多在断奶后 3～7 d 发生,这主要是断奶的各种应激因素造成的。若分娩舍内寒冷,仔猪抵抗力减弱,特别是弱小的仔猪腹泻发生率更高。传染性病原体引起的下痢,如痢疾、副伤寒、传染性胃肠炎等,都可导致很高的死亡率。

早期断奶仔猪腹泻还与体内电解质平衡有很大关系。饲料中电解质不平衡,极易造成仔猪体内和肠道内电解质失衡,最终导致仔猪腹泻。因此,补液是减少仔猪腹泻而导致死亡的一项有效措施。补液通过腹腔注射生理盐水或口服补液盐,以补充仔猪因腹泻而流失的电解质。

仔猪断奶应激也是引发仔猪腹泻的诱因。如饲料中不易被消化的蛋白质比例过高或矿物质含量过高,粗纤维水平过低或过高,日粮不平衡,氨基酸和维生素缺乏,日粮适口性不好,饲料粉尘大、发霉或生螨虫,鱼粉混有沙门菌或含盐量过高等。饲喂技术上,如开食过晚、断奶后采食饲料过多、突然更换饲料、仔猪采食母猪饲料、饲槽不洁净、槽内剩余饲料变质、水供给不足、只喂汤料及水温过低等应激因素,都可导致仔猪腹泻。

7. 保育仔猪的网床培育 保育仔猪的网床培育是一项科学的仔猪培育技术。粪尿、污水可随时通过漏缝网格滑到网下,减少了仔猪接触污染源的机会,可有效地预防和遏制仔猪腹泻的发生和传播。

保育仔猪在产房内经过 3 d 过渡期后,再转移到保育猪舍网床培养,可提高仔猪日增重,使其生长发育均匀,饲料转化率提高,疾病的发生减少,从而为提高养猪生产水平、降低生产成本奠定良好的基础。网床培育已在我国大部分地区试验并推广应用,获得良好的效果,对我国养猪业的发展和现代化起到了巨大的推动作用。

试验结果表明,仔猪在相同的营养与环境条件下,网床培育仔猪对仔猪的增重速度、采食量、料肉比等都有影响,在 35 d 的培育期内,网床培育相比平地饲养仔猪平均日增重提高 15%,日采食量提高 12.6%。

8. 防止形成僵猪 僵猪是指那些年龄不小、个头不大、被毛粗乱消瘦、头尖、屁股瘦、肚子大的猪。这些猪只吃不长,给生产造成损失。

(1)僵猪形成的原因。

①母猪妊娠期间饲养不当,胚胎发育受阻,初生重小。

②母猪在哺乳期饲养不当,母乳不足甚至无乳,致使仔猪发生奶僵。

③仔猪患病,如气喘病、下痢、蛔虫病等,发生病僵。

④仔猪补料不及时以及断奶不当,断奶后管理不善,营养不足,特别是蛋白质、矿物质、维生素缺乏等,引起仔猪发育停滞,形成僵猪。

(2)僵猪的预防。

①加强妊娠期和哺乳期母猪的饲养,保证仔猪在胚胎期有良好的发育,出生后有充足的母乳供应。

②初生仔猪要注意固定奶头,使每头仔猪都能及时吮吸到母乳,特别是对初生重小的仔猪应有意识地固定在前部乳头上,并抓好早期补料,提高断奶体重,使仔猪健康生长。

③抓好断奶期的饲养管理。

④仔猪日粮搭配应多样化,既营养全面又适口性良好,且仔猪喜食,营养充足。

⑤日常管理应保持圈舍清洁干燥,冬暖夏凉,定期驱虫。

⑥配种公猪、母猪应选择亲缘关系远的优良猪种以提高仔猪的质量,同时淘汰老弱种猪及泌乳力低的母猪。

对已形成的僵猪,应按其原因对症治疗或单独饲养,单独调理饮食及营养供应,饲喂健胃药或采取饥饿疗法,定时定量。如若不进食,可只给饮淡盐水,不给饲料,等有食欲时再喂,但不要喂得太饱。

情境小结

后备猪饲养管理的重点是后备猪的选留,核心是后备猪饲养和后备猪管理。种公猪的饲养管理包括种公猪的合理饲喂,种公猪的管理、合理利用和淘汰。空怀母猪的短期优饲方法是重点。人工授精的步骤是采精、精液品质检查、稀释精液、分装和保存,以及输精。

知识链接 3-1

知识链接 3-2

知识链接

1. 背膘厚度的测量。

2. 猪子宫内深部输精技术。

自测训练

选择题

1. 后备公猪的饲养任务是(　　)。

A. 6月龄配种　　　　　　　　　　　B. 8月龄配种

C. 体重>100 kg配种　　　　　　　　D. 精子活力大于0.5

2. 后备母猪初配标准是(　　)。

A. 初配日龄为250~280日龄　　　　　B. 初配体重105~115 kg

C. 初配时的背膘厚13~14 mm　　　　D. 最佳配种情期为第4~5个情期

3. 种公猪的饲养方式有(　　)。

A. 一贯加强　　　　B. 配种季节加强　　　　C. 人工授精

D. 人工辅助配种　　　E. 重复配种

4. 以下关于种公猪饲喂方案正确的是(　　)。

A. 成年种公猪的日喂量可达到 4~5 kg   B. 成年种公猪的日喂量可达到 2.5~3 kg

C. 采用自由采食饲喂   D. 日喂次数应为 2 次

E. 种公猪日粮蛋白质水平以 12% 为宜

5. 促进空怀母猪发情排卵的方法有(　　　)。

A. 公猪诱导法   B. 合群并圈   C. 按摩乳房

D. 适当运动   E. 增加饲料喂给量

6. 种公猪调教的方式有(　　　)。

A. 自然调教法   B. 诱导爬跨法   C. 母猪诱情法

D. 观摩法   E. 适当运动

情境四　肉　猪　生　产

情境导入

　　根据肉猪的生长发育规律,采用科学的饲养管理技术,获得高饲料报酬和优良的胴体品质的猪肉。

情境目标

　　▲知识目标
掌握肉猪的生长发育规律和肉猪的饲养管理方法。
　　▲技能目标
能完成肉猪的日常饲养管理工作。
　　▲思政目标
引导学习者建立智能与绿色生态养殖有机结合的理念,践行养殖生产第一线。

单元一　肉猪生产前的准备

单元目标

　　知识目标:了解肉猪生产前的准备工作。
　　技能目标:熟练进行仔猪的选择、去势,肉猪的防疫和驱虫。
　　思政目标:用"猪粮安天下"的理念培养学习者扎根生产一线,做服务现代畜牧业的高素质技能人才。

扫码学
课件 4-1

案例导学

案例导学

肉猪生产前的准备示例。

课前思考

如何进行仔猪的选择? 如何进行去势和驱虫?

一、选择性能优良的杂种仔猪

选择性能优良的杂种仔猪是生长育肥猪生产的重要环节。性能优良的杂种仔猪可以充分利用杂种优势，在生长速度、生活力、抗病力等方面有很大优势，从而降低养猪成本，提高经济效益。自繁自养的养猪场，可选择性能良好的父本、母本，按照相应的杂交配套体系进行杂交，从而获得性能良好的杂优仔猪。

二、提高育肥用仔猪的体重和均匀度

仔猪起始体重越小，对饲养管理条件的要求越高，因此在选购仔猪时，不能选购体重特别小的，不利于管理，但若选购的仔猪太大，也会增加成本费用，可以选择体重 20～30 kg 的育肥用仔猪进行育肥。生长育肥猪的起始体重越均匀，育肥效果越明显。

三、圈舍的消毒

圈舍在进猪之前要彻底清洗、消毒圈栏和用具等。首先清理打扫舍内的粪便等污物，然后用水冲刷，用 2%～3% 的氢氧化钠水溶液对猪栏等进行喷洒消毒，1 d 后再用清水冲洗晾干。墙壁可用 20% 石灰乳粉刷。日常定期进行带猪消毒。

四、去势、防疫和驱虫

1. 去势　现代养猪生产中，不但要求生长育肥猪日增重快、饲料转化率高，还要求胴体品质好、口感好。传统的去势是在仔猪 35 日龄左右进行的，随着生产的发展，提倡仔猪去势时间提早，一般为出生后 7 日龄。去势早，容易保定，应激小，手术时流血少，手术后恢复较快。猪的性别（表 4-1）和去势与否，均影响着猪的育肥性能、胴体品质和经济效益。

表 4-1　不同性别大白猪的蛋白质与脂肪沉积

性　　别	日增重/g	日沉积蛋白质/g	日沉积脂肪/g
公	855	108.7	211.5
母	702	83.5	196.0
阉公	764	87.7	264.4

未去势的公猪与去势的公猪相比较，日增重提高 12% 左右，胴体瘦肉率提高 2%，每增重 1 kg 所需饲料量可减少 7%。未去势的母猪相比去势母猪日增重和胴体瘦肉率均提高。未去势的母猪与去势的公猪相比较，平均日增重低，但是胴体瘦肉率比较高。

公猪体内含有雄烯酮和粪臭素，有难闻的膻气，影响了肉的品质，因此要去势。母猪因为性成熟后发情影响增重而要去势。我国猪品种早熟易肥，为避免猪肉品质的不良和减缓增重速度，因此育肥用的小公猪、母猪均应去势。去势的猪往往食欲增强，性情温顺，增重快，肉的品质也发生改善。

2. 防疫　为预防生长育肥猪出现猪瘟、猪丹毒、猪肺疫等传染病，必须制定科学合理的免疫程序和预防接种。做到头头接种，对漏防猪和新从外地引进的猪，要及时进行补接种，无论引进的猪是否已经接种，都应该依据引入猪场的免疫程序，进行各种传染病疫苗的接种注射。

在现代化养猪生产中，仔猪在育肥期前进行了各种传染病疫苗的接种，当转入肉猪群后到出栏前不需要再进行接种，但应根据生产中的传染病流行情况采取相应有效的方法，防止发生意外传染病。

3. 驱虫　生长育肥猪的寄生虫主要有蛔虫、姜片虫、虱子等体内外寄生虫。通常在 90 日龄进行第一次驱虫，必要时在 135 日龄左右进行第二次驱虫。驱蛔虫常用的驱虫净，每千克体重 20 mg；丙硫苯咪唑，每千克体重为 100 mg，拌入饲料中一次性饲喂，驱虫效果更好；可用敌百虫溶液清除疥螨和虱子，每千克体重为 0.1 g，溶于水中，拌于精料中，空腹时饲喂效果较好。服用驱虫药后，注意观察猪的反应，若出现副作用，应及时解救。要将驱虫后排出的虫体和粪便及时清除干净，防止再度感染。

扫码学
课件 4-2

案例导学

单元二　肉猪生产技术

单元目标

知识目标：了解肉猪的生长发育规律，肉猪的饲养管理方法。

技能目标：能熟练地对肉猪进行调教、组群、饲养管理。

思政目标：将"技术是第一生产力"贯穿课程教学，培养学习者在养猪方面的生产与管理能力。

→ 案例导学

肉猪的生长发育规律。

→ 课前思考

如何为肉猪提供适宜的环境条件？如何组群？

一、肉猪的生长发育规律

1. 体重的增长　肉猪体重的增长情况是检验肉猪饲养水平的重要依据，而肉猪体重增长速度的变化规律也影响着肉猪适宜屠宰体重的确定。

品种、营养和饲养环境条件不同，导致肉猪体重的绝对增长和相对增长不同，总体上来说，生长规律是一致的。肉猪的绝对增长是指生长育肥期平均日增重，即生长速度，呈现为不规则的钟形曲线（图 4-1）。随着肉猪年龄的增长，肉猪的生长速度先是增加，到一定阶段达到高峰，然后下降。转折点发生在成年体重的 40% 左右，相当于肉猪的屠宰体重。用相对增长来表示肉猪的生长强度。年龄越小，生长强度越大，随着猪体重的增加，相对增长的速度逐渐减弱。因此在肉猪生产中，重点抓好生长转折点之前的饲养管理，通常是 6 月龄之前，从而在最短的时间内使肉猪尽快出栏。

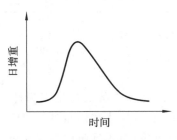

图 4-1　肉猪的日增重

2. 体组织的增长　肉猪体组织的生长发育呈现一定的规律性。随着肉猪年龄的增长，骨骼最先发育，也最早停止发育。肌肉处于中间，脂肪是发育最晚的组织。地方原始猪种体组织的生长顺序是骨骼、肌肉、皮、脂肪，瘦肉型猪种的生长顺序是骨骼、皮、肌肉、脂肪。

从出生到 4 月龄骨骼生长强度最大，5～6 月龄是肌肉强烈生长期，7 月龄脂肪生长强度达到最高峰。因此在生产中应根据此规律，在肌肉、骨骼生长发育高峰期，增加日粮中的营养物质，而在脂肪生长发育强烈时适当限饲，从而能获得瘦肉率高的胴体。

3. 猪体化学成分的变化　随着肉猪的体重和体组织的增长，猪体的化学成分也呈一定的规律性变化（表 4-2）。即幼龄时猪体的水分、蛋白质、矿物质的相对含量较高，但是随着年龄的增长逐渐降低；而脂肪相对含量在幼龄时较低，随着年龄的增长而迅速增高。在肉猪的一生中，体内水分和脂肪的含量变化较大，变化较小的是蛋白质和矿物质的含量。对于后备猪来说，随着年龄的增长，体内水分含量的降低以及脂肪含量的增高变化更快。

表 4-2 猪体化学成分变化

日龄或体重	水分/(%)	蛋白质/(%)	矿物质/(%)	脂肪/(%)
初生	79.95	16.25	4.06	2.45
25 d	70.67	16.56	3.06	9.74
45 kg	66.76	14.94	3.12	16.16
68 kg	56.07	14.03	2.85	29.08
90 kg	53.99	14.48	2.66	28.54
114 kg	51.28	13.37	2.75	32.14
136 kg	42.48	11.63	2.06	42.64

二、肉猪的饲养管理

1. 选择适宜的育肥方式

(1) 一条龙育肥法:在肉猪的饲养过程中,根据猪生长发育不同阶段对营养物质的需求特点,采用不同的营养水平和饲喂技术,从而获得较高的日增重和饲料转换率。采用一条龙育肥法,要求日粮中饲料原料要多元化、营养物质全面,在猪生长的不同阶段,提供满足猪生长发育需要的蛋白质和能量水平,充分发挥猪的生长潜力。该方法缺点是胴体瘦肉率低。

(2) "前高后低"育肥法:在体重 60 kg 以前饲喂高能量高蛋白的饲料,自由采食。在体重 60 kg 以后,采取限量饲喂的方法,不但可以获得较快的增重速度,而且可以提高胴体瘦肉率。

2. 肉猪原窝饲养

根据猪的行为学特点,猪是群居动物,若是不同圈中的猪进行混群,往往出现剧烈的咬架,相互攻击,强行争食,在同一圈舍内,各占一方分群躺卧,这种情况会导致个体间增重的差异较大,可达到 13%,严重影响猪的增重。因为原窝猪在哺乳期就已经形成了群居秩序,若在肉猪期依然维持不变,就不会出现上述影响猪的日增重的现象,可提高养猪生产的经济效益。

由于生产中各方面的原因,同窝猪中也会出现体重差异较大的情况,因此应将来源、体重、体质、性格和采食等方面相近的猪合群饲养。同一群猪个体间体重差异不能过大,在仔猪阶段群内体重差异最好不超过 3 kg。分群后要保持群的稳定,除一些个别因素,如疾病或体重差异过大、体质过弱、僵猪等不宜在群内饲养,要及时进行调整外,不要随意变动。合理确定饲养密度,一般每栏饲养肉猪以 10~20 头为宜。

3. 饲料调制和饲喂

(1) 日粮营养水平:能量水平的高低与生长育肥猪的增重情况有着十分密切的联系。通常来说,在日粮中蛋白质、必需氨基酸水平相同的情况下,所采食的能量越多,日增重越快,背膘越厚,饲料转化率越高,但胴体脂肪含量也越多。因为生长育肥猪有自动调节采食而保持采食量稳定的能力,在一定范围内,摄入的能量超过一定水平后影响较小。在自由采食的情况下,30~90 kg 的生长育肥猪,每千克日粮含消化能以 12.5~12.97 MJ 为宜。

日粮的蛋白质含量与肉猪的肌肉生长关系密切,也影响着肉猪的日增重、饲料转化率和胴体品质。在一定范围内(蛋白质含量为 12%~18%),当每千克日粮消化能和氨基酸都满足需要时,随着日粮中蛋白质含量的提高,肉猪增重加快,饲料转化率提高。但超过 18% 后,只会提高瘦肉率,对增重影响不大。同时,过高的蛋白质含量对提高瘦肉率是不经济的。因此当肉猪体重为 20~60 kg 时,日粮中蛋白质含量为 16%~17%;当肉猪体重为 60~100 kg 时,日粮中蛋白质含量为 14%~16%。要重视日粮中蛋白质的含量。赖氨酸是猪的第一限制性氨基酸,对猪的日增重、饲料转化率及胴体瘦肉率的提高是非常重要的,当赖氨酸占粗蛋白质的 6%~8% 时,蛋白质的生物学价值最高。因此,要重视日粮中赖氨酸占粗蛋白质的比例及必需氨基酸之间的配比。

肉猪日粮中应有足够数量的矿物质、微量元素和维生素。若矿物质中的某些微量元素不足或过量,都会导致肉猪的物质代谢紊乱,降低生长育肥猪的增重速度,使饲料消耗增多,严重时会导致死亡。

粗纤维含量是影响日粮适口性和消化率的主要因素,若日粮中粗纤维含量过低,猪会腹泻或便秘,若含量过高,会降低增重率。生长育肥猪日粮中粗纤维含量以 5%～6% 为宜。

(2)饲料的加工方法。

①粉碎:谷物及干草等精、粗饲料必须事先进行粉碎。经过粉碎后,可增加与消化液的接触面积,提高消化率,减少饲料被咀嚼和消化时的能量损耗。但是粉碎过细或过粗,都会影响肉猪的生长。粉碎过细,不仅降低了肉猪的采食量,而且会造成消化性溃疡。粉碎过粗,肉猪不能很好地消化,造成饲料的严重浪费。若用整粒大麦喂猪,消化率为 67%,而粉碎后,粗粉消化率为 81%,细粉消化率可达到 85%。干草末粉碎前每消化 1 kg 需消耗能量 8.97 kJ,粉碎后降低到 5.02 kJ。

②制粒:将粉碎好的全价饲料,经过压力机的蒸汽、热和压力的综合处理,可提高饲料的适口性,并且使淀粉类物质糊化、熟化,提高养分的消化率,避免肉猪的挑食,提高肉猪的采食量。30 kg 及以上的猪饲料直径以 1.5～2.5 mm 为宜,30 kg 以下的猪颗粒饲料直径以 0.5～1.0 mm 最好。

③膨化:饲料经过加温、加压和加蒸汽调制处理后,挤压出模孔,或突然喷出容器,之后突然降压,实现了体积膨大的加工过程。饲料经过膨化后,糊化程度高于制粒,因为破坏了纤维结构的细胞壁,导致蛋白质变性,但是脂肪稳定,并且脂肪从粒料内部渗透到表面,从而使饲料产生特殊的香味,更有利于肉猪的采食、消化和吸收。但因成本过高,主要用在仔猪阶段。

④打浆:青绿多汁饲料和块根块茎类饲料可放到打浆器中,经搅拌、粉碎,使水分充分溢出,变成稀糊状。若饲料中纤维较多,可用钢丝网过滤,除去纤维,可与其他饲料混合后饲喂,但是存放时间不宜过长,防止变质。

⑤焙炒:豆类饲料在 130～150 ℃ 的温度下焙炒,可除去生味和有害物质、大豆中的抗胰蛋白酶因子等。

(3)饲料的调制:饲料的成本占养猪生产成本的比例较高,合理的饲料调制有助于节省饲料,提高饲料利用率,降低或消除有毒有害物质的危害。

配合饲料一般宜生喂,玉米等谷实饲料及其加工副产物糠麸类,也提倡生喂,煮熟后饲料营养价值会降低 10%。青绿多汁的饲料也最好生喂,避免维生素受到严重的破坏。在焖煮不当的情况下,还会引起肉猪发生亚硝酸盐中毒。但是大豆、马铃薯和大豆饼最好熟喂。

全价配合饲料的加工调制形态可分为三种,分别为生湿拌料、干粉料和颗粒料。

生湿拌料:生产中常用的饲料形态。即日粮中料水比例不同,可调制成不同形态的饲料。一般以料水比 1:(0.9～1.8)适宜,为防止腐败变酸,最好现拌现喂。

干粉料:根据营养成分将粉碎后的饲料按比例配合调制后,呈干粉状饲喂。供给猪只充足的饮水可获良好的饲喂效果。干粉料喂猪省事,可提高劳动生产率,成本低,缺点是粉尘较多。

颗粒料:颗粒料比较好,不宜发霉,可提高营养物质的消化率,防止猪只挑食。

(4)饲喂次数:采用自由采食时,不存在饲喂次数的问题。在限量饲喂时,在饲粮质量和数量相同的情况下进行定量饲喂时,每天饲喂 5 次和每天饲喂 1 次,日增重没有显著的差别。

如表 4-3 所示,在相同的营养水平和饲养管理水平下,饲喂次数不同,不会影响猪的日增重。日喂 4 次导致饲料损失相对较多。

表 4-3　生长育肥猪不同日喂次数的育肥结果

组　　别	试验天数/d	头数	始重/kg	末重/kg	日增重/g	每 1 kg 增重消耗饲料/kg
对照组(日喂 3 次)	78	30	34.6±3.4	89.5±8.3	704±72	3.46
试验Ⅰ组(日喂 2 次)	78	30	35.1±4.6	90.5±9.9	710±90	3.42
试验Ⅱ组(日喂 4 次)	78	30	35.4±4.2	90.6±10.9	708±85	3.51

一般生产中日喂次数可采用 2～3 次。一天中,猪在傍晚时食欲最好,清晨次之,午间食欲最差。若日喂次数是 2 次,最好早、晚各喂 1 次。

4. **饲喂方法** 肉猪的饲喂方法分为自由采食和限量饲喂。自由采食,沉积脂肪较多,日增重快,饲料转化率低,而限量饲喂可提高饲料转化率,胴体背膘较薄,日增重低。限量饲喂主要指减少猪的采食量或降低日粮能量水平。

饲养肉猪时选择饲养方法的依据是对肉猪胴体品质的要求。若想日增重较高,采用自由采食的方法;若想追求瘦肉多和脂肪少,最好采用限量饲喂的方法。若既想日增重高又想胴体瘦肉率高,可采用育肥前期自由采食、育肥后期限量饲喂相结合的饲喂方法。

5. **调教** 肉猪转群后应形成良好的固定地点排泄粪尿、睡觉、采食、不争抢食的好习惯。猪的良好习惯有助于减轻劳动强度,保持猪舍的清洁和干燥,可为肉猪提供良好的环境条件。首先要了解猪的生物学特性。猪喜欢睡卧,在适宜的圈舍密度下,大概有60%的时间在睡觉。猪喜欢躺卧在高处、平地和垫草上。冬天喜欢在暖和的地方睡觉,夏天喜欢在通风良好的地方睡觉。猪多数喜欢在阴暗潮湿的角落排便,或在是门口、低处等。

防止抢夺弱食:要让肉猪都能均匀采食,不仅要准备足够长的饲槽,还要对喜欢抢食的猪转群后3 d内及时进行驱赶,让胆小的猪能尽快采食,重新建立群居秩序。

"三点"定位:为保持猪栏干燥清洁,通常饲养员要勤驱赶,耐心地进行调教。当猪转群后,将饲料放在料槽中,并在指定排粪处堆放少量的粪便,若发现有肉猪不在指定地点排便,应将粪便铲到指定地点并守候管理,经过3～5 d,猪就会形成采食、睡觉、排便都有固定位置的习惯,即"三点"定位习惯。

6. **创造良好的环境条件** 为不同生长阶段的育肥猪创造适宜的环境条件。环境温度过高,猪只采食量降低,影响增重;环境温度过低,采食量增加,饲料利用率下降。根据猪的不同体重阶段,猪舍温度可保持在15～25 ℃。保持猪舍的干燥,防止湿度过大造成饲料的霉变,猪舍内的相对湿度为45%～75%。猪舍要做好通风换气,及时清扫粪尿,防止舍内有大量的氨气、硫化氢等有害气体,影响猪的增重等。

情境小结

肉猪生产前要做好卫生清扫、消毒,选择猪苗,防疫,保健和驱虫。肉猪生产技术主要包括合理饲养与做好管理。

知识链接

猪应激综合征、猪肉品质及其评定方法。

知识链接4

自测训练

选择题

1. 育肥用仔猪最好选择( )。
A. 地方猪品种　　　B. 引入品种　　　C. 杂交猪　　　D. SPF 猪

2. 育肥猪去势最佳时间是( )日龄。
A. 7　　　　　　B. 25　　　　　　C. 35　　　　　　D. 42

3. 下列关于驱虫的说法正确的是( )。
A. 第一次驱虫在 90 日龄
B. 在 135 日龄左右进行第二次驱虫
C. 服用驱虫药后,注意观察猪的反应,若出现副作用,及时解救

Note

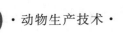

D. 常用的药物有敌百虫等

4. 育肥猪调教主要利用(　　)进行诱导和训练。

A. 猪的生理特点　　　　　　　　　　B. 猪的生物学特性

C. 猪的生长发育规律　　　　　　　　D. 猪的生长性状

5. 肉猪体组织生长发育规律是(　　)。

A. 神经—骨骼—肌肉—脂肪　　　　　B. 神经—肌肉—骨骼—脂肪

C. 骨骼—肌肉—神经—脂肪　　　　　D. 肌肉—骨骼—神经—脂肪

6. 下列关于影响猪出栏体重的因素说法不正确的是(　　)。

A. 出栏体重是一成不变的 90 kg 左右　　B. 猪的饲养类型

C. 消费者对胴体品质的需求　　　　　D. 猪肉供求关系

7. 下列关于育肥猪前高后低的饲养方式说法不准确的是(　　)。

A. 适当降低日粮能量水平,控制脂肪沉积　　B. 80 kg 之后降低日粮喂给量

C. 80 kg 之后降低日粮蛋白质含量　　　D. 60 kg 之后脂肪沉积较慢

8. 肉猪日粮中营养水平是(　　)。

A. 消化能 11.9～13.3 MJ/kg,蛋白质含量 12%～18%

B. 消化能 10.9～16.3 MJ/kg,蛋白质含量 12%～18%

C. 消化能 11.9～13.3 MJ/kg,蛋白质含量 18%～20%

D. 消化能 10.9～16.3 MJ/kg,蛋白质含量 15%～20%

第二篇　禽生产技术

情境五 禽场建设

　　禽生产是饲养家禽的养殖事业,是畜牧业的组成部分。以饲养鸡、鸭、鹅等为主要内容。与饲养猪、牛、羊等家畜相比,其具有生产周期短、饲料转化率高、投资少等优点。

情境目标

　　▲知识目标

掌握禽场规划设计方法,了解禽场常用设备,掌握常用设备的使用技术。

　　▲技能目标

基本具有规模化禽场规划设计能力,熟知禽场的常规设备并能正确操作。

　　▲思政目标

引导学习者建立绿色生态养殖与"绿水青山就是金山银山"理念有机结合的新理念,赋予专业课程引领价值的重任。

扫码学
课件5

单元一 禽场规划

单元目标

　　知识目标:了解禽场规划和布局,掌握禽场规划设计方法。

　　技能目标:初步掌握禽场场址选择,进行场区简单规划的草图设计,初步掌握规模化禽场建设的设计规划与布局。

　　思政目标:培养学习者观察、分析、解决问题的能力与精诚合作的团队精神。

案例导学

现代化禽场设计。

案例导学

课前思考

如何选择禽场场址?如何合理布置禽场内建筑物?

Note

禽场的合理建设是养禽业安全生产、取得良好经济效益的前提条件。科学合理地选择、规划、设计和建造高效规模的禽场,可营造家禽良好的生理生长饲养环境。应对生产全过程安全监控,做到科学饲养与管理,以适应家禽在不同生理阶段的生存条件,减少应激、降低发病率,最大限度地发挥其生产潜力,提高养禽业经济效益。禽场(舍)固定资产投资大,不容易改建,影响时间长,因此应充分重视做好禽场的规划和设计等工程措施,做到禽场(舍)建设标准化,为今后长远发展奠定坚实的基础。

一、场址选择

场址应选择在地势高、平坦、开阔、干燥的地方,位于居民区及公共建筑群下风向。周围应筑有围墙,排水方便,水源充足,水质良好。应考虑当地土地利用发展计划和村镇建设发展计划,应符合环境保护的要求,在水资源保护区、旅游区、自然保护区等绝不能投资建场,以避免建成后的拆迁造成各种资源浪费。满足规划和环保要求后,综合考虑拟建场地的自然条件和社会条件。在选择场址时主要考虑以下五个方面的条件:水电供应、环境、交通运输、地质土壤、水文气象。以下以养鸡场为例逐一介绍。

1. 水电供应 现代工厂化养鸡需要有充足的水电供应。由于养鸡场距离城市一般较远,需要自辟深井以保证供水,自备深井的水质要符合国家畜禽饮用水标准。养鸡场的附近要有变电站和高压输电线。机械化养鸡场或孵化厂应当双路供电或自备发电机,以便输电线路发生故障或停电检修时能够保障正常供电。

2. 环境 在选择场址时必须注意周围的环境条件,应距离公路、河流、村镇(居民区)、工厂、学校和其他畜禽场 500 m 以外,特别是与畜禽屠宰场、肉类和畜产品加工厂的距离应在 1500 m 以上。场址位于居民区及公共建筑群下风向,以满足卫生防疫的要求。应远离重工业工厂和化工厂。避开山谷洼地等易受洪涝威胁地段和环境污染严重区。

3. 交通运输 养鸡场要求交通便利,以利于方便运输产品和养鸡场需要的饲料等。但养鸡场本身怕污染,距离交通干线不能太近,在保证生物安全的前提下,创造便利的交通条件,但与交通主干线及村庄的距离要大于 1000 m,次级公路 100~200 m,然后由干线修建通向养鸡场的专用公路。公路的质量要求路基坚固、路面平坦,便于产品运输。

4. 地质土壤 一般养鸡场应建在土质为沙质土或壤土的地带,土壤质量符合国家标准(GB 15618—1995)的规定,满足建设工程需要的水文地质和工程地质条件,水源充足,取用方便,便于保护,地下水位在地面以下 1.5~2.0 m 为最好。场地土壤透气性和渗水性良好,能保证场地干燥且以往未被传染病或寄生虫病原体污染过。地面应平坦或稍有坡度,以利于地面水的排泄。在丘陵地区建场,养鸡场应建在阳面,鸡舍能得到充足的光照,夏天通风良好,冬天又能挡风,有利于鸡的生长。

5. 水文气象 要详细调查了解建场地区的水文气象资料,作为养鸡场建设与设计的参考。这些水文气象资料包括平均气温、夏季最高温度及持续天数、冬季最低温度及持续天数、降雨量、积雪深度、最大风力、主风向及刮风的频率等。

二、规划与布局

禽场规划的原则是在满足卫生防疫等条件下,以有利于防疫、排污和生活为原则,建筑紧凑,在节约土地、满足当前生产需要的同时,综合考虑将来扩建和改建的可能性。对于大型综合性禽场来说,基于建筑物的种类和数量较多,布局的要求高一些。要考虑风向和地势,通过禽场内各建筑物的合理布局来减少疫病的发生和有效控制疫病,经济有效地发挥各类建筑物的作用。

养鸡场通常分为生产区、辅助生产区、行政管理区和生活区等,各区之间应严格分开并相隔一定距离。生活区和行政管理区在风向上与生产区相平行,有条件时,生活区可设置于养鸡场之外,否则如果隔离措施不严,会造成防疫的重大失误。孵化室刚出壳的雏鸡最易受到外界各种细菌、病毒、寄生虫和养鸡场各种病原体的污染,同时孵化室各类人员、运输车辆进出比较频繁,孵化室内蛋壳、死鸡、死胎、绒毛等也会导致孵化室成为一个潜在的污染源,从而污染养鸡场的鸡群。所以孵化室应和其他鸡舍相隔一定距离,最好设立于整个养鸡场之外。

养鸡场生产区内,应按规模大小和饲养批次将鸡群分成若干饲养小区,区与区之间应有一定的间距,各类鸡舍之间的距离因各品种、代次的不同而不同。一般来说,祖代鸡舍之间的距离应远一些,以 60~80 m 为宜,父母代鸡舍每栋之间距离为 40~60 m,商品代鸡舍每栋之间距离为 20~40

m。每栋鸡舍之间应有围墙或沙沟等隔离。

养鸡场内道路应设置清洁道和脏污道,且不能相互交叉,孵化室、育雏室、育成舍、成年鸡舍等各舍有入口连接清洁道;脏污道主要用于运输鸡粪、死鸡及鸡舍内需要外出清洗的脏污设备,各舍均有出口连接脏污道。

生产区内布局还应考虑风向,从上风方向至下风方向按代次应依次安排祖代、父母代、商品代,按鸡的生长期应依次安排育雏舍、育成舍和成鸡舍。这样有利于保护重要鸡群的安全。在进行养鸡场各建筑物布局时,鸡舍排列应整齐,以使饲料、粪便、产品、供水及其他物品的运输等呈直线往返,减少拐弯。

1. 各种建筑物的具体布局要求

(1)生产区:根据主风向,按育雏室、育成舍、成鸡舍的顺序排列设置。如主风向为南风,则把孵化室和育雏室安排在南侧,成鸡舍安排在北侧,这样幼雏在上风向,可获得新鲜空气,降低幼、中雏的发病率。场内育雏舍区、育成舍区、成鸡舍区之间应有 30～50 m 的距离,同区各幢鸡舍之间应有 10 m 以上的距离,以利于通风和防疫。

(2)辅助生产区:如饲料库、饲料加工厂、蛋库、兽医室、车库等应接近生产区,要求交通方便,但又应与生产区有一定距离,利于防疫。

(3)行政管理区:门卫传达室、进场消毒室、办公室、卫生防疫室等,应设在与生产区风向平行的另一侧,距生产区 250 m 左右。化粪池(堆粪场)应设在地势低洼的下风方向,距生产区、生活区最好在 500 m 以上。

(4)养鸡场的绿化:养鸡场内种植花木、蔬菜、牧草等,可以美化环境、改善养鸡场内的自然风貌和场内小气候,保护外境,减少污染。

2. 鸡舍设计要求

(1)鸡舍的朝向:鸡舍长轴与地球经线是水平还是垂直。鸡舍朝向与鸡舍采光、保温和通风等环境效果有关,应根据当地气候条件、地理位置、鸡舍的采光及温度、通风排污等情况确定。舍内的自然光照依赖阳光,舍内的温度在一定程度上受太阳辐射的影响;自然通风时,舍内通风换气受主风向的影响,所以必须了解当地的主风向、太阳的高度角。我国地处北纬 20°～50°,各地太阳高度角因纬度和季节的不同而不同。鸡舍朝南,冬季日光斜射,可以充分利用太阳辐射的温热效应和射入舍内的阳光,以利于鸡舍的保温取暖。夏季日光直射,太阳高度角大,日光直射入舍内很少,有利于防暑降温。所以,在我国大部分地区,选择鸡舍朝南是有科学依据的。

进入舍内的风向角度决定了鸡舍内的通风效果与气流的均匀性和通风的大小。风向角度为零时,进入舍内的风为"穿堂风",在冬季鸡体直接受寒风的侵袭,舍内有滞留区存在,不利于排除污浊气体,在夏季不利于通风降温;若风向角度为 90°,即风向与鸡舍的长轴平行,风不能进入鸡舍,通风量等于零,通风效果最差;只有风向角度为 45°时,通风效果最好。

(2)鸡舍的间距:从防疫、防火、排污、建筑的光照间距要求等因素综合考虑,以鸡舍高度的 3～5 倍作为鸡舍间距,即可满足各方面的要求。

(3)鸡舍的跨度和长度:鸡舍的长度,一般取决于鸡舍的跨度和管理的机械化程度。跨度为 6～10 m 的鸡舍,长度一般在 30～60 m;跨度较大(如 12 m)的鸡舍,长度一般在 70～80 m。机械化程度较高的鸡舍可长一些,但一般不宜超过 100 m,否则机械设备的制造和安装难度较大,材料不易解决。同时鸡舍的长度也要便于实行定额管理,适应饲养人员的技术水平,一般以 50～100 m 为宜。

鸡舍的跨度一般要根据屋顶的形式、内部设备的布置及鸡舍类型等决定。一般跨度为开放式鸡舍 6～10 m,密闭式鸡舍 12～15 m。通常双坡式、气楼式等形式的鸡舍跨度,要比单坡式及拱式的鸡舍跨度大一些。笼养鸡舍要根据双笼排的列数,并留有适宜的走道后,方可决定鸡舍的跨度。

(4)鸡舍的高度:应根据饲养方式、清粪方法、跨度与气候条件而定。跨度不大、平养及不太热的地区,鸡舍不必太高,一般鸡舍屋檐高度 2.0～2.5 m;跨度大、多层笼养的鸡舍高度为 3 m 左右,或者以最上层的鸡笼距屋顶 1.0～1.5 m 为宜;若为高床密闭式鸡舍,由于下部设粪坑,高度一般为 4.5～5 m(比一般鸡舍高出 1.8～2.0 m)。

（5）鸡舍屋顶：鸡舍屋顶的形状是根据当地的气温、通风等环境因素来决定的。有单落水式、单落水加坡式、双落水式、双落水不对称式、钟楼式和半钟楼式等。在南方干热地区，屋顶要适当高些以利于通风，北方寒冷地区要适当矮些以利于保温。生产中大多数鸡舍采用三角形屋顶，坡度值一般为 1/4～1/3。屋顶材料要求绝热性能良好，以利于夏季隔热和冬季保温。

（6）鸡舍墙壁和地面：开放式鸡舍的育雏室要求墙壁保温性能良好，并有可开启、可密闭的一定数量的窗户，以利于保温和通风。中鸡舍和种鸡舍前、后墙壁有全敞开式、半敞开式和开窗式几种。敞开式一般敞开 1/3～1/2，敞开的程度取决于气候条件和鸡的品种类型。敞开式鸡舍在前、后墙壁进行一定程度的敞开，但在敞开部位可装上玻璃窗，或沿纵向装上尼龙帆布等耐用材料做成的布帘，这些玻璃窗或窗帘可关、可开，根据气候条件和通风要求随意调节；开窗式鸡舍则是在前、后墙壁上安装一定数量的窗户调节室内温度和通风。

鸡舍地基应为混凝土地面，保证地面结实、坚固，便于清洗、消毒。在潮湿地区修建鸡舍时，混凝土地面下应铺设防水层，防止地下水湿气上升，保持地面干燥。地面应高出舍外地面 0.3～1.0 m，舍内设排水孔，中间地面与两边地面之间应有一定的坡度，以便舍内污水的顺利排出。

（7）鸡舍面积：鸡舍面积的大小直接影响鸡的饲养密度，合理的饲养密度可使雏鸡获得足够的活动范围、足够的饮水、采食位置，有利于鸡群的生长发育。密度过大会限制鸡群活动，造成空气污染、温度升高，诱发啄肛、啄羽等现象。同时，由于拥挤，有些弱鸡经常吃不到饲料，体重不够，造成鸡群均匀度过低。密度过小则会增加设备和人工费用。通常，雏鸡、中鸡饲养密度为 0～3 周龄 50～60 只/米^2，4～9 周龄 30 只/米^2，10～20 周龄 10～15 只/米^2。

三、禽场设计

禽场的合理设计，可以使温度、湿度等控制在适宜的范围内，为家禽充分发挥遗传潜力、实现最大经济效益创造必要的环境条件。不论是密闭式鸡舍，还是开放式鸡舍，通风和保温以及光照设计是关键，是维持鸡舍良好环境条件的重要保证，且可以有效地降低成本。

1. 通风设计　通风是调节鸡舍环境条件的有效手段，不但可以输入新鲜空气，排出氨气（NH_3）、硫化氢（H_2S）等有害气体，还可以调节温度、湿度。合理的通风方式有自然通风和机械通风两种。自然通风要考虑建筑朝向、进风口方位标高、内部设备布置等因素，要便于采光。机械通风依靠机械动力强制进行鸡舍内外空气的交换，可以分为正压通风和负压通风两种方式。

2. 控温设计　冬季供温方式可采取燃气热风炉、暖气、电热育雏伞或育雏器等，要保证鸡群生活区域温度适宜、均匀，地面温度要达到规定要求，并铺上干燥柔软的垫料。夏季应尽量采用保温隔热材料，并采取必要的降温措施。

3. 光照设计　光照不仅影响鸡的健康和生产力，还会影响鸡的性功能。生产上通常采用自然光照和人工光照相结合。自然光照就是让太阳直射光或散射光通过鸡舍的开露部分或窗户进入舍内以达到照明的目的；人工光照可以补充自然光照的不足，一般采用电灯作为光源。在舍内安装电灯和电源控制开关，根据不同日龄的光照要求和不同季节的自然光照时间进行控制，使鸡达到最佳生产性能。

单元二　养禽设备

单元目标

知识目标：了解禽场常用设备。掌握常用设备的使用技术。

技能目标：熟知禽场的常规设备并能正确操作。

思政目标：引导学习者关注禽场安全生产，关注动物福利，从而保障人类福利。

案例导学

养禽设备。

课前思考

你心目中的禽场应该有哪些常用设备？如何对禽场进行环境控制？

一、喂料饮水设备

喂料设备主要有饲槽、喂料桶（塑料、木制、金属制品均可），大型养鸡场采用喂料机。饲槽的大小、规格因鸡龄不同而不同，育成鸡饲槽应比雏鸡饲槽稍深、稍宽。我国规模化养鸡场常用的喂料设备的形式有链式、索盘式、跨笼式、行车式。在笼养鸡的喂料系统中，行车式喂料方式被称为最理想的喂料方式，能保证喂料均匀，提高产蛋率，降低能耗，实现自动化过程。

饮水设备分为乳头式、杯式、水槽式、吊塔式和真空式。雏鸡开始阶段和散养鸡多用真空式、吊塔式和水槽式饮水设备，散养鸡趋向于使用乳头式饮水器。乳头式饮水器不易传播疫病，耗水量少，可免除刷洗工作，提高工作效率，但制造精度要求较高，否则易漏水。杯式饮水器供水可靠，不易漏水，耗水量少，不易传播疾病，但是鸡在饮水时常将饲料残渣带进杯内，需经常清洗。

二、环境控制设备

1. 光照设备 除了光源以外，目前我国已经生产出鸡舍光照控制器，其中比较好的是电子显示光照控制器。它的特点：开关时间可任意设定，控时准确；光照强度可以调整，光照时间内若日光强度不足，自动启动补充光照系统；灯光渐亮和渐暗；停电时程序不乱。

2. 通风设备 通风设备的作用是将鸡舍内的污浊空气、湿气和多余的热量排出，同时补充新鲜空气。一般鸡舍内采用大直径、低转速的轴流风机，其转速可自动调节。目前国产纵向通风的轴流风机的主要技术参数如下：流量 31400 m³/h，风压 39.2 Pa，叶片转速 352 r/min，电机功率 0.75 W，噪声≤74 dB。规模化养鸡场多采用正压式通风系统，保证了有足够的压力对进入鸡舍内的空气进行净化、加热和冷却等处理，并在鸡舍内形成适当的高于外界的气压，能够防止外部空气从细缝进入，从而阻止了尘垢、病原体的侵入。

3. 湿帘——风机降温系统 湿帘的主要作用：夏季进入鸡舍的空气经过湿帘，由于湿帘的蒸发吸热，进入鸡舍的空气温度下降。湿帘由低质波纹多向湿帘、轴流节能风机、水循环系统及控制装置组成。夏季空气经湿帘进入鸡舍，可降温 5～8 ℃。

4. 热风炉供暖系统 热风炉供暖系统主要由热风炉、轴流风机、有孔塑料管、调节风门等设备组成。其以空气为介质、煤为燃料，为鸡舍提供无污染的洁净热空气。该设备结构简单、热效率高、送热快、成本低。

5. 育雏设备 层叠式电热育雏笼：在育雏阶段，雏鸡自身的温度调节能力很弱，需一定的温度、湿度，目前国内普遍使用电热育雏器作为笼养育雏设备。

电热育雏器：由加热育雏笼、保温育雏笼、雏鸡运动场三部分组成。每一部分都是独立的整体，可以根据房舍结构和需要进行组合。

电热育雏笼：一般分四层，每层高度为 33 cm，每笼面积为 140 cm×70 cm，层与层之间是70 cm×70 cm 的水楼盘，全笼总高度 172 cm。通常采用 1 组加热笼、1 组保温笼、4 组运动场的综合方式，外形总尺寸为高度 172 cm，长度 434 cm，宽度 145 cm。

电热育雏伞：网上或地面散养一般采用电热育雏伞，可提高雏鸡体质和成活率。伞面由隔热材料组成，表层为涂塑尼龙丝伞面，保温性能好，经久耐用。伞顶装有电子控温器，控温范围 0～50 ℃，伞内装有均入式远红外陶瓷的加热器，同时设有照明灯和开关。外形尺寸有直径 1.5 m、2.0 m 和

2.5 m 三种规格,可分别育雏 300 只、400 只和 500 只。

三、清粪消毒设备

鸡舍内的清粪方式有人工清粪和机械清粪两种。机械清粪常用设备有刮板式清粪机、带式清粪机和抽屉式清粪机。刮板式清粪机多用于阶梯式笼养和网上平养,主要包括电动机、减速器、刮板、钢丝绳与转向开关等设备;带式清粪机多用于叠层式笼养,主要由电机减速装置、链传动、主动辊、被动辊、承粪带等组成;抽屉式清粪板多用于小型叠层式鸡笼。

四、捡蛋设备

捡蛋设备适用于蛋鸡养殖场,用来收集鸡蛋。自动化捡蛋设备分为半自动化捡蛋设备和全自动化捡蛋设备。半自动化捡蛋设备用于中小型蛋鸡厂,工作人员对在鸡笼外的纵向集成槽内的鸡蛋进行分拣,该方式效率低,但能精确地分拣出脏蛋和软壳蛋,减少人为破蛋。全自动化捡蛋设备适用于大型养鸡场,包括自动集蛋设备和输送装置。其具有防止鸡蛋滑落和破损的功能,减少了人力和物力支出。

情境小结

禽场建设包括禽场规划和养禽设备两部分。场址选择、规划与布局,禽场设计是禽场规划的核心。

了解禽场各功能区的要求。

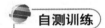

填空题

1. 养鸡场要求交通便利,在保证生物安全的前提下,创造便利的交通条件,但与交通主干线及村庄的距离要大于_____ m。

2. 各类鸡舍之间的距离:祖代鸡舍每栋之间为_____,父母代鸡舍每栋之间为_____,商品代鸡舍每栋之间为_____。每栋鸡舍之间应有围墙或沙沟等隔离。

3. 机械通风依靠机械动力强制进行鸡舍内外空气的交换,可以分为_____和_____两种方式。

4. 养鸡场通常分为_____、_____和_____等,各区之间应严格分开并相隔一定距离。

知识链接 5

情境六　鸡的人工孵化技术

情境导入

　　随着家禽人工孵化技术的推广利用,养禽业从农村散养到专业化、标准化、集约化,规模从小到大,得到了很快的发展。人工孵化技术大大提高了家禽的繁殖率和生产效率。某养殖场准备采用人工孵化技术孵化一批鸡苗,让顶岗实习的小王同学全程参与,我们也一起来看看吧。

情境目标

　　▲知识目标

　　了解影响种蛋质量的因素,掌握种蛋的选择方法和标准,掌握鸡人工孵化的基础理论及操作技术。

　　▲技能目标

　　具备种蛋选择的能力,熟悉种蛋孵化操作流程。

　　▲思政目标

　　通过了解孵化的三个危险期,引导学习者尊重生命、爱护生命;通过人工孵化代替"鸡妈妈"孵小鸡的引导,让学习者理解付出的艰辛与喜悦,建立感恩意识,从感恩父母的层面出发,进一步激发学习者感恩祖国的爱国情怀。

单元一　种蛋的选择

单元目标

　　知识目标:了解种蛋选择的意义,掌握种蛋选择的标准及方法。

　　技能目标:具备种蛋选择的能力。

　　思政目标:培养学习者耐心、细心的好习惯,提高学习者思考问题和分析问题的能力,进一步形成严谨的工作态度和高度的责任感,使学习者具备良好的职业素养。

扫码学
课件 6-1

▶ 案例导学

　　超市的蛋能孵出小鸡吗?

案例导学

Note

什么是种蛋？种蛋应该如何选择？

用于孵育繁衍幼禽的各种禽蛋，即受过精的蛋，称为种蛋。种蛋的质量对孵化率和幼雏的品质有着直接的影响，因此，种蛋入孵前必须进行严格的选择。

一、影响种蛋质量的因素

1. 种蛋来源　一只优质的雏鸡来自一个健康的种蛋，种蛋应来源于健康、高产的种鸡群，一般要求蛋种鸡种蛋受精率达 90% 以上，肉种鸡达 85% 以上。

种蛋的保存时间及方法如下。

（1）时间：随着种蛋保存时间的延长，种蛋孵化率、健雏率会不断降低，死胚率不断增高。保存时间在 1 周内的种蛋孵化率较高，因此，种蛋保存时间在 1 周内较为适宜，最长不超过 2 周。种蛋保存时间对孵化率和孵化期的影响见表 6-1。

表 6-1　种蛋保存时间对孵化率和孵化期的影响

保存天数/d	入孵蛋孵化率/(%)	超过正常孵化时间/h
0	87.16	
4	85.96	0.17
8	82.43	1.66
12	76.30	3.14
16	67.86	5.44
20	57.00	9.03
24	43.73	14.61

（2）方法：种蛋保存方法不当，会导致孵化过程中死胚率偏高。种蛋一般在专用库房保存，库房必须清洁卫生、通风良好，防尘土、蚊蝇、老鼠及有害气体，避免阳光直射。若保存时间在 1 周内，种蛋大头向上，蛋托叠放，可不翻蛋；若保存时间超过 1 周，每天翻蛋 1～2 次，或将种蛋箱一侧轮流垫高，防止胚盘与蛋壳粘连。

2. 种蛋的管理

（1）消毒。

①消毒时间：据测定，蛋壳表面有大肠杆菌、假芽孢杆菌等细菌。明显可见禽粪、血斑、污斑的蛋，微生物污染更为严重。这些微生物大都可在低温下生长繁殖，会通过气孔侵入并污染鸡蛋内部。因此，种蛋收集后应及时消毒，生产中一般要求种蛋入库保存前和入孵前各消毒一次。

②消毒方法。

a. 福尔马林熏蒸消毒法：种蛋的消毒方法很多，其中福尔马林熏蒸消毒法较为方便有效，是目前生产中较常用的方法。每立方米空间用福尔马林 30 mL、高锰酸钾 15 g。称取高锰酸钾放入陶瓷容器内（其容积至少比福尔马林体积大 4 倍），再将所需福尔马林小心倒入陶瓷容器，二者相遇发生剧烈反应，可产生大量甲醛气体杀灭病原菌，密闭 30 min 后排出余气。

b. 新洁尔灭消毒法：以 1∶1000（即以 5% 的原液加 50 倍的水）溶液喷于种蛋表面，或在 43～50 ℃的该溶液中浸泡 3 min。

c. 碘液消毒法：将种蛋置于 0.1% 的碘溶液（10 g 碘片或 10 g 碘化钾加入 10 kg 水中即可）内浸泡 0.5～1 min。水温 43～50 ℃。

d. 过氧乙酸熏蒸消毒法:消毒时每立方米空间使用 16% 的过氧乙酸溶液 40～60 mL,加高锰酸钾 4～6 g,密闭熏蒸 15 min。过氧乙酸是高效、快速广谱消毒剂,但需要注意,过氧乙酸遇热不稳定,如 40% 以上的过氧乙酸加热至 50 ℃ 易引起爆炸,应低温保存;过氧乙酸腐蚀性强,使用过程中注意皮肤的保护。

e. 三氧化氯泡沫消毒剂消毒法:用 40 mg/kg 三氧化氯泡沫消毒剂消毒种蛋 5 min 即可。三氧化氯泡沫在使用时,不破坏蛋壳胶膜,而且省药、安全、省力、无气雾、无回溅。三氧化氯泡沫呈重叠状,附着于蛋壳表面时间长,杀菌彻底且对种蛋无伤害。

(2)温度:家禽胚胎发育的临界温度是 23.9 ℃,如超过此温度,胚胎发育开始,但会随着细胞的代谢而逐渐衰老和死亡。温度过低,如低于 10 ℃,孵化率降低;低于 0 ℃,胚胎因受冻而失去孵化能力。保存种蛋最适宜的温度为 10～15 ℃。如保存时间短(7 d 以内),控制在 15～17 ℃ 较适宜;保存 7 d 及以上时,以 12～14 ℃ 为宜。

(3)湿度:种蛋保存期内,蛋内水分通过气孔不断蒸发。湿度过低,则蛋内水分蒸发较快,胚胎细胞易因失水而丧失孵化能力;湿度过高,种蛋容易生霉。因此,种蛋保存的适宜相对湿度为 65%～75%。

二、种蛋选择原则

1. 种蛋必须来自健康的种鸡群 种鸡不能带鸡白痢、白血病和支原体病,这些疾病可以通过种蛋垂直传播,危害鸡后代个体的健康。如需外购种蛋,应先调查种蛋的种鸡群健康状况。

2. 种蛋应来源于高产种鸡群 种蛋受精率、孵化率和雏鸡生活力与产蛋率高低有遗传相关性,因此,种蛋受精率应达到行业标准。如需外购种蛋,应先调查种蛋的受精率、种鸡群饲养管理水平等。

3. 种蛋应符合本品种标准 过大、过小以及畸形蛋都不宜用作种蛋。种蛋还应清洁、品质新鲜、蛋壳完整。

三、种蛋选择的方法及标准

1. 感官法

(1)新鲜度:新鲜种蛋表面有一层胶护膜,气室较小,蛋黄位于蛋的中心、呈圆形,且蛋黄膜完整。

(2)清洁度:合格种蛋的蛋壳上不应有粪便或破蛋液。用脏蛋入孵,不仅孵化率很低,而且会污染正常种蛋和孵化机,增加腐败蛋和死胚蛋,导致孵化率降低,雏鸡质量下降。轻度污染的种蛋在认真擦拭或用消毒液洗去污物后可以入孵。

(3)蛋重:可通过称量法确定,超过平均重量 10% 的种蛋为大蛋,孵化期延长,孵化率下降,雏鸡蛋黄吸收率差;低于平均重量 10% 的为小蛋,出雏期提前,雏鸡体重小,生长速度慢,育雏率低。一般蛋鸡蛋重要求 50～65 g,肉鸡蛋重 52～68 g。

(4)蛋形指数:蛋形指数为 1.33～1.35,以卵圆形为佳。过圆、过长、腰凸出、橄榄型(两头尖)、双黄蛋等畸形蛋不宜入孵。

(5)蛋壳质地:剔除沙壳蛋、薄壳蛋、厚薄不均的皱纹蛋、钢壳蛋等蛋壳质量不合格的种蛋。可用蛋壳厚度测定仪测定蛋壳厚度,蛋壳厚度以 0.33～0.35 mm 为宜。

(6)摩擦听音:两手各拿 3 枚蛋,转动五指,使蛋与蛋相互轻轻碰撞,听其声音。完整无损的蛋声音清脆,破损蛋可听到破裂声。

2. 照蛋法 用照蛋器在灯下观察,可通过气室大小和位置、蛋壳结构、蛋黄、血斑、肉斑等情况,挑出裂纹蛋、散黄蛋、异物蛋、黏壳蛋等不合格种蛋。

3. 抽样剖检法 多用于外购种蛋。将种蛋打开倒入衬有黑纸或黑布的玻璃板上,观察种蛋的内部品质,剔除肉斑、血斑及不新鲜(蛋黄扁平或散黄、蛋白稀薄)的种蛋。

扫码学
课件 6-2

案例导学

单元二　孵化技术

单元目标

知识目标：了解鸡胚胎发育相关知识，掌握不同发育阶段的主要外观特征，掌握人工孵化技术的基础知识。

技能目标：熟识鸡孵化过程各阶段形态特点及孵化要求，熟悉孵化技术操作流程，掌握胚胎发育的生物学检查方法。

思政目标：培养学习者团队合作、总结分析的能力，引导学习者尊重生命、爱护生命，建立感恩意识。

案例导学

《加油！向未来》——无壳孵化实验。

课前思考

小鸡是怎样孵出来的？

鸡的孵化分自然孵化和人工孵化。自然孵化主要为母鸡孵蛋，可以节省人工，并且提供适宜的温度和湿度，但是不适合规模化生产。人工孵化是指通过人为模仿母鸡孵蛋的行为，制造适宜的环境，对鸡蛋进行孵化。

一、孵化条件

家禽胚胎发育主要依靠蛋中的营养物质和适宜的外界条件。孵化时要为胚胎发育创造合适的外界条件。因此，在孵化过程中应根据胚胎的发育规律，严格掌握温度、湿度、通风换气、翻蛋及凉蛋等条件。

1. 温度　温度是孵化的重要条件，只有在适宜的温度下才能保证鸡胚胎正常的物质代谢和生长发育。孵化温度掌握适当与否会直接影响孵化效果，温度过高或过低都会影响胚胎的发育，严重时可造成胚胎死亡。温度过高，胚胎发育偏快，出壳时间提前，雏鸡软弱，成活率低，当超过 42 ℃时，经过 2～3 d 胚胎就会死亡。温度过低，胚胎发育迟缓，出壳时间推迟，孵化率降低，若温度低于 24 ℃，经 30 h 胚胎全部死亡。孵化温度对鸡胚胎孵化率和孵化期的影响见表 6-2。

孵化的供温标准与种鸡的品种、种蛋的大小、孵化机类型、不同日龄的胚胎、孵化季节等有关。一般立体孵化低于平面孵化，胚龄大的低于胚龄小的，夏季低于早春或晚秋。最合适的孵化温度为 37.8～38.3 ℃，在出雏机内的出雏温度为 37.3 ℃。

表 6-2　孵化温度对鸡胚胎孵化率和孵化期的影响

温度/℃	受精蛋孵化率/(%)	孵化期/d	温度/℃	受精蛋孵化率/(%)	孵化期/d
35.6	10	—	37.8	88	21.0
36.1	50	22.5	38.3	85	—
36.7	70	21.5	38.9	75	19.5
37.2	80	21.0	39.4	50	—

鸡孵化可分为恒温孵化和变温孵化。恒温孵化是指种蛋分批入孵,整个孵化过程中温度基本一致。变温孵化是种蛋一次性入孵,根据胚胎孵化日龄,进行分阶段施温。恒温孵化胚胎前期发育的温度不够,而孵化后期温度又偏高。所以恒温孵化的孵化率比变温孵化的孵化率略低。鸡蛋的两种孵化制度的温度设定见表6-3。

表6-3 鸡蛋的孵化温度

室温/℃	孵化机内温度/℃				出雏机内温度/℃
	恒温孵化	变温孵化			
	1~17 d	1~5 d	6~12 d	13~17 d	18~20.5 d
18	38.3	38.9	38.3	37.8	37 左右
24	38.1	38.6	38.1	37.5	
30	37.8	38.3	37.8	37.2	
32~35	37.2	37.8	37.2	36.7	

2. 湿度 湿度也是种蛋孵化成功的重要条件,它对胚胎发育和破壳出雏有较大影响。孵化湿度过低,蛋内水分蒸发多,胚胎与壳膜易发生粘连;湿度过高,影响蛋内水分蒸发。适宜的孵化湿度可使胚胎初期受热均匀,后期散热加强,既有利于胚胎发育,又有利于破壳出雏。

分批入孵时,孵化机内的相对湿度应保持在50%~60%,出雏机内为60%~70%。整批入孵时,孵化过程中应遵循两头高、中间低的原则,即鸡胚胎1~7 d 为60%~65%,8~18 d 为50%~55%,19 d 到出雏为65%~70%。孵化湿度是否正常,可用干湿球温度计测定,也可根据胚蛋气室大小、失重量和出雏情况判定。

湿度还要根据季节、种蛋的品种不同而不同,春、冬季节空气干燥,孵化时相对湿度要大一些;种蛋蛋壳薄,水分蒸发量大,相对湿度要大一点。夏季、梅雨季节及蛋壳较厚的种蛋,相对湿度要小一点。孵化时应特别注意防止高温高湿和高温低湿。

3. 通风换气 通风换气可保持空气新鲜,减少二氧化碳,有利于胚胎正常发育。胚胎在发育过程中不断吸入氧气,呼出二氧化碳,随着胚龄的增长,其需要的换气量也在增加。一般要求孵化机内氧气含量达21%,二氧化碳为0.5%。当二氧化碳含量达到1%时,胚胎发育迟缓,死亡率增高,并出现胎位不正和畸形等。

通风换气的原则是在保证正常温度、湿度的前提下,通风换气越充分越好。通过控制孵化机内风门开启程度,可以控制空气的流速及路线。前期开启程度小,后期随胚龄增长而逐渐增加,出雏时开到最大。通风换气与温度、湿度有着密切关系。通风不良,空气不流畅,湿度大,温度高;通风速度太快,温度、湿度都难以保证。

4. 翻蛋 孵化过程中由于蛋内水分不断蒸发,长期不翻蛋会使蛋黄膜和蛋壳膜发生粘连,造成胚胎死亡。翻蛋的目的是改变胚胎位置,使胚胎受热均匀,防止胚胎与壳膜粘连,也有助于胚胎运动和改善胚胎血液循环。翻蛋的要求一般为每2 h 翻蛋一次,翻蛋的角度以水平位置为标准,前俯后仰各45°角,翻蛋角度不当,会降低孵化率。不同的翻蛋处理和翻蛋角度对孵化率的影响见表6-4和表6-5。

表6-4 不同翻蛋处理对孵化率的影响

翻蛋处理方式	孵化率/(%)
整个孵化期中不翻蛋	29
1~7 d 翻蛋	78
1~14 d 翻蛋	92
1~18 d 翻蛋	95

表 6-5　不同翻蛋角度对孵化率的影响

翻蛋角度	孵化率/(%)
40°	69.3
60°	78.9
90°	84.4

5. 凉蛋　胚胎发育到中后期会产生大量的热能,通过凉蛋可以驱散孵化机中的余热,使胚胎得到新鲜空气,同时用较低温度来刺激胚胎,促使其发育并增强雏鸡将来对外界温度的适应能力。凉蛋的次数和时间长短要根据孵化机的性能状况、胚龄及季节来决定。孵化初期及寒冷天气不宜多凉,后期及炎热天气宜多凉。凉蛋的具体时间还可根据蛋温来决定。一般用眼皮来试温,即以蛋贴眼皮,感到微凉(31~33 ℃)就应停止凉蛋。夏季高温情况下,应在增加孵化室的湿度后再凉蛋,也可延长凉蛋时间。

二、胚胎发育特征及孵化效果检查

1. 鸡胚胎发育阶段的划分　整个发育过程可分为两个阶段:成蛋阶段的发育与成雏阶段的发育。

(1) 成蛋阶段——母体内。

①胚珠:未受精的卵子在输卵管内,不再分裂,蛋黄表面有一小白点,直径 1 mm 左右,称为胚珠。

②胚盘:受精卵在输卵管内,经过分裂,形成中央透明、周围较暗的同心圆(原肠期),直径 3 mm 左右,称为胚盘。见图 6-1。

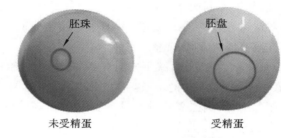

图 6-1　未受精蛋与受精蛋剖检图

(2) 成雏阶段——母体外(孵化)。

①发育早期(1~4 d):内部器官发育阶段。首先形成中胚层,再由三个胚层形成雏鸡的各种组织和器官。

②发育中期(5~14 d):外部器官发育阶段。脖颈伸长,翼、喙明显,四肢形成,腹部愈合,出现绒羽和鳞片。

③后期(15~19 d):鸡胚胎生长阶段。胚胎逐渐长大,肺血管形成,卵黄收入腹腔,开始利用肺呼吸。

④出壳(21 d)。

2. 鸡胚胎发育各时期的主要变化　鸡胚胎在孵化过程中,每天照蛋的蛋相和解剖特征非常典型,可根据蛋相较准确地判断出孵化日龄,并可分析影响孵化率的因素。鸡胚胎发育的主要特征见表 6-6。

表 6-6　鸡胚胎不同孵化日龄的发育特征

孵 化 日 龄	胚胎发育的主要特征	照 蛋 特 征
1	胚盘增大,器官原基出现	中胚层进入"暗区",形成"血岛"
2	血管出现,心脏开始搏动	卵黄囊血管区形似樱桃,照蛋俗称"樱桃珠"

续表

孵化日龄	胚胎发育的主要特征	照蛋特征
3	尿囊长出,胚胎的头、眼特别大,眼睛色素开始沉着,开始形成前后肢芽	照蛋可见胚和延伸的卵黄囊血管形似蚊子,俗称"蚊虫珠"
4	卵黄体积继续增大,卵黄囊血管包围卵黄近1/3。尿囊膜、舌开始形成	照蛋时卵黄不易转动,胚与卵黄囊血管形似蜘蛛,俗称"小蜘蛛"
5	胚体弯曲,眼睛黑色素大量沉积,卵黄囊已包围1/2的卵黄	照蛋时可见到眼睛的影子,俗称"单珠"或"黑眼"
6	尿囊增长速迅,到达蛋壳膜表面。尿囊血管系统迅速发育,卵黄囊分布在蛋黄表面近1/2,胚体已初具翼和腿的外形	照蛋可见头部和躯干部两个小圆团,俗称"双珠"
7	胚胎出现鸟类特征,喙、翼明显。胚胎自身已有体温	照蛋时,可见从气室边缘向下成"瀑布"样的血管分布,胚胎半沉半浮横卧于羊水中,俗称"沉"
8	胚胎由卵黄囊呼吸转化为尿囊呼吸。胎儿外形发育趋于完善,出现羽毛原基	照蛋时,胚胎在羊水中浮游,俗称"浮",半个单面布满血管
9	软骨开始骨化,羽毛突起明显	照蛋时尿囊越过卵黄囊几乎包围整个蛋的内容物,俗称"窜筋"
10	尿囊在胚胎的背面迅速向下端发展,将蛋白逐渐包围起来	照蛋时除气室外整个蛋布满血管,俗称"合拢"
11	背部出现绒毛	
12	肠、肾的功能开始出现,胚胎开始用喙吞食蛋白	照蛋时血管加粗,颜色加深
13	身体和头部大部分覆盖绒毛,胚出现鳞片	
14	胚胎发生转动,其头部通常朝向蛋的大头	
15	体内外器官基本形成,喙接近气室	
16	鸡冠和肉髯明显,蛋白几乎全被吸收到羊膜腔中	
17	肺血管形成,躯干增大,喙朝向气室	照蛋时,全部为胎儿和卵黄的黑影,小头看不到发亮的部分,俗称"封门"
18	尿囊萎缩,眼开始睁开,胚胎转身	照蛋时,气室倾斜,俗称"斜口"
19	卵黄囊收缩,喙进入气室,开始进行肺呼吸	照蛋时,有黑影闪动,俗称"闪毛"
20	卵黄囊已完全吸收到体腔,脐部开始封闭,尿囊血管退化,开始啄壳	俗称"起嘴"
21	雏鸡破壳而出	

3. 鸡胚胎发育过程中的三个危险期

（1）孵化前期的危险期:孵化的第2～5天,胚胎各个器官的分化、形成剧烈地进行,如心脏开始搏动,血液循环的建立及各胎膜的形成均处于初级阶段,胎膜的功能不够健全,胚胎的生命力比较脆弱,孵化条件稍有不当,如温度过高或过低,或此时进行喷洒或熏蒸消毒,均会造成胚胎的死亡。这是胚胎发育过程中的第一个危险期。

（2）孵化中期的危险期:孵化的第12～13天,羊膜道与羊膜腔连通,蛋白开始流进羊膜腔直接被胚胎吞食,胚胎进入出壳前的肠管营养时期,这是一个关键的转折阶段。如果此时温度、湿度不正

77

常,将影响羊膜道与羊膜腔的连通,蛋白不能进入羊膜腔被胚胎利用或蛋白代谢受阻,常会造成中胚大批死亡。这是鸡胚胎发育的第二个危险期。

(3) 孵化后期的危险期:孵化的第 19～20 天,这时尿囊已萎缩,尿囊血管的呼吸功能消失,胚胎由尿囊呼吸转变为肺呼吸,需要大量氧气。此时如果通风不良,气体代谢发生障碍,如肺部或气管中尚有蛋白堵塞,或胎位不正,喙部不能进入气室利用气室中的氧气,胚胎即会死亡。此时如果温度过高,胚胎呼吸加快,而氧气量不够,亦会造成胚胎死亡。这是鸡胚胎发育的第三个危险期。

4. 孵化效果的检查

(1) 照蛋:照蛋是指孵化一定时间后,在黑暗条件下用照蛋灯对鸡蛋进行透视,以检查鸡胚胎发育情况,剔除未受精蛋和早期死胚蛋。照蛋是孵蛋过程中不可缺少的环节。照蛋时间及胚胎特征如下。

①头照:鸡蛋孵化的第 5 天,区分正常胚胎和弱精蛋,检出死精蛋、无精蛋、破壳蛋,观察胚胎发育情况,调整孵化条件。见图 6-2。

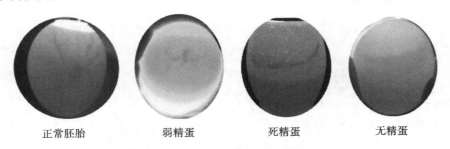

| 正常胚胎 | 弱精蛋 | 死精蛋 | 无精蛋 |

图 6-2　头照时的各种胚蛋情况

正常胚胎:蛋面的 1/3 布满血管,可见到明显的胚胎黑眼。

弱精蛋:照蛋时颜色较浅,胚胎较小,血管网不发达,血管分支少而短。

死精蛋:照蛋时颜色浅,血管崩解,有不规则的血环、血线、血弧、血点,有些蛋已经散黄。

无精蛋:照蛋时颜色淡黄透亮,能隐约看到蛋黄的影子。

②抽检:在孵化的第 10～11 天进行,主要观察鸡胚尿囊发育情况。

正常胚胎:尿囊血管在蛋的锐端合拢,整个蛋除气室外,都布满血管,俗称"合拢"。

弱胚:尚未合拢。

死胚:仅部分发育,无血管或有模糊血管,单独内容物混浊而流动。

③二照:在孵化的第 18～19 天进行,逐个照检胚蛋,区分正常胚胎和弱胚,剔除死胚蛋和破壳蛋。见图 6-3。

| 第11天正常胚胎 | 第19天正常胚胎 |

图 6-3　抽检及二照时的胚胎情况

正常胚胎:除气室外,整个蛋面发黑,气室边缘呈倾斜的弯曲状态,可见粗大血管,有时可见喙、颈部的黑影闪动,俗称"闪毛"。

弱胚:气室边缘平齐,未倾斜,蛋小头淡白。

死胚:气室小,不倾斜且边缘模糊,未见"闪毛",蛋身发凉。

（2）观察蛋重和气室的变化：在孵化过程中，由于蛋内水分蒸发，蛋的重量减轻。正常情况下，在鸡蛋孵化的第1～19天，蛋重减轻10%～13%，平均每天减重0.55%左右。如果蛋的减重超出正常标准过多，则照蛋时气室很大，可能是孵化湿度过低、温度偏高和通风换气量过大，水分蒸发过快；如果蛋的减重低于正常标准过多，则气室小，可能是湿度过高、蛋的品质不良。测定蛋重的方法是入孵前选出一盘蛋，作为测重标准用，并定时称量。每次称量前首先拣出无精蛋和中途死亡的胚蛋，然后称量，计算减重的比例，并与标准进行比较。

（3）啄壳和出雏的观察：孵化正常时，啄壳和出雏的时间比较一致、集中。如鸡蛋孵化时，第20天开始出雏，第20.5天时达到高峰，满21 d时应全部出齐。如果种鸡营养不良或孵化温度偏低，则啄壳、出雏时间后延；如果孵化温度偏高，则啄壳、出雏时间提前。出雏时间过早、过迟或没有明显的出雏高峰都是孵化不正常的表现，会造成孵化率降低和雏鸡品质变差。

（4）观察初生雏鸡：通过观察初生雏鸡的质量来检查孵化效果。弱残雏数越少，健雏率越高，孵化效果越好。健雏绒毛洁净、有光泽，卵黄吸收完全，脐口愈合良好，体型匀称，站立稳健，反应灵敏，叫声洪亮，大小适中；而弱雏绒毛混乱，腹大，卵黄吸收不完全，脐口愈合不良，体躯干瘪瘦小，反应迟钝。

（5）死胚剖检：解剖照蛋中剔出的死胚蛋和孵化结束后清除的死胚蛋，观察其死亡日龄和病理变化，以分析孵化不良的原因。剖检时首先判定死亡日龄，注意皮肤、肝、胃、心脏等组织器官和胸、腹腔等的病理变化，以确定胚胎死亡的原因。如剖检时发现充血、淤血等现象，可能是因为孵化温度过高；如发现雏鸡有脑水肿现象，则可能是因为缺乏维生素B_2；如雏鸡出现皮肤水肿，则可能是缺乏维生素D_3等。

三、孵化操作技术

1. 孵化前的准备

（1）制订计划：根据设备条件、种蛋供应、出雏能力、禽销售市场等具体情况，制订出孵化计划和填写孵化工作计划表（表6-7）。根据孵化计划，拟定孵化进程表、孵化日常管理表、孵化效果表等。

表6-7 孵化工作计划表

批 次	入孵时间	入孵数量	头照时间	移盘时间	出雏时间	出雏数	备 注
1							
2							

（2）卫生消毒：孵化前需对孵化室进行清扫和消毒，孵化机、孵化用具也要进行清洗消毒，并用福尔马林密闭熏蒸24 h。

（3）用具准备：对孵化机进行必要的检修和调试。安装妥当待使用的孵化机、出雏机，准备好检修工具、消毒药品和消毒器具等。

（4）种蛋的准备：入孵前需将种蛋移至孵化室进行预热，使种蛋初步升温，在22～25 ℃的环境中放置6～8 h，使胚胎发育从静止状态逐渐"苏醒"过来。

2. 方法及操作步骤

（1）码盘：孵化时将种蛋钝端向上放置在蛋盘上码盘，这样有利于胚胎的气体交换。蛋盘一定要码满，蛋盘上要做好标记。码盘结束，及时处理剔除蛋和剩余的种蛋，然后清理工作场地。

（2）上蛋入孵：上蛋的时间最好安排在下午4时以后，这样大批出雏的时间赶在白天，有利于出雏操作。将种蛋码满盘后插入蛋架，操作时一定要使蛋盘卡入蛋架滑道内，插盘顺序为由下至上。采用同一孵化机分批入孵时，各批入孵的新蛋和老蛋要相互交叉放置，以利于新蛋与老蛋互相调节温度。上完蛋架后立即进行熏蒸消毒。

（3）孵化期间的日常管理：检查孵化机的正常运转情况，孵化机如出现故障要及时排除。检查孵化机内外温度、湿度的变化，一般要求每2 h观察1次，观察结果并记录。观察通风和翻蛋情况：定期检查出气口开闭情况,根据胚龄决定开启程度,注意每次翻蛋的时间和角度,对不按时翻蛋和翻蛋角度过大或过小的现象要及时处理解决,停电时手动翻蛋应按时操作。做好孵化记录:整个孵化期间,每天必须认真做好孵化记录和统计工作,以有助于孵化工作顺利有序进行和对孵化效果的判断。孵化结束,要统计受精率、孵化率和健雏率。孵化日常管理记录表见表6-8,孵化生产记录表见表6-9。

表 6-8　孵化日常管理记录表

时间	机 器 情 况					孵 化 室		停电	值 班 员
	温度	湿度	通风	翻蛋	凉蛋	温度	湿度		

表 6-9　孵化生产记录表

批次	入孵日期	种蛋来源	品种	入孵数量	头照			二照		出雏				受精率/(%)	受精蛋孵化率/(%)	入孵蛋孵化率/(%)	健雏率/(%)	备注
					无精	死精	破壳	死精	破壳	落盘数	毛蛋数	弱死雏	健雏					

（4）照蛋:机器孵化时一般照蛋1~2次,头照检出无精蛋、死精蛋和破壳蛋等,二照检出死胚蛋后移盘。

（5）移盘:将鸡蛋从孵化机的蛋盘中移到出雏盘或送入出雏机中继续孵化出雏的过程称为移盘。鸡蛋是在孵化的第18~19天移盘,移盘要求预先提高室温至30 ℃左右,动作要轻、稳、快。移盘后的种蛋停止翻蛋,增加孵化湿度。

（6）出雏及助产:鸡蛋孵化满20 d就开始出雏,及时拣出绒毛已干的雏鸡和空蛋壳,在出雏高峰期,应每4 h拣一次,并进行拼盘。取出的雏鸡放入箱内,置于25 ℃室温内存放。出雏期间要保持孵化室和孵化机内的温度、湿度,室内安静,尽量少开机门。对少数未能自行脱壳的雏鸡,应进行人工助产。助产时只需破去钝端蛋壳,然后让雏鸡自行挣扎脱壳,不能全部人为拉出,以防出血死亡。

（7）记录:对孵化记录表中的内容进行仔细的登记和认真的统计。

（8）场地、用具清洗与消毒:出雏结束后,将孵化室、孵化机、出雏机、蛋盘等进行彻底清洗。清洗完后,进行消毒。

情境小结

　　鸡的人工孵化条件主要有温度、湿度、通风换气、翻蛋、凉蛋;鸡的孵化期为21 d,大致分为四个阶段;根据其发育特征,可通过照蛋检查鸡胚胎发育情况,剔除未受精蛋、早期死胚蛋,一般进行1~2次,分别为头照和二照。整个孵化生产过程包括准备工作、码盘、上蛋入孵、日常管理、照蛋、移盘、出雏及助产、记录,以及场地、用具清洗与消毒等。

知识链接6

知识链接

鸡胚发育过程。

自测训练

一、选择题

1. 鸡胚胎孵化第 5 天,胚体弯曲,眼睛黑色素大量沉积,卵黄囊已包围 1/2 的卵黄,照蛋时可见到眼睛的影子,俗称(　　)。

A. 双珠　　　　　　　B. 单珠　　　　　　　C. 小蜘蛛　　　　　　　D. 樱桃珠

2. 鸡胚胎孵化第 10 天,尿囊在胚胎的背面迅速向下端发展,将蛋白逐渐包围起来,照蛋时除气室外整个蛋布满血管,俗称(　　)。

A. 窜筋　　　　　　　B. 双珠　　　　　　　C. 合拢　　　　　　　D. 沉

3. 鸡胚胎孵化第 18 天,尿囊萎缩,眼开始睁开,胚胎转身。照蛋时,气室倾斜,俗称(　　)。

A. 斜口　　　　　　　B. 封门　　　　　　　C. 闪毛　　　　　　　D. 起嘴

4. 抽检:鸡在(　　)日胚龄进行抽检,主要看鸡胚胎尿囊发育情况。

A. 7～8　　　　　　　B. 10～11　　　　　　C. 15～16　　　　　　D. 17～18

5. 鸡胚胎在孵化的第(　　)天进行二照。

A. 15　　　　　　　　B. 17　　　　　　　　C. 19　　　　　　　　D. 20

二、填空题

1. 最合适的孵化温度为_____℃,在出雏机内的出雏温度为_____℃。

2. 家禽孵化可分为恒温孵化和_____。

3. 整批入孵时,孵化过程中孵化机内相对湿度应保持_____、_____的原则。

4. 一般要求孵化机内氧气含量达_____%,二氧化碳为_____%。

5. 翻蛋的要求为一般每_____h翻蛋一次,翻蛋的角度以水平位置为标准,前俯后仰各_____角,翻蛋角度不当,会降低孵化率。

情境七　家禽品种

扫码学
课件 7

情境导入

　　我国是较早将野生的原鸡驯养为家禽的国家之一。在长期的生产实践活动中,我国人民先后育成九斤黄鸡、浦东鸡、石岐鸡等古老的肉用型品种,狼山鸡、萧山鸡、大骨鸡等蛋肉兼用型品种,仙居鸡、济宁百日鸡等蛋用型品种,泰和乌鸡等药用品种。这些古老的鸡品种是现代鸡品种的重要基础,为人类的养鸡事业做出了重大的贡献。

情境目标

　　▲学习目标

　　掌握家禽品种的类型及其代表品种,了解各个品种的外貌特征、经济用途和生产性能。

　　▲技能目标

　　能正确识别家禽的品种。利用所学的品种知识,并应用现代科学的管理方法,尽可能创造适合其生物学特性的饲养管理条件,更好地饲养和利用家禽。

　　▲思政目标

　　激发学习者的学习兴趣,培养学习者严谨的科学态度,锻炼学习者在生产实际中的分析能力。

单元一　鸡的主要品种

单元目标

　　知识目标:掌握鸡品种的类型及其代表品种,了解各个品种的外貌特征、经济用途和生产性能。

　　技能目标:能正确识别鸡的品种。利用所学的品种知识,并应用现代科学的管理方法,尽可能创造适合其生物学特性的饲养管理条件,更好地饲养和利用鸡。

　　思政目标:引导学习者认识我国丰富宝贵的家禽资源,增强品种保护意识。

 案例导学

　　鸡的主要品种。

案例导学

Note

鸡主要有哪些地方品种和标准品种？其特征是什么？鸡有哪些现代商业品种？

一、标准品种

所谓标准品种是指人工育成,并得到家禽协会或家禽育种委员会承认的品种。早年鸡品种是按标准分类法分类的,这种分类方法注重血统的一致和典型的外貌特征,尤其注重羽色、羽形、冠形、体形等。

标准品种有白来航鸡、洛岛红鸡、新汉夏鸡、澳洲黑鸡、白洛克鸡、白科尼什鸡、狼山鸡、九斤鸡、丝羽乌骨鸡。

1. 白来航鸡　白色单冠来航鸡简称白来航鸡,为来航(Leghorn)鸡的一个变种,原产于意大利,1835 年由意大利的来航港运往美国,现普遍分布于全世界。这是世界著名的蛋用型品种,也是现代化养鸡业白壳蛋鸡使用的鸡品种。

白来航鸡体格小而清秀,全身紧贴白色羽毛,单冠,冠大鲜红,公鸡的冠较厚而直立,母鸡的冠较薄而倒向一侧。喙、胫、趾和皮肤均呈黄色。耳叶白色。

白来航鸡性成熟早,产蛋量高而饲料消耗少。雏鸡出壳 140 日龄后开产,72 周龄产蛋 220 枚以上,高产的优秀品系可超过 300 枚。平均蛋重为 54～60 g,蛋壳白色。成年公鸡体重 2.5 kg,成年母鸡 1.75 kg 左右。活泼好动,易惊吓,无就巢性,适应能力强。

2. 洛岛红鸡　洛岛红鸡育成于美国罗得岛州,属蛋肉兼用型品种。有单冠和玫瑰冠两个品变种。洛岛红鸡由红色马来斗鸡、褐色来航鸡和鹧鸪色九斤黄鸡与当地的土种鸡杂交而成。1904 年被正式承认为标准品种。我国引进的洛岛红鸡为单冠品变种。

此鸡的羽毛为深红色,尾羽多黑色。体躯近似于长方形,头中等大,单冠,喙褐黄色,胫黄色或带微红的黄色。冠、耳叶、肉垂及脸部均呈鲜红色,皮肤黄色。背部宽平,体躯各部的肌肉发育良好,体质强健,适应性强。母鸡的性成熟期约 180 d,年产蛋量为 180 枚,高产者可达 200 枚以上。蛋重为 60 g,蛋壳褐色,但深浅不一。成年公鸡体重为 3.7 kg,母鸡为 2.75 kg。

3. 新汉夏鸡　新汉夏鸡育成于美国新汉夏州。由当地家禽养殖者从引进的洛岛红鸡群中选择体质好、产蛋量高、成熟早、蛋大和肉质好的,经过 20 多年选育而成的新品种。1935 年被正式承认为标准品种,1946 年引入中国。

此鸡体型与洛岛红鸡相似,但背部较短,羽毛颜色略浅。只有单冠,体大,适应性强。成熟期约 180 d,雏鸡生长迅速。年产蛋量为 200 枚左右,高产的 200 枚以上。蛋重为 58 g,蛋壳褐色。成年公鸡体重 3.6 kg,母鸡 2.7 kg。

4. 澳洲黑鸡　澳洲黑鸡系在澳洲用黑色奥品顿鸡着重提高产蛋性能经 25 年选育而成。1929 年被正式承认为标准品种,属于蛋肉兼用型品种;1947 年引进中国。

此鸡体型与奥品顿鸡相似,但羽毛较紧密,体略轻小。体躯深而广,胸部丰满,头中等大,喙、眼、胫均呈黑色,脚底呈白色。单冠,肉垂、耳叶和脸部均为红色,皮肤白色,全身羽毛呈黑色而有光泽。适应性强,母鸡性成熟早,约 6 月龄开产,年产蛋量 190 枚左右。蛋重 62 g,蛋壳黄褐色。略有就巢性。成年公鸡体重 3.7 kg,母鸡 2.8 kg。

5. 白洛克鸡　白洛克鸡原产于美国,蛋肉兼用型。单冠,冠、肉垂与耳叶均呈红色,喙、皮肤和胫呈黄色,全身羽毛呈白色。体大丰满。成年公鸡体重 4.15 kg,母鸡 3.25 kg。产蛋量较高,年产蛋量 170 枚。蛋重 58 g 左右,蛋壳褐色。白洛克鸡经改良后早期生长快,胸、腿肌肉发达,主要作为肉鸡配套杂交母系使用,其第一代杂种生长迅速,胸宽体圆,屠体美观,肉质优良,饲料报酬高,是国内外较理想的肉用型鸡母系。

6. 白科尼什鸡　白科尼什鸡原产于英格兰的康瓦尔,属科尼什鸡的一个品变种。

此鸡为豆冠。喙、胫、皮肤为黄色,羽毛紧密,体躯坚实,肩、胸很宽,胸、腿肌肉发达,胫粗壮。体重大,成年公鸡 4.6 kg,母鸡 3.6 kg。肉用性能好,但产蛋量少,年产蛋量 120 枚左右。蛋重 56 g,蛋壳浅褐色。近年来因引进白来航鸡显性白羽基因,育成肉鸡为显性白羽父系,已不完全为豆冠。显性白羽父系与有色羽母鸡杂交,后代均为白色或近似白色。目前主要用它与母系白洛克品系配套生产肉用仔鸡。

7. 狼山鸡 狼山鸡原产于我国江苏省南通市如东县和通州区石港一带。1872 年输入英国,英国著名的奥品顿鸡含有狼山鸡血液。1879 年先后输入德国和美国,在美国于 1883 年被承认为标准品种。由于南通市南部有一小山叫狼山,此鸡最早从此输入,故名狼山鸡。

此鸡体型外貌的最大特点是颈部挺立,尾羽高耸,背呈"U"字形。胸部发达,体高腿长,外貌威武雄壮,头大小适中,眼为黑褐色。单冠直立,中等大小。冠、肉垂、耳叶和脸部均为红色。皮肤白色,喙和胫为黑色,胫外侧有羽毛。狼山鸡的优点为适应性强,抗病力强,胸部肌肉发达,肉质好。年产蛋量达 170 枚左右,蛋重 59 g。成年公鸡体重 4.15 kg,母鸡 3.25 kg。性成熟期为 7~8 个月。

8. 九斤黄鸡 九斤黄鸡是世界著名的肉用型鸡品种之一,为原产于我国的标准品种之一。在 1843 年曾两度输入英国,1847 年输入美国,因皆由上海输出,故国外称之为"上海鸡"。19 世纪中叶已普及全世界。1874 年美洲家禽协会承认其为标准品种。此鸡体躯硕大、品质优良,在英美曾轰动一时,受到极大的赞赏。它对外国鸡种的改良有很大的贡献。例如闻名世界的美国横斑洛克鸡、洛岛红鸡,英国的奥品顿鸡以及日本的名古屋鸡等均含有九斤黄鸡的血液。在国内,九斤黄鸡原产地的说法不一,尚无定论,而且缺乏像标准九斤黄鸡那样的典型体型,估计引自浦东鸡的可能性较大。

九斤黄鸡头小、喙短,单冠;冠、肉垂、耳叶均为鲜红色,眼棕色,皮肤黄色。颈粗短,体躯宽深,背短向上隆起,胸部饱满,羽毛丰满,外形近似方块形。胫短,黄色,具有胫羽和趾羽。此鸡性情温顺,就巢性强,因体躯笨重,不宜用于孵蛋,成熟晚,8~9 月龄才开产,年产蛋量 80~100 枚,蛋重约 55 g,蛋壳黄褐色。肉质嫩滑,肉色微黄。成年公鸡体重 4.9 kg,母鸡 3.7 kg。

九斤黄鸡于 1874 年被承认有 4 个品变种,即浅黄色九斤黄鸡、鹧鸪色九斤黄鸡、黑色九斤黄鸡和白色九斤黄鸡。1965 年增加了银白色镶边、金黄色镶边、青色和褐色 4 个品变种。1982 年又增加了横斑品变种,因此现共有 9 个品变种。

9. 丝羽乌骨鸡 丝羽乌骨鸡原产于我国,在国际上被承认为标准品种。主要产区有江西、广东和福建等地,分布遍及全国。用作药用鸡,主治妇科病的"乌鸡白凤丸"即用该鸡全鸡配药制成。国外分布亦广,列为观赏型鸡。

丝羽乌骨鸡身体轻小,行动迟缓。头小、颈短、眼乌,遍体羽毛白色,羽片缺羽小钩,呈丝状,与一般家鸡的真羽不同。总的外貌特征,群众称之为"十全",即紫冠(冠体如桑葚状)、缨头(羽毛冠)、绿耳、胡子、五爪、毛脚、丝毛、乌皮、乌骨、乌肉。此外,眼、喙、趾、内脏及脂肪亦是乌黑色。

此鸡体格小、骨骼纤细。雏鸡抗病力弱,育雏率低。成年公鸡体重为 1.35 kg,母鸡 1.20 kg;年产蛋量 80 枚左右,蛋重 40~42 g,蛋壳淡褐色。就巢性强。

二、地方品种

1989 年出版的《中国家禽品种志》中我国鸡的地方品种有 27 个,了解我国地方鸡品种有助于保存和利用鸡品种。现将主要的几个地方品种介绍如下。

1. 仙居鸡 仙居鸡原产于浙江省中部靠东海的台州地区,重点产区是仙居县,分布很广。

仙居鸡体格较小,结实紧凑,体态匀称,反应敏捷,易受惊吓,善飞跃,属神经质型。头部较小,单冠,颈部细长,背部平直,两翼紧贴,尾羽高翘,骨骼纤细;其外形和体态颇似来航鸡。羽毛紧密,羽色有白羽、黄羽、黑羽、花羽及栗羽之分。胫多为黄色,也有肉色及青色等。成年公鸡体重 1.25~1.5 kg,母鸡 0.75~1.25 kg。年产蛋量目前变异很大,农村饲养的年产蛋量 180~200 枚,饲养管理条件较好时,年产蛋量 218 枚左右,最高达 269 枚,蛋重为 35~45 g。

2. 浦东鸡 浦东鸡原产于上海市南汇、川沙和奉贤等地,其中尤以浦东地区钦公塘以东及南汇区沿海的泥城、书院、老港、大团等地所产的鸡品种较佳,分布甚广。

浦东鸡属肉用型,胸阔体大,近似方形,骨粗脚高,单冠直立,羽毛蓬松,母鸡羽毛为黄色或麻栗色,公鸡胸为红色或杂黑色,背黄或红,翼金黄或黑,尾黑,多有尾羽。胫黄色,多数无胫羽。浦东鸡生长较快,3月龄体重达 1.25 kg,成年公鸡达 4.5 kg,母鸡 3 kg左右,肉质鲜美,蛋白质含量高,营养丰富。年产蛋量 100～130 枚,蛋重平均为 57.9 g。蛋壳褐色。就巢性强。此鸡开产日龄,春雏约215 日龄,秋雏约 179 日龄。

3. 萧山鸡(又名越鸡) 萧山鸡产于浙江萧山。分布于杭嘉湖及绍兴地区。

本品种为蛋肉兼用型品种,体格较大,外形近似方形而浑圆。公鸡羽毛紧凑,头昂尾翘。红色单冠、直立。全身羽毛有红色、黄色两种。母鸡全身羽毛基本呈黄色,尾羽多呈黑色。单冠红色,冠齿大小不一。喙、胫黄色。初生重为 38.5 g。成年公鸡体重为 2.759 kg,母鸡为 1.940 kg。开产日龄185 日龄左右,年产蛋量 132.5 枚,平均蛋重为 56 g,蛋壳褐色,蛋形指数 1.39,蛋壳厚度 0.31 mm。

4. 桃源鸡 桃源鸡原产于湖南省桃源县。桃源鸡体格硕大,体质结实,羽蓬松,体躯稍长,呈长方形。公鸡姿态雄伟,性勇好斗,头颈高昂,尾羽上翘。母鸡体稍高,活泼好动,背较长而平直,后躯深圆,近似方形。单冠,公鸡冠直立,母鸡冠倒向一侧,耳叶、肉垂鲜红。公鸡体羽呈金黄色或红色,主翼羽和尾羽呈黑色,梳羽呈金黄色或间有黑斑。母鸡羽色有黄色和麻色两个类型。喙、胫呈青灰色,皮肤白色。成年公鸡体重 4～4.5 kg,母鸡体重 3～3.5 kg。肉质鲜美,富含脂肪,是优良的肉用型品种。年产蛋量 100～120 枚,蛋壳褐色。就巢性强。

5. 大骨鸡 大骨鸡又名庄河鸡,属蛋肉兼用型。原产于辽宁庄河市,分布在辽东半岛地处北纬40°以南的地区。

大骨鸡体躯魁伟,胸深且广,背宽而长,腿高粗壮,腹部丰满,敦实有力,以体大、蛋大、口味鲜美著称。觅食力强。公鸡羽毛呈棕红色,尾羽呈黑色并带金属光泽;母鸡多呈麻黄色。头颈粗壮,眼大明亮,单冠,冠、耳叶、肉垂红色。喙、胫、趾均呈黄色。成年公鸡体重为 2.9～3.75 kg,母鸡为2.3 kg。开产日龄平均 213 日龄,年产蛋量 164 枚左右,高的可达 180 枚以上。平均蛋重为 62～64g,蛋壳深褐色,蛋形指数 1.35。

6. 北京油鸡 北京油鸡为原产于北京的中国特色地方鸡种,属蛋肉兼用型品种。以肉味鲜美、蛋质优良著称。

北京油鸡的体躯中等,其中羽毛呈赤褐色(俗称"紫红毛")的鸡,体格较小;羽毛呈黄色(俗称"素黄色")的鸡,体格略大。初生雏全身披着淡黄色或土黄色绒羽,冠羽、胫羽、髯羽也很明显,体浑圆。成年鸡的羽毛厚密而蓬松,具有冠羽和胫羽,有些个体兼有趾羽和五趾,不少个体的颔下和颊部生有髯须。油鸡生长速度缓慢,初生重 38.4 g,成年公鸡体重为 2.049 kg,母鸡为 1.730 kg。性成熟较晚,母鸡 7 月龄开产,年产蛋量为 110～125 枚,平均蛋重 56 g,蛋壳厚度 0.325 mm,蛋壳褐色,个别呈淡紫色,蛋形指数为 1.32。

北京油鸡具有抗病力强、成活率高、易于饲养的特点,是目前柴鸡养殖的更新换代品种,养殖开发潜力巨大。

7. 寿光鸡(又叫慈伦鸡) 寿光鸡产于山东寿光市。寿光鸡为蛋肉兼用型品种。

寿光鸡有大型和中型两种,还有少数是小型。大型寿光鸡外貌雄伟,体躯高大,体形近似方形。成年鸡全身羽毛呈黑色,有的部位呈深黑色并闪绿色光泽。单冠,公鸡冠大而直立;母鸡冠形有大小之分,颈、趾灰黑色,皮肤白色。初生重为 42.4 g,大型成年公鸡体重为 3.609 kg,母鸡为 3.305 kg;中型公鸡为 2.875 kg,母鸡为 2.335 kg。开产日龄:大型鸡 240 日龄以上,中型鸡 145 日龄。大型鸡年产蛋量 117.5 枚、中型鸡 122.5 枚,大型鸡蛋重为 65～75 g、中型鸡 60 g。蛋形指数:大型鸡为1.32,中型鸡为 1.31。蛋壳厚度:大型鸡为 0.36 mm,中型鸡为 0.358 mm。蛋壳褐色。

8. 固始鸡 固始鸡产于河南固始县,属于蛋肉兼用型品种。

固始鸡个体中等,羽毛丰满。雏鸡绒羽呈黄色,公鸡羽色呈深红色和黄色,母鸡羽色以麻黄色和黄色为主,白色、黑色很少,尾形分为佛手状尾和直尾两种。成年鸡冠分为单冠与豆冠两种,以单冠居多。冠直立,胫呈靛青色,四趾,无胫羽。皮肤呈暗白色。初生重 32.8 g,成年公鸡体重为 2.470

kg,母鸡为1.780 kg。开产日龄205日龄,年产蛋量142枚,平均蛋重为51.4 g,蛋壳褐色,壳厚0.35 mm,蛋形指数1.32。

9. 溧阳鸡(当地又叫三黄鸡) 溧阳鸡产于江苏溧阳市,属肉用型品种。

溧阳鸡体格较大,呈方形,羽毛以及喙和脚多呈黄色,但麻黄色、麻栗色者亦甚多。公鸡单冠直立,冠齿一般为5个,齿刻深。母鸡单冠有直立与倒冠之分,虹彩呈橘红色。成年公鸡体重为3.850 kg,母鸡为2.6 kg。开产日龄为(243±39)日龄,500日龄产蛋量为(145.4±25)枚,蛋重为(57.2±4.9)g,蛋壳褐色。

10. 武定鸡 武定鸡产于云南楚雄彝族自治州,属肉用型品种,体格高大。

公鸡羽毛多呈赤红色,有光泽。母鸡的翼羽、尾羽全黑,体躯、其他部分则披有新月形条纹的花白羽毛。单冠,红色、直立、前小后大。喙黑色。胫与喙的颜色一致。多数有胫羽和趾羽。皮肤白色。鸡羽毛生长缓慢,属慢羽型。4~5月龄体重1 kg左右才出现尾羽,在此之前,胸、背和腹部常无羽,有"光秃秃秃"之称。成年公鸡体重为3.050 kg,母鸡为2.1 kg。母鸡6月龄开产,年产蛋量90~130枚。平均蛋重为50 g左右,蛋壳浅棕色,蛋形指数1.27。

11. 清远麻鸡 清远麻鸡产于广东清远市,属肉用型品种。

清远麻鸡的体型特征可概括为"一楔""二细""三麻身"。"一楔"指母鸡体形似楔形,前躯紧凑,后躯圆大,"二细"指头细、脚细;"三麻身"指母鸡背羽面主要有麻黄色、麻棕色、麻褐色三种颜色。公鸡颈部长短适中,头颈、背部的羽毛呈金黄色,胸羽、腹羽、尾羽及主翼羽呈黑色,肩羽、蓑羽呈枣红色。母鸡颈长短适中,头部和颈前1/3的羽毛呈深黄色。背部羽毛分黄色、棕色、褐色三色,有黑色斑点,形成麻黄色、麻棕色、麻褐色。单冠直立。胫、趾短细,呈黄色。成年公鸡体重为2.18 kg,母鸡为1.75 kg。年产蛋量为70~80枚,平均蛋重46.6 g,蛋形指数1.31,蛋壳浅褐色。

三、现代商业品种

现代商用鸡品种分为蛋用型和肉用型两类,其中蛋用型品种突出了鸡的产蛋性能,肉用型品种则突出了鸡的产肉性能。优秀的蛋用型品种,72周龄产蛋量已达到19 kg以上(总蛋重),料蛋比达到了2.2∶1以上。

1. 商用蛋鸡

(1)海兰W-36:美国海兰国际公司育成的配套杂交鸡。商品代鸡生产性能:0~18周龄育成率97%,平均体重1.28 kg;161日龄产蛋率达50%,高峰产蛋率91%~94%;32周龄平均蛋重56.7 g,70周龄平均蛋重64.8 g,80周龄入舍鸡产蛋量294~315枚,饲养日产蛋量305~325枚;产蛋期存活率90%~94%。公母自别方式为羽速自别。

(2)罗曼白:德国罗曼公司育成的两系配套杂交鸡。产蛋量高,蛋重大。商品代鸡生产性能:0~20周龄育成率96%~98%;20周龄体重1.3~1.35 kg;150~155日龄产蛋率达50%,高峰产蛋率92%~94%;72周龄产蛋量290~300枚,平均蛋重62~63 g,总蛋重18~19 kg,每千克蛋耗料2.3~2.4 kg;产蛋期末体重1.75~1.85 kg;产蛋期存活率94%~96%。

(3)巴布可克B-300:美国巴布可克公司育成的四系配套杂交鸡。产蛋量高,蛋重适中,饲料报酬高。商品代鸡生产性能:0~20周龄育成率97%,产蛋期存活率90%~94%;72周龄入舍鸡产蛋量275枚,饲养日产蛋量283枚,平均蛋重61 g,总蛋重16.79 kg,每千克蛋耗料2.5~2.6 kg,产蛋期末体重1.6~1.7 kg。

(4)滨白584:东北农业大学用引进的海赛克斯白蛋鸡父母代为育种素材,与原有滨白鸡纯系进行杂交组合和品系选育而成。商品代鸡生产性能:72周龄饲养日产蛋量281.1枚,平均蛋重59.86 g,总蛋重16.83 kg,蛋料比1∶2.53;产蛋期存活率91.1%。本品种鸡主要分布在黑龙江省境内。

(5)星杂288:由加拿大雪佛公司育成。商品代鸡生产性能:156日龄达50%产蛋率,80%以上产蛋率可维持30周之久,入舍鸡年产蛋量270~290枚,平均蛋重63 g,蛋料比1∶(2.2~2.4),成年鸡体重1.67~1.80 kg。

(6)京白904:京白904为三系配套杂交鸡。特点是早熟、高产、蛋大、生活力强、饲料报酬高。商品代鸡生产性能:0~20周龄育成率92.17%;20周龄体重1.49 kg;群体150日龄开产(产蛋率达

50%),72 周龄产蛋量 288.5 枚,平均蛋重 59.01 g,总蛋重 17.02 kg;每千克蛋耗料 2.33 kg;产蛋期存活率 88.6%;产蛋期末体重 2 kg。

（7）海兰褐壳蛋鸡:美国海兰国际公司育成的四系配套杂交鸡。商品代鸡生产性能:0～20 周龄育成率 97%;20 周龄体重 1.54 kg,156 日龄产蛋率达 50%;29 周龄达产蛋高峰,高峰产蛋率 91%～96%,18～80 周龄饲养日产蛋 299～318 枚,32 周龄平均蛋重 60.4 g,每千克蛋耗料 2.5 kg;20～74 周龄蛋鸡存活率 91%～95%。雏鸡羽色自别雌雄:公雏白色,母雏褐色。

（8）迪卡褐:美国迪卡布公司育成的四系配套杂交鸡。商品代鸡生产性能:20 周龄体重 1.65 kg;0～20 周龄育成率 97%～98%;24～25 周龄产蛋率达 50%;高峰产蛋率达 90%～95%,90% 以上的产蛋率可维持 12 周,78 周龄产蛋量 285～310 枚,蛋重 63.5～64.5 g,总蛋重 18～19.9 kg,每千克蛋耗料 2.58 kg;产蛋期存活率 90%～95%。雏鸡羽色自别雌雄:公雏白色,母雏褐色。

（9）依莎褐:法国依莎公司育成的四系配套杂交鸡。商品代鸡生产性能:0～20 周龄育成率 97%～98%;20 周龄体重 1.6 kg;23 周龄产蛋率达 50%,25 周龄母鸡进入产蛋高峰期,高峰产蛋率 93%,76 周龄入舍鸡产蛋量 292 枚,饲养日产蛋量 302 枚,平均蛋重 62.5 g,总蛋重 18.2 kg,每千克蛋耗料 2.4～2.5 kg;产蛋期末母鸡体重 2.25 kg;存活率 93%。雏鸡羽色自别雌雄:公雏白色,母雏褐色。

（10）海赛克斯白:荷兰优利布里德公司育成的四系配套杂交鸡。产蛋强度高、蛋重大。商品代鸡生产性能:72 周龄产蛋量 274.1 枚,平均蛋重 60.4 g,每千克蛋耗料 2.6 kg;产蛋期存活率 92.5%。

（11）罗曼褐壳蛋鸡:德国罗曼公司育成的四系配套、产褐壳蛋的高产蛋鸡。商品代鸡生产性能:0～20 周龄育成率 97%～98%,152～158 日龄产蛋率达 50%;0～20 周龄总耗料 7.4～7.8 kg,20 周龄体重 1.5～1.6 kg;高峰期产蛋率为 90%～93%,72 周龄入舍鸡产蛋量 285～295 枚,12 月龄平均蛋重 63.5～64.5 g,入舍鸡总蛋重 18.2～18.8 kg,每千克蛋耗料 2.3～2.4 kg;产蛋期末体重 2.2～2.4 kg;产蛋期母鸡存活率 94%～96%。雏鸡羽色自别雌雄:公雏白色,母雏褐色。

（12）罗斯褐壳蛋鸡:商品代鸡生产性能:0～18 周龄总耗料 7 kg,19～76 周龄总耗料 45.7 kg;18 周龄体重 1.38 kg,76 周龄体重 2.2 kg;25～27 周龄达产蛋高峰期,72 周龄入舍鸡产蛋量 280 枚,76 周龄产蛋量 298 枚,平均蛋重 61.7 g,每千克蛋耗料 2.35 kg。雏鸡羽色自别雌雄:父本两系褐色,母本两系白色。

2. 商用肉鸡

（1）AA 肉鸡:美国爱拔益加育种公司培育而成的世界著名的快长型肉鸡品种。生产性能良好,抗病力较强。商品代肉鸡生长快,一般 49 d 体重可达 2 kg 左右。

（2）艾维茵肉鸡:生产性能与 AA 肉鸡相似,商品代肉鸡 49 d 体重可达 2 kg 左右,料肉比 2:1。

（3）星布罗肉鸡与宝星肉鸡:加拿大雪佛公司育成的四系配套肉鸡。8 周龄平均体重,商品代星布罗肉鸡为 1.88 kg,宝星肉鸡为 2.17 kg;平均料肉比,星布罗肉鸡为 2.07:1,宝星肉鸡为 2.04:1。宝星肉鸡在我国适应性较强,在低营养水平及一般条件下饲养,生产性能较好。

（4）罗斯 1 号肉鸡:英国罗斯种畜公司育成的四系配套肉鸡品种。生产性能较好,一般 49 d 平均体重 2.09 kg,料肉比 2:1。

（5）罗斯 308 肉鸡:美国安伟捷育种公司培育的肉鸡新品种。生长快,抗病力强,饲料报酬高,产肉量高。公母混养,42 d 平均体重为 2.4 kg,料肉比为 1.72:1;49 d 平均体重为 3.05 kg,料肉比为 1.85:1。

（6）红布罗肉鸡:红布罗肉鸡又名红宝肉鸡,是加拿大雪佛公司培育的红羽型快大型肉鸡品种。50 日龄和 62 日龄体重分别为 1.73 kg 和 2.2 kg,料肉比分别为 1.94:1 和 2.25:1。

（7）罗曼肉鸡:德国罗曼公司培育的四系配套白羽肉鸡品种。生产性能:商品代肉鸡 7 周龄平均体重 2 kg 左右,料肉比 2.05:1。

（8）明星肉鸡:法国依莎公司育成的现代肉鸡品种。商品代肉鸡 8 周龄平均体重 2.3 kg 左右,料肉比 2.1:1。

（9）阿康纳 40 肉鸡:以色列亚发公司育成的黄羽肉鸡品种。商品代肉鸡 8 周龄平均体重 1.88 kg,料肉比 2.2:1。

87

（10）海佩科肉鸡：海佩科肉鸡又名"喜必可"肉鸡，是荷兰海佩科家禽育种公司培育的肉鸡品种，有白羽型、红羽型及矮小型等类型。该鸡父母代64周龄产蛋量163枚，商品代肉鸡56日龄平均体重1.96 kg，料肉比为2.07∶1。

单元二　鸭的主要品种

单元目标

　　知识目标：掌握鸭品种的类型及其代表品种，了解各个品种的外貌特征、经济用途和生产性能。
　　技能目标：能正确识别鸭的品种，在生产上更好地饲养和利用。
　　思政目标：引导学习者认识我国丰富宝贵的家禽资源，增强品种保护意识。

案例导学

→ **案例导学**

鸭的主要品种。

→ **课前思考**

蛋鸭和肉鸭的品种有哪些？其特征是什么？

一、蛋鸭品种

　　我国蛋鸭品种较多，主要有绍兴鸭、金定鸭、连城白鸭、莆田黑鸭、攸县麻鸭、荆江鸭、三穗鸭、康贝尔鸭等。

　　1. 绍兴鸭　绍兴鸭是我国优秀的高产蛋鸭品种之一，全称绍兴麻鸭，又称浙江麻鸭。分布于浙江省、上海市郊各县及江苏省的太湖地区。该品种具有体格小、成熟早、产蛋多、耗料省、抗病力强、适应性广等优点，适合用作配套杂交用的母本。该品种可圈养，又适合在密植的水稻田里放牧。

　　外貌特征及生产性能：体躯狭长，喙长颈细，臀部丰满，腹略下垂，全身羽毛以褐色麻羽为基础，站立或行走时前躯高抬，躯干与地面成45°角，具有蛋用型品种的标准体型，属小型麻鸭。经长期提纯复壮、纯系选育，已形成"带圈"型和"红毛"型两个品系。成年"带圈"型公鸭体重为1.45 kg，母鸭1.5 kg；"红毛"型公鸭为1.5 kg，母鸭1.6 kg。140～150日龄时群体产蛋率达50%。正常饲养条件下，年产蛋量260～300枚，最高可达320枚，蛋重63～65 g。蛋壳颜色："带圈"型以白色为主，"红毛"型以青色为主。

　　2. 金定鸭　金定鸭原产自福建龙湾县金定乡及厦门市郊等九龙江下游一带，是我国优良蛋用型品种。该品种具有产蛋量多、蛋形大、蛋壳青色、觅食能力强、饲料转化力高和耐热抗寒等特点。觅食能力强，适合在沿海地区及具有较好放牧条件的地方饲养。

　　外貌特征及生产性能：体躯狭长，前躯昂起。公鸭的头颈部羽色墨绿而有光泽，背部灰褐色，胸部红褐色，腹部灰白色，主尾羽黑褐色，性羽黑色并略上翘，喙黄绿色，虹膜褐色，胫、蹼橘红色，爪黑色。母鸭的全身被赤褐色麻雀羽，有大小不等的黑色斑点。背部羽色从前向后逐渐加深，腹部羽色较淡，颈部羽毛无黑斑，翼羽深褐色，有镜羽，喙青黑色，虹膜褐色，胫、蹼橘黄色，爪黑色。成年公鸭体重为1.5～2.0 kg，母鸭1.5～1.7 kg。母鸭110～120日龄开产，500日龄累计产蛋量260～280枚，蛋重70～72 g，蛋壳以青色为主。

3. 连城白鸭 连城白鸭主产于福建连城县,属中国麻鸭中独具特色的白色变种,蛋用型。

外貌特征及生产性能:体躯狭长,公鸭有性羽2～4根。喙黑色,颈、蹼灰黑色或黑红色。成年公鸭体重为1.4～1.5 kg,母鸭为1.3～1.4 kg。年产蛋量为220～280枚,蛋重58 g。

4. 莆田黑鸭 莆田黑鸭主要分布于福建莆田市沿海及南北洋平原地区,是在海滩放牧条件下发展起来的蛋用型品种。莆田黑鸭体态轻盈,行走敏捷,有较强的耐热性和耐盐性,尤其适合在亚热带地区硬质滩涂饲养,是我国蛋用型地方鸭品种中唯一的黑色羽品种。

外貌特征及生产性能:莆田黑鸭体型轻巧、紧凑,全身羽毛黑色(浅黑色居多),喙、跖、蹼、趾均为黑色。母鸭骨盆宽大,后躯发达,呈圆形;公鸭前躯比后躯发达,颈部羽毛黑色而具有金属光泽,发亮,尾部有几根向上卷曲的性羽,雄性特征明显。300日龄产蛋量为139.31枚,500日龄产蛋量为251.20枚,个别高产家系达305枚。500日龄前,日平均耗料为167.2 g,每千克蛋耗料3.84 kg,平均蛋重为63.84 g。蛋壳白色占多数。母鸭120日龄开产,年产蛋量270～290枚,蛋重73 g,蛋壳以白色占多数。

二、肉鸭品种

目前我国拥有诸多的国内外优良肉鸭品种,主要有北京鸭、樱桃谷鸭、狄高鸭、瘤头鸭、番鸭、天府肉鸭等。

1. 北京鸭 北京鸭原产于北京西郊玉泉山一带,是世界著名的优良肉用型标准品种。该品种具有生长发育快、育肥性能好的特点,是闻名中外的"北京烤鸭"的制作原料。

北京鸭体格较大,性情温顺,合群性强,配套系成年公鸭体重3.5～4.0 kg,母鸭3.2～3.45 kg,母鸭年产蛋量220枚左右。商品肉鸭45日龄体重3.2 kg,饲料转化率2.4,胸肉率13.5%。

2. 樱桃谷鸭 樱桃谷鸭原产于英国,我国于20世纪80年代开始引入,是世界著名的瘦肉型鸭。该品种具有生长快,瘦肉率高、净肉率高和饲料转化率高,以及抗病力强等优点。

樱桃谷鸭体格较大,成年公鸭体重4.0～4.5 kg,母鸭3.5～4.0 kg。父母代群母鸭性成熟期26周龄,年产蛋量210～220枚。白羽L系商品鸭47日龄体重3.0 kg,料肉比3∶1,瘦肉率达70%以上,胸肉率23.6%～24.7%。

3. 狄高鸭 狄高鸭原产于澳大利亚,为世界著名肉鸭。该品种具有生长快,早熟易肥,体格大,屠宰率高等特点。

成年公鸭、母鸭体重平均为3.5 kg,性成熟期180日龄,母鸭年产蛋量140～160枚。商品鸭50日龄体重2.5 kg,在良好的饲养条件下,56日龄体重可达3.5 kg,料肉比3∶1,为烤鸭、卤鸭、板鸭的上等原料。

4. 瘤头鸭 瘤头鸭原产于南美洲及中美洲热带地区,俗称番鸭。番鸭与家鸭杂交,其后代无繁殖能力,俗称骡鸭。瘤头鸭具有生长快,体格大,胸、腿肌丰满,肉质优良等特点,是我国南方主要肉禽品种之一。

成年公鸭体重4.0～5.0 kg,母鸭2.5～3.0 kg。母鸭开产日龄为180～210 d,年产蛋量60～120枚,蛋重70～80 g。商品鸭3月龄体重:公鸭2.7 kg,母鸭1.8 kg。料肉比3∶1,瘦肉率达75%左右。

单元三 鹅的主要品种

单元目标

知识目标:掌握鹅品种的类型及其代表品种,了解各个品种的外貌特征、经济用途和生产性能。

技能目标:能正确识别鹅品种,在生产上更好地饲养和利用。

思政目标:引导学习者认识我国丰富宝贵的家禽资源,增强品种保护意识。

Note

案例导学

➡ 案例导学

鹅的主要品种。

➡ 课前思考

鹅的代表品种有哪些？其特征是什么？

鹅是一种节粮型草食水禽，耐粗饲、生长快、周期短、适应性强，易饲养。

一、蛋鹅品种

1. 东北仔鹅　东北仔鹅分布于黑龙江、吉林、辽宁等地。东北仔鹅以产蛋多而著名。该鹅体格较小、紧凑，体躯呈蛋圆形，颈细长，有小肉瘤，头上有缨状头髻，颌下偶有咽袋，全身羽毛白色。成年公鹅体重 4.0～4.5 kg，母鹅 3.0～3.5 kg。母鹅 180 日龄开产，年产蛋量 100～180 枚，蛋重 131 g，蛋壳白色，公母配种比例以 1∶（5～7）为宜。

2. 豁眼鹅　豁眼鹅原产于山东莱阳地区，分布于辽宁、吉林、黑龙江等地。该鹅因上眼睑有一疤状豁口而得名。豁眼鹅体形呈长方形，全身羽毛白色，头较小，头顶部肉瘤明显，肉瘤、喙、胫、蹼均为橘黄色。成年公鹅体重 4.0～4.5 kg，母鹅体重 2.5～3.5 kg。母鹅 180 日龄开产，年产蛋量130～160 枚，蛋重 130 g，第二年至第三年为产蛋高峰期。

3. 太湖鹅　太湖鹅原产于长江三角洲的太湖地区。太湖鹅最具中国鹅的典型特征。肉瘤明显，颈呈弓形而细长，前躯高抬，喙、肉瘤橘黄色，胫、蹼橘红色，虹彩蓝灰色。成年公鹅体重 4.0～4.5 kg，母鹅体重 3.0～3.5 kg，70 日龄体重可达 2.5 kg。母鹅 160 日龄开产，年产蛋量 60～70 枚，蛋重 135 g，蛋壳白色。公母配种比例以 1∶4 为宜。

4. 四川白鹅　四川白鹅原产于川西平原，分布于全省平坝和丘陵水稻产区。四川白鹅全身羽毛洁白，喙、胫、蹼橘红色，红彩灰蓝色。公鹅头颈较粗，体躯稍长，额部有一半圆形肉瘤；母鹅头轻秀，颈细长，肉瘤不明显。成年公鹅体重 4.5～5 kg，母鹅 4.0～4.5 kg，220 日龄开产，年产蛋量80～110 枚，蛋重 150 g。公鹅性成熟期 180 d，公母配种比例以 1∶4 为宜。

二、肉鹅品种

1. 狮头鹅　狮头鹅是最大的肉鹅品种，原产于广东饶平县。狮头鹅体大，头大如雄狮头状而得名。颌下咽袋发达，眼凹陷，眼圈呈金黄色，喙深灰色，胸深而广，胫与蹼为橘红色，头顶和两颊肉瘤突出，母鹅肉瘤较扁平，显黑色或黑色而带有黄斑，全身羽毛为灰色。成年公鹅体重 12～17 kg，母鹅9～13 kg。56 日龄体重可达 5 kg 以上，母鹅 6～7 月龄开产，年产蛋量 20～38 枚，产蛋盛期为第二年至第四年，公母配种比例以 1∶5 为宜。

2. 图卢兹鹅　图卢兹鹅原产于法国西南部图卢兹镇。图卢兹鹅头大、喙尖、颈粗短、体宽而深，咽袋与腹袋发达，羽色灰褐色，腹部红色，喙、胫、蹼呈橘红色。成年公鹅体重 10～12 kg，母鹅体重8～10 kg，年产蛋量 20～30 枚。

3. 法国朗德鹅　法国朗德鹅原产于法国朗德省。法国朗德鹅毛色灰褐，颈背部接近黑色，胸毛色浅而呈银灰色，腹部呈白色。成年公鹅体重 7～8 kg，母鹅 6～7 kg，8 月龄开始产蛋，年产蛋量35～40 枚，种蛋受精率 65％左右，法国朗德鹅经填饲后体重可达 10～11 kg，肥肝重 700～800 g。

情境小结

　　家禽品种包括鸡的主要品种、鸭的主要品种、鹅的主要品种三个单元。鸡的主要品种包括鸡的标准品种、鸡的地方品种、鸡的现代商业品种三个部分。其中鸡的现代商业品种有海兰 W-36 鸡、罗曼白鸡等12个商用蛋鸡品种和 AA 肉鸡、艾维茵肉鸡等10个肉鸡品种。鸭的主要品种部分包括4个蛋鸭品种和4个肉鸭品种。鹅的主要品种部分包括4个蛋鹅品种和3个肉鹅品种。

知识链接

优质肉鸡品种。

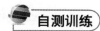 自测训练

知识链接 7

填空题

1. 标准品种是指人工育成,并得到_____或_____承认的品种。

2. 现代商用鸡品种将鸡分为_____和_____两类。

3. 洛岛红鸡育成于_____,属_____鸡品种。

4. 白来航鸡的一个变种,原产于_____,是世界著名的蛋用型品种,也是现代化养鸡业白壳蛋鸡使用的鸡品种。

5. 绍兴鸭是我国最优秀的高产_____品种之一,全称绍兴麻鸭。

6. 法国朗德鹅经填饲后体重可达_____,肥肝重_____。

7. _____原产于长江三角洲的太湖地区。太湖鹅最具中国鹅的典型特征。

8. 北京鸭是世界著名的优良肉用型标准品种,具有_____、_____的特点。

Note

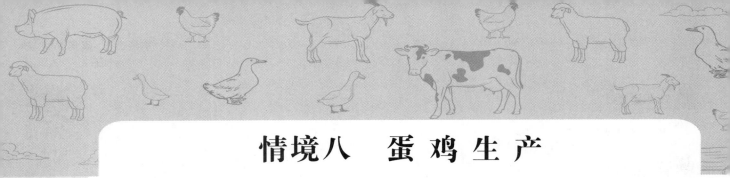

情境八　蛋鸡生产

情境导入

　　蛋鸡在不同的周龄阶段,其生理特点、生长发育规律和生产性能存在很大的差异,在饲养管理上各有不同。为了满足不同周龄的生理需要,提高产蛋性能,蛋鸡生产一般分为3个阶段:育雏期(0~6周龄)、育成期(7~20周龄)、产蛋期(21~72周龄)。

情境目标

　　▲知识目标
　　了解蛋鸡各阶段的生理特点和蛋种鸡的生理特点;掌握各阶段的饲养管理要点和产蛋鸡的产蛋规律。
　　▲技能目标
　　能够对蛋鸡各阶段、蛋种鸡生产进行饲养管理操作;能够进行雏鸡的断喙;能够开展育成鸡体重与均匀度的控制;能够掌握产蛋曲线的绘制与分析。
　　▲思政目标
　　通过理论知识与工作岗位的结合,技能训练和实践能力的培养,学习者应了解工作岗位职责,懂得敬业精神、竞争合作、团队协作的重要作用,树立职业责任感和使命感。

单元一　育雏期的饲养管理

单元目标

　　知识目标:了解雏鸡的生理特点,合理选择育雏方式,掌握雏鸡饲养管理要点。
　　技能目标:能够做好育雏前的准备工作并进行雏鸡的饲养管理,根据生产实际对雏鸡进行断喙。
　　思政目标:通过讲解工作岗位职责,培养学习者的敬业精神、竞争合作和团队协作精神。

扫码学
课件8-1

→ 案例导学

　　现代化育雏舍示例。

案例导学
Note

大家见过刚出壳的小鸡吗? 怎么养才能让它顺利长大?

育雏期饲养管理的好坏,对蛋鸡的育成率和蛋鸡的整个生产过程都有很大的影响。如果育雏阶段的饲养管理不到位,会导致雏鸡患多种疾病,严重时导致雏鸡大批死亡。因此,需掌握雏鸡的生理特点,进行科学的饲养管理。

一、雏鸡的生理特点

雏鸡通常是指从出壳到 6 周龄的鸡。其生理特点包括以下几个方面。

1. 对温度反应敏感,既怕冷又怕热 刚出壳的雏鸡神经系统发育不健全,对体温的调节能力差。初生雏鸡个体小,羽毛稀,体温要比成年鸡低 3 ℃,需到 7~10 日龄才趋向正常。因此,在低温下,雏鸡感到寒冷;当环境温度过高时,因鸡无汗腺,不能通过排汗的方式散热,雏鸡也会感到不适。所以,育雏时要严格掌握好育雏温度,才能保证雏鸡健康生长发育。

2. 消化系统不健全,但生长发育快 雏鸡胃肠容量小,采食和消化能力有限,但又具有生长发育快的特点。以蛋用型品种来航鸡为例,1 周龄时体重比出壳时增大一倍多,6 周龄时的体重已达出壳时体重的 10 倍左右。因此,在饲养上应注意喂纤维素含量低、营养完善且易于消化的饲料。

3. 对外界环境反应敏感 育雏舍内的各种声响、各种新奇的颜色或有陌生人进入都会引起鸡群骚乱不安,影响生长,严重时会因突然受惊而相互挤压致死。因此,育雏舍应保持安静,育雏人员应相对稳定,不宜经常更换。

4. 抗病力差 雏鸡体小娇嫩,抵抗力差,很容易因各种微生物的侵袭而感染疾病,所以育雏时应精心饲养管理,提高雏鸡体质,并认真搞好育雏舍内的环境卫生工作,严格执行兽医防疫制度。

5. 羽毛生长迅速 雏鸡的羽毛生长特别快,在 3 周龄时羽毛重为体重的 4%,到 4 周龄时增加到 7%。因此雏鸡日粮中蛋白质的含量特别是含硫氨基酸水平要较高。

二、雏鸡的饲养管理

雏鸡的饲养管理目标:育雏期末成活率在 98% 以上,鸡群健康,体重达标,均匀度在 80% 以上,体躯发育良好,无疾病发生。

1. 准备工作

(1)制订计划:育雏前必须制订完整周密的育雏计划,包括雏鸡的品种、育雏时间和数量、饲料、用药计划和预期达到的育雏成绩等。

(2)选定育雏人员:应选择责任心强、有一定经验的饲养人员育雏。有条件时,最好对育雏人员进行岗前培训,使其掌握一定的业务知识和专业技能。

(3)确定育雏方式:育雏方式大致分为平面育雏和立体育雏两大类。

①地面平养:将雏鸡饲养在地面上,根据育雏舍的不同可以用水泥地面、砖地面、土地面等。地面上铺设垫料,室内设有食槽、饮水器及保暖设备。此法投资少,但占地面积大,管理不方便,特别是对疾病防治不利,适合小规模的养鸡场或养鸡户。

②网上平养:网上育雏就是用网面来代替地面育雏。可用金属丝、塑料、竹片制网片,离地面一定高度(50~60 cm)搭架。雏鸡养于网上,粪便漏到网下地面上。网上平养在疾病防治方面优于地面平养,且舍内温度相比地面平养好掌握。

③立体笼育:就是将雏鸡饲养在多层的育雏笼内。其优点是可以增加饲养密度,节省建筑面积和土地面积,便于采用机械化和自动化设备,雏鸡的成活率和饲料利用率较高。

(4)育雏舍的准备:进雏前 1 周将育雏舍彻底打扫干净,用高压水冲洗地面、墙壁和天花板,特别是拐角缝隙处要注意冲洗干净,保证无尘、无羽毛、无粪便。育雏舍吹干后,用 2% 的氢氧化钠溶液或过氧乙酸等喷洒消毒。把所有清洗消毒过的器具放入育雏舍内并紧闭门窗,按每立方米空间用 14

mL 福尔马林加 7 g 高锰酸钾进行熏蒸消毒,一般熏蒸 24 h 后,即可将门窗打开通风换气。

(5)育雏设备的准备:如饲槽、料桶、饮水器及保温伞等用水清洗干净,并用 3% 的来苏尔溶液消毒。地面平养和网上平养都需要垫料。常用的垫料有刨花、碎玉米轴、旧报纸、麦秸和稻草等,以刨花最好。使用前暴晒可去湿及消毒。

(6)种鸡的选择:挑选健壮的雏鸡,主要通过一看、二摸、三听。所谓"看",就是看外形,大小是否均匀,是否符合品种标准,羽毛是否清洁整齐,富有光泽。"摸",就是摸身体是否丰满、有弹性。"听",就是听叫声是否清脆响亮。健壮的雏鸡一般表现为眼大有神,腿干结实,绒毛整齐,活泼好动,腹部收缩良好,手摸柔软富有弹性,脐部没有出血点,握在手里感觉饱满温暖,挣扎有力。反之,精神萎靡,绒毛杂乱,脐部有出血痕迹等均属弱雏。

(7)预温:进雏前 2~3 d,对育雏舍进行预热升温,将舍温升到 30 ℃ 左右,并检查保温伞或育雏器内的温度是否达到 33~35 ℃,确保雏鸡入舍后有一个良好舒适的环境。

(8)准备饲料、疫苗及常用药品:在进雏之前,对照雏鸡的饲养标准,确定好饲料来源,准备好一周的饲料,准备好育雏期间常用的疫苗、消毒药、常用药等。

2. 雏鸡的饲养

(1)开水:初生雏鸡的第一次饮水称为开水,雏鸡入舍稍加休息后即可开水,要尽快先开水后开食,以利于排尽胎粪和体内剩余卵黄的吸收,也有利于增进食欲。第 1 周饮凉开水,水温在 19~24 ℃ 为宜,初饮时在水中加入适量的维生素、葡萄糖及抗生素,如雏鸡在运输过程中应激较大,可在饮水中增加电解质,以缓解应激,提高雏鸡的成活率。1 周后可饮用自来水。

(2)开食:雏鸡第一次喂料称为开食,如果运雏距离较近,在开水后 1~2 h 就可开食,运雏距离远时应在 4 h 后开食,最晚不应超过 6 h。尽早开食,可帮助雏鸡从残留的卵黄中获得营养过渡到从饲料中获得营养,使肠道功能得到更好的发育,降低肠炎发病率。饲喂时遵守少喂勤添的原则,第 1 天喂 2~3 次,以后每天喂 5~6 次,以每次喂食后 20~30 min 吃完为好。开食料可自行配制或直接使用雏鸡配合料,自行配制开食料一般用碎米、小米、玉米粉粒等,开食前 2 d 用浅料盘或直接撒在深色塑料布上诱导雏鸡采食,开食后 2~3 d 逐渐增加雏鸡配合料,并使用料桶饲喂,5 d 后完全使用配合料。

3. 雏鸡的管理

(1)适宜的环境条件。

①温度:保持适宜的温度是育雏的关键,可直接影响雏鸡体温的调节、运动、采食、饮水、休息、饲料的消化吸收及腹中剩余卵黄的吸收等生理环节。温度过高、过低均对雏鸡发育不利:温度过高,会增加雏鸡饮水量,易出现腹泻现象,诱发呼吸道疾病等,降低雏鸡抵抗力;温度过低,雏鸡运动减少,体热散发过快,影响雏鸡增重,易诱发白痢等疾病。进雏前几天,育雏舍温度要保持在 33~35 ℃,以后随着雏鸡的生长,温度可逐渐降低,通常每周下降 2 ℃,至 4 周龄后,可保持在 21~23 ℃。

不同品种和批次的雏鸡,对温度的要求不一样,同一品种的雏鸡,体质差的要求的温度偏高,所以,除通过温度计考察温度是否适宜外,还可以用"看鸡施温"的方法,即通过观察雏鸡的表现,正确控制育雏舍温度:温度适宜,雏鸡活泼好动,食欲旺盛,饮水适量,粪便正常,睡觉分布均匀,体舒展;温度过高,雏鸡远离热源,两翅张开,伸颈张口喘气,饮水频繁;温度过低,雏鸡相互拥挤、扎堆,多数靠近热源,无食欲,更无饮欲,经常发出尖叫声。不同温度条件下雏鸡的状态见图 8-1。

②相对湿度:育雏舍内相对湿度过高或过低均不适宜雏鸡的生长发育,比较理想的相对湿度是第 1 周保持在 60%~70%,第 2 周及以后保持在 55%~60%。如相对湿度过低,舍内灰尘、羽屑飞扬,雏鸡易患呼吸道疾病和羽毛发育不良;如相对湿度过高,有害气体增加,有利于病原微生物的生存和寄生虫卵的发育,使雏鸡易患各种疾病。

③通风换气:为保证雏鸡的正常生长发育,在重视保温的前提下,切不可忽视育雏舍的通风换气。雏鸡虽小,但代谢旺盛,鸡群密集,由于呼吸及粪便和潮湿垫料散发出大量的二氧化碳和氨气,空气受到污染。如果污染的空气不能及时排出,这些有害气体就会不断增加,浓度大,时间长,就会

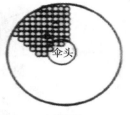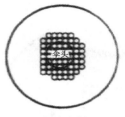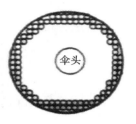

温度合适	有贼风	温度太低	温度太高

图 8-1 不同温度条件下雏鸡的状态

严重影响鸡群健康,引起呼吸道疾病及其他疾病的发生。所以,要协调好通风换气与保温之间的关系,根据雏鸡的日龄、体重、育雏季节等灵活掌握。

④光照:光照影响雏鸡采食、饮水、活动、休息和性成熟,在育雏时掌握适宜的光照时间和光照强度,是保证鸡体健康、防止早熟或晚熟的前提。光照分自然光照和人工光照,一般采用人工补光。育雏初期采用较强光照,方便雏鸡采食、饮水和熟悉环境;育雏中后期采用弱光,防止发生啄癖。原则如下:光照时间逐渐缩短,育雏结束时达到 8 h 并保持恒定,切勿延长,光照强度只能降低不能增高。一般光照时间:1~3 日龄每天光照 23~24 h,光照强度 30 lx;4~7 日龄每天光照 22 h,光照强度 20 lx;以后每周缩短 2 h 光照,6 周龄时达自然光照时间 12 h 或缩短到每天光照时间恒定在 8~9 h,光照强度 10 lx。

⑤饲养密度:每平方米地面或笼底面积饲养的雏鸡数称为雏鸡的饲养密度。饲养密度过大,会造成室内空气污浊,卫生条件差,影响雏鸡群的均匀度,容易发生啄癖;饲养密度过小,房屋和设备利用率低,育雏成本高,同时难保温。蛋用雏鸡的适宜饲养密度见表 8-1。

表 8-1 蛋用雏鸡的适宜饲养密度 单位:只/米²

周 龄	地 面 平 养		立 体 笼 育	
	轻型鸡	中型鸡	轻型鸡	中型鸡
0~2	35~30	30~26	60~50	55~45
3~4	28~20	25~18	45~35	40~30
5~6	16~12	15~12	30~25	25~20

(2)适时断喙:断喙是蛋鸡生产中的一个重要技术环节,可以有效避免啄癖的发生,提高饲料利用率,使鸡群生长发育一致,提高育雏率,有利于蛋鸡生产性能的良好发挥。一般在 7~10 日龄进行第一次断喙,如有断喙不成功的可在 10~12 周龄进行第二次修喙。具体方法:左手抓住鸡的腿部,右手大拇指放在鸡头的后部,食指放在咽下,稍用力压,使舌头向后缩回,避免伸到刀刃下而受伤。选择适当孔径的断喙器,借助 650~750 ℃高温的刀片,将上喙从鼻孔到喙尖断去 1/2,下喙断去 1/3(图 8-2)。烧烙时间一般控制在 2~3 s,以使剪断的部位呈焦黄色为佳,严禁刀片温度过高和烧烙时间过长。因为这样会使喙部软化,甚至使舌尖变形,影响以后的生产性能。同时,刀片温度也不可过低,否则不能起到烧烙止血的效果。另外,刀片要锋利,否则喙会被压碎而不是被快速切除。操作者技术要熟练,注意力应集中,手法敏捷,部位力求掌握准确,使上下喙能够整齐闭合,避免出现"地包天"或"天盖地"的现象。

断喙注意事项:①为减少应激和防止出血,可在断喙前后及当天的饮水中加入维生素 K、维生素 C、葡萄糖等抗应激药物。②断喙时刀片须烧至樱桃红色,方可进行操作。烧灼时间为 2~3 s,时间太短则会止血不完全。③断喙后数天内,在饲槽中加入较厚的饲料层,避免雏鸡啄空饲槽使伤口感染。④断喙后 3 d 内不要进行任何免疫,以免造成双重应激。⑤非健康鸡群不可进行断喙。

(3)日常管理。

①观察鸡群:通过观察采食、饮水、睡眠、运动、粪便等情况,及时了解鸡群健康状况、饲料搭配是

95

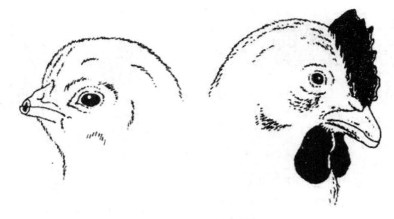

图 8-2　雏鸡断喙示意图

否合理、温度是否适宜等。

②定期称量:定期随机抽测 5% 左右的雏鸡体重,与本品种标准体重比较,掌握雏鸡的生长发育情况,及时调整饲养管理方案。

③及时分群:通过称量可以了解雏鸡的生长发育及整齐度情况,及时做好大小、强弱分群饲养,可结合疫苗接种或转群进行,随时创造条件满足雏鸡的生长需要,促进鸡群的整齐发育。

④疫病防控:严格执行卫生防疫措施,建立严格的消毒制度及合理的免疫程序,定期进行预防性投药和记录工作。

单元二　育成期的饲养管理

扫码学
课件 8-2

单元目标

知识目标:了解育成鸡的生理特点,合理选择育成鸡饲养方式,掌握育成鸡的饲养管理要点。

技能目标:能够做好育成鸡的饲养管理工作,能够掌握育成鸡体重称量方法与均匀度的计算方法,并根据计算结果进行体重及均匀度的控制。

思政目标:培养学习者在饲养管理过程中的责任感和敬业精神。

案例导学

案例导学

现代化蛋鸡育成舍。

课前思考

育成期指的是哪个阶段? 这个阶段的鸡与育雏期相比有什么不同?

在蛋鸡生产中,育成期的饲养管理对蛋鸡的很多经济性状有着决定性的影响。育成鸡培育目标:体重、体型符合本品种或品系的要求,群体均匀度在 80% 以上,鸡群性成熟时间适宜且同步,育成率达到 94% 以上。

一、育成鸡的生理特点

育成鸡通常是指7~20周龄的后备鸡。其生理特点有以下几个方面。

1. 器官发育日趋完善,具备体温调节能力 随着体重的增加,育成鸡羽毛逐渐变得丰厚,具备体温调节能力和较强的生活能力,对外界环境的适应能力和对疾病的抵抗能力明显增强。

2. 消化能力强,生长迅速 随着日龄的增大,育成鸡食量增加,消化器官发育明显加快,消化功能健全,对粗饲料的消化能力增强,可以较好地利用麸皮、草粉等饲料。这一时期也是肌肉和骨骼发育的重要阶段。整个育成期体重增幅很大,但体重增长速度不如雏鸡快。体重增长速度随着日龄增加而逐渐减慢,但脂肪沉积随日龄增加而增多。

3. 性器官发育加快 育成期后期鸡的生殖系统发育成熟。在光照管理和营养供应上要注意这一特点,顺利完成由育成期到产蛋期的过渡。

二、育成期的饲养

1. 日粮过渡与调整 育成鸡需要的饲料营养成分含量比雏鸡低,特别是蛋白质和能量水平较低,需要更换饲料。当鸡群7周龄平均体重和胫长达标时,即将育雏料换为育成料。若此时体重和胫长达不到标准,则继续喂育雏料,达标时再换;若此时两项指标超标,则换料后保持原来的饲喂量,并限制以后每周饲料的增加量,直到恢复标准。

同时,育成期需降低能量和蛋白质等营养物质的供给水平,以控制鸡的早熟、早产和体重过大。日粮营养水平代谢能一般控制如下:7~14周龄11.49 MJ/kg,15~18周龄11.28 MJ/kg。粗蛋白质含量一般控制如下:7~14周龄14%,15~18周龄15%~16%。另外,在降低蛋白质和能量水平时,应保证必需氨基酸,尤其是限制性氨基酸的供给,钙、磷比例合理,同时要确保饲料中维生素、微量元素的均衡供应。为改善消化功能,对育成鸡也可按饲料量的0.5%饲喂沙砾。

2. 正确的饲喂方法 育成鸡的理想饲喂方法是限制饲养。通过限制饲养,可控制后备种鸡的体重以免快速增长,以利于控制适宜的开产日龄和延长产蛋期。

(1)限制饲养:主要有限量法和限质法。

①限量法:

a. 每日限饲法:每日减少一定的饲喂量,一般是整日的饲料集中在上午一次性供给。

b. 隔日限饲法:将减少后2 d的饲料集中在一天饲喂,让其自由采食,可保证均匀度。

c. 三日限饲法:以3 d为一段,连喂2 d,停1 d,将减少后的3 d的饲喂量平均分配在2 d内饲喂。

d. 五二限饲法:在一周内,固定2日(如周三和周六)停喂,将减少后的7 d的饲喂量平均分配给其余5日。

②限质法:限制饲料的营养指标,使日粮中某些营养成分的含量低于正常水平。通常在育成阶段对某一种必需的营养物质进行限制,如降低代谢能、粗蛋白质和赖氨酸水平等。

(2)限制饲养注意事项:正确掌握给料量,使鸡采食机会均等;鸡群数要清点无误,每次给料要称量准确;布料快速而均匀,饮食位置充足;因防疫、转群、运输、断喙、疾病、高温、低温等发生应激时,自由采食,恢复后再限饲;注意监测体重,以减少10%~20%为宜,否则会使以后的产蛋量下降、死亡率上升。

三、育成期的管理

1. 育成舍准备与转群

(1)清扫消毒:雏鸡转入育成舍之前必须彻底清扫、冲洗和熏蒸消毒,密闭空置3~5 d后进行转群。

(2)减少应激:转群前做到水、料齐备,环境条件适宜,确保育成鸡进入新鸡舍时,能迅速熟悉新环境,尽量减少因转群而造成的不良应激反应。

(3)增加光照:转群第1天应24 h光照。

（4）补充舍温：寒冷季节转群应补充舍内温度，要求与转群前的温度相近或高 1 ℃左右。

（5）整理鸡群：清点鸡数，使每笼鸡数符合饲养密度要求。清点时剔除体小、伤残、发育差的鸡，另行饲养或处理。

（6）转群：雏鸡 6 周龄末至 7 周龄初，应由育雏舍转入育成舍。转群前 6 h 应停料，转群前 23 d 和入舍后 3 d，饲料内增加 12 倍的维生素等药物，防止强应激造成的不良后果，转群当天应连续 24 h 光照，以便鸡有足够的时间采食和饮水。

2．控制性成熟　光照对鸡的活动、采食、饮水、繁殖等都有重要的作用，光照时间的长短、强弱会显著影响育成鸡的性成熟。若在较长或渐长的光照下，性成熟提前，反之性成熟推迟。育成期的光照原则：绝不能延长光照时间，以每天 8～9 h 为宜，强度以 5～10 lx 较好。

3．体重的测定与均匀度计算

（1）体重测定：适宜的体重是保证蛋鸡适时开产、蛋重合适、产蛋率迅速上升和维持较长产蛋高峰的前提。生产中轻型蛋鸡一般 6 周龄开始，每 1～2 周称量 1 次，中型蛋鸡 4 周龄开始，每 1～2 周称量 1 次。每次称量时间应固定，一般早上空腹时称量，称量结束后喂料。

抽样方式为大群（万羽以上）1％，小群 5％，总数不少于 50 只。抽出的鸡群应具有代表性，平养鸡一般采用分散抽样，采用对角线法，在鸡舍的 4 个角和中央各抽 10 只或 20 只，逐一称量登记。笼养鸡抽样时，应从不同笼层、不同部位的鸡笼抽样称量，每层笼取样数应该相等。

（2）体重均匀度的计算：均匀度一般用平均体重±10％范围内的个体的百分数表示。

例如：某鸡群数量为 8000 只，10 周龄标准体重为 750 g，则平均体重±10％为 675～825 g，按 5％抽取 400 只鸡测定体重，其中在上述范围内的有 321 只，占称量鸡数量的 80.3％，则该鸡群的体重均匀度为 80.3％。

均匀度≥85％表示优秀，鸡群开产整齐；80％≤均匀度＜85％表示良好；75％≤均匀度＜80％表示较好；70％≤均匀度＜75％表示合格；均匀度＜70％表示均匀度差，鸡群不能同步开产。

4．日常管理

（1）卫生和免疫：育成阶段，很容易发生球虫病、黑头病、支原体病和一些体外寄生虫病等，应定期接种疫苗，及时对寄生虫进行预防和驱虫，搞好环境卫生，做好消毒工作。

（2）观察鸡群：通过观察采食、饮水、睡眠、运动、粪便等情况，及时了解鸡群健康状况、饲料搭配是否合理、温度是否适宜等。

（3）保持环境安静，减少应激：固定饲养人员，不随意更改投料和作息时间，抓鸡时动作要轻等。

单元三　产蛋期的饲养管理

单元目标

知识目标：了解蛋鸡产蛋期的生理特点，掌握产蛋鸡的产蛋规律及饲养管理要点，掌握蛋鸡的分阶段饲养、限饲技术。

技能目标：能够做好产蛋期的饲养管理，掌握产蛋曲线的分析与应用方法。

思政目标：培养学习者养殖过程中精细化管理、精益求精的精神。

扫码学
课件 8-3

案例导学

Note

案例导学

现代化蛋鸡舍示例。

大家知道一只母鸡一年能产多少蛋吗？如果想要鸡多产蛋，我们需要怎么做？

产蛋鸡培育目标：创造适宜的环境条件，最大限度地消除、减少各种应激对蛋鸡的不良影响，充分发挥其潜力，达到高产稳产的目的，最大限度地提高蛋鸡的经济效益。

一、产蛋期的生理特点

产蛋鸡是指 21～72 周龄的蛋鸡。其生理特点有以下几个方面。

1. 抵抗力差，对环境变化敏感 蛋鸡在产蛋高峰期，生产强度大，生理负担重，抵抗力较差，对环境变化非常敏感，富有神经质，尤其是某些小型蛋鸡品种。任何新的声响、动作、物品等突然出现，都会引起鸡一系列的应激反应，如惊叫、飞跃、逃跑、炸群等，饲养密度大时，常出现扎堆、压伤压死等，导致蛋鸡停产或易下软壳蛋、无黄蛋、双黄蛋等畸形蛋。同时，鸡的产蛋量会急剧下降，死亡率上升，饲料消耗量增加，并且产蛋量下降后，很难恢复到原有水平。

2. 生殖器官发育成熟，体重增加 刚开产的母鸡虽然已性成熟，开始产蛋，但机体还没有发育完全，18 周龄体重仍在继续增长，到 40 周龄时生长发育基本停止，体重增长极少，40 周龄后体重增加多为脂肪蓄积。

3. 换羽 换羽是蛋鸡的一种自然的生理现象，是指商品蛋鸡经过一个产蛋年（一般为 68～72 周）后，就会更换一次羽毛，这期间会因卵巢功能减退，引起雌激素分泌减少而造成休产。

二、产蛋规律

蛋鸡第一个产蛋周期大约为 1 年，全程可分为产蛋前期、产蛋高峰期和产蛋后期三个阶段。

1. 产蛋前期 产蛋前期是指开始产蛋到产蛋率达到 80% 之前的时期，通常是从 21 周龄初到 28 周龄末。这个时期的特点是产蛋率增长很快，以每周 20%～30% 的幅度上升。鸡的体重和蛋重也都在增加。体重平均每周仍可增长 30～40 g，蛋重每周增加 1 g 左右。

2. 产蛋高峰期 当鸡群的产蛋率上升到 80% 时，即进入产蛋高峰期。现代蛋用型品种高峰期通常可以维持 6 个月左右。

3. 产蛋后期 产蛋率逐渐下降，从平均产蛋率下降至 80% 以下时至 72 周龄，称为产蛋后期，通常是指 60～72 周龄的时期。产蛋后期周平均产蛋率下降幅度要比产蛋高峰期下降幅度大一些。

三、产蛋曲线

1. 产蛋曲线的含义 鸡群产蛋有一定的规律性，反映在整个产蛋期内产蛋率的变化有一定的模式。鸡群开产后，最初 5～6 周内产蛋率迅速增高，以后则平稳下降至产蛋末期。产蛋曲线是以时间为横坐标、产蛋率为纵坐标，将多点连接起来绘制而成的曲线，反映了鸡群在产蛋期产蛋性能的动态变化（图 8-3）。

2. 产蛋曲线的特点

（1）开产后产蛋率迅速增高：此时产蛋率每周成倍增加，到 40% 后则每周增加 20%，在第 6 周或第 7 周，达产蛋高峰（产蛋率达 90% 以上）。

（2）达到高峰后下降速度缓慢且平稳：产蛋高峰一般维持 2 周以上，高峰过后，曲线下降十分平稳，呈一条直线。标准曲线每周下降的幅度是相等的。一般每周下降不超过 1%（0.5% 左右），直到 72 周龄产蛋率下降至 65%～70%。

（3）产蛋率下降具有不可补偿性：如因饲养管理不当或疾病等应激引起产蛋率下降，产蛋率低于标准曲线是不能完全补偿的。如发生在产蛋曲线的上升阶段，后果将极为严重，表现在该鸡群的产蛋曲线上则为上升中断，产蛋曲线下降，永远达不到其标准高峰。同时，在产蛋曲线开始下降之前，曲线呈"弧形"，高峰低于标准曲线的百分比，以后每周产蛋率将等比例下降。产蛋率下降如发生

Note

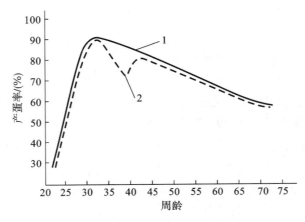

图 8-3　产蛋曲线

1.标准曲线;2.实际曲线

在产蛋曲线下降阶段,对产蛋量的影响不像上升阶段那么严重。总之,只有在良好的饲养管理条件下,鸡群的实际产蛋状况才能与标准曲线相符。

　　3.产蛋曲线的分析　以图 8-3 为例,具体分析如下。

　　(1)标准产蛋曲线的特点:22 周龄饲养日产蛋率达到 28％;25 周龄产蛋率达 50％以上,到 30 周龄时达到产蛋高峰,产蛋率达 90％;约 34 周龄时达到最高峰,产蛋率超过 90％。90％以上产蛋率保持 7 周,产蛋高峰过后,每周产蛋率平均下降 1％左右。

　　(2)实际产蛋曲线的特点:23 周龄饲养日产蛋率达到 28％;26 周龄产蛋率达 50％以上,到 32 周龄时达到产蛋高峰,产蛋率达 90％,90％以上产蛋率保持 1 周,至 33 周龄时,产蛋率发生异常,连续下降到 39 周龄,下降幅度达 20％,然后产蛋率恢复,恢复到 43 周龄,达 80％后产蛋率开始逐渐下降,平均每周下降 1.2％左右。该批鸡在产蛋高峰期发生新城疫而导致产蛋不理想,即使鸡群恢复健康,产蛋率也不能恢复到标准。

四、产蛋期的饲养

　　1.产蛋鸡的营养需要　产蛋鸡的营养除满足自身维持需要和适当增重外,还必须供给产蛋的营养。产蛋率高时营养需要量多,应根据产蛋量的多少供给饲料,主要包括能量、蛋白质(必需氨基酸)、矿物质、维生素和水。在蛋鸡饲料配方中,这些营养素要以最适宜的数量、相互间最佳的比例以及最可利用的方式供给,以便获得最佳的饲料转化率和最高的产蛋率。

　　(1)水:水是鸡体一切细胞与组织的组成成分,是鸡体内生化反应的参与者,是鸡体内重要的溶剂。水还对体温、体内渗透压等起重要的调节作用。

　　(2)能量:包括维持能量需要和产蛋能量需要。维持能量需要的多少受母鸡体重、活动量、环境温度等因素的影响。产蛋能量需要的多少受蛋重及产蛋率的影响。一般来说,产蛋鸡对能量需要的总量约有 2/3 用于维持,约 1/3 用于产蛋。而且,鸡每天从饲料中摄取的能量首先满足维持能量需要,然后才能用于产蛋。

　　(3)蛋白质:产蛋鸡对蛋白质的需要包括数量和质量两个方面。数量需要由母鸡体重、产蛋率及蛋重等多方面因素决定。一只体重 1.8 kg 的母鸡,每天维持生理需要 3 g 左右的蛋白质,产一枚蛋需要 6.5 g 蛋白质。维持生理和产蛋的饲料中蛋白质的利用率为 57％,所以当产蛋率为 100％时,每天需 17 g 左右蛋白质。而在实际生产中,产蛋率不可能为 100％。所以,蛋白质实际需要量低于 17 g。从蛋白质的需要量剖析来看,约有 2/3 用于产蛋,约 1/3 用于维持生理需要。可见,饲料蛋白质主要用于形成鸡蛋。如果供给不足,产蛋量会下降。在保证蛋白质数量的前提下,还应注意蛋白质的质量,也就是必需氨基酸的种类和数量。因此,在配制产蛋鸡日粮时,除了计算粗蛋白质水平是否达到标准外,还必须计算甲硫氨酸(蛋氨酸)、赖氨酸、胱氨酸等 10 多种必需氨基酸数量。

　　(4)矿物质:钙是鸡骨骼和蛋壳的主要成分,对产蛋鸡至关重要,缺乏钙对鸡的影响很大。当日粮中短期缺钙时,鸡动用储存的钙形成蛋壳,维持正常生产;当长期不足时,鸡体储存的钙满足不了需要,则产软壳蛋,甚至停产。此外,磷、食盐、锌、铁、铜等也是蛋鸡不可缺少的营养成分,均应按标准采用适当途径补充。

(5)维生素:为了保证蛋鸡健康和产蛋需要,蛋鸡离不开饲料中的维生素。其中,需要量较多而在一般饲料中容易缺乏的主要是维生素 A、维生素 D、维生素 B_1、维生素 B_{12} 等。当维生素 A 不足时,鸡体抗病力下降,产蛋量也下降;维生素 D 不足时,会产软壳蛋,产蛋率和孵化率均下降;同样,维生素 B_1、维生素 B_{12} 缺乏时,也会影响产蛋率和孵化率。

2. 饲养方法

(1)阶段饲养:根据鸡群的周龄和产蛋水平,将产蛋期划分为不同阶段,不同阶段饲喂含不同水平蛋白质、能量的日粮,以满足产蛋的需要,这种方法称为阶段饲养。常用的有两段制和三阶段饲养法。两段制是以 50 周龄或 42 周龄为界,50 周龄前日粮中的粗蛋白质含量控制在 $16\%\sim17\%$,50 周龄后产蛋率开始下降,粗蛋白质含量降为 $14\%\sim15\%$。结合我国产蛋鸡饲养标准,我国多采用三阶段饲养法,见表 8-2。

表 8-2 产蛋鸡三阶段饲养法

周 龄	25～42 周龄	43～62 周龄	63～72 周龄
产蛋率/(%)	>80	70～80	65～70
粗蛋白质/(%)	16.5	15	14
钙/(%)	3.5	3.4	3.2

(2)调整饲养:根据环境条件和鸡群状况的变化,及时调整日粮中主要营养成分的含量,以适应鸡的生理和产蛋需要,这种饲养方法称为调整饲养。调整饲养必须以饲养标准为基础,保持饲料配方的相对稳定,保证日粮营养的平衡。调整饲养的方法有以下几种。

①按体重调整饲养:当育成鸡体重达不到标准时,在转群后(18～20 周龄)就应换用营养水平较高的蛋鸡饲料,粗蛋白质含量控制在 18% 左右,使体重尽快达到标准。

②按产蛋规律调整饲养:按产蛋曲线调整也就是按照鸡的产蛋规律进行调整。在调整营养物质水平时要掌握的原则:上高峰时要"促",饲料营养要走在前头,即上高峰时在产蛋率上升前 1～2 周先提高营养水平,提高营养水平是走在产蛋率上升的前头;下高峰时要"保",饲料营养要走在后头,即下高峰时在产蛋率下降后 1 周左右再降低营养水平,降低营养水平是落在产蛋率下降的后头。到产蛋后期,当产蛋率下降时,应逐渐降低营养水平或减少饲喂量。

③按季节气温变化调整饲养:在能量水平一定的情况下,冬季由于采食量大,日粮中应适当降低粗蛋白质水平;夏季由于采食量下降,日粮中应适当提高粗蛋白质水平,以保证产蛋的需要。

④采取管理措施时的调整饲养:如修喙前后几天,每千克饲料中添加 5 mg 维生素 K;修喙后 1 周内,粗蛋白质水平提高 1%;接种疫苗后的 7～10 d 内,日粮中粗蛋白质水平应增加 1%。

⑤出现异常情况时的调整饲养:当鸡群发生啄癖时,除了消除引起啄癖的原因外,饲料中可适当增添粗纤维、食盐的含量,也可短时间喂些石膏。开产初期脱肛、啄肛严重时,可在饲料中添加 $1\%\sim2\%$ 食盐,饲喂 1～2 d。鸡群发病时,可适当提高日粮的营养水平,如粗蛋白质含量提高 $1\%\sim2\%$,多种维生素含量提高 0.02%,还应考虑饲料品质对鸡适口性和病情发展的影响等。

(3)限制饲养:限制饲养是根据蛋鸡的产蛋规律,在产蛋高峰过后减少饲喂量,又不会对鸡的产蛋性能产生影响的一种措施。具体做法:在产蛋高峰过后 2 周,每 100 只鸡的日饲喂量减少 230 g,连续 3～4 d。如果鸡群并没有因饲料的减少而使产蛋量的降低超出正常范围,则保持这一给料量数天,然后再尝试类似的减量。如发现产蛋量下降异常,应立即将给料量恢复至前一水平。正常情况下,蛋鸡限制饲养的饲料减少量不能超过 8%。对蛋鸡进行限制饲养,遵循蛋鸡的产蛋规律,既可防止蛋鸡产蛋后期过肥,提高成活率,又可降低饲料成本,增加经济效益。

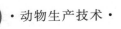

五、产蛋鸡的管理

1. 产蛋鸡的环境管理

（1）温度管理：温度对鸡的生长、产蛋、蛋重、蛋壳质量以及饲料转化率都有明显影响。鸡无汗腺，高温时只能依靠呼吸散热；成年鸡有较厚的羽毛，皮下脂肪也会形成良好的隔热层，故较能耐受低温。产蛋鸡适宜的环境温度为 13～23 ℃，最适宜温度为 16～21 ℃。

（2）湿度的管理：一般情况下，湿度往往是与温度共同起作用的，"高温高湿""低温高湿"状态对鸡的影响较大。在"高温高湿"环境下，鸡采食量减少，饮水增加，生产水平下降，鸡难以耐受，且易使病原微生物繁殖，导致鸡群发病；"低温高湿"环境使鸡体热量损失增加，易使鸡受凉，且用于维持体温所需要的饲料消耗量也会增加。鸡体能适应的相对湿度是 40%～72%，最佳相对湿度是60%～65%。

（3）通风的管理：鸡舍中的有害气体和灰尘微生物含量超标时，会影响鸡体健康，使产蛋量下降。加强通风的目的在于减少空气中的有害气体、灰尘和微生物的含量，使鸡舍内保持空气清新，同时也能调节鸡舍内的温度，降低湿度。

（4）光照：产蛋期光照的原则是在原来育成鸡的基础上逐渐增加，至产蛋高峰（30 周龄）达到产蛋所需的光照时数，然后保持不变，切勿减少。否则，产蛋量会反常下降。蛋鸡在产蛋高峰期，每天的光照时间是 14～17 h。目前生产中，光照时间多采用上限，但最多不超过 17 h。光照强度以 10.76 lx 为宜。

（5）密度：产蛋鸡的饲养方式有平养和笼养两种。平养设备投资少、操作方便，但劳动效率低。平养分地面平养、网上平养和地网混养 3 种，其饲养密度见表8-3。

表 8-3　产蛋鸡平养饲养密度　　　　　　　　　　　　　　　　　　　　　　单位:只/米²

饲 养 方 式	白 壳 蛋 鸡	褐 壳 蛋 鸡
地面平养	6	5.5
地网混养	7	6.5
网上平养	8～10	7～8

笼养有高床平置式笼养、全阶梯式笼养、半阶梯式笼养及重叠式笼养。目前，生产中鸡笼常常采用全阶梯方式摆放。鸡笼有固定尺寸，每个标准鸡笼装 3～4 只鸡。

2. 日常管理

（1）观察鸡群：通过观察采食、饮水、睡眠、运动、粪便等情况，及时了解鸡群健康状况、饲料搭配是否合理、温度是否适宜等。

（2）卫生和免疫：保持鸡舍内外的清洁卫生，严格执行消毒制度，定期消毒。除特殊情况外，蛋鸡产蛋期一般不进行疫苗接种。

（3）保持环境安静，减少应激：固定饲养人员，不随意更改投料和作息时间，抓鸡时动作要轻等。

（4）做好生产记录：通过记录了解生产，指导生产。记录内容一般包括产蛋情况、耗料量、鸡群数量变动等。

（5）防止饲料浪费：节约饲料在养鸡生产中尤为重要，是提高经济效益的有效途径。可采用以下措施：采用全价配合饲料，提高饲料报酬；料槽结构合理，高度适宜；添料时不超过喂料器容量的1/3；饲料粉碎不能过细，以免采食困难，粉尘过多；对 7～10 日龄的鸡进行断喙；饲喂方法合理，少喂勤添。

（6）区别高、低产蛋鸡：及时淘汰低产蛋鸡，提高笼位利用率。鉴别方法如表 8-4 和表 8-5 所示。

表 8-4　高产蛋鸡与低产蛋鸡的区别

部　　位	高 产 蛋 鸡	低 产 蛋 鸡
头部	大小适中，清秀，头顶宽	粗大，脂肪沉积，头过长或过短
喙	稍粗短，略弯曲	细长无力，过于弯曲，似鹰嘴
冠、肉垂	大，细致，红润，温暖	小，粗糙，苍白，发凉

续表

部 位	高 产 蛋 鸡	低 产 蛋 鸡
胸部	宽而深,向前突出,胸骨长直	发育差,胸骨短而弯曲
体躯	背长平,腰宽,胸腹容积大	背短,腰窄,胸腹容积小
尾	尾羽开展,不下垂	尾羽不正,过高、过平、下垂
皮肤	柔软有弹性,薄,手感良好	厚而粗,脂肪过多,发紧发硬
耻骨间距	大,可容3指以上	小,可容3指以下
胸耻骨间距	大,可容4指以上	小,可容3指或3指以下
换羽	换羽晚、快,持续时间短	换羽早,持续时间长
性情	活泼温顺,易管理	动作迟缓或过野,不易管理
各部位配合	匀称	不匀称
觅食力	强,嗉囊经常饱满	弱,嗉囊不饱满
羽毛	陈旧,不整齐	整齐清洁

表8-5 产蛋鸡与停产鸡的区别

部 位	产 蛋 鸡	停 产 鸡
冠、肉垂	大而有弹性,鲜红丰满,温暖	小而皱缩,色淡,干燥发凉
肛门	湿润,大而丰满,呈椭圆形	干燥,小而皱缩,呈圆形
腹部容积	大,胸骨末端与耻骨间距3～4指	小,胸骨末端与耻骨间距2～3指
触摸品质	皮肤柔软、细嫩,耻骨薄而有弹性	皮肤和耻骨硬而无弹性
换羽(秋季)	未换羽	已换羽
色素	肛门、眼圈、喙、胫已褪色	肛门、眼圈、喙、胫黄色
性情	活泼温顺,觅食力强,接受交配	胆小呆板,觅食力差,拒绝交配

单元四 蛋种鸡的饲养管理

单元目标

知识目标:掌握种公鸡的选择方法和蛋种鸡的饲养管理要点。
技能目标:掌握蛋种鸡的饲养管理技术,人工授精技术和强制换羽技术。
思政目标:培养学习者良好的职业精神、工匠精神和劳动精神。

 案例导学

常见蛋鸡品种。

 课前思考

俗话说"公鸡管一群,母鸡管一窝",这充分说明蛋种鸡的质量对种蛋的受精率和后代的生产性能都有很大的影响,那么蛋种鸡应该如何进行饲养管理呢?

扫码学

课件 8-4

案例导学

Note

蛋种鸡的培育目标:确保种公鸡具有较高的种用价值,种母鸡尽快达到产蛋高峰,并维持产蛋的持久性,提供量多质优的种蛋和鸡苗。

一、种公鸡的饲养管理

1. 种公鸡的生理特点　①种公鸡体内含水率相对比较稳定,一般为66%～67%,而蛋白质的含量在不同时期有所不同,育雏、育成阶段为22%,随着周龄增长,体内蛋白质比例逐渐提高,成年期达28.4%。②种公鸡对脂肪的沉积能力不如母鸡。③种公鸡的生长规律:10～15周龄主要是骨骼生长与体重增加,而后期转向生殖器官的发育。种公鸡16～20周龄处于体重及睾丸快速生长阶段,所以应注意改变日粮营养水平,尤其是蛋白质和维生素E的供给。

2. 种公鸡的选择与培育

(1)种公鸡的选择:种公鸡要经过3次筛选。首次选择应在42～56日龄,从育雏开始便有计划地选留健康活泼、发育良好、鸡冠生长快的公雏留种,公母选留比例为1∶10;第2次选择在120～140日龄,选择体重达标的个体留种,在发育良好的基础上,腹部应柔软,按摩时有性反应等,公母选留比例为1∶(15～20);第3次选择在140日龄开始,主要根据体重和精液品质、采精量选留,公母选留比例为1∶(20～30)。

(2)种公鸡的培育:育雏期公母混合饲养,育成期应公母分开饲养。培育标准:生长发育良好,体质结实,健康无病;体重、体型、羽色等符合品种特征;适时性成熟,配种能力强,精液质量好。

3. 种公鸡的饲养

(1)种公鸡的营养需要。

①对能量和蛋白质的需要:在繁殖期种公鸡的营养需要量低于种母鸡,一般采用代谢能10.87～12.12 MJ/kg。8周龄前日粮蛋白质含量不能低于18%,9周龄至种用结束,应喂给蛋白质含量11%～12%的日粮。如种用期采精频率高,则可将蛋白质含量提高至12%～14%。同时,应注意蛋白质的质量,保证必需氨基酸的平衡。在配种期日粮中添加精氨酸可以有效地提高精液品质。

②对钙、磷的需要:繁殖期种公鸡日粮中钙含量以0.9%～1.2%为宜,有效磷含量以0.65%～0.8%为宜。

③对维生素的需要:种公鸡饲料中的维生素对精液的品质、种蛋的受精率、雏鸡的质量等都有很大的影响,尤其是维生素A、维生素D、维生素E、维生素B_{12}等与种公鸡的繁殖力关系极为密切。因此,必须保证供给。繁殖期种公鸡维生素的用量如下:每千克饲料中维生素A 10000～20000 U,维生素D 2000～3850 U,维生素E 20～40 mg,维生素C 0.05～0.15 g。

(2)分阶段饲养:0～6周龄阶段不限饲,让种公鸡自由采食,使其具有较好的腿胫发育。7～20周龄阶段采用限饲的方法,使胸部过多的肌肉减少,龙骨抬高,促进腿部发育,降低体内脂肪含量。21～66周龄阶段,分配种前期、配种后期。配种前期适当限饲,确保稳定增重、肥瘦适中,使性成熟与体成熟同步;配种后期重点是改进种公鸡的品质,以提高种蛋的受精率。

4. 种公鸡的管理

(1)分群管理:各个系的鸡群在遗传特点、生理特点、发育指标等方面有一定差异,应该按系分群管理。

(2)剪冠、断趾、断喙:断趾可使用断趾器或断喙器,将第一趾和第二趾从爪根处切去;公鸡的断喙一般在6～9日龄进行,上、下喙均断去1/3,成年后上、下喙基本平齐,这样有利于自然交配。

(3)选择淘汰:种公鸡的选择一般分为三个阶段。

(4)强化免疫:开产前,种公鸡必须接种新城疫疫苗、传染性支气管炎疫苗、减蛋综合征三联苗、传染性法氏囊炎疫苗,必要时还要接种传染性脑脊髓炎疫苗。

(5)疾病净化:这是种鸡场必须进行的一项工作。通过血清学监测,确认种鸡中有无通过种蛋垂直传播的疾病,从而达到净化该类疾病的目的。通常需净化的有鸡白痢、沙门菌感染和减蛋综合征。

二、种母鸡的饲养管理

1. 种母鸡的选择与培育　蛋种母鸡的选择与培育应按照育种手册或相应标准严格执行。

2. 种母鸡的饲养　种母鸡开产前的营养与商品蛋鸡相同,在产蛋期,种母鸡的常规营养物质要求也与商品蛋鸡相似,但对一些维生素和微量元素的要求较高。为提高种蛋的合格率,在饲养种鸡时,前期应适当增加营养,增加蛋重,后期应适当降低营养,控制蛋重,并配制符合种母鸡营养需要的全价日粮。

3. 种母鸡的管理　种母鸡的饲养管理与产蛋鸡的饲养管理大致相同,可参考单元三"产蛋期的饲养管理"执行相关的技术。

三、人工授精技术

人工授精技术包括两个部分,一个是种公鸡的采精,另一个是种母鸡的输精。

1. 采精

(1) 采精前的准备:在采精前3～5 d单独饲养经过选择的合格种公鸡,用剪刀将肛门周围1 cm范围内的羽毛剪去。每天定时按摩种公鸡的腰荐部,使之形成条件反射。将采精用的集精杯和其他用具清洗干净并进行消毒,备用。

(2) 采精操作步骤:先保定好种公鸡,使鸡头朝后,尾部朝前。将种公鸡肛门周围用酒精棉球消毒,左手持集精杯,右手五指自然分开,以掌面自背腰部向尾部按摩数次,使种公鸡出现性反射,尾羽上翘,泄殖腔外翻,露出勃起的生殖器。右手停止按摩,快速将尾羽拨向背侧,用拇指和食指在泄殖腔上方两侧捏住外翻的生殖器,向外轻轻挤压,同时左手配合右手,在泄殖腔下面柔软部位轻轻挤压,乳白色的精液流出,收集精液于集精杯中,反复挤压几次,直到无精液流出。采精时,采精人员的左手食指和中指夹一小团药棉,一旦有粪便挤出,可立即用药棉擦去,防止污染精液。采好的精液要在30 min内用完,采精时间一般安排在下午,即大部分鸡产完蛋后的16:00左右进行。

(3) 注意事项:采精时应注意以下问题。

①采精前要停食,以防采精时排粪而污染精液。

②采精人员要相对固定。

③收集精液时不能将粪便、羽毛等混入精液中,以免造成污染,影响精子活力。

④种公鸡的利用率应根据饲养管理条件、气候配种任务等决定,刚开始采精时,一般采精1 d让公鸡休息1 d,数周后可以采精2 d休息1 d。

⑤由于温度、酸碱度、氧化性等诸多因素对精液质量有影响,因此采精要迅速,采精时间最好控制在30 min内。

(4) 精液品质检查。

①外观检查:正常的精液为乳白色、不透明的液体。精液呈淡棕色则表示混入了粪便;若精液呈微红色,则可能是有血液混入其中。颜色不正常的精液不能使用。

②射精量:射精量的多少,因品种、年龄、营养、运动、季节、采精频率及采精技术而异,鸡正常情况下的采精量一般为0.2～1.0 mL。

③精子密度:可用平板压平法进行检查,按其稠密程度分为密、中、稀三级。品质良好的精液密度大。公鸡的精液正常情况下密度为$3×10^9$个/毫升。

④精子活力:精子活力是指在精液中直线运动的精子占全部精子的百分比。精子的受精能力与精子活力有密切的关系,精子活力受温度的影响很大,做精子活力检查时温度应控制在38～40 ℃。

⑤精液的pH:精液的pH一般为6.2～7.4,用pH试纸可直接测出。

2. 输精

(1) 时间及频率:输精时间一般在16:00左右,大部分鸡产完蛋后进行。此时母鸡输卵管内没有成形的蛋,以使精液沿着输卵管上行至位于伞部的储精囊。每隔4～5 d输精一次。

(2) 操作方法:输精时一般 2～3 人一组操作,其中 1 人输精,1～2 人翻肛。翻肛员右手抓住母鸡腿的基部,左手拇指与其他四指自然分开放在母鸡腹部左侧,从肛门向头前方挤压,掌心用力,借腹部压力便可翻出输卵管口,输精员用消毒吸管吸取已被稀释的精液 0.03～0.05 mL,插入位于泄殖腔左侧的输卵管口,滴管插入阴道不宜过深,一般没过精液的高度即可(1～2 cm),同时翻肛员左手迅速放开肛门,精液即可输入。输精员每输完 1 只母鸡后,都要用消毒药棉擦净输精滴管口。

(3) 注意事项:输精时应注意以下问题。

①翻肛员在给母鸡腹部加压时,一定要着力于腹部左侧,因输卵管开口在泄殖腔的左上方,右侧为直肠开口,如果着力于右侧便会引起母鸡排粪。

②翻肛员和输精员要注意配合,当输精滴管插入输卵管口时,翻肛员手立即松开,借助母鸡生殖孔回缩的力量将精液吸进。

③注意不要将空气输入输卵管内,否则会导致精液外溢,影响受精率。

④输精滴管要垂直插入输卵管,以防刮伤输卵管壁,造成出血引起炎症。

⑤要注意防止交叉感染。

四、强制换羽技术

强制换羽就是人为采取强制性方法给鸡群造成突然的、强烈的刺激,导致鸡新陈代谢紊乱而后停产。

1. 方法 主要有饥饿法、化学法、综合法等。

(1) 饥饿法:一般在第 1～3 天停水、停料、光照 6～7 h(夏季每天供水 1 h);第 4～12 天停料、限水、光照 6～7 h,每天供水 2 次,每次 0.5 h。当体重与断料前相比减轻 25% 左右时,进入恢复期。

(2) 化学法:主要采用高锌日粮强制换羽。在产蛋期饲料中加 2.5% 的氧化锌或 3% 的硫酸锌。

(3) 综合法:把饥饿法和化学法结合起来的强制换羽方案。

2. 强制换羽的注意事项

(1) 进行强制换羽的鸡群要求产蛋 43 周后产蛋率仍在 70% 以上。

(2) 在实施强制换羽前,应对鸡群进行整顿,及时淘汰病鸡、弱鸡、残鸡,以降低换羽期的死亡率。

(3) 在强制换羽实施前 1 周,对鸡群接种疫苗,以增强鸡群对疫病的免疫力。

(4) 采用饥饿法时,要准确掌握体重减少量,在实施前抽测 50 只左右鸡的体重,并做好记录。4 d 后每天称量一次,直到减重 25%。

(5) 平养鸡换羽时,要把垫草全部清除干净,防止因饥饿啄食,造成消化管疾病。

(6) 种公鸡不宜强制换羽,否则会影响以后的受精率。

情境小结

　　蛋鸡生产包括育雏期的饲养管理、育成期的饲养管理、产蛋期的饲养管理和蛋种鸡饲养管理 4 个部分。其中,各环节的饲养管理要点是蛋鸡生产的核心,应根据蛋鸡不同阶段的生理特点和营养需求,采取相应的饲养管理技术,以获得良好的饲养效果。种鸡的管理主要有饲养管理、人工授精技术和强制换羽技术。

知识链接
8-1

知识链接
8-2

知识链接
8-3

知识链接

1. 蛋鸡品种。

2. 鸡的人工授精技术。

3. 育雏方式。

自测训练

一、选择题

1. 雏鸡断喙的适宜时间为（　　）。

A. 1～3 日龄　　　　B. 3～5 日龄　　　　C. 5～7 日龄　　　　D. 7～10 日龄

2. 蛋鸡生产的最佳温度一般为（　　）。

A. 10～15 ℃　　　　B. 15～18 ℃　　　　C. 16～21 ℃　　　　D. 25 ℃以上

3. 雏鸡转群当天的光照应达到（　　）。

A. 16 h　　　　　　B. 18 h　　　　　　C. 20 h　　　　　　D. 24 h

4. 育成鸡饲养管理中常采取的措施是（　　）。

A. 延长光照时间　　B. 自由采食　　　　C. 限饲　　　　　　D. 提高能量水平

5. 产蛋鸡开产日龄以鸡群日产蛋率（　　）的日龄开始算起。

A. 5%　　　　　　　B. 30%　　　　　　C. 50%　　　　　　D. 70%

二、填空题

1. 育雏一般采用的饲养方式有＿＿＿＿＿＿、＿＿＿＿＿＿、＿＿＿＿＿＿。

2. 蛋鸡的饲养方式主要有＿＿＿＿＿＿和＿＿＿＿＿＿两种方式。

3. 挑选鸡苗时，可采用"＿＿＿＿＿＿、＿＿＿＿＿＿、＿＿＿＿＿＿"的方法。

4. 鸡限饲的方法通常有＿＿＿＿＿＿、＿＿＿＿＿＿、＿＿＿＿＿＿。

5. 产蛋期光照原则是每天光照时间只能＿＿＿＿＿＿，不能＿＿＿＿＿＿。

6. 按照各鸡群的生理特点，可将产蛋期划分为＿＿＿＿＿＿、＿＿＿＿＿＿、＿＿＿＿＿＿三个时期。

情境九　肉　鸡　生　产

扫码学
课件 9

情境导入

　　我国的肉鸡生产始于 20 世纪 60 年代中期,80 年代以来生产得以迅速发展。目前我国已成为世界上肉鸡生产发展速度最快的国家。当前我国肉鸡生产的主要组织形式是大型龙头企业带动千家万户饲养,即公司加农户的发展模式。公司集种鸡、饲料生产、肉鸡屠宰加工及产品销售于一体,其产业化程度和科技含量较高,居养殖业之首。

情境目标

▲**知识目标**
掌握肉鸡各生产阶段的特点、生长规律及营养要求。
▲**技能目标**
掌握肉鸡各生产阶段的饲养管理技术要点。
▲**思政目标**
培养学习者严谨的科学态度和吃苦耐劳的精神,锻炼学习者的实际工作能力。

单元一　肉用仔鸡的饲养管理

单元目标

　　知识目标:了解肉用仔鸡常见的饲养方式,掌握肉用仔鸡公母分群饲养的主要管理措施。
　　技能目标:能够熟练进行肉用仔鸡的日常饲养管理工作。
　　思政目标:引导学习者养成干一行爱一行、爱岗敬业、踏实工作的择业态度。

→ **案例导学**

规模化养鸡场肉用仔鸡的养殖方式。

→ **课前思考**

肉用仔鸡公母分群饲养的优点是什么?

案例导学

Note

一、肉用仔鸡生产前准备

1. 饲养方式选择

（1）地面散养：地面散养是目前最普遍使用的方式。可采用经常松动垫料,必要时更换垫草的方式,或者采用厚垫草饲养法,即不更换垫料,根据垫料的污染程度,连续加厚,待仔鸡出售时一次出清的方法。地面散养的优点是投资少,设备简单,残次品少。缺点是占地面积大,需要大量垫料,并且容易通过粪便传染疾病。

（2）网上平养：网上平养是将鸡养在特制的网床上,网床由床架、底网及围网构成。网眼的大小以使鸡爪不进入而又可落下鸡粪为宜。如果使用金属网床,即可采用 12～14 号镀锌铁丝制成。网眼大小为 1.15 cm×1.25 cm。底网离地面 50～60 cm。网床大小可根据鸡舍面积具体安排,但应留足够的走道,以便操作。采用网上平养,每平方米容纳鸡数比地面散养多 0.5～1 倍。网上平养管理方便,劳动强度小,鸡群与鸡粪接触少,可大大降低白痢和球虫病的发病率。

（3）笼养：笼养又称为立体化养鸡。鸡从出壳至出售都在笼中饲养。随日龄和体重增大,一般可采用转层、转笼的方法饲养。肉用仔鸡笼养便于机械化、自动化管理,鸡舍利用率高,可节约燃料、垫料、劳力,还可以有效控制球虫病、白痢的蔓延等,但笼养肉用仔鸡第一次投资大,特别是胸囊肿的发生率高,如果饲养不当,鸡还会出现胸骨弯曲和软腿病等,目前不能普及。

2. 鸡舍准备
饲养肉用仔鸡前应做好以下准备工作。

（1）饲养人员的配备：要求饲养人员责任心强,能吃苦,具备一定的养鸡专业知识和饲养管理经验。

（2）鸡舍、用具的准备与消毒：进鸡前要对鸡舍进行全面检修,平养肉鸡必须保证适宜的温度、通风和足够的饲养面积,满足鸡生长的需要。在冬季鸡舍要保温,能适当调节空气;夏季要便于通风透气,并能保持干燥。

肉用仔鸡舍每批鸡出栏后,要彻底清洗消毒,鸡群转出后最好能空闲 2～3 周。鸡舍可用福尔马林熏蒸(每立方米用福尔马林 15 mL,高锰酸钾 7.5 g)24～48 h,然后换新鲜空气,关闭待用。在进雏前 1～2 d 开始升温,升到适当温度,并保持稳定。水槽、料槽等可分别用生石灰粉和 1% 氢氧化钠溶液消毒,然后用水冲洗干净,在阳光下晒干即可使用。水槽:每只鸡需保证拥有 2 cm 长的水槽。料槽:每只鸡需保证拥有 2～4 cm 长的料槽。

3. 饲料和药品准备
根据肉用仔鸡营养需要和日粮配方,准备好各种饲料,特别是各种饲料添加剂、矿物质饲料和动物性蛋白质饲料。要准备一些常用的消毒药、抗白痢药、抗球虫药、防疫用疫苗等。建立和健全记录制度,准备好必要的饲养记录。

二、肉用仔鸡的饲养原则

1. 适时开水、开食
适时开食有助于雏鸡体内卵黄的充分吸收和胎粪的排出,对雏鸡早期生长有利。开食时间在开水后或与开水同时进行。

（1）开食:给初生雏鸡第一次喂料称为开食。开食的时间不宜过早,因为过早,胃肠黏膜还很脆弱,易引起消化不良,同时影响卵黄吸收。开食也不宜过晚,过晚会使雏鸡体内残留的卵黄消耗过多,使之虚弱而影响发育。5 日龄前的雏鸡可将饲料撒在深色的厚纸或塑料布上,也可放在浅盘中,增加照明,以诱导雏鸡自由啄食。5 日龄后改用料槽饲喂,随着鸡的生长,保持槽边高度与鸡背平齐,使每只鸡有 2～4 cm 长的槽位。雏鸡开食可直接用全价饲料,少给勤添,自由采食。

（2）开水:给初生雏鸡第一次饮水称为开水。雏鸡运到育雏舍后,要尽快使其饮水,适时饮水可补充雏鸡生理所需水分,有利于促进胃肠蠕动、吸收残留卵粪、排出胎粪、增进食欲,利于开食,并有助于对饲料的消化吸收。饮水最好在雏鸡出壳后 12～24 h 内进行,最长不超过 36 h,且在开食前进行。初饮时可先人工辅助使雏鸡学会饮水,将饮水器均匀摆放在料槽之间,并保证每只雏鸡有 2 cm 长的槽位。饮水温度应与舍温接近,保持在 20 ℃ 左右,最好在饮水中加入适量青霉素(每只 2000 U)、维生素 C(每只 0.2 mg)和 5%～8% 葡萄糖或白糖。最初几天还可在饮水中加入 0.01% 的高锰酸钾,可消毒饮水、清洗胃肠和促进胎粪排出,有助于增强雏鸡体质,提高雏鸡成活率。另外,要做到自由饮水,并保持饮水清洁卫生。随着肉用仔鸡日龄的增加,及时调整饮水器的高度,使饮水器边缘与鸡背相近。

2."全进全出"制 "全进全出"制是指在同一栋鸡舍同一时间内只饲养同一日龄的雏鸡,经过一个饲养期后,又在同一天(或大致相同的时间内)全部出栏的管理制度。

这种饲养制度有利于切断病原体的循环感染,便于饲养管理,有利于机械化作业,提高劳动效率;全出后鸡舍便于管理技术和防疫措施等的统一,也有利于新技术的实施;在第一批出售、下一批尚未进雏的1~2周为休整期,鸡舍内的设备和用具可进行彻底打扫、清洗、消毒与维修,能有效地消灭舍内的病原体,切断病原体的循环感染,也提高了鸡舍的利用率。这种"全进全出"制的饲养制度与在同一栋鸡舍里饲养几种不同日龄的鸡相比,具有增重快、耗料少、死亡率低的优点。

3.公母分群饲养 公鸡与母鸡因生理基础不同,生长速度、羽毛生长速度和营养需要不同,为提高经济效益,生产上应分群饲养。分群饲养是按性别的差异分别配制饲料,可提高饲料利用率,减少浪费;使整个群体均匀度提高,有利于批量上市和机械化屠宰加工,可提高产品的规范化水平;使鸡群的发病率、死亡率都大大低于混养方式,胸囊肿等缺陷发生率下降。

公母分群饲养的主要管理措施如下。

(1)根据营养需要的不同,确定饲喂方式:按性别的不同调整日粮的营养水平,以满足不同的鸡群在不同的饲养阶段所需要的不同营养。在饲养前期,公雏日粮的蛋白质含量可达24%~25%,母雏则只需要21%,为降低饲养成本,在优质饲料不足的情况下,应尽量使用质量较好的饲料来喂公雏。

(2)根据生长发育需要选择适宜的环境:公雏与母雏羽毛生长速度不同,公雏羽毛生长速度慢,保温能力差,育雏时温度宜高一些,公雏1日龄35~36 ℃,母雏33~34 ℃,以后每天降低0.5 ℃,每周降低3 ℃,直至4周龄时,温度降至21~24 ℃,以后维持此温度不变。如果遇到如防疫接种等应激反应大的情况,可将温度适当提高1~2 ℃,夜间温度比白天高0.5 ℃。要保持温度相对稳定,同时要注意相对湿度的适宜性,以保证最少的耗料和最大的饲料报酬。

(3)根据市场需要确定出栏时间:一般肉用仔鸡在7周龄以后,母鸡增重速度相对下降,饲料消耗急剧增加,此时如已经达到上市体重即可提前出栏,而公鸡要到9周龄以后增重速度才下降,因而公鸡可到9周龄时上市,临近出栏前1周要掌握市场行情,抓住有利时机,集中一天将同一房舍的鸡出售完毕,尽量避免零卖。

4.提高均匀度措施

(1)抓好防疫工作,合理搭配饲料:根据养鸡场的实际情况,及时准确地接种疫苗;进行预防性的投药;加强饲养中各个环节的管理,使鸡群健康状况良好。在饲料方面要保证原料的质量,同时稳定配方中的营养成分,在营养方面奠定基础。

(2)精确地断喙:精确地断喙可防治啄癖、节约饲料和提高均匀度。断喙好,鸡群个体采食速度和采食量相接近,限量采食中获得的饲料量基本相等,生长速度一致。断喙不良的鸡群,会出现许多鸡只采食困难或采食速度较慢,采食量减少,造成体重偏轻,甚至营养不良。因此肉用仔鸡在7~10日龄要实施精确的断喙。

(3)开产前整群:鸡群在开产前要进行整群(22~24周),将过度消瘦、超重及发育不良的鸡选出淘汰,比例一般不超过1%。

(4)定期称量,合理调群:在3~24周内要做到每周称量6次,每天调整部分鸡群,18周前一般每隔4周全舍分群1次,逐一称量,全群调整,均匀度较好时可适当减少分群次数,降低应激反应。18周龄以后是性腺发育的重要阶段,一般不集中分群,除非均匀度低于80%。

每周称量不但要计算全群平均体重和均匀度,每个栏也要单独计算各自的平均体重和均匀度,以此决定下一周的饲喂方案和每个栏的具体投料量,同时要评估平时调群、分群工作的好坏程度。3~24周龄均匀度应保持上升态势,在3~12周龄上升较快,13~24周龄上升较慢。13周龄前,要采取严格的饲养手段,尽快将均匀度提高到85％以上,不可太迟。因为13周龄以后性腺开始发育,过严的饲喂方案会对性腺发育造成影响,为使性腺发育不致受阻,一般采取温和的饲喂方案,从而导致均匀度的提高受到影响,甚至达不到较好的水平。另外,体重的增大也会给称量和分群带来不便。如在某一周龄测得的均匀度比前一周低,那么就需要对允许群重新称量,扩大抽样率以得到准确的数值,不可盲目改变饲喂方案。

三、肉用仔鸡的日常管理

1. 适宜的环境条件 现代肉鸡早期的生长速度很快,科学合理地做好育雏工作,使雏鸡有一个良好的开端,对肉鸡生产具有极其重要的意义。

在肉鸡饲养的早期,应保持较高的湿度和温度,使雏鸡对外界环境有一个适应过程。鸡舍内相对湿度可保持在70％左右。低湿度(育雏阶段相对湿度低于50％)将导致脱水,对鸡只的生产性能产生负面影响。

要注重舍内的空气质量。通风换气可减少舍内有害气体,增加氧气,使鸡处于正常代谢状态;通风换气还能降低舍内湿度,保持垫料干燥,减少病原体繁殖。通过合理的通风换气,使温度和湿度保持在适当的水平,将有害气体排出舍外。在生产中,一般第1、2周以保温为主,适当注意通风,第3周开始则要适当增加通风量和延长通风时间,第4周以后则应以通风为主(冬季除外)。特别是在夏季,通风不仅能给鸡群提供充足的氧气,同时能降低舍内温度,提高采食量与生长速度。

2. 适当的饲养密度 饲养密度对肉用仔鸡的生长发育有很大影响,应根据鸡舍的结构、通风条件,饲养管理条件及品种来决定。饲养密度过大,鸡的活动受到限制,空气污浊,湿度增加,会导致鸡只生长缓慢,群体均匀度差,易感染疾病,死亡率升高,且易发生啄肛、啄羽等恶癖,降低肉用仔鸡品质;饲养密度过小,则浪费空间,饲养定额少,成本增加。随着雏鸡的长大,每只鸡所占的地面面积也应增加。

3. 加强卫生管理,严格防疫 搞好肉用仔鸡的环境卫生、疫苗接种及药物防治工作,是养好肉用仔鸡的重要条件。肉鸡舍的入口处要设消毒池;垫草要保持干燥,饲喂用具要经常刷洗,并定期用0.2％的高锰酸钾溶液浸泡消毒。

(1)环境卫生:包括舍内卫生、场区卫生等。舍内垫料不宜过脏、过湿,灰尘不宜过多,用具安置应有序不乱,消灭舍内蚊、蝇、鼠。对场区要铲除杂草,不能乱放死鸡、垃圾等,保持良好的卫生状况。

(2)消毒:场区门口和鸡舍门口要设有氢氧化钠消毒池,并经常保持氢氧化钠的有效浓度,进出场区或鸡舍要脚踩消毒池,杀灭由鞋底带来的病原菌。鸡舍应限制外人参观,不准运鸡车进入生产区。饲养用具应固定鸡舍使用,对其他用具5 d进行一次喷雾消毒。

(3)疫苗接种:根据当地疫病流行情况,按免疫程序要求及时接种各类疫苗。肉用仔鸡接种疫苗的方法主要有滴鼻点眼法、气雾法、饮水法和肌内或皮下注射法等。

4. 密切观察鸡群 肉用仔鸡生产过程中,在做好日常管理工作的同时,饲养人员要经常深入鸡舍,耐心细致地查看鸡群状况,确保鸡群的健康,防止疫病的发生。

(1)采食观察:饲养肉用仔鸡,应采用自由采食的方式,其采食量应是逐日递增的,若发现异常变化,应及时分析原因,找出解决的办法。

(2)饮水观察:检查饮水是否干净、饮水器或饮水槽是否清洁、水流有无不出水或出水过大而外溢的现象,观察鸡的饮水量是否适当,防止不足或过量。

(3)精神状态观察:健康鸡眼睛明亮有神,精神饱满,活泼好动,羽毛整洁,尾翘立,冠红,爪光亮;病鸡则冠发紫或苍白,眼睛混浊、无神,精神不振,呆立在鸡舍一角,低头垂翅,羽毛蓬乱,不愿活动。

(4)啄癖观察:若发现鸡群中有啄肛、啄趾、啄羽、啄尾等啄癖现象,应及时查找原因,采取有效措施。

(5)粪便观察:在刚清完粪便时观察鸡粪的形状、颜色、干稀、有无寄生虫等,以此确定鸡群的健康状况。如雏鸡拉白色稀粪并有糊尾现象,则可疑为鸡白痢;血便可疑为球虫病;绿色粪便可疑为伤寒、霍乱等;稀便可疑为消化不良、大肠杆菌病等。发现异常情况要及时诊治。

（6）计算死亡率：正常情况下第 1 周死亡率不超过 3％，以后平均日死亡率在 0.05％左右。若死亡率突然增高，要及时进行剖检，查明原因，以便及时治疗。

5. 做好日常记录　生产上要做好日常统计工作，填写记录表格。生产记录包括饲料消耗量，存活鸡数，死淘鸡数，舍内温度、湿度，鸡群状态等内容，还要有 7 d 1 次抽样称量，以及疫苗接种、用药时间和剂量等记录。

单元二　优质肉鸡的饲养管理

单元目标

知识目标：掌握优质肉鸡的饲养管理要点，了解肉鸡的屠宰分割流程。
技能目标：能够熟练、正确地进行优质肉鸡的饲养管理工作。
思政目标：培养学习者严格遵守管理制度，按照生产流程进行安全生产的职业素养。

案例导学

→ 案例导学

规模化养鸡场优质肉鸡的养殖方式。

→ 课前思考

优质肉鸡饲养管理技术要点有哪些?

一、优质肉鸡的饲养管理

优质商品肉鸡生产的目的是提供达到市场要求的体重且整齐一致的肉鸡。优质肉鸡新陈代谢旺盛，生长速度较快，必须供给高蛋白、高能量的全面配合饲料，才能满足机体维持生命和生长的需要。优质肉鸡的整个生长过程均应采取自由采食方式，这样才能提高饲料利用率，提高经济效益。

1. 饲喂方案和饲喂方式　生产中优质肉鸡通常有两种饲喂方案：一种是使用 2 种日粮方案，即将优质肉鸡的生长分为 2 个阶段进行饲养，即 0～35 日龄（0～5 周龄）的幼雏阶段，36 日龄至上市（或 6 周龄至上市）的中雏、育肥阶段。这两个阶段分别采用幼雏日粮和中雏日粮，这种喂养方案可称为二阶段制饲养。另一种是使用 3 种日粮方案，即将优质肉鸡的生长分为 3 个阶段，即 0～35 日龄为幼雏阶段，36～56 日龄为中雏阶段，57 日龄至上市为育肥阶段。这 3 个阶段分别采用幼雏日粮、中雏日粮、育肥日粮进行饲养，这种喂养方案可称为三阶段制饲养。

饲喂方式可分为两种：一种是定时定量，就是根据鸡日龄大小和生长发育的要求，将饲料按规定的时间分为若干次投给的饲喂方式，一般在 4 周龄以前每日喂 4～6 次，从早上 6 时至晚上 11 时分隔数次投料，投喂的饲料量以下次投料前半小时能食完为准。这种方式有利于提高饲料的利用率。另一种是自由采食的方式，就是把饲料放在料槽内任鸡随时分食。一般每天加料 1～2 次，始终保持饲料器内有饲料。这种方式较多采用，不仅鸡的生产速度较快，还可以避免饲喂时鸡群抢食、挤压和弱鸡争不到饲料的现象，使鸡群都能比较均匀地采食饲料，生长发育也比较均匀，减少因饥饿感引起的啄癖。

2. 饲养管理

（1）光照管理：光照可延长肉鸡采食的时间，使其快速生长。光照时间通常为每天 23 h 光照、1 h黑暗，光照强度不可过大，否则会引起啄癖。开放式鸡舍白天可通过遮盖部分窗户而限制部分自然光照。随着鸡的日龄增加，光照强度由强变弱。1~2 周龄时，每平方米应有 2.7 W 的光量（灯距离地面 2 m）；从 3 周龄开始，改用每平方米 1.3 W；4 周龄后，改用弱光可使鸡群安静，有利于生长。

（2）防止啄癖：优质肉鸡活泼好动，喜好追逐打斗，易引起啄癖。啄癖不仅会导致鸡的死亡，而且影响以后的商品外观，给生产者带来经济损失。

引起啄癖的原因很多，如饲养密度过大、舍内光线过强、饲料中缺乏某种氨基酸或氨基酸比例不平衡、粗纤维含量过低等。在生产中，一旦发现啄癖，立即将被啄的鸡只捉出栏外，隔离饲养，啄伤的部位涂以紫药水或鱼石脂等带颜色的消毒药；检查饲养管理工作是否符合要求，如管理不善应及时纠正；饮水中添加 0.1% 的食盐；饲料中增加矿物质添加剂和多种复合维生素。如采用上述方法后鸡群仍继续发生啄癖和啄癖现象很严重，应对鸡群进行断喙。

二、肉鸡的屠宰与分割

1. 肉鸡屠宰流程

（1）肉鸡宰杀脱毛。

①肉鸡宰杀高架输送线主要完成的工序：毛鸡上挂、水浴式麻电、刺杀、沥血、烫毛、脱毛、切爪、转挂等。

②高架输送线挂架间距为 6 英寸（152.4 mm），采用标准驱动链条，链条节距为 25.4 mm，变频调速。生产线的设计宰杀能力与生产线的线速度密切相关，线速度的计算公式：线速度＝时产量（只/小时）×挂架间距（米）÷60（分钟/小时）。

③活鸡麻电通常采用水浴式麻电，麻电电压为 70~90 V，麻电时间为 2~3 s。或不通过麻电工序，采用毛鸡上挂后通过高架输送线自动输送 1 min，让毛鸡平静下来后再刺杀。

④毛鸡刺杀后沥血，沥血时间一般设计为 3~4 min。烫毛时间为 40~60 s，脱毛时间为 15~30 s。

⑤烫毛采用恒温烫毛机，烫毛温度为 58~62 ℃。脱毛尽量采用吊挂式脱毛，避免胴体相互接触而造成交叉感染。

⑥在 90° 的转弯处设计自动切爪机，切爪机由定位轮、驱动、旋转刀片组成。鸡爪切割后，由卸爪器卸下放入收集车内。

（2）开膛掏内脏。

①肉鸡开膛掏内脏高架输送线主要完成的工序：开膛、掏内脏、切头、胴体清洗等。

②高架输送线挂钩间距为 8 英寸（203.2 mm），采用标准驱动链条，链条节距为 25.4 mm，变频调速。

③将掏出的内脏放入内脏滑槽内，由检疫人员检验，检验合格的鸡胴体进入下一道工序，检验合格的鸡内脏进入内脏加工间处理。不合格胴体和内脏放入封闭的小车内拉出屠宰车间处理。

④分离出来的鸡肠通过清洗整理后入冷库冷藏，鸡胗通过鸡胗脱脂机将表面的油脂脱下来，再由剥胗皮机把胗皮剥下来，清洗整理后入冷库冷藏。

⑤去内脏的胴体在预冷之前必须进行清洗，去除体内的血水。

（3）预冷。

①预冷分为池预冷和螺旋预冷机预冷，池预冷占用的面积比螺旋预冷机预冷要大。

②预冷水温：0~2 ℃。预冷时间：45 min。

③预冷好的胴体要通过沥干机或高架输送线将体内的水沥干。

④预冷后的鸡胴体中心温度在 10 ℃ 以下。

2. 分割工艺流程 分割包装区是指预冷后的鸡胴体被细分为若干产品并进行包装这个过程所在的区域。分割包装区的温度在 16 ℃ 以下。其工艺流程如下：挂鸡—割鸡尾—割两侧—割后背—割胸翅—刮小肉—拉里肌—割软肌骨—割腿—割长皮—割胗—摘脖。鸡骨及胸翅割下后放到 V 带输送机上进行人工粗分割，再经选送到工作台上进行细分割及包装。

案例导学

单元三　肉种鸡的饲养管理

知识目标：掌握肉种鸡限制饲养的方法。
技能目标：能够熟练、正确地进行肉种鸡产蛋期饲养管理。
思政目标：培养学习者善于观察、记录、分析问题的能力。

→ 案例导学

规模化养鸡场肉种鸡的养殖方式。

→ 课前思考

肉种鸡如何限制饲养？

一、饲养方式

传统饲养肉种鸡一般采用全垫料地面方式，但由于饲养密度小、舍内易潮湿和窝外蛋较多等原因，目前很少采用。目前比较普遍的肉种鸡饲养方式有以下三种。

1. 漏缝地板饲养　有木条、硬塑网和金属网等类型的漏缝地板，均高于地面约 60 cm。金属网地板须用大量金属支撑材料，但地板仍难平整，因而配种受精率不理想。硬塑网地板平整，对鸡爪的伤害较少，也便于冲洗消毒，但成本较高。目前多采用木条或竹条的板条地板，地板造价低，但应注意刨光表面和棱角，以防扎伤鸡爪而造成较高的趾瘤发生率。木（竹）条宽 2.5～5.1 cm，间隙为 2.5 cm。板条的走向应与鸡舍的长轴平行。这类地板在平养中饲养密度最高，每平方米可饲养种鸡 4.8 只。

2. 混合地面饲养　漏缝结构地面与垫料地面之比通常为 6∶4 或 2∶1。舍内布局常见在中央部位铺放垫料，靠墙两侧安装木（竹）条地板，产蛋箱在木条地板的外缘，排向与鸡舍的长轴垂直，一端架在本条地板的边缘，另一端吊在垫料地面的上方，这便于鸡只进出产蛋箱，也减小了占地面积。混合地面饲养的优点：种鸡交配大多在垫料上比较自然，有时也撒些谷粒，让鸡爬找，促其运动和配种；可在两侧木板或其他漏缝结构的地面上均匀安放料槽与自流式饮水器；鸡粪落到漏缝地板下面，使垫料少积粪和少沾水。这类混合地面的受精率要高于全漏缝结构地面，饲养密度稍低一些，每平方米可饲养种鸡 4.3 只。

3. 笼养　近年来肉种鸡饲养多用笼养方式。使用每笼养 2 只种母鸡的单笼，采用人工授精，既提高了饲养密度，又获得了较高而稳定的受精率。肉种母鸡每只占笼底面积 720～800 cm²。一般笼架上只装两层鸡笼，以便于抓鸡与输精、喂料与拣蛋。

肉种鸡笼养增加了饲养密度，节约了饲料，提高了种公鸡的利用率，提高了孵化率和劳动效率，可大大提高经济效益。

二、肉种鸡的限制饲养

1. 限制饲养的方法　肉种鸡的限制饲养技术若运用得当，能充分发挥肉种鸡的优良生产性能和获得较好的养鸡经济效益。肉种鸡限制饲养常用方法如下。

（1）限制饲粮营养水平：此方法不限制饲喂量，主要降低配合日粮中蛋白质和能量水平，但对钙、磷等微量元素和维生素做到充分供给，这样有利于肉种鸡骨骼和肌肉的生长发育。

（2）限制饲粮的饲喂量：鸡的日粮限量一般从 3 周龄开始。可采用每天限饲，即按 1 d 的需要量一次喂给，切不可多次喂；或隔日限饲，即采用隔日喂一次，将 2 d 的饲料一次喂给；或一个星期停喂 2 d，如周三、周五为限饲日，周日一次喂 1 d 量，周二喂 2 d 量，周三不喂料，周四喂 2 d 量，周五不喂料，周末晚间随机抽取 2%～5% 个体称量，详细记录并与标准体重进行比较，计算均匀度。

2. 限制饲养应注意的问题 在应用限制饲养程序时，应注意在任何一个喂料日，其喂料量均不可超过产蛋高峰期的喂料量。限制饲养一定要有足够的料槽、饮水器和合理的鸡舍面积，使每只鸡都能均等地采食、饮水和活动。限制饲养的主要目的是限制摄取能量饲料，而维生素、常量元素和微量元素要满足鸡的营养需要。限制饲养会引起饥饿应激，容易诱发恶癖，所以应在限饲前（7～10 日龄）对鸡进行精确的断喙，公鸡还需断内趾。限制饲养时应密切注意鸡群健康状况。鸡群处于患病、接种疫苗、转群等应激状态时要酌量增加饲料或临时恢复自由采食，并要增喂抗应激的维生素 C 和维生素 E。在育成期为了更好地控制体重，公鸡、母鸡最好分开饲养。停饲日不可喂沙砾。平养的育成鸡可按每周每 100 只鸡投放中等粒度的不溶性沙砾 300 g 作为垫料。

三、肉种鸡的管理

1. 开产前的管理 肉种鸡适时开产与否及开产时肉种鸡体重的达标与否，关系到肉种鸡产蛋高峰期的来临、产蛋高峰持续时间的长短和种蛋品质的优劣。因而，对肉种鸡开产前的管理影响着肉种鸡的终生生产性能。开产前肉种鸡的管理主要有以下几项工作。

（1）适时转群：为了使种母鸡有足够的时间熟悉新的环境，肉种鸡在开产前 2～4 周应转入产蛋鸡舍。在 20 周龄左右转群，如转群时间过迟，肉种鸡已经开产，在育成舍内随地产蛋，种蛋破损率增高，合格率下降。转群前产蛋舍的笼具、饮水器等每一件物品均应经过认真的检查、维修与消毒。转群前几天饲料中可加一些抗生素或抗应激的多种维生素等。夏季转群最好在傍晚进行，应尽量避开白天高温时段。冬季转群最好在天气较好的中午进行。转群的同时还应淘汰瘦弱、病残等无种用价值的鸡。

（2）进行预防免疫注射：为保证后代雏鸡的健康，使肉种鸡在产蛋期不受疾病侵袭，一般按免疫程序在产蛋前进行一系列疫苗注射。免疫程序可按各品种的情况具体制订。

（3）增加光照：为了控制肉种鸡的性成熟，生长阶段都采取限制光照的措施，但要求自 18 周龄开始，每周延长光照时间 20～30 min，逐渐延长到 15～16 h 为止。在产蛋期内保持这一光照不再改变。

2. 产蛋期的管理

（1）产蛋期的营养与饲料：产蛋期饲料应使用高蛋白质含量配方，17～19 周龄为母鸡性成熟的关键时期，产蛋期饲料应按标准增加蛋白质和钙的含量，同时根据产蛋率的高低，适时调整饲料配方，尤其是蛋白质和钙的含量应有不同的指标要求。产蛋率在 80% 以上时，蛋白质含量为 18%，钙 3.5%；产蛋率在 65%～80% 时，蛋白质含量为 17%，钙 3.25%；产蛋率低于 65% 时，蛋白质含量为 15.5%，钙 3%。这样既能有高产蛋率，又能充分发挥鸡的生产潜力而不浪费饲料。

在生产中当产蛋高峰过后，产蛋率开始缓慢下降时，应注意不能过快降低营养水平，应维持原来的营养水平 1～2 周，让鸡消除疲劳。然后适当降低蛋白质和能量水平。如果天气炎热，采食量下降，此时钙的水平不宜降低过快，以便保持蛋壳质量。

（2）温度：鸡舍内最适宜的温度是 18～23 ℃，最低不应低于 7 ℃，最高不超过 30 ℃。相对湿度保持在 60%～75% 之间。如不在上述温度范围内则会严重影响采食量和产蛋量，当环境温度达 27 ℃时，每上升 1 ℃，鸡的采食量会下降 1.2%。为了保持最佳湿度，平时应注意增加通风，改善舍内空气，但当舍内温度低于 18 ℃时应以保温为主，减少通风；舍内温度高于 27 ℃时则以降温为主，可加大通风量。

（3）饮水：产蛋鸡饮水应清洁、卫生。应随时保证有充足的干净饮水供鸡饮用，水温以 13～18

℃为宜,冬天不能低于 10 ℃,夏天不能高于 27 ℃。如限制饮水,一天可饮水 4 次,每次饮用时间可根据气温高低控制在 15～30 min 之间,应注意饲养密度,保证每只鸡都能同时饮到水。

平时应观察和记录每天的饮水量,突然增加或陡然减少都是不正常的,这种情况往往预示着鸡体健康问题或饲料问题,应提前诊断和仔细检查,以便及时发现问题、解决问题,减少生产中的产蛋损失。

（4）光照:光照对成年种鸡产蛋的作用是直接的,一是通过对神经、体液的调节促进性腺的生长发育,并控制开产日龄和产蛋量;二是对整只鸡体的所有功能的内因性调节,通过明暗光周期调控排卵和产蛋时间。生产中光照方案应遵守产蛋期每日光照强度决不可减弱和光照时间决不可缩短的原则。

在执行光照程序时应严格按照制订好的光照程序进行,防止忘记开灯或停电时无光照情况发生,否则会连续影响好几天的产蛋量,使产蛋率下降。

（5）防止产蛋鸡啄癖:产蛋鸡啄肛、啄羽等啄癖现象的发生是生产中常见的现象。啄癖影响鸡的健康,增加应激,影响产蛋率,严重时还会造成鸡的死亡,增高死亡率,因此应尽量防止发生啄癖现象。预防措施是进行断喙,断喙可有效阻止或减少啄癖的发生。

情境小结

肉鸡生产主要包括肉用仔鸡的饲养管理、优质肉鸡的饲养管理和肉种鸡的饲养管理。

知识链接

给鸡断喙的方法;鸡的人工授精技术:采精、输精。

知识链接 9

自测训练

填空题

1. 舍饲是鸡的主要饲养方式,肉用仔鸡常采用_____,蛋鸡常采用_____。

2. 断喙前后应在饮水或饲料中添加_____。

3. 在产蛋阶段,肉种鸡的光照强度应_____蛋鸡的光照强度。

4. 肉用仔鸡 5 周龄至出售期间温度要求保持在_____。

5. 肉用仔鸡接种疫苗的方法主要有_____、_____、_____和_____等。

情境十　水　禽　生　产

扫码学
课件 10

情境导入

　　我国是世界上最大的水禽生产和消费国,水禽饲养量,水禽肉、蛋、羽绒产量均位居世界第一。水禽饲养在我国有悠久的历史,劳动人民在长期的生产实践中培育出许多生产性能优良的地方良种,如绍兴鸭、金定鸭、北京鸭、狮头鹅、豁眼鹅等。水禽加工产品丰富多样,风味独特,如北京烤鸭、松花皮蛋、盐水鸭、双黄咸蛋等,享誉国内外。

情境目标

　　▲学习目标
掌握蛋鸭、肉鸭的育雏期、育成期和产蛋期的饲养管理技术,掌握鹅的饲养管理要点。
　　▲技能目标
能科学饲养和管理不同阶段的蛋鸭和肉鸭,以及鹅。
　　▲思政目标
培养学习者严谨的科学态度和吃苦耐劳的精神,锻炼学习者的实际分析能力。

单元一　鸭的饲养管理

单元目标

　　知识目标:掌握蛋鸭、肉鸭的育雏期、育成期和产蛋期的饲养管理技术。
　　技能目标:能科学饲养和管理不同阶段的蛋鸭和肉鸭。
　　思政目标:激发学习者的学习兴趣和对专业的热爱,将来能积极主动投身于家禽产业的发展。

案例导学

鸭的规模化生产。

案例导学

课前思考

蛋鸭产蛋期的饲养管理技术有哪些? 怎样对肉仔鸭育肥?

Note

一、蛋鸭的饲养管理

1. 雏鸭的饲养管理

(1) 育雏室温度:雏鸭的适宜温度为 1 日龄时 26~28 ℃,2~7 日龄时 22~26 ℃,2 周龄时 18~22 ℃,3 周龄时 16~18 ℃。要保持室温相对稳定,否则雏鸭容易受凉感冒,导致疾病的发生。到 3~4 周龄时,需适时脱温,然后过渡到完全放牧。

(2) 开水与开食:雏鸭第一次饮水称为开水,也称潮水。开水多在出雏后 24 h 左右进行,为了减轻运输造成的应激,可在饮水中加入少量的电解多维、维生素 C。雏鸭第一次采食称为开食,开水后进行开食。开食的饲料可用粉状全价雏鸭料。开食时只吃七成饱,以后逐渐增加喂料量,以防采食过多而造成消化不良。开食以后,可饲喂高蛋白质(20%~22%)、高能量(10~13 MJ/kg)、多种氨基酸和维生素等混合的全价饲料。饲喂次数:头 2 周每 3 h 喂 1 次,昼夜饲喂,2 周以后改为每 4 h 1 次,20 日龄以后每 6 h 1 次,间隔时间均等,昼夜饲喂,每次喂料后都要饮水 1 次。

(3) 适时开青、开荤:开青即开始喂给青饲料。在工厂化规模饲养的情况下,饲养主要采用全舍饲或半舍饲,青饲料和天然动物性饲料较少,可完全用全价配合饲料。有条件的养殖场,可适当补饲青饲料和动物性饲料。雏鸭到 3~5 日龄开始补饲青饲料可防止维生素缺乏。到 20 日龄左右,青饲料占饲料总量可达 40%。开荤是给雏鸭饲喂动物性饲料,可促进其生长发育。雏鸭从 4 日龄起补喂小鱼、小虾、蚯蚓、泥鳅、螺蛳、蛆虫等动物性饲料。

(4) 放水:放水要与开水结合起来,逐渐由室内转到室外,水逐渐加深。一般 5 日龄后就可训练雏鸭下水活动,但雏鸭全身的绒毛容易被水浸湿下沉,体弱者还可能会被溺死。因此,要有专人守望,加以调教,嬉水片刻要及时上岸休息。开始时可以引 3~5 只雏鸭先下水,每次放水 5 min,1 周后,每次放水 10 min,然后逐步扩大下水鸭群,以使雏鸭全部自然地下水,千万不能硬赶下水。下水的雏鸭上岸后,要让其在无风而温暖的地方理毛,使身上的湿毛干燥后进育雏室休息,千万不能让湿毛雏鸭进育雏室休息。天气寒冷时可停止放水。

(5) 及时分群:雏鸭分群是提高成活率的重要环节。同一批雏鸭,要按其大小、强弱等不同分为若干小群,以每群 300~500 只为宜。以后每隔 1 周调整一次,将那些最大、最强的和最小、最弱的雏鸭挑出,然后将各群的强大者合为一群,弱小者合为另一群。这样不同类型的鸭都能得到合适的饲养条件和环境,可保持正常的生长发育。同时,要查看是否有疾病原因等,对有病的雏鸭要采取对症措施,将病雏单独饲养或淘汰。以后根据雏鸭的体重来分群,每周随机抽取 5%~10% 的雏鸭称量体重,未达到标准的要适当增加饲喂量,超过标准的要适当减少饲喂量。

(6) 建立稳定的管理程序:蛋鸭具有群居的生活习性,合群性很强,神经较敏感,每天要有固定的管理程序,如饮水、吃料、下水游泳、上滩理毛、入圈歇息等习惯,不要轻易改变。饲料品种和调制方法的改变也是如此,如频繁地改变饲料和生活秩序,不仅影响生长,而且会造成疾病,降低育雏率。要做好饲料消耗和死亡记录。定期在水中加入抗菌药物,1 日龄肌内注射鸭病毒性肝炎高免蛋黄抗体 0.5 mL;5~15 日龄注射首免禽流感病毒灭活疫苗(0.3~0.5 mL);20 日龄注射鸭瘟弱毒疫苗,严格按瓶签标明的剂量接种,用生理盐水稀释疫苗,每只鸭肌内注射 0.2 mL。

2. 育成鸭的饲养管理

(1) 饲料与营养:为使育成鸭得到充分锻炼,长好骨架,育成鸭的营养水平宜低不宜高,饲料宜粗不宜精。代谢能为 11.30~11.51 MJ/kg,蛋白质含量为 15%~18%。尽量用青绿饲料代替精饲料和维生素添加剂,青绿饲料占饲料总量的 30%~50%。

(2) 限制饲养:圈养和半圈养鸭要限制饲养。限制饲养一般从 8 周龄开始,到 16~18 周龄结束。当鸭的体重符合本品种的各阶段体重时,可不需要限制饲养。限制饲养前必须称量体重,每两周抽样称量一次,整个限制饲养过程是由称量—分群—调节喂料量(营养需要)三个环节组成的,最后将体重控制在标准范围。加强运动,促进骨骼和肌肉的发育,防止过肥。每天定时赶鸭在舍内做转圈运动,每次 5~10 min,每天 2~4 次。

(3) 光照:光照是控制性成熟的方法之一。育成鸭的光照时间宜短不宜长。有条件的养鸭场,育成于 8 周龄起,每天光照 8~10 h,光照强度为 5 lx。

（4）放牧：早春在浅水塘、小河、小港放牧，让鸭觅食螺蛳、鱼虾、草根等水生物。以后可在稻田、麦田放牧。由于鸭在稻田中觅食害虫，不但节省了饲料，还增加了野生动物性蛋白质的摄取量。放牧鸭群，要用固定的信号和动作进行训练，使鸭群建立听指挥的条件反射。

（5）做好疾病防治工作：育成鸭阶段主要预防鸭瘟和禽霍乱。具体免疫程序：60~70 日龄注射一次禽霍乱菌苗，70~80 日龄注射一次鸭瘟弱毒苗，100 日龄前后再注射一次禽霍乱菌苗。

3. 产蛋鸭的饲养管理

（1）饲料与营养：蛋鸭从产蛋开始直到被淘汰称为产蛋期。蛋鸭进入产蛋期后，对营养物质的需求比以前各阶段都高，除用于维持生命活动必需的营养物质外，更需要大量产蛋所必需的营养物质。合理饲养，提供营养平衡的日粮，是提高产蛋鸭生产能力的关键技术，为长期产蛋打好基础，有条件的地方最好实行放牧。圈养与散养的母鸭也要注意放水运动。在产蛋初期、中期和盛期应适时调整饲料配方，以满足产蛋鸭不同生理阶段的营养需要。

（2）光照：产蛋期的光照原则为，逐渐延长光照时间直至达到每昼夜光照 16 h，不能缩短，不可忽照忽停、忽早忽晚；光照强度不可时强时弱，只许渐强，直至 8 lx。

（3）鸭群观察：在产蛋期要经常观察鸭群动态，观察精神、粪便和采食量。应注意掌握在早放晚关时的鸭群状态，如发现异常应马上查明原因并加以解决。鸭群在夜间 2—3 点产蛋时，由于产蛋后口渴、饥饿，要在产蛋鸭舍放入一定量的饲料和饮水。注意料槽和饮水器要固定地方，不要随意更换。

4. 蛋种鸭的饲养管理 为了得到高质量的可以孵化后代的种蛋，饲养蛋种鸭的要求更高，不但要养好母种鸭，还要养好公种鸭，才能提高受精率。

（1）养好公种鸭，提高种蛋受精率：公种鸭要求体质强壮，性器官发达健全，性欲旺盛，精子活力好、健康。所选公种鸭要比母种鸭早 1~2 个月，在母种鸭产蛋前，公种鸭已达到性成熟。在青年鸭阶段，公母最好分群饲养，采用以放牧为主的方法，充分采食野生饲料，多锻炼，多活动。开始性成熟但未到配种期的公种鸭，尽量放旱地，少下水活动，以减少公种鸭之间的相互嬉戏，避免形成恶癖。

（2）公母配比合理：蛋用型麻鸭品种，公种鸭的配种性能都很好，公母配比较大，受精率很高。如绍兴鸭，早春季节气温较低，100 只母种鸭群放 5 只公种鸭，公母配比为 1：20；夏秋季节气温高，100 只母种鸭群只放 3~4 只公种鸭，公母配比为 1：（25~33）。

（3）增加营养：除了按母种鸭的产蛋率高低给予必需的营养物质外，要多喂维生素、青绿饲料，特别是要适当增加维生素 E，因为维生素 E 能提高种蛋的受精率和孵化率，日粮中维生素 E 含量为 25 mg/kg，不低于 20 mg/kg。蛋白质饲料的比例也要比平常略高些，色氨酸在饼粕类饲料中含量较高，配制蛋白质饲料时，饼粕和鱼粉都不可缺少，并添加干净的贝壳粒让种鸭自由采食，以满足种鸭对矿物质的需要。禁止喂发霉变质饲料。

（4）鸭舍要清洁卫生：舍内要通风良好，外界温度高时，要加强通风换气，但不能在舍内地面上洒水；舍内的垫草必须保持干燥、清洁，尤其是产蛋的地方。对于初开产的新母种鸭，可在鸭舍一角或沿墙一侧多垫干草做成蛋窝，再放几个蛋，引诱新母种鸭集中产蛋。运动场要流水畅通，不能积有污水，保持鸭体干燥清洁；要及时收集种蛋，防止种蛋受潮、受晒、被粪便玷污。

二、肉鸭的饲养管理

1. 雏鸭的饲养管理 肉鸭的饲养管理分两个阶段：0~3 周的雏鸭管理阶段，4~8 周（也有 7 周为止的）的育肥管理阶段。肉鸭的早期生长速度很快，抓好雏鸭的饲养管理，有利于群体生长发育，可获得较高的饲料报酬。

（1）温度：0~3 周的雏鸭，因绒毛保温效果差，体温调节功能不健全，所以要保持适当高的环境温度。开始育雏时，温度应在 33~35 ℃（冬季可稍高，夏季可稍低，幅度为 1~2 ℃），48 h 后，可适当降温，每周降 3~5 ℃，直至自然温度。当温度适中时，雏鸭散开活动，三五成群，躺卧舒展（伸颈展翅伏于平面），食后休息静卧无声。在 3 周龄末时，舍温以 18~21 ℃ 为宜。

（2）湿度：育雏的前期，舍内温度较高，水分蒸发快，要求相对湿度高一些（1 周龄以 60%~70%，2 周龄以 50%~60% 为宜）。湿度过低，雏鸭易出现足趾干瘪、精神不振等轻度脱水症状，影响生长。如果湿度过高，形成高温高湿的环境，会导致雏鸭体热散发受阻，使雏鸭食欲减退，导致霉菌的繁殖和球虫病的发生。

(3)通风:雏鸭排泄物会使舍内变得潮湿,积聚氨气和硫化氢等有害气体。所以在育雏保湿时,还要注意通风。如在冬季,可先提高舍温2～3 ℃,再打开门窗,几分钟后再关闭。反复几次,既保证了新鲜空气的补充,又可维持住舍温。饲养密度过大,鸭群拥挤,也会引起空气污浊,鸭群发育不齐,易患各种传染病。适宜饲养密度:1～7 日龄地面平养20～25 只/米²,网上育雏25～30 只/米²;8～14 日龄地面平养10～15 只/米²,网上育雏15～20 只/米²;15～21 日龄地面平养7～10 只/米²,网上育雏10～15 只/米²。对于中成鸭以地面平养2～3 只/米²,网上饲养3～5 只/米²为佳。

(4)光照:育雏的头3 d,连续光照,以后每天23 h光照,8 d以后,每天减1 h光照,直至自然光。保持一定时间的黑暗和弱光,不仅可使鸭群适应突然断电的变化,防止受惊、集堆,挤压死亡,还有利于充分的休息和生长,持续的强光不利于雏鸭生长。光照强度以白炽灯5 W/m²(10 lx),距地面2.0～2.5 m为宜,到4 日龄以后,可不必昼夜开灯,利用自然光加早晚补光即可。

2. 肉鸭育成期的饲养管理　从21 日龄后到出栏为肉鸭的育成期,此阶段是饲养肉鸭的关键时期,重点是促进肉鸭快速增长。

(1)营养需要与换料:从4 周龄开始,育雏鸭饲料转换为育成鸭饲料,饲料的转换逐渐进行,一般育成鸭饲料与育雏鸭饲料的使用比例是第1 天为1:2,第2 天为1:1,第3 天为2:1,至第5 天完全换料。

(2)温度、湿度和光照:肉鸭最适宜的环境温度为15～20 ℃。温度若超过26 ℃,采食量降低;低于10 ℃时,用于维持的饲料消耗量增加。相对湿度应控制在50%～55%,垫料要干燥,并勤更换。光照强度以能看到采食为宜,每平方米用5 W的白炽灯。白天利用自然光,早晚加料时开灯。

(3)饮水和饲喂:育成期采用自由饮水方式,水槽标准是每200 只鸭合用一个2 m长的水槽。饲喂次数白天3 次,晚上1 次。

(4)适时上市:选择7 周龄为上市日龄。如是生产分割产品,8 周龄上市为宜。首先要对鸭群进行分栏饲养,每栏饲养200 只左右,3～4 只/米²,公鸭与母鸭要分开饲养,弱小鸭要挑出单独饲养。经常打扫鸭舍,保持清洁、干燥。此外,还应增加全价饲料供给,并补充青绿饲料。育肥到公鸭重3.5 kg左右、母鸭2 kg左右就可以上市。

3. 肉种鸭产蛋期的饲养管理　进入产蛋期的母鸭性情温顺,代谢旺盛,觅食能力强,生活和产蛋很有规律性。产蛋期饲养主要是提供适宜的饲养管理条件和营养水平来获得较高的产蛋量和种蛋的受精率和孵化率。

(1)营养需要:种鸭开产以后,采用自由采食方式,日采食量大大增加,饲料的代谢能控制在10.88～11.30 MJ/kg,就可满足维持体重和产蛋的需要。但日粮蛋白质含量应分阶段进行控制。产蛋初期(产蛋率在50%以下)日粮蛋白质含量一般为19.5%即可满足产蛋的需要;进入产蛋高峰期(产蛋率在50%及以上至淘汰)时,日粮蛋白质含量应增加到20%～21%;同时,应注意日粮中钙、磷的含量以及钙磷比。

(2)喂料、喂水:当产蛋率达到5%时,逐日增加饲喂量,直至自由采食。日采食量达250 g左右,可分成2 次(早上和下午各1 次)饲喂。产蛋鸭可喂粉料或颗粒料。要常刷洗饲槽,常备清洁的饮水,水槽内水深必须没过鼻孔,以供鸭洗涤鼻孔。

(3)环境要求。

①温度:要创造保温条件,冬天舍内不低于0 ℃,夏天不高于25 ℃,温度高于25 ℃时要放水洗浴或进行淋浴。舍内地面的垫料要保持干燥。

②光照:产蛋期每天光照要达到16～17 h,光照时间要固定。补光时,早上开灯时间定在4 点最好。光照强度为5 W/m²(灯距离鸭舍地面2 m高),宜加灯伞,灯安在铁管上,以防风吹动使种鸭惊群。停电时,要点灯照明,或自备发电设备,否则鸭蛋破损率和脏污率将增高。

③通风:在不影响舍温的原则下,要尽量通风,排出舍内有害气体和水分,保证舍内空气新鲜和舍内干燥。

④饲养密度:种鸭的饲养密度小于肉鸭,一般2～3 只/米²。如果有户外运动场,舍内饲养密度

可以加大到 3.5～4 只/米²。户外运动场的面积一般为鸭舍面积的 2～2.5 倍。鸭群的规模不宜过大。一般每群以 240 只为宜,其中公鸭 40 只,母鸭 200 只。

（4）种蛋收集:鸭习惯于凌晨 3—4 点产蛋,早晨应尽早收集种蛋,对初产母鸭可在早上 5 点拣蛋。饲养管理正常时,通常母鸭在 7 点以前产完蛋。而产蛋后期,产蛋时间可能集中在 6—8 点。应根据不同的产蛋时间固定每天早晨收集种蛋的时间。要保持蛋壳清洁,蛋壳脏污的蛋应单拣单放,被污染的蛋不宜留作种用。炎热季节种蛋要放凉后再入库。种蛋必须当天入库。凡不合格的种蛋,不得入库。

4. 肉仔鸭的育肥 肉仔鸭生长迅速,饲料报酬高。8 周龄体重可达 3.2～3.5 kg,甚至 6～7 周龄即可上市出售。一般饲养至 8 周龄上市,全程耗料比为 1∶3 左右;饲养至 7 周龄上市,全程耗料比降到 1∶(2.6～2.7)。因此,肉仔鸭的生产要尽量利用早期生长速度快、饲料报酬高的特点。肉仔鸭由于早期生长特别快,饲养期为 6～8 周,因此,资金周转很快,对集约化的经营十分有利。

肉仔鸭育肥的目的是使肉仔鸭在短期内迅速长肉,沉积脂肪,增加体重,改善肉的品质,提高经济效益。生产上可采用人工强制其吞食大量高能量饲料,使其在短期内快速增重和积聚脂肪的方法育肥。

（1）填肥技术:当鸭的体重达到 1.5～1.75 kg 时开始填肥,填肥期一般为 2 周左右。由于雏鸭早期生长发育需要较高比例的蛋白质,后期则需要较高比例的能量来增加体脂,使后期的增重速度加快,所以前期饲料中粗蛋白质和粗纤维含量高;而后期饲料中粗蛋白质含量低、粗纤维含量略低,但能量却高于前期饲料。填肥开始前,先将肉鸭按公母、体重分群,以便于掌握填喂量。一般每天填喂 3～4 次,每次的时间间隔相等,前后期饲料各喂 1 周左右。

（2）填喂方法:填喂前,先将填料用水调成干糊状,用手搓成长约 5 cm、粗约 1.5 cm、重 25 g 的剂子。填喂时,填喂人员用腿夹住鸭体两翅以下部分,左手抓住鸭头,大拇指和食指将鸭嘴上下喙撑开,中指压住舌的前端,右手拿剂子,用水蘸一下送入鸭的食管,并用手由上向下滑挤,使剂子进入食管的膨大部,每天填 3～4 次,每次填 4～5 个剂子,以后则逐步增多,后期每次可填 8～10 个剂子。也可采用填料机填喂,填喂前 3～4 h 将填料用清水拌成半流体浆状,水料比为 6∶4,使饲料软化。一般每天填喂 4 次,每次填湿料量如下:第 1 天填 150～160 g,第 2～3 天填 175 g,第 4～5 天填 200 g,第 6～7 天填 225 g,第 8～9 天填 275 g,第 10～11 天填 325 g,第 12～13 天填 400 g,第 14 天填 450 g,如果鸭的食欲好则可多填,应根据情况灵活掌握。填喂时把浆状的饲料装入填料机的料桶中,填喂员左手提鸭,以掌心抵住鸭的后脑,用拇指和食指撑开鸭的上下喙,中指压住鸭舌的前端,右手轻握食管的膨大部,将鸭嘴送向填食的胶管,并将胶管送入鸭的咽下部,使胶管与鸭体在同一条直线上,这样才不会损伤食管。插好管后,用左脚踏离合器,机器自动将饲料压进食管,填好料后,放松开关,将胶管从鸭喙里退出。填喂时鸭体要平,开嘴要快,压舌要准,插管适宜,进食要慢,撒鸭要快。填食虽定时定量,但也要按填喂后的消化情况而定,并注意观察。一般在填食前 1 h 填鸭的食管膨大部出现凹沟为消化正常。早于填食前 1 h 出现,表明填食过少。

（3）填肥期的管理:每次填喂后适当放水活动,清洁鸭体,或每隔 2～3 h 赶鸭走动 1 次,帮助消化,但不能粗暴地驱赶。舍内和运动场的地面要平整,以防鸭跌倒受伤;舍内保持干燥,夏天在运动场上搭建凉棚以防暑降温。每天供给清洁充足的饮水。白天少填食,晚上要多填,可让鸭在运动场上露宿。鸭群的饲养密度前期为 2.5～3 只/米²,后期为 2～2.5 只/米²。鸭舍要始终保持环境的安静,减少应激。一般填肥期为 2 周左右,肉鸭体重在 2.5 kg 以上便可上市出售。

单元二　鹅的饲养管理

单元目标

知识目标:掌握鹅的饲养管理要点。

技能目标:能科学饲养和管理不同阶段的鹅。

思政目标:培养学习者树立环保意识,恪守职业道德,强化职业操守。

案例导学

→ 案例导学

鹅的规模化生产。

→ 课前思考

雏鹅的饲养管理技术有哪些？如何生产鹅肥肝？

一、雏鹅的饲养管理

雏鹅是指孵化出壳后到 4 周龄或 1 月龄内的鹅,其生长发育快,消化能力弱,体温调节能力和对外界环境适应性都较差。雏鹅饲养管理的好坏,将会直接影响到雏鹅的生长发育和成活率的高低,继而影响育成鹅的生产性能。

1. 育雏前的准备

(1) 育雏舍:育雏前应做好舍内及周围环境的清扫消毒工作,备好火炉,做好保温工作,门口设有消毒槽。准备育雏用具如圈栏板、料槽、水盆等,围栏垫草要干燥、松软、无腐烂。备好育雏用药品如禽力宝、葡萄糖、维生素 C、青霉素、呋喃唑酮、驱虫药等。

(2) 育雏饲料:雏鹅专用料、玉米面。

(3) 疫苗:小鹅瘟血清、小鹅瘟弱毒疫苗。

2. 日常管理

(1) 开水:又称潮口,饮水要用温开水(25 ℃左右),以预防下痢。保证每只雏鹅都能喝到水,自由饮用,水盆水面水位以 3 cm 为宜。1～7 日龄用禽力宝水溶液,最好在水中加入呋喃唑酮或庆大霉素或高锰酸钾等,可防止下痢。供水要充足,防止暴饮造成水中毒,并做好饮水用具的勤洗、勤换、勤消毒。

(2) 开食:一般在出壳后 24～36 h 开食,即雏鹅进舍开水后约 1 h 即可开食。饲喂时要提供优质配合饲料与青饲料。

(3) 防疫:要搞好环境消毒与卫生。做好预防工作,防止疫病发生。重疫区雏鹅在 10 日龄注射小鹅瘟弱毒疫苗,每只雏鹅皮下注射 0.2 mL(股内侧或胸部);非疫区可不注射小鹅瘟弱毒疫苗。

(4) 防应激:5 日龄喂食后,要给予 10～15 min 室内活动时间,育雏舍内勿大声喧哗或粗暴操作,灯光不要太亮,在放牧时不要让犬或其他动物靠近鹅群。

二、后备鹅的饲养管理

在后备鹅培育的前期,鹅的生长发育仍比较快,如果补饲日粮的蛋白质含量较高,会加速鹅的发育,导致过肥,并促其早熟,而此时鹅骨骼尚未得到充分的发育,致使种鹅骨骼发育纤细,体格较小,提早产蛋,往往产几个蛋后又停产换羽。所以在开始阶段应做好补充精饲料的工作,一般在第 2 次换羽完成后,逐步转入粗饲阶段。粗饲的目的是控制母鹅的性成熟期,适当控制体重,特别是防止过肥,培育鹅的耐粗饲能力,锻炼消化功能,降低生产成本;使母鹅开产一致,便于管理和提高产蛋性能,后备母鹅的控料应在 17～18 周龄开始,在开产前 50～60 天结束。控料阶段为 60～70 天。后备期应逐渐减少补饲日粮的饲喂量和补饲次数,锻炼鹅适应以放牧食草为主的粗放饲养,保持补饲日粮较低的蛋白质水平,有利于骨骼、羽毛和生殖器官的充分发育;由于减少了补饲日粮的饲喂量,既节约了饲料,又不会使鹅体过肥、体重太大,从而保持健壮结实的体格。

三、种鹅的饲养管理

1. 育成鹅饲养　种鹅的育成期指的是 70～80 日龄至开产前阶段,主要对种鹅进行限制饲养,以达到适时的性成熟为目的。饲养管理分为生长阶段、控制饲养阶段和恢复饲养阶段。

(1) 生长阶段:80～120 日龄这一时期,中鹅处于生长发育时期,需要较多的营养物质,不宜过早进行控制饲养,应逐渐减少喂饲的次数,并逐步降低日粮的营养水平,逐步过渡到控制饲养阶段。

（2）控制饲养阶段：从 120 日龄开始至开产前 50～60 d 结束。控制饲养方法主要有两种：一是实行定量饲喂，日平均饲料用量一般相比生长阶段减少 50%～60%；二是降低日粮的营养水平，饲料中可添加较多的填充粗料（如米糠、曲酒糟、啤酒糟等）。但要根据鹅的体质，灵活掌握饲料配比和喂料量，以能维持鹅的正常体质。控料要有过渡期，逐步减少喂量，或逐渐降低饲料营养水平。要注意观察鹅群动态，对弱小鹅要单独饲喂和护理。搞好养鹅场的清洁卫生，及时换铺垫料，保持舍内干燥。

（3）恢复饲养阶段：控制饲养的种鹅在开产前 50～60 d 进入恢复饲养阶段（种鹅开产一般在 220 日龄左右），应逐步提高补饲日粮的营养水平，并增加喂料量和饲喂次数。日粮蛋白质含量控制在 15%～17%为宜。经 20 d 左右的饲养，种鹅的体重可恢复到限制饲养前的水平。这一阶段种鹅开始陆续换羽，为了使种鹅换羽整齐和缩短换羽的时间，可在种鹅体重恢复后进行人工强制换羽，即人工拔除主翼羽和副主翼羽。拔羽后应加强饲养管理、适当增加喂料量。公鹅的拔羽期可比母鹅早 2 周左右，使鹅能整齐一致地进入产蛋期。

2. 产蛋鹅饲养

（1）适时调整日粮营养水平：种鹅饲养到 26 周龄，或在开产前 1 个月时，改用产蛋鹅料。每周增加喂料量 25 g，用 4 周时间逐渐过渡到自由采食，每天喂料量不超过 200 g。参考配方：玉米 52%、豆粕 20%、麦麸或优质干草粉（叶粉）20%、鱼粉 3%、贝壳粉 5%、食盐少量。

（2）饲喂：种鹅由于连续产蛋的需要，消耗蛋白质、钙、磷等营养物质特别多，因此日粮中蛋白质含量应增加到 17%～18%。以舍饲为主，放牧为辅，全舍饲日喂 3～4 次，其中晚上喂 1 次，日喂精饲料 150～200 g，同时供给大量青饲料（先喂精饲料后喂青饲料）。放牧日补饲 3 次，其中晚上 1 次，日补喂精饲料 120～150 g，并加适量青饲料。

（3）控制光照：在自然光照条件下，母鹅 1 年只有 1 个产蛋周期。为了提高母鹅的产蛋量，采用控制光照的办法，可使母鹅 1 个产蛋年有 2 个产蛋周期。对后备种鹅采用可调节的光照制度能增加产蛋量。

（4）适当的公母配比：群鹅的公母配比以 1∶（4～6）为宜。一般重型鹅种配比应低些，小型鹅种可高些；冬季的配比应低些，春季的可高些。选留阴茎发育良好，精液品质优良的公鹅配种，公母配比可提高到 1∶（8～10）。

（5）产蛋管理：母鹅的产蛋时间多在凌晨至上午 9 时之间。因此，种鹅应在上午产蛋基本结束时才开始出牧。对在窝内待产的母鹅不要强行驱赶出圈放牧，对出牧半途折返的母鹅则任其自便返回圈内产蛋。对大群放牧饲养的种鹅群，为防止母鹅随处产蛋，最好在鹅棚附近搭些产蛋棚。一般长 3.0 m、宽 1.0 m，高 1.2 m 的产蛋棚，每千只种鹅需搭 2～3 个。对舍饲鹅群在圈内靠墙处应设有足够的产蛋箱，按每 4～5 只母鹅共用 1 个产蛋箱计算。

（6）种蛋收存：要勤拾蛋，钝端向下存放，蛋表面清洁（不能水洗）消毒，存放在温度 10 ℃、相对湿度 65%～75%的蛋库内。

四、鹅肥肝生产

鹅肥肝是鹅经专门强制填饲育肥后产生的、重量增加数倍的产品。肝用鹅经 30 d 育雏后再生长 40 d 即 70 日龄就可进入肥肝生产的强制填饲阶段。

1. 雏鹅的饲养

（1）开水：即出壳后 24～36 h 有 2/3 的雏鹅欲吃食时的第 1 次饮水，把少量雏鹅的嘴多次按入水盘中饮水（可用 5%～10%葡萄糖水、复合维生素 B 糖水或清洁饮水），引导其他雏鹅跟着饮水。水温以 25 ℃为宜。

（2）开食：将配合饲料搭上切细的嫩青绿饲料撒在塑料布上或小料槽内，引诱雏鹅自由吃食。

（3）饲喂：雏鹅的饲料应满足其生长发育的需要，精饲料与青饲料的比例 10 日龄前为 1∶2（先喂精饲料后喂青饲料或混合喂），10 日龄后 1∶4（先喂青饲料后喂精饲料或混合喂）。

2. 雏鹅的管理

（1）保温：1～5 日龄 26～28 ℃（相对湿度 60%～65%），6～10 日龄 24～25 ℃（相对湿度 60%～

65%),11～15 日龄 21～23 ℃(相对湿度 65%～70%)。

(2)密度:1～5 日龄,20～25 只/米²;6～10 日龄,15～20 只/米²;11～15 日龄,12～15 只/米²;16～20 日龄,8～12 只/米²;20 日龄后饲养密度逐渐降低。

(3)放牧:育雏室内外气温接近时,10 日龄后(冬季、早春 21 日龄后)可进行放牧。

3.预饲期的管理 预饲期是正式填喂前的过渡阶段,一般为 5～30 d。预饲期玉米粒是用量最大的饲料,可占 50%～70%,小麦、大麦、燕麦和稻谷等在日粮中占比不超过 40%;豆饼(或花生饼)占 15%～20%;鱼粉或肉粉占 5%～10%。在预饲期,应供给大量适口性好的新鲜青饲料,同时供给鹅大量的维生素。为了提高食欲,增加食料量,可将青饲料与混合料分开饲喂,青饲料每天喂 2 次,混合料每天喂 3 次。还有其他成分,如可加骨粉 3%左右、食盐 0.5%、沙砾 1%～2%,这三者均可直接混于精饲料中喂给。

4.填喂 以搅龙式填喂机填鹅的方法为例。填喂操作程序如下:由助手将鹅固定,操作者先取数滴食油润滑填喂管外面,然后,用左手抓住鹅头,食指和拇指扣压在喙的基部,迫鹅开口,右手食指将口打开,并伸入口腔内将鹅的舌头压向下方,然后两只手协作并与助手配合将鹅口移向填喂管,颈部拉直,小心地将填喂管插入食管,直至膨大部。操作者右手轻轻握住鹅嘴,左手隔着鹅的皮肉握住位于膨大部的填喂管出口处,然后踏动搅龙式填鹅机的开关,饲料由管道进入食管,当左手感觉到有饲料进入时,很快地将饲料往下捋,同时使鹅头慢慢沿填喂管退出,直到饲料喂到比喉头低 1～2 cm时即可关机。其后,右手握住鹅颈部饲料的上方和喉头,快速将鹅嘴从填喂管取出。为了不使鹅吸气(否则会使玉米进入喉头,导致窒息),操作者应迅速用手闭住鹅嘴,并将鹅颈部垂直地向上提,再以左手食指和拇指将饲料往下捋 3～4 次。填喂时部位和流量要掌握好,饲料不能过分结实地堵塞食管某处,否则易使食管破裂。

情境小结

水禽生产包括鸭的饲养管理和鹅的饲养管理两部分。其中鸭的饲养管理主要内容为蛋鸭雏鸭、蛋鸭育成鸭、产蛋鸭、蛋种鸭的饲养管理,肉鸭雏鸭、肉鸭育成鸭、肉种鸭产蛋期的饲养管理,肉仔鸭的育肥。鹅的饲养管理主要内容为雏鹅、后备鹅、种鹅的饲养管理和鹅肥肝生产。

知识链接

水禽生产管理基本知识;我国的鸭鹅羽绒生产的现状和出口动态及展望。

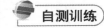知识链接 10

自测训练

填空题

1.雏鸭第一次饮水称为开水,可在饮水中加入少量的_____、_____。

2.蛋鸭育成鸭限制饲养一般从_____周龄开始,到_____周龄结束。

3.产蛋鸭进入产蛋期的光照原则:逐渐延长光照时间直至达到每昼夜光照_____h。

4.肉仔鸭育肥的目的是使肉仔鸭在短时期_____,_____,_____,改善肉的品质,提高经济效益。

5.雏鹅在出壳后_____开食,即雏鹅进舍开水后约 1 h 即可开食。

6.鹅肥肝是鹅经专门_____后产生的、重量增加数倍的产品。

第三篇　羊生产技术

情境十一　羊 场 建 设

单元　羊 场 建 设

扫码学
课件 11

➡ **案例导学**

现代化羊场示例。

➡ **课前思考**

如何选择羊场场址? 如何合理布置羊场内建筑物?

案例导学

Note

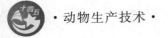

一、羊舍

羊舍是羊的重要外界环境条件之一,羊舍建筑是否合理、能否满足羊的生理需求,与羊生产力的发挥有一定关系。

1. 羊舍地址的选择 羊舍地址应具备以下条件。

(1) 地势高燥、地下水位低(2 m以下)、有微坡(1%～3%),在寒冷地区背风向阳。切忌在低洼涝地、山洪水道、冬季风口等地修建羊舍。

(2) 保证防疫安全。羊舍地址必须在历史上从未发生过羊的任何传染病,距交通要道(铁路和主要公路)300 m以上,并且要在污染源的上坡上风方向。羊场内兽医室、病畜隔离室、储粪池、尸坑等应位于羊舍的下坡下风方向,以避免场内疾病传播。

(3) 水量充足,水质良好。水量能保证场内职工用水、羊饮水和消毒用水。羊的需水量舍饲大于放牧,夏季大于冬季。成年母羊和羔羊舍饲需水量为每只5～10 L/d,放牧需水量为3～5 L/d。水质必须符合畜禽饮用水的水质卫生标准。同时,应注意保护水源不受污染。

(4) 交通比较方便,便于运输。有供电条件。

(5) 如果是为引进新品种建羊舍,要根据生态适应性选择地址。所选择的羊舍地址自然条件必须符合或至少接近引进品种原产地的自然生态条件。

2. 羊舍建筑

(1) 羊舍设计基本参数。

①羊舍及运动场面积:根据饲养羊的数量、品种和饲养方式来确定羊舍面积大小。面积过大,浪费土地和建筑材料;面积过小,羊在舍内过于拥挤,环境质量差。产羔舍可按基础母羊数的20%～25%计算面积。运动场面积一般为羊舍面积的2～2.5倍。成年羊运动场面积可按每只4 m² 计算。

②羊舍防热防寒温度界限:冬季产羔舍温度最低应保持在8 ℃,一般羊舍在0 ℃以上;夏季舍温不超过30 ℃。

③羊舍湿度:羊舍应保持干燥,地面不能太潮湿,空气相对湿度以50%～70%为宜。

④通风换气:通风的目的是降温,换气的目的是排出舍内污浊空气,保持舍内空气新鲜。

⑤采光:羊舍要求光照充足,采光系数成年绵羊舍1:(15～25),高产绵羊舍1:(10～12),羔羊舍1:(15～20),产羔舍可小些。

(2) 羊舍类型:不同类型的羊舍,在提供良好小气候条件上有很大的差别。根据不同结构划分标准,将羊舍划分为以下若干类型。

①根据四周墙壁封闭的严密程度,羊舍可划分为封闭舍、开放与半开放舍和棚舍3种类型。封闭舍四周墙壁完整,保温性能好,适合较寒冷的地区选用;开放与半开放舍三面有墙,开放舍一面无长墙,半开放舍一面有半截长墙,保温性能较差,通风采光好,适合温暖地区选用,是我国较普遍采用的类型;棚舍只有屋顶而没有墙壁,防太阳辐射强,适合炎热地区选用。目前的发展趋势是将羊舍建成组装式类型,即墙、门、窗可根据一年内气候的变化,进行拆卸和安装,组装成不同类型的羊舍。

②根据屋顶的形式,羊舍可分为单坡式、双坡式、拱式、钟楼式、双折式等类型。单坡式羊舍跨度小,自然采光好,适用于小规模羊群和简易羊舍;双坡式羊舍跨度大,保暖能力强,但自然采光、通风差,适合寒冷地区采用,是最常用的一种类型。在寒冷地区,还可选用拱式、双折式、平屋顶等类型;在炎热地区可选用钟楼式羊舍。

③根据长墙与端墙排列形式,羊舍可分为"一"字形、"厂"字形或"门"字形等类型。其中,"一"字形羊舍采光好、均匀,温差不大,经济适用,是较常用的一种类型。

我国幅员辽阔,气候各异,各地应根据当地气候特点、建筑材料、经济条件,分别选用不同的墙、屋顶、排列形式组装,以满足羊的生理要求。

(3) 羊舍基本结构。

①地面:通常称为畜床,是羊躺卧休息、排泄和生产的地方。地面的保暖与卫生状况很重要。羊舍地面有实地面和漏缝地面2种类型。实地面有黏土地面、三合土(石灰:碎石:黏土为1:2:4)

地面、石地面、混凝土地面、砖地面、水泥地面、木质地面等。黏土地面易于换新,造价低廉,但易潮湿且不便消毒,干燥地区适用。石地面、水泥地面不保温、太硬,但便于清扫和消毒。砖地面和木质地面保暖,也便于清扫和消毒,但成本较高,适用于寒冷地区。饲料间、人工授精室、产羔舍可用水泥或砖地面,以便消毒。漏缝地面能给羊提供干燥的卧地,国外常见,国内亚热带地区新区养羊已普遍采用。漏缝地面用软木条或镀锌钢丝网等材料做成。木条宽32 mm、厚36 mm,缝隙宽15 mm,适用于成年绵羊。镀锌钢丝网眼要略小于羊蹄的面积,以免羊蹄漏下伤及羊身。

②墙:墙在畜舍保温中起着重要的作用。我国多采用土墙、砖墙和石墙等。土墙造价低,导热性小,保温性能好,但易湿,不易消毒,小规模简易羊舍可采用。砖墙是最常用的一种,其根据厚度可分为半砖墙、一砖墙、一砖半墙等,墙越厚,保温性能越强。石墙坚固耐久,但导热性大,在寒冷地区效果差。国外采用金属铝板、胶合板、玻璃纤维材料,保温隔热。

③门、窗:一般宽2.5~3.0 m,高1.8~2.0 m。设双扇门,便于大车进入清扫羊粪。按每200只羊设一大门。寒冷地区在保证采光和通风的前提下少设门,在大门外可添设套门。窗一般宽1.0~1.2 m,高0.7~0.9 m,窗台距地面高1.3~1.5 m。

④屋顶与天棚屋顶:具有防雨水和保温隔热的作用。其材料有陶瓦、石棉瓦、木板、塑料薄膜、油毡等。国外有采用金属板的。在寒冷地区可加天棚,其上可储存冬草,能增强羊舍保温性能。羊舍净高(地面至天棚的高度)2.0~2.4 m。在寒冷地区可适当降低净高。单坡式羊舍,一般前高2.2~2.5 m,后高1.7~2.0 m。屋顶斜面成45°角。

3. 典型羊舍

(1) 开放、半开放结合单坡式羊舍:这种羊舍由开放舍和半开放舍两个部分组成,羊舍排列成"厂"字形,羊可以在2种羊舍中自由活动(图11-1)。在半开放羊舍中,可用活动围栏临时隔出或分隔出固定的母羊分娩栏。这种羊舍适合炎热地区或当前经济较落后的牧区选用。

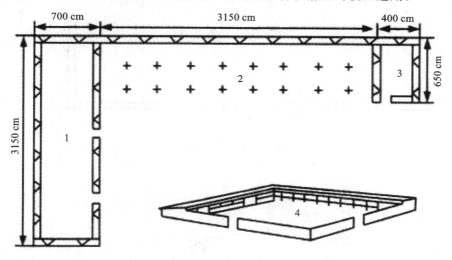

图11-1 开放、半开放结合单坡式羊舍
1.半开放舍;2.开放舍;3.工作室;4.运动场

(2) 半开放双坡式羊舍:这种羊舍既可排列成"厂"字形(图11-2),亦可排列成"一"字形,但长度增加。这种羊舍适合比较温暖的地区或半农半牧区选用。

(3) 封闭双坡式羊舍:这种羊舍四周墙壁封闭严密,屋顶为双坡,跨度大,排列成"一"字形,保温性能好(图11-3)。这种羊舍适合寒冷地区选用,可作为冬季产羔舍。其长度可根据羊的数量适当加以延长或缩短。

(4) 吊楼式羊舍:这种羊舍高出地面1~2 m,安装吊楼,吊楼上为羊舍,吊楼下为接粪斜坡,后与粪池相连(图11-4)。楼地面为木条漏缝地面。双坡式屋顶,小青瓦或草覆盖。后墙与端墙为片石,前墙柱与柱之间为木栅栏。这种羊舍的特点是离地面有一定高度,防潮、通风透气性好、结构简单,适合南方炎热、潮湿地区选用。

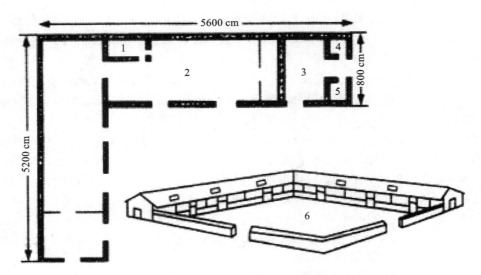

图 11-2　半开放双坡式羊舍
1.人工授精室;2.普通羊舍;3.分娩室;4.值班室;5.饲料间;6.运动场

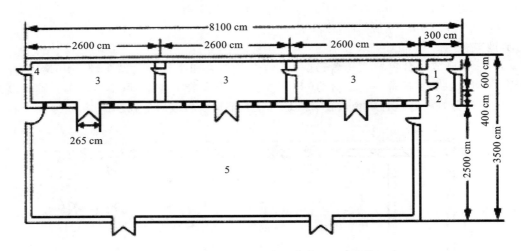

图 11-3　封闭双坡式羊舍(可容纳 600 只母羊)
1.值班室;2.饲料间;3.羊舍;4.通气管;5.运动场

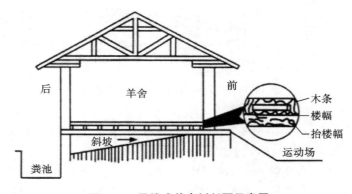

图 11-4　吊楼式羊舍侧剖面示意图

　　(5)漏缝地面羊舍:国外典型的漏缝地面羊舍为封闭、双坡式(图 11-5),跨度为 6.0 m,地面漏缝木条宽 50 mm、厚 25 mm,缝隙 22 mm。双列食槽通道宽 50 mm,可为产羔母羊提供相当适宜的环境条件。

　　(6)塑料棚舍:近年来,我国北方冬季推广塑料暖棚养羊。这种羊舍一般是利用农村现有的简

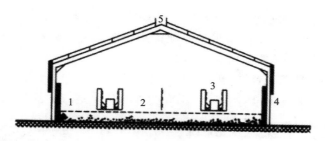

图 11-5　漏缝地面羊舍
1.羊栏；2.漏缝地板；3.饲槽通道；4.空气进气口；5.屋顶排气口

易敞圈及简易开放式羊舍的运动场,用材料做好骨架,扣上密闭的塑料薄膜而成。骨架材料因地制宜选择,如木杆、竹片、钢材、铅丝、铁丝等均可,塑料薄膜选用厚度为 0.2~0.5 mm、白色透明、透光好、强度大的膜。棚顶类型分为单坡式单层或双层膜棚或弧式单层或双层膜棚,以单坡式单层膜棚结构最简单,经济实用。扣棚时,塑料薄膜铺平、拉紧,中间固定,边缘压实,扣棚角度一般为 35°~45°。在塑料棚较高墙上设排气窗,东西方向每隔 8~10 m 设 1 个排气窗,排气窗大小为 2 m×0.3 m,开闭方便。棚舍坐北朝南。这种暖棚保温性能、采光好,经济适用,适合寒冷地区或冬季选用。

农业农村部规划设计院研制成功 XP-Y101 型塑料棚羊舍,并投入小批量生产。该羊舍采用热镀锌钢管骨架和长寿塑料膜及压膜槽结构,可用于母羊冬季产羔、育肥肉羊,闲置期还可用来种蔬菜。该院还研制成功一种新型综合型棚舍 GP-D725-2H 型,这种综合型棚舍前部塑料棚主要用于种蔬菜,后部砖砌圈舍养羊(图 11-6)。蔬菜利用羊呼出的 CO_2 进行光合作用,光合作用产生的氧气供羊用,热源取自太阳能和生物自体散热。这是一项在高寒地区塑料棚舍中,不用或少用常规能源的新尝试,适合在高寒地区推广,可同时解决高寒地区羊越冬和蔬菜问题。

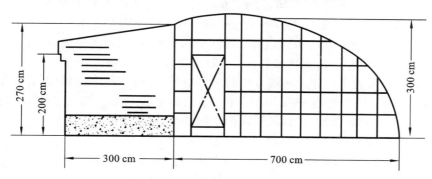

图 11-6　塑料综合型棚舍

二、肉羊场主要设施

1. 各种用途的栅栏

(1)分群栏:当对羊群进行羊只鉴定、分群及防疫注射时,常需将羊分群。分群栏可在适当地点修筑,用栅栏临时隔成。设置分群栏便于开展工作,抓羊时节省劳动力,这是羊场必不可少的设备。分群栏有一窄长的通道,通道的宽度比羊体稍宽,羊在通道内只能成单行前进,不能回转向后(图11-7)。通道长度为 6~8 m,在通道两侧可视需要设置若干个小圈,圈门的宽度相同,此门的开关方向决定羊的去路。

(2)母仔栏:母仔栏是羊场产羔时必不可少的一种设施。其有活动的和固定的 2 种,大多采用活动栏板,由 2 块栏板用合页连接而成(图11-8)。每块栏板高 1 m、长 1.2 m,厚2.2~2.5 cm,组成栏板的木板宽 7.5 cm。将活动栏板在羊舍一角

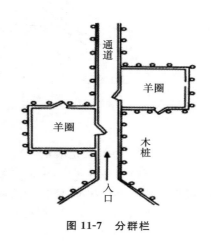

图 11-7　分群栏

成直角展开,并将其固定在羊舍墙壁上,准备供一母双羔或一母多羔使用。活动母仔栏依产羔母羊的多少而定,一般按 10 只母羊一个活动母仔栏配备。如将 2 块栏板成直线安置,也可供羊隔离使用,还可以围成羔羊补饲栏,应依需要而定。

(3)羔羊补饲栏:用于给羔羊补饲,栅栏上留一小门,小羔羊可以自由进出采食,大羊不能进入。这种补饲栏用木板制成,板间距离 15 cm,补饲栏的大小要依羔羊数量多少而定(图 11-9)。

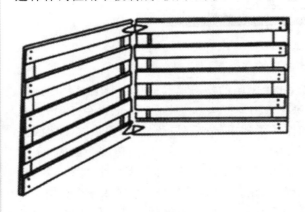

图 11-8　母仔栏　　　　　　　　　　图 11-9　羔羊补饲栏

2. 饲槽

(1)固定式饲槽:固定式长方形饲槽一般设置在羊舍或运动场,用砖石、水泥等砌成,平行排列。以舍饲为主的羊舍内应修建永久性饲槽,结实耐用,可根据羊舍结构进行设计建造。用水泥做成固定长槽,上宽下窄,槽底呈圆形,便于清理和洗刷。槽上宽 50 cm 左右,离地面 40～50 cm,槽深 20～25 cm。在饲槽上方设颈枷,固定羊头,可限制其乱占槽位抢食造成采食不均,也可方便打针、刷拭、修蹄等。颈枷可用钢筋制成,一般每隔 30～40 cm 设 1 个,大小以能固定羊头为宜,上宽下窄(上宽 18 cm,下宽 10～12 cm)。在颈枷上方可设置 1 个活动木板或铁杆,当羊进入槽位,头伸进颈枷时,可将木板或铁杆放下系住,正好落在羊颈部上方。一般木板或铁杆与槽边距离为 25～30 cm。

固定式圆形饲槽一般在羊群运动场或专门的羊场使用,用砖、石、水泥砌成,先在地面上砌一 15 cm 的槽边,在槽底盘边上 15 cm 处向圆心砌一个馒头状的土堆,表面要坚固光滑。在土堆的基部四周每 15 cm 竖一块砖,在砖状土堆上,羊从竖砖的中间采食,草料不断从土堆上滑下。圆形食槽具有添加草料方便、不浪费、减少草屑对被毛的污染等优点。

(2)移动式饲槽:多用木板或铁皮制成,要坚固耐用且便于携带,可用于饲喂草料,也可以供羊饮水用(图 11-10)。

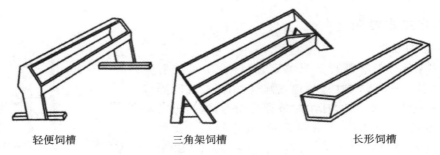

轻便饲槽　　　　　　三角架饲槽　　　　　　长形饲槽

图 11-10　移动式饲槽

3. 草料架　草料架是喂粗饲料、青绿饲草专用设备。利用草料架养羊能减少饲草浪费和草屑污染羊毛。草料架多种多样,可以靠墙设置固定的单面草料架,也可以在饲养场设排草架。草料架隔栅可用木料或钢材制成,隔栏间距离为 9～10 cm,为使羊头能伸进栏内采食,隔栏宽度可达 15～20 cm,有的地区因缺少木料、钢材,常就地利用芦苇修筑简易草料架进行喂养(图 11-11)。草料架有直角三角形、等腰三角形、梯形和正方形等比较实用的形式。

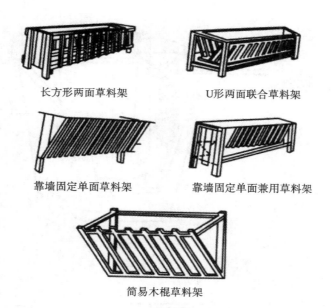

长方形两面草料架　　　　　　U形两面联合草料架

靠墙固定单面草料架　　　　靠墙固定单面兼用草料架

简易木棍草料架

图 11-11　各种木制草料架

4. 堆草圈　为储备干草或农作物秸秆,供羊冬、春季节补饲,羊场应建有堆草圈。堆草圈用砖或土坯砌成,或用栅栏、网栏围成,上面覆盖遮雨雪的材料即可。堆草圈应高出地面一定高度,向南有斜坡,便于排水。有条件的羊场可建成半开放式的双坡式草棚,四周的墙用砖砌成,屋顶用石棉瓦覆盖,这样的草棚防雨、防潮的效果更好。草堆下面应用钢筋架或木材等物垫起,不要让草堆直接接触地面,草堆与地面之间应有通风孔,这样能防止饲草霉变,减少浪费。

5. 药浴设备

(1) 药浴池。

①大型药浴池:没有淋药装置或流动式药浴设备的羊场,在不对人、畜、水源、环境造成污染的地点建药浴池,药浴池一般为长方形水沟状,用水泥、砖、石等材料筑成(图 11-12),池深 1.0~1.2 m、长 10~12 m。上口宽 0.6~0.8 m,底宽 0.4~0.6 m,以单羊能通过而不能转身为宜。池的入口端为陡坡,以便羊只迅速入池。出口端为台阶式缓坡,以便浴后羊只攀登。入口端设储羊圈,出口端设滴流台以使浴后羊只身上多余药液流回池内。储羊圈和滴流台大小可根据羊只数量确定。必须用水泥浇筑地面。

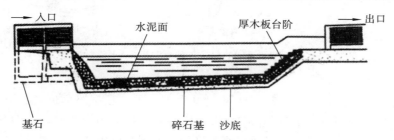

图 11-12　药浴池的断面图

②帆布药浴池:用防水性能良好的帆布加工制作。药浴池为直角梯形,上边长 3.0 m、下边长 2.0 m,深 1.2 m,宽 0.7 m,外侧固定套环,安装前按浴池的大小和形状挖一土坑,然后放入帆布药浴池,四边的套环用铁钉固定,加入药液即可进行工作。使用完毕后洗净,晒干,以后再用。这种设备体小轻便,可以巡回使用。

(2) 小型药浴槽、浴桶或浴缸:小型药浴槽装液量约为 1400 L,可同时使 2 只成年羊(或小羊 3~4 只)一起药浴,并可用门的开闭来调节入浴时间,适合小型羊场使用(图 11-13)。

6. 青贮窖和青贮壕　青贮饲料是肉羊,尤其是产羔母羊的良好饲料,一般冬、春季节给羊补饲。为制作青贮饲料,应在羊舍附近修筑青贮窖或青贮壕。图 11-14 为各种青贮窖的示意图。

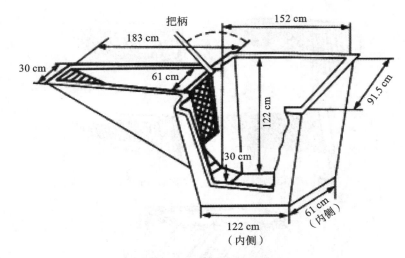

图 11-13　小型药浴槽示意图

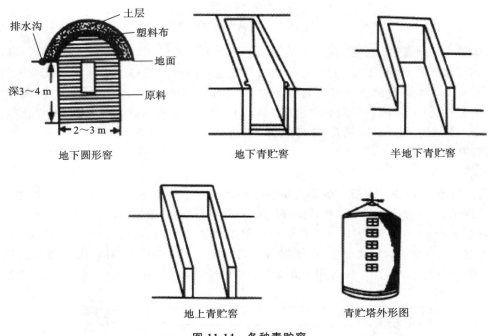

图 11-14　各种青贮窖

7. 饲料加工机械

(1) 铡草机：按照机型大小可分为小型、中型和大型 3 种。小型铡草机主要用来切割稻草、小麦秸秆等，也可用来铡切青饲料和干草，适合现铡现喂使用，农村运用较普遍。中型铡草机一般可用于铡草和铡青贮饲料，又称为秸秆青贮料两用铡草机。大型铡草机主要在大型养殖场用来铡切青贮饲料，故又称为青贮料切碎机。

按照切割部分的形式，铡草机又可分为滚刀式(又称滚筒式)和圆盘式(又称轮刀式)铡草机。滚刀式铡草机多为小型铡草机，多为固定式的。圆盘式铡草机多为大、中型铡草机，可移动。

(2) 饲料粉碎机：饲料粉碎机的用途很广，它可以用来粉碎各种粗、精饲料，使之达到一定的粗细度。常用的饲料粉碎机有锤片式和齿爪式粉碎机 2 种。锤片式粉碎机按其进料方式的不同又可分为切向进料式(又称为切向粉碎机，饲料由转子的切线方向进入粉碎室)和轴向进料式(称轴向粉碎机，饲料由转子的轴线方向即与主轴平行的方向进入粉碎室)。切向粉碎机的主要缺陷是在粉碎稍微潮湿的长茎秆饲料时容易缠绕主轴，而轴向粉碎机则克服了这一缺点。

(3) 块根、块茎切碎机：当给羊群饲喂胡萝卜等块根、块茎饲料时，需先切碎，利用切碎机可以大大提高效率。

（4）颗粒饲料制造机：目前配合饲料的发展趋向是颗粒饲料，利用颗粒饲料喂羊可以使它们吃到成分一致的饲料，避免羊只专拣喜欢的某种饲料成分采食，减少饲料浪费，并且运输、喂饲和储存都较方便，亦便于机械化。颗粒饲料机主要有环模式和平模式两种。

8. 兽医室 羊场应建有兽医室，以便能及时对羊只进行疾病防治。室内配备常用的消毒器械、诊断器械、手术器械、注射器械和药品等。

9. 人工授精室 较大规模的羊场一般都开展人工授精工作，因此需建有人工授精室，应包括采精室、精液处理室、输精室。室内要求光线充足，地面坚实。采精室和输精室可合用，面积为 $20\sim30$ m²，设 1 个采精台、$1\sim2$ 个输精架。精液处理室面积 $8\sim10$ m²。

10. 胚胎移植室 应用胚胎移植技术的羊场还需建有胚胎移植室，应包括术前准备室、手术室、检胚室。术前准备室 $20\sim30$ m²，供手术羊麻醉、保定、剃毛用；手术室 $30\sim40$ m²，供采胚及移胚用；检胚室 10 m²，供胚胎处理用。术前准备室与手术室相连，手术室与检胚室相连。在手术室与检胚室之间的墙壁上开一个小窗户，供递送液体、器材、胚胎。各室要求地面坚实，配置紫外线消毒灯。

可独立进行胚胎移植工作的羊场，需配合胚胎移植所需的仪器设备。而接受胚胎移植技术服务的羊场，只需配置常用的消毒设备、冰箱、手术床等，而无须配置体视显微镜等专用设备。为节省投资，可考虑将胚胎移植室兼做人工授精室。

三、羊场环境保护

羊场每天都要产生大量的粪尿、污水、废弃物和有害气体等，羊场的排泄物及废弃物若不妥善处理，将会对周围环境造成污染。羊场的环境保护既要防止羊场本身对周围环境的污染，又要避免周围环境对羊场的危害。在建设羊场时，选址要合理，应远离污染源及人口密集区，羊场规划时进行羊场的绿化，注意污物处理设施的建设，同时要做好长期的环境消毒及保护工作。

1. 羊场绿化 羊场搞好绿化，不仅可以美化环境，更重要的是可以改善场区小气候，净化空气，减少尘埃，降低噪声，而且还可以起到防疫、防火及隔离作用。应根据当地气候及土壤条件，选择适合当地生长的树种和花草进行场区绿化，不宜种植有毒、有刺、有飞絮的植物。

（1）场区林带：场区林带的规划是在场区周边种植乔木和灌木混合林带，特别是在北、西两侧，应加宽这种混合林带（宽度达 10 m 以上），起到防风、阻沙等作用。可种植乔木类的大叶杨、旱柳、钻天杨、榆树及常绿针叶树等，以及灌木类的河柳、紫穗槐、侧柏等。

（2）办公区绿化：办公区绿化主要种植一些花卉和观赏木。

（3）场区隔离林带：场内各区，如生产区、住宅区及管理区的四周，都应设置隔离林带，一般可用杨树、榆叶等，其两侧种灌木，以起到隔离作用。

（4）道路绿化：道路两旁一般种植 $1\sim2$ 行塔柏、冬青等四季常青树种，不应种植枝叶过密、过于高大的树种，以免影响羊舍的采光和通风。

（5）运动场遮阳林：在运动场的南、东、西三侧，应设 $1\sim2$ 行遮阳林。一般可选择枝叶开阔、生长势强、冬季落叶后枝条稀少的树种，如杨树、槐树、法国梧桐等。

2. 羊场环境保护

（1）羊场大气环境的保护：羊场空气污染物的主要成分为恶臭气体、尘埃和散发在空气中的有害微生物。其中，以粪便产生的恶臭为造成污染的主要原因。恶臭气体主要成分包括氨、硫化物、甲烷等有毒有害物质，不仅直接或间接危害人畜健康，而且会引起畜禽生产力降低，导致羊场周围环境恶化。减少羊场空气污染应从场址选择与羊舍设计、废弃物的清理及处理、营养调控等方面着手考虑。

①正确选址、科学设计：合理确定羊场位置是防止工业有害气体污染和解决羊场有害气体对人类环境污染问题的重要措施。羊场场址应选择城市郊区、郊县，远离工业区、人口密集区，尤其是医院、动物产品加工厂、垃圾焚烧厂等污染源。根据当地气候条件，合理建造羊舍，在不影响羊舍内小气候的前提下，保持通风换气，以确保羊舍内空气新鲜。

②保持羊舍内环境清洁：羊粪尿、垫草、饲料腐败分解可产生氨、硫化氢及甲烷等有害气体，如进入羊舍后感觉有较浓的异常臭味、刺鼻、流泪等，说明舍内氨和硫化氢等有害气体多，应保持通风换

135

气。要及时清理粪尿、垫草及饲料残渣等污物,防止这些污物发酵和腐败后产生有害气体。放牧情况下羊舍每半年或每年清理1次,集约化羊场因饲养密度大,必须每日清理。

③改善饲料品质,优化日粮配方:日粮中营养物质不完全消化和吸收是畜禽产生恶臭有害气体的主要因素。改善饲料品质及优化日粮配方,不仅可以提高营养物质的消化率,增强机体营养物质沉积,而且可以提高饲料利用率,减少饲料浪费,减轻环境污染。

④应用添加剂减少臭气污染:如通过添加微生态制剂、酶制剂、中草药制剂等方法可减少空气污染。

(2)羊场水源的保护:羊场水源区或上游不得有污染源,水源附近不得建厕所、粪池、垃圾堆、污水坑等;井水水源周围30 m,江水及湖泊等取水点周围30～50 m范围内应划为卫生防护地带。羊舍与井水水源间应保持30 m以上的距离,尤其隔离舍、化粪池、堆粪场等易造成水源污染的区域更应远离水源。粪污应做到无害化处理,并注意排放时防止流进或渗进饮水水源。水源水质不符合饮水卫生标准时,需进行净化和消毒处理。

(3)羊场土壤的保护:随着现代养羊业向舍饲方向的发展,羊只直接受到土壤污染的机会很少,主要通过采食和饮用被土壤污染的饲草、饮水等间接影响其健康及生产性能。羊舍、运动场等与羊只直接接触的地面、机械设备等不清洁,可导致羊只疫病感染和传播;羊场被污染的土壤或富含有机物质的土壤中的病原菌,或抗逆性较强的病原菌,都可能长期生存下来,如破伤风杆菌和炭疽杆菌在土壤中可存活16～17年甚至更长,布鲁杆菌可生存2个月,沙门杆菌可生存12个月。土壤中非固有的病原菌如伤寒杆菌、大肠杆菌等,在干燥地方可生存2周,在湿润地方可生存2～5个月。各种致病寄生虫的幼虫和卵在低洼、沼泽地生存时间较长,常成为羊寄生虫病的传染源。因此,土壤要深翻细整,并进行排水、日晒等,加速土壤自净;灌溉用水要清洁卫生,施肥应以优质有机肥为主,无病原菌、寄生虫卵、有毒有害物质等污染;羊舍内、外环境应定期消毒,尤其是在重大疫情发生过后,要对羊舍、水源、土壤等进行彻底消毒。

3. 羊场废弃物处理

(1)粪便的无害化处理与利用:未经处理的粪尿和污水中含有大量的有机污物、有害微生物、寄生虫卵,对空气、水、土壤、饲料等造成污染,严重影响畜禽及人类的健康。粪便无害化处理是指将粪便进行有效降低生物性致病因子数量,使病原体失去传染性的处理措施。粪便无害化处理的原理是粪便在发酵过程中会产生60～70 ℃的高温,能抑制或杀死有害微生物和寄生虫卵,并在矿质化和腐殖化过程中释放出氮、磷、钾和微量元素等有效养分,吸收分解恶臭和有害物质。畜禽粪便经过生物发酵腐熟后,再经热风旋转烘干处理,便成为无害、无臭有机肥料。

①好氧发酵处理:好氧发酵处理是指使用好氧发酵菌处理畜禽粪便、作物秸秆、花生壳、稻糠、锯末、树叶等农村生活垃圾,促进发酵物快速除臭、迅速升温,恒控温度达15 d左右,彻底杀灭病毒、细菌、虫卵、杂草种子,实现无害化处理。

②堆肥发酵处理:将粪便和有机污物(如秸秆等)混合堆肥,表面用泥土封死,只要有机垃圾和粪便配比适当,水分适中,夏季15 d(冬天30 d)后,一般堆内温度可升到60～70 ℃,杀菌灭卵的效果较好。经过高温发酵处理的粪便呈棕黑色,松软,无害、无臭味,不招苍蝇。

③沼气发酵处理:沼气发酵处理是指将粪便等有机物质置于厌氧环境中,在一定的温度、湿度、酸碱度的条件下,通过微生物发酵产生气体。一般沼气池的卫生效果没有密闭发酵或高温堆肥好,沼气的沉渣用于施肥前必须经过高温堆肥处理。

(2)病死羊的无害化处理:兽医室和病羊隔离舍应设在羊场的下风处,距羊舍300 m以上,在隔离舍附近应设置掩埋病羊尸体的深坑,坑的大小和深度应根据畜禽尸体数量来决定,坑底铺设2 cm生石灰,尸体入坑后再撒上2 cm生石灰,覆盖厚土(不小于1.5 m),填土不要太实,以免尸腐体液渗漏。有条件的地方也可以进行焚烧处理。

4. 羊场环境消毒

(1)进入场区的消毒。

①人员消毒:进入生产区的人员必须走专用消毒通道。通道出入口两侧、顶壁应设置紫外线灯

或汽化喷雾消毒装置。人员进入通道前先开启消毒装置,人员进入后,应在通道内稍停(一般不超过3 min),能有效地阻断外来人员携带的各种病原微生物。汽化喷雾可用碘酸1∶500稀释或绿力消(二氧化氯)1∶800稀释。另外,人员通道内地面应做成浅池。池中垫入麻袋或地毯,并加入消毒威(二氯异氰尿酸钠)1∶500稀释或1%氢氧化钠溶液消毒。每天适量补充水,每周更换1次。入场人员要更换鞋,穿专用工作服,做好登记。

②大门入口消毒:大门入口处要设消毒池,长度为进出车辆车轮的2.5个周长以上(长、宽、深分别为10 m、3 m、10~15 cm)。添加2%氢氧化钠溶液或其他消毒液,坚持补充水调节浓度,7 d更换1次。

③车辆消毒:所有进出羊场的车辆必须严格消毒。经消毒池和用2%氢氧化钠溶液喷雾消毒。

(2)羊舍消毒。

①羊舍消毒:羊舍除保持干燥、通风、冬暖夏凉外,平时还应做好消毒工作。一般分两个步骤进行:第一步,进行机械清扫;第二步,用消毒液消毒。常用的消毒药有10%~20%石灰乳、10%漂白粉溶液、0.5%~1.0%菌毒敌、0.5%~1.0%二氯异氰尿酸钠溶液、0.5%过氧乙酸溶液等。消毒方法是将消毒液盛于喷雾器内,先喷洒地面,然后喷墙壁,再喷天花板,最后开门窗通风,用清水刷洗饲槽、用具,将消毒药味除去。一般情况下,羊舍及运动场应每周消毒1次,带羊消毒时可选用1∶(1800~3000)的百毒杀。

②产房的消毒:在产羔前应对产房进行严格的消毒。可用来苏尔1∶300稀释或用紫外线消毒设备消毒。一般在产羔前应进行1次消毒,产羔高峰时进行多次消毒,产羔结束后再进行1次消毒。

③病羊隔离室消毒:生产应设有单独的病羊隔离室,一旦发现羊只出现异常,应该隔离观察治疗,以免传染给其他健康羊只。对隔离室应在病羊恢复后及时进行严格消毒,可用2%氢氧化钠溶液喷雾消毒。

(3)饮水及用具消毒。

①饮水消毒:羊饮水应清洁无毒、无病原菌,符合人的饮水标准,生产用水要用干净的自来水或深井水。对饮水可坚持用漂白粉消毒。

②用具消毒:对水槽或其他饮水器具,要经常清洁,定期消毒。另外,对频繁出入羊舍的各种器具,如车、锹、耙、杈、扫帚、笤帚、奶桶等,必须定期用来苏尔1∶300稀释喷雾或浸泡严格消毒。

(4)场区道路、空地消毒:应做好场区环境卫生工作,坚持经常清扫,保持干净,无杂物和污物堆放。对道路必要时采用高压水枪清洗,对空地及运动场要定期喷雾消毒。可用2%氢氧化钠溶液或来苏尔1∶300稀释、百毒净1∶800稀释,对场区环境进行消毒。

情境小结

本情境的主要内容包括羊场场址选择与总体规划、羊舍建设、羊场主要设施及羊场环境保护。

 **知识链接**

了解羊场各功能区的要求。

自测训练

一、选择题

1. 根据羊舍防寒温度界限,冬季产羔舍温度最低保持在( )℃。

A. 6   B. 7   C. 8   D. 9

知识链接 11

2. 根据羊舍防寒温度界限，一般羊舍温度在(　　)℃以上。

A. 0　　　　　　　　B. 1　　　　　　　　C. 2　　　　　　　　D. 4

3. 根据羊舍防热温度界限，夏季羊舍温度不超过(　　)℃。

A. 26　　　　　　　B. 27　　　　　　　C. 28　　　　　　　D. 30

4. 羊舍选址的基本原则中地下水位低(　　)m以下。

A. 1　　　　　　　B. 2　　　　　　　C. 3　　　　　　　D. 4

二、填空题

1. 选择羊场场址时，应该考虑_____、_____、_____、_____、_____、_____六个方面。

2. 羊舍建筑设计的基本参数有_____、_____、_____、_____、_____。

3. 根据羊舍屋顶的形式，羊舍的常见类型有_____、_____、_____、_____。

4. 羊舍的基本结构有_____、_____、_____、_____。

情境十二　羊 的 品 种

情境导入

　　全世界现有绵羊品种600多个,山羊品种150多个。由于绵羊、山羊品种繁多,为便于人们正确认识、评价和有效地利用,动物学家和畜牧学家对绵羊、山羊品种进行了分类。目前,国内外普遍应用的绵羊分类方法有动物学分类法和生产性能分类法两种,而山羊主要根据经济用途进行分类。

情境目标

　　▲知识目标
　　掌握我国主要的绵羊和山羊品种、国外主要的绵羊和山羊品种。
　　▲技能目标
　　识别我国培育的主要细毛羊、半细毛羊品种;识别我国三大粗毛羊品种;识别我国不同经济类型的山羊品种。识别国外的主要细毛羊、半细毛羊品种;识别国外主要肉用绵羊和山羊品种;识别国外不同经济类型的山羊品种。
　　▲思政目标
　　通过学习我国细毛羊等品种的育种史,激发学习者树立畜牧精神、奉献精神。

扫码学
课件12

单元一　绵羊、山羊品种分类

单元目标

　　知识目标:掌握我国主要绵羊和山羊的类型。
　　技能目标:识别羊的品种,了解其生产性能。
　　思政目标:培养学习者观察问题、分析问题、解决问题的能力,树立学以致用的思想。

➡ **案例导学**

　　羊的分类方法。

案例导学

Note

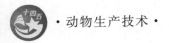

→ **课前思考**

目前,国内外普遍应用的绵羊分类方法有动物学分类法和生产性能分类法,而山羊主要根据经济用途进行分类,你怎么理解?

一、绵羊品种分类

1. 根据绵羊所产羊毛类型分类　这种分类方法目前在西方国家广泛采用,具体分类如下。

(1)细毛型品种:如澳洲美利奴羊、兰布列羊等。

(2)中毛型品种:这一类型品种主要用于产肉,羊毛品质居于长毛型与细毛型之间。如南丘羊、萨福克羊等。它们一般产自英国南部的丘陵地带,故又有丘陵品种之称。

(3)长毛型品种:体格大,羊毛粗长,主要用于产肉,属晚熟品种。如林肯羊、罗姆尼羊、边区莱斯特羊等。

(4)杂交型品种:以长毛型品种与细毛型品种为基础杂交形成的品种。如考力代羊、波尔华斯羊等。

(5)地毯毛型品种:如德拉斯代羊、黑面羊、和田羊等。

(6)羔皮用型品种:主要用于生产羔皮,如卡拉库尔羊等。

2. 根据生产方向分类　这种分类方法是根据绵羊主要的生产方向来分类的,目前在中国、俄罗斯等国普遍采用。

(1)细毛羊品种。

①毛用细毛羊品种:如澳洲美利奴羊、中国美利奴羊等。

②毛肉兼用细毛羊品种:如新疆细毛羊、高加索细毛羊等。

③肉毛兼用细毛羊品种:如德国美利奴羊等。

(2)半细毛羊品种。

①毛肉兼用半细毛羊品种:如茨盖羊、青海半细毛羊等。

②肉毛兼用半细毛羊品种:如边区莱斯特羊、考力代羊等。

(3)粗毛羊品种:如西藏羊、蒙古羊、哈萨克羊等。

(4)肉用羊品种:如夏洛莱羊、陶赛特羊等。

(5)羔皮羊品种:如湖羊、中国卡拉库尔羊等。

(6)裘皮羊品种:如滩羊、罗曼诺夫羊等。

(7)乳用羊品种:如东佛里升羊等。

二、山羊品种分类

全世界现有山羊品种和品种群 150 多个,主要还是根据生产方向进行分类,一般分为六大类。

1. 绒用山羊品种　如辽宁绒山羊、内蒙古绒山羊等。

2. 毛用山羊品种　如安哥拉山羊等。

3. 肉用山羊品种　如波尔山羊、南江黄羊等。

4. 毛皮用山羊品种　如济宁青山羊、中卫山羊等。

5. 乳用山羊品种　如关中奶山羊、萨能山羊等。

6. 普通山羊品种　又称兼用山羊。如新疆山羊、西藏山羊等。

单元二　我国主要绵羊、山羊品种

▷ 案例导学

不同类型、不用品种的绵羊和山羊。

案例导学

▷ 课前思考

我国有很多羊品种,你所在家乡的羊品种有哪些?

一、我国主要绵羊品种

(一)细毛羊品种

我国细毛羊品种主要有中国美利奴羊、新疆毛肉兼用细毛羊、东北毛肉兼用细毛羊、青海毛肉兼用细毛羊、内蒙古细毛羊、甘肃细毛羊、山西细毛羊、敖汉细毛羊、鄂尔多斯细毛羊等。

1. 新疆毛肉兼用细毛羊　新疆毛肉兼用细毛羊简称新疆细毛羊。

【产地】　产于新疆维吾尔自治区,于 1954 年在新疆巩乃斯种羊场育成。新疆细毛羊是以高加索细毛羊、泊列考斯羊为父本,以当地哈萨克羊和蒙古羊为母本,采用复杂的育成杂交技术培育而成的,是我国育成的第一个细毛羊品种。

【外貌特征】　公羊大多数有螺旋形角,母羊无角。公羊的鼻梁微有隆起,母羊鼻梁呈直线或几乎呈直线。公羊颈部有 1~2 个完全或不完全的横皱褶,母羊颈部有 1 个横皱褶或发达的纵皱褶。体躯无皱褶,皮肤宽松,体质结实,结构匀称,胸部宽深,背直而宽,腹线平直,体躯长深,后躯丰满,四肢结实,蹄质致密,肢势端正。有些羊在眼圈、耳、唇部皮肤有小的色素斑点(图 12-1)。

公羊

母羊

图 12-1　新疆毛肉兼用细毛羊

Note

【被毛品质】 被毛白色,闭合良好,有中等以上密度,有明显的正常弯曲。细度为 60～64 支纱。体侧部 12 个月毛长在 7 cm 以上,各部位毛的长度和细度均匀。油汗呈白色、乳白色或淡黄色,含量适中,分布均匀。净毛率在 42% 以上。细毛着生头部至眼线,前肢至腕关节,后肢达飞节或飞节以下;腹毛较长,呈毛丛结构,没有环状弯曲。

【生产性能】 根据巩乃斯种羊场资料,成年公羊体重 93.6 kg,成年母羊体重 49 kg。成年公羊平均剪毛量 12.42 kg、净毛率 50.88%;母羊的剪毛量 5.46 kg、净毛率 52.28%。成年公羊平均毛长为 11.2 cm,母羊为 8.74 cm。屠宰率 48.61%,净肉率 31.58%。经产母羊产羔率为 130% 左右。几十年来,新疆细毛羊被推广到了全国各地,主要用于杂交改良粗毛羊,为我国绵羊改良育种工作起到了重要作用。

2. 中国美利奴羊 中国美利奴羊简称中美羊。

【产地】 中美羊是在 1972—1985 年,由新疆的巩乃斯种羊场、紫泥泉种羊场,内蒙古嘎达苏种畜场和吉林查干花种畜场联合培育而成,1985 年经鉴定验收正式命名。中美羊是我国目前最好的细毛羊品种,按育种场所在地区分为新疆型、新疆军垦型、科尔沁型和吉林型。

【外貌特征】 体质结实,体形呈长方形。头毛密长、着生至眼线,外形似帽状。鬐甲宽平、胸宽深、背平直、尻宽面平,后躯丰满。臁部皮肤宽松,四肢结实,肢势端正。公羊有螺旋形角,少数无角,母羊无角。公羊颈部有 1～2 个横皱褶,母羊有发达的纵皱褶。无论公羊、母羊,体躯均无明显的皱褶(图 12-2)。

公羊　　　　　　　　　　　　母羊

图 12-2　中国美利奴羊

【被毛品质】 被毛呈毛丛结构,闭合良好,密度大,全身被毛有明显的大、中弯曲。细度为 60～64 支纱。油汗呈白色或乳白色,含量适中,各部位毛丛长度和细度均匀,前肢着生至腕关节,后肢至飞节,腹毛着生良好。

【生产性能】 成年公羊剪毛后体重 91.8 kg,原毛产量 17.37 kg,净毛率 59%,净毛量 9.87 kg,毛长 12.4 cm。特级母羊剪毛后平均体重 45.84 kg,原毛产量 7.21 kg,体侧净毛率 60.87%,平均毛长 10.5 cm。一级母羊剪毛后平均体重 40.9 kg,原毛产量 6.4 kg,体侧净毛率 60.84%,平均毛长 10.2 cm。

中美羊是我国细毛羊中具有高生产水平的新品种,生产性能已达到国际同类细毛羊的先进水平,它的育成标志着我国细毛羊育种水平进入了一个新阶段。中美羊与其他细毛羊杂交试验的结果表明,中美羊对羊毛品质和羊毛产量的提高具有显著效果。

3. 东北毛肉兼用细毛羊 东北毛肉兼用细毛羊简称东北细毛羊。

【产地】 主要产区在辽宁省、吉林省、黑龙江省的西北部平原和部分丘陵地区。内蒙古自治区、河北省等华北地区也有分布。

东北细毛羊是用苏联美利奴羊、高加索细毛羊、斯达夫洛波细毛羊、阿斯卡尼细毛羊和新疆细毛羊等的公羊与当地杂种母羊育成杂交,经多年精心培育,严格选择,加强饲养管理,于 1967 年培育而成的。

【外貌特征】 体质结实,体格大,体型匀称。体躯无皱褶,皮肤宽松,胸宽紧,背平直,体躯长,后躯丰满,肢势端正。公羊有螺旋形角,颈部有 1～2 个完全或不完全的横皱褶。母羊无角,颈部有发达的纵皱褶(图 12-3)。

公羊

母羊

图 12-3 东北毛肉兼用细毛羊

【被毛品质】 被毛白色,闭合良好,有中等以上密度,体侧部 12 个月毛长在 7 cm 以上(种公羊 8 cm 以上),细度为 60～64 支纱,弯曲明显、均匀。油汗含量适中,呈白色或浅黄色。细毛着生头部到两眼连线,前肢至腕关节,后肢达飞节;腹毛长度较体侧毛长度相差不少于 2 cm,呈毛丛结构,无环状弯曲。

【生产性能】 成年公羊剪毛后体重 99.31 kg,成年母羊为 50.62 kg。成年公羊剪毛量 14.59 kg,成年母羊 5.69 kg。成年公羊毛长 9.1 cm,成年母羊 7.06 cm。净毛率为 30.27%～38.26%。屠宰率为 48%,净肉率为 34%。成年母羊产羔率为 124.2%。东北细毛羊善游走,耐粗饲,抗寒暑,采食力较强。

(二)半细毛羊品种

青海高原毛肉兼用半细毛羊:青海高原毛肉兼用半细毛羊简称青海半细毛羊。

【产地】 产于青海省的英德尔种羊场、河卡种羊场、海晏县、乌兰县巴音乡、都兰县巴隆乡和格尔木市乌图美仁乡等地。以新疆细毛羊、茨盖羊及新西兰罗姆尼羊为父本,当地的藏羊及一部分蒙古羊为母本,通过复杂的育成杂交,于 1987 年培育而成。同年经青海省政府命名为"青海高原毛肉兼用半细毛羊品种"。这是我国育成的第一个半细毛羊品种。

【外貌特征】 青海半细毛羊因含罗姆尼羊血液量的不同,分为罗茨新藏(蒙)型和茨新藏(蒙)型 2 个类型。罗茨新藏(蒙)型羊头稍宽短,体躯较长,四肢稍矮,公羊、母羊均无角。茨新藏(蒙)型羊在体型外貌上近似茨盖羊,体躯粗深,四肢较高,公羊大多有螺旋形角,母羊无角或有小角(图 12-4)。

公羊

母羊

图 12-4 青海高原毛肉兼用半细毛羊

Note

【被毛品质】 被毛呈白色,羊毛同质,密度中等,呈大弯曲。油汗白色。羊毛强度好,具有纤维长、弹性好、光泽好、含杂草少、洗净率高等特点。

【生产性能】 成年公羊体重 76.89 kg,平均剪毛量 5.98 kg,净毛率 55%,毛长 11.72 cm;成年母羊体重 38.0 kg,平均剪毛量 3.1 kg,净毛率 60%,毛长 10.01 cm。羊毛细度为48~58 支纱,以56~58 支纱为主。成年羯羊屠宰率 48.7%。

青海半细毛羊对严酷的高寒地区具有良好的适应性,抗逆性强,对饲养管理条件的改善反应明显。

(三)粗毛羊品种

1. 蒙古羊

【产地】 原产于内蒙古自治区,主要分布在内蒙古自治区,其次分布在东北、华北、西北各省。蒙古羊是我国分布最广、数量最多的绵羊品种,为我国三大粗毛绵羊品种之一。

【外貌特征】 蒙古羊由于分布地区广,各地的自然条件差异大,体型外貌有很大差别,其基本特点是体质结实,骨骼健壮,头中等大小,鼻梁隆起。公羊有螺旋形角,母羊无角或有小角。耳大下垂。脂尾短,呈椭圆形,尾中有纵沟,尾尖细小呈 S 状弯曲。胸深,背腰平直,四肢健壮有力,善于游牧。体躯被毛白色,头、颈、四肢部黑色、褐色的个体居多。被毛异质,由绒毛、两型毛、粗毛及干死毛组成,有髓毛多(图 12-5)。

公羊　　　　　　　　　　　　　　　母羊

图 12-5　蒙古羊

【生产性能】 成年公羊体重 69.7 kg,剪毛量 1.5~2.2 kg;成年母羊体重 54.2 kg,剪毛量 1~1.8 kg。净毛率 77.3%。屠宰率为 50% 左右。母羊一般每年产羔 1 次,双羔率 3%~5%。

2. 西藏羊
西藏羊又称藏羊、藏系羊,为我国三大粗毛绵羊品种之一。

【产地】 原产于青藏高原,主要分布在西藏自治区、青海省、甘肃省、四川省及云南省、贵州省两省的部分地区,是饲养在高海拔地区的绵羊品种。由于西藏羊分布地域广,西藏羊的体格、体型和被毛不尽相同,按其所处地域可分为高原型(草地型)、山谷型和欧拉型。

【外貌特征】 西藏羊以高原型西藏羊为代表,明显的特点是体格高大粗壮,鼻梁隆起,公羊和大部分母羊均有角,角长而扁平,呈螺旋状向上、向外伸展,头、四肢多为黑色或褐色(图 12-6)。西藏羊体躯被毛以白色为主,被毛异质,两型毛含量高,毛辫长度 18~20 cm,有波浪形弯曲,弹性大,光泽好,以"西宁大白毛"而著称,是织造地毯、提花毛毯、长毛绒的优质原料,在国际市场上享有很高的声誉。

【生产性能】 成年公羊体重 44.03~58.38 kg,成年母羊 38.53~47.75 kg。成年公羊剪毛量 1.18~1.62 kg,成年母羊 0.75~1.64 kg。净毛率为 70% 左右。屠宰率 43%~48.68%。母羊每年产羔 1 次,每次产羔 1 只,双羔率极低。

西藏羊由于长期生活在较恶劣的环境下,具有适应性强、体质健壮、耐粗放的饲养管理等优点,同时善于游走放牧,合群性好。但产毛量低,繁殖率不高。

高原型西藏羊（公羊）

高原型西藏羊（母羊）

欧拉型西藏羊（公羊）

欧拉型西藏羊（母羊）

图 12-6 西藏羊

3. 哈萨克羊 我国三大粗毛绵羊品种之一。

【产地】 原产于新疆维吾尔自治区,主要分布在新疆维吾尔自治区境内,甘肃省、新疆维吾尔自治区、青海省三省(区)交界处也有分布。

【外貌特征】 哈萨克羊背平宽,躯干较深,四肢高而结实,骨骼粗壮,肌肉发育良好。脂尾分成两瓣、高附于臀部。羊毛色杂,被毛异质,干死毛多。抓膘力强,终年放牧,对产区生态条件有较强的适应性(图 12-7)。

公羊

母羊

图 12-7 哈萨克羊

【生产性能】 成年公羊体重 60.34 kg,剪毛量 2.03 kg,净毛率 57.8%;成年母羊体重 45.8 kg,剪毛量 1.88 kg,净毛率 68.9%。成年羯羊屠宰率为 47.6%,1.5 岁羯羊为 46.4%。成年母羊产羔率为 102%。

哈萨克羊体大结实,耐寒耐粗饲,生活力强,善于爬山越岭,适合高山草原放牧,具有较高的产肉性能。

Note

（四）肉用羊品种

1. 小尾寒羊

【产地】 原产于鲁豫苏皖四省交界地区,主要分布于山东省菏泽市和河北省境内。

【外貌特征】 体格高大,鼻梁隆起,耳大下垂,四肢较高、健壮。公羊有螺旋形大角,母羊有小角或无角。公羊前胸较深,鬐甲高,背腰平直。母羊体躯略呈扁形,乳房较大,被毛多为白色,少数个体头、四肢部有黑色、褐色斑。被毛异质(图 12-8)。

公羊　　　　　　　　　母羊

图 12-8　小尾寒羊

【生产性能】 6 月龄公羔体重达 38.17 kg,母羔为 37.75 kg;周岁公羊体重为(60.83±14.60) kg,屠宰率 55.6%;周岁母羊体重为(41.33±7.85)kg。成年公羊体重为(94.15±23.33)kg,成年母羊体重为(48.75±10.77)kg。该品种羊生长发育快,性成熟早,5~6 月龄母羊开始发情,常年发情,经产母羊产羔率达 270%,居我国绵羊品种之首,是世界上著名的繁殖力较强的绵羊品种之一。

20 世纪 80 年代以来,小尾寒羊被推广到许多地区用于羊肉生产。

2. 阿勒泰羊 阿勒泰羊又称阿勒泰肥臀羊,是我国著名的肉脂兼用羊品种。

【产地】 主要分布在新疆维吾尔自治区北部阿勒泰地区。

【外貌特征】 体格大,耳大下垂,公羊鼻梁隆起,具有大的螺旋形角,母羊鼻梁稍隆起,有小角或无角。胸宽深,背平直,肌肉发育良好,股部肌肉丰满,臀部发达。被毛异质,干死毛多。毛色主要为棕红色,纯黑或纯白羊较少(图 12-9)。

公羊　　　　　　　　　母羊

图 12-9　阿勒泰羊

【生产性能】 成年公羊体重 85.6 kg,成年母羊 67.4 kg;1.5 岁公羊体重 61.1 kg,1.5 岁母羊 52.8 kg;4 月龄公羔体重达 38.9 kg,母羔 36.7 kg。成年公羊剪毛量 2.4 kg,成年母羊剪毛量 1.63 kg。净毛率 71.24%。屠宰率 50.9%~53%。成年羯羊的臀脂平均重 7.1 kg。成年母羊产羔率

110％。该品种羊早熟,羔羊生长速度快,肉用性能好。

3. 乌珠穆沁羊 乌珠穆沁羊是我国著名的肉脂兼用优良地方品种。

【产地】 主要分布在内蒙古自治区,毗邻的蒙古国苏赫巴特尔省也有分布。

【外貌特征】 鼻梁微隆起,耳稍大。公羊多数有螺旋形角,少数无角,母羊多数无角。羊体格大,体质结实,体躯长深。胸宽深,肋骨拱圆,背腰宽平,后躯发育良好,尾大而厚。体躯为白色、头颈为黑色者居多,被毛异质,死毛多(图 12-10)。

公羊　　　　　　　　　　　　　母羊

图 12-10　乌珠穆沁羊

【生产性能】 成年公羊体重 74.43 kg,成年母羊 58.41 kg。成年羯羊屠宰率 55.9％。6～7 月龄公羔体重 39.6 kg,母羔 35.9 kg。平均日增重 200～250 g。成年公羊剪毛量 1.45 kg。净毛率 70％～78％。成年母羊产羔率 100.2％。

该品种羊以生长发育快,早熟,体大肉多,肉质鲜美,无膻味而著称。抗逆性强,遗传性能稳定。善游牧和登山,对高寒地区、山地牧场具有良好的适应性。

4. 同羊 同羊为我国著名的肉毛兼用脂尾半细毛羊,是古老的地方良种。

【产地】 产于陕西省的渭南和咸阳地区,主要分布于陕西省渭北高原东部和中部一带。

【外貌特征】 体质结实,体躯侧视呈长方形。头颈较长,鼻梁微隆,耳中等大。公羊具小弯角,母羊有小角或无角。后躯较发达,四肢坚实而较高,骨细而轻。尾大如扇,有大量脂肪沉积,全身主要部位毛色纯白,部分个体眼圈、耳、鼻端、嘴端及面部有杂色斑点,腹部多被异质粗毛和少量刺毛覆盖。被毛柔细,羔皮洁白,美观悦目(图 12-11)。

公羊　　　　　　　　　　　　　母羊

图 12-11　同羊

【生产性能】 成年公羊体重 60～65 kg,母羊 40～46 kg。屠宰率为 50％。被毛同质性好,毛长 9 cm 以上。成年公羊剪毛量 1.4 kg,成年母羊 1.2 kg。公羊羊毛细度 23.6 μm,母羊为 23.0 μm。

成年母羊的平均产羔率在190％以上。同羊属多胎高产类型,易饲养,生长快,肉质好;毛皮优,性成熟较早,毛质好;但产毛量低,繁殖力低。

同羊具有肉质鲜美、肥而不腻、肉味不膻、遗传性能稳定和适应性强等特点,对半湿润半干旱地区具有很好的适应性,既可舍饲,又能放牧,抗逆性颇强。

同羊将优质半细毛、羊肉、脂尾和珍贵的毛皮集于一身,这不仅在我国,在世界上也是稀有的绵羊品种,堪称世界绵羊品种资源中非常宝贵的基因库之一。

(五)羔皮羊品种

1.中国卡拉库尔羊

【产地】 主要分布在新疆维吾尔自治区和内蒙古自治区境内。中国卡拉库尔羊是以卡拉库尔羊为父系,库车羊、哈萨克羊及蒙古羊为母系,采用级进杂交方法于1982年育成的羔皮羊品种。

【外貌特征】 头稍长,鼻梁隆起,耳大下垂。公羊多数有角,呈螺旋形向两侧伸展,母羊无角或有小角。胸深体宽,尻斜。四肢结实。尾肥厚,毛色主要为黑色,灰色、彩色较少,被毛颜色随年龄增长而变化,黑色的羊羔断奶后,逐渐变为黑褐色,成年时变成灰白色。灰色羊到成年时多变成浅灰色和白色。苏尔色的羊成年时变成棕白色,但头、四肢、腹部和尾端的毛色,终生保持初生时的毛色(图12-12)。

公羊

母羊

图12-12 中国卡拉库尔羊

【生产性能】 成年公羊体重为77.3 kg,母羊为46.3 kg。成年公羊产毛量为3.0 kg,母羊为2.0 kg。屠宰率为51.0％。该品种羊所产羔皮具有独特而美丽的轴形和卧蚕卷曲,花纹美观漂亮;所产羊毛是编织地毯的上等原料;所产羊肉味鲜美。

2.湖羊

【产地】 产于太湖流域,主要分布在浙江省和江苏省,上海市郊区也有分布。

【外貌特征】 头形狭长,鼻梁隆起。公羊、母羊均无角。体躯较长,呈扁长形,肩胸较窄,背腰平直,后躯略高。全身被毛白色,四肢较细长(图12-13)。

【生产性能】 成年公羊体重为(48.68±8.69)kg,成年母羊(36.49±5.26)kg。成年公羊剪毛量1.65 kg,成年母羊1.17 kg。净毛率50％左右。屠宰率40％～50％。成年母羊产羔率228.92％。被毛异质,羔皮花纹呈波浪状,分大花、中花和小花型,以中花、小花、小中毛的羔皮质量较优。湖羊的羔羊出生后1～2 d宰杀所获得的羔皮洁白光润,皮板轻柔,花纹呈波浪形,紧贴皮板,扑而不散,在国际市场上享有很高的声誉,有"软宝石"之称。

湖羊对产区的潮湿、多雨气候和常年舍饲的饲养管理方式适应性强,以生长快、成熟早、四季发情、多胎多产、所产羔皮花纹美观而著称,为我国特有的羔皮用绵羊品种,也是目前世界上少有的白色羔皮品种。

公羊

母羊

图 12-13 湖羊

（六）裘皮羊品种

1. 滩羊

【产地】 主要产于宁夏回族自治区贺兰山东麓的银川市附近各县，与宁夏回族自治区毗邻的甘肃省、内蒙古自治区、陕西省也有分布。

【外貌特征】 体格中等，体质结实。鼻梁稍隆起。公羊角呈螺旋形向外伸展，母羊一般无角或有小角。背腰平直，胸较深。属脂尾羊，尾根部宽大。体躯毛色纯白，多数头部有褐色、黑色、黄色斑块。被毛异质，有髓毛细长柔软，无髓毛含量适中，无干死毛，毛股明显呈长毛辫状（图 12-14）。

公羊

母羊

图 12-14 滩羊

【生产性能】 成年公羊体重 47.0 kg，成年母羊 35.0 kg。成年公羊剪毛量 1.6～2.6 kg，成年母羊 0.7～2 kg。净毛率 65% 左右。成年羯羊屠宰率 45%，成年母羊 40%。成年母羊产羔率 101%～103%。

二毛皮是滩羊的主要产品，是羔羊出生后 30 d 左右（一般在 24～35 d）宰剥的毛皮。其特点是毛色洁白，毛长而呈波浪形弯曲，形成美丽的花纹，毛皮轻盈柔软。滩羊的羔羊不论在胎儿期还是出生后，被毛生长速度均比较快，为其他品种绵羊所不及。初生时毛股长为 5.4 cm 左右，出生后 30 d 毛股长度可达 8.0 cm 左右。毛股长而紧实，一般有 5～7 个弯曲，较好的花型是串字花。二毛皮制成的裘皮衣服长期穿着而毛股不松散。

2. 岷县黑裘皮羊 岷县黑裘皮羊又称岷县黑紫羔羊，以生产黑色二毛裘皮著称。

【产地】 产于甘肃省洮河和岷江上游一带，主要分布在岷县境内洮河两岸及其毗邻县区。

【外貌特征】 体质细致，结构紧凑。头清秀，公羊有角，母羊多数无角，少数有小角。背平直，全身被毛黑色（图 12-15）。

【生产性能】 成年公羊体高 56.2 cm，体长 58.7 cm，体重 31.1 kg；成年母羊体高 54.3 cm，体长 55.7 cm，体重 27.5 kg；平均剪毛量 0.75 kg。成年羯羊屠宰率 44.2%。1 年 1 胎，多产单羔。

Note

公羊　　　　　　　　　　　　　　　母羊

图 12-15　岷县黑裘皮羊

岷县黑色二毛裘皮的特点是毛长不短于 7.0 cm,毛股明显呈花穗状,尖端呈环形或半环形,有 3～5 个弯曲,毛纤维全黑,光泽悦目,皮板较薄。

二、我国主要山羊品种

(一)肉用山羊品种

1. 南江黄羊

【产地】　产于四川省南江县。南江黄羊是以努比亚山羊、成都麻羊、金堂黑山羊为父本,南江县本地山羊为母本,采用复杂的育成杂交方法培育而成的肉用山羊品种。1998 年 4 月,农业部正式将其命名为南江黄羊。

【外貌特征】　体格高大,背腰平直,后躯丰满,体躯近似圆筒形,被毛呈黄褐色,但颜面部毛色黄黑,鼻梁两侧有一对称黄白色条纹,从头顶沿背脊至尾根有一条宽窄不等的黑色毛带。公羊、母羊大多有角,头形较大,颈部较粗,四肢粗壮(图 12-16)。

公羊　　　　　　　　　　　　　　母羊

图 12-16　南江黄羊

【生产性能】　成年公羊体重为 66.87 kg,成年母羊 45.64 kg,屠宰率 55.65%。12 月龄公羊体重 37.61 kg,12 月龄母羊体重 30.53 kg,屠宰率 49%。适宜屠宰期为 8～10 月龄。成年母羊的平均产羔率为 194.62%,经产母羊的平均产羔率为 205.42%。体格大,肉用性能好。该品种羊具有生长发育快,性成熟早,常年发情,适应性及抗病力强,产肉力高,板皮品质好等特性。现已推广到福建省、浙江省、湖南省、湖北省、江苏省、山东省等 18 个省(区),杂交改良效果显著。

2. 马头山羊

【产地】　产于湖南省、湖北省西部山区。主要分布在湖南省和湖北省,陕西省、河南省、四川省等地也有分布。马头山羊是我国优良的地方肉用山羊品种。

【外貌特征】　体质结实,结构匀称,体躯呈长方形,头大小适中。公羊、母羊均无角,两耳向前略下垂。前胸发达,背腰平直,后躯发育良好;被毛以白色为主,次为黑色、麻色、杂色,毛短而粗。

【生产性能】 成年公羊体重 43.8 kg,成年母羊体重 33.7 kg,羯羊体重 47.4 kg。早期生长快,育肥性能好。12 月龄羯羊体重可达成年羯羊的 73%。2 月龄断奶羯羔在放牧加补饲条件下至 7 月龄体重可达 23.3 kg,胴体重 10.52 kg,屠宰率为 52.34%。在放牧条件下,成年羯羊屠宰率为 62.61%。成年母羊产羔率为 190%～200%。

马头山羊肉质好,膻味小,性成熟早,常年发情,所产板皮幅面大,洁白,弹性好。另外,一张皮可烫退毛 0.3～0.5 kg,是制毛笔、毛刷的好原料。

3. 成都麻羊

【产地】 产于四川盆地西部的成都平原及其邻近的丘陵和低山地区。

【外貌特征】 公羊前躯发达,体形呈长方形,母羊后躯深广,背腰平直。公羊、母羊多有角、有髯,结构匀称。被毛短,呈棕黄色,犹如赤铜,而毛尖且呈黑色,视觉上略有黑麻的感觉,故称麻羊。一般腹部比体躯毛色浅,体躯上有两条异色毛带,两条毛带在鬐甲部交叉,构成"十"字形。乳房发育良好,乳头大小适中。

【生产性能】 成年公羊体重 43.0 kg,母羊 32.6 kg;周岁公羊体重 36.79 kg,周岁母羊 23.14 kg。成年羯羊屠宰率 54%,净肉率 38%。羊肉品质好,肉色红润,脂肪分布均匀。母羊产奶性能较高,泌乳期 5～8 个月,泌乳量 150～250 kg,乳脂率 6% 以上。成年母羊平均产羔率为 205.91%。

成都麻羊性成熟早,常年发情,母羊一般 3～4 月龄开始发情,8～10 月龄初配,繁殖率高,遗传性能强。所产肉、乳、皮板品质都较好,板皮幅面大,质地致密,强度大,弹性好,是高级皮革的良好原料。成都麻羊是我国的优良地方品种,进一步加强选育,可以提高产肉和产乳性能。

(二)绒用山羊品种

1. 辽宁绒山羊

【产地】 产于辽东半岛,主要分布于辽宁省。

【外貌特征】 体质结实,结构匀称。公羊、母羊均有角,额顶有自然弯曲并带丝光的绺毛,颌下有髯,颈宽厚,背平直,后躯发达,呈倒三角形。四肢较短。被毛白色,具有丝样光泽,外层为粗毛,内层为绒毛(图 12-17)。

公羊

母羊

图 12-17 辽宁绒山羊

【生产性能】 成年公羊体重 53.5 kg,成年母羊 44 kg。每年清明前后抓绒一次,成年公羊产绒量 540 g,最高 1.375 kg,粗毛产量 700 g;成年母羊产绒量 470 g,最高 1.025 kg,粗毛产量 500 g。山羊绒自然长度 5.5 cm,伸直长度 8～9 cm,细度 16.5～17.3 μm。净绒率 70% 以上。屠宰率 50% 左右。成年母羊产羔率 118%。

辽宁绒山羊具有产绒量高、绒毛品质好、遗传性能强、耐粗饲、适应性强等特点,不仅是我国优良的地方绒用山羊品种,而且在世界白绒山羊中也是高产品种。今后要在加强选育的基础上,进一步改善绒毛的细度,以提高绒毛产量及品质。

2.内蒙古绒山羊

【产地】 原产于内蒙古自治区。该品种山羊是在内蒙古山羊优良类型的基础上,经过长期自然选择和人工选育而成的绒肉兼用型品种。1988年,内蒙古自治区政府正式将其命名为内蒙古绒山羊。

【外貌特征】 该品种公羊、母羊均有角,头中等大小,鼻梁微凹,耳大向两侧半下垂。体躯较长、紧凑,体形近似方形,后躯略高,背腰平直,尻略斜,四肢粗壮结实。全身被毛白色,分为长细毛型和短粗毛型,以短粗毛型的产绒量较高(图12-18)。

公羊　　　　　　　　　　　　　　　　　　母羊

图 12-18　内蒙古绒山羊

【生产性能】 成年公羊体重45～52 kg,成年母羊30～45 kg。成年公羊产绒量400 g,成年母羊360 g。成年公羊粗毛产量350 g,成年母羊300 g。绒毛长度5.0～6.5 cm,细度14.2～15.6 μm,强度4.24～5.45 g。净绒率72.01%。屠宰率40%～50%。多产单羔,成年母羊产羔率100%～105%。

内蒙古绒山羊遗传性能稳定,抗逆性强,耐粗饲,抗病力强,对半荒漠草原的干旱、寒冷气候具有较强的适应性。其羊绒细而洁白,光泽好,手感柔软而富有弹性,综合品质优良,在国际市场上享有很高的声誉。

(三)乳用山羊品种

1.关中奶山羊

【产地】 原产于陕西的渭河平原(关中盆地),主要分布在关中地区。

【外貌特征】 体质结实,乳用特征明显,头长额宽,眼大耳长,鼻直嘴齐。母羊颈长,胸宽,背腰平直,腹大不下垂,尻部宽长,有适度的倾斜。乳房大,多呈方圆形,质地柔软,乳头大小适中。公羊头大颈粗,胸部宽深,腹部紧凑,外形雄伟,睾丸发育良好。公羊、母羊四肢结实,肢势端正,毛短色白(图12-19)。

公羊　　　　　　　　　　　　　　　　　　母羊

图 12-19　关中奶山羊

【生产性能】 成年公羊体高在 82 cm 以上,成年母羊在 69 cm 以上。成年公羊体重 78.6 kg,成年母羊 44.7 kg。一般饲养管理条件下,300 d 的产奶量:一胎 651.8 kg,二胎 703.7 kg,三胎 735.5 kg,四胎及四胎以上为 690.95 kg。含脂率 3.8%～4.3%。成年母羊一胎产羔率平均为 130%,二胎及二胎以上平均为 174%。母羊初情期在 4～5 月龄,初配年龄 8～10 月龄。

2. 崂山奶山羊

【产地】 产于山东省青岛市崂山区一带,主要分布于胶东半岛。20 世纪初由萨能山羊与本地山羊杂交选育而成的地方良种。

【外貌特征】 公羊、母羊大多数无角,体质结实,结构紧凑而匀称。毛色纯白,毛细短,皮肤呈粉红色,富有弹性,成年羊的鼻、耳及乳房部位多有大小不等的淡黑色皮肤斑点。头长额宽,鼻直、眼大、嘴齐,耳薄且较长,向前外方伸展。公羊颈粗壮,母羊颈薄长,胸部宽广,肋骨开张良好,背腰平直,尻略下斜,四肢端正,蹄质结实。母羊具有楔形体形,乳房发达,乳头大小适中。

【生产性能】 成年公羊体重 80.14 kg,体高 80～88 cm;成年母羊体重 49.58 kg,体高 68～74 cm。母羊泌乳期 7～8 个月,一胎平均产奶量 400 kg 以上,二胎平均 550 kg 以上,三胎平均 700 kg 以上,之后逐步降低。母羊性成熟早,出生后 3～4 月龄、体重 20 kg 左右开始发情,每年的 8 月下旬到翌年 1 月底发情,发情旺季在 9—10 月。羔羊 8 月龄、体重达 30 kg 以上时,即可初配。母羊一胎产羔率为 129.4%,二胎产羔率为 168.4%,三胎可达 203.4%,平均产羔率为 180%。产双羔的占 52.9%,产三羔的占 13.4%。

崂山奶山羊具有生长发育快,适应性强,乳用特征好,乳房质地好,产奶量高等特点。

(四)毛皮用山羊品种

1. 济宁青山羊 济宁青山羊又称山东青山羊,为羔皮羊品种。

【产地】 原产于山东省的菏泽和济宁两地,现已推广到东北、西北、华南等的十余个省区市。

【外貌特征】 体格小,结构匀称,公羊额部有卷毛,颌下有髯。公羊、母羊均有角,被毛由黑白两色组成,因黑色与白色比例不同而有正青色、铁青色和粉青色。外形特征"四青(背、唇、角、蹄)一黑(前膝)"。按照被毛的长短和粗细分为长细毛、短细毛、长粗毛和短粗毛 4 种类型。其中长细毛和短细毛类型的羊所产羔皮的质量较好。

【生产性能】 公羊体高 55～60 cm,母羊体高 50 cm;公羊体重 30 kg,母羊体重 26 kg。成年公羊产毛量 300 g 左右,产绒量 50～150 g;成年母羊产毛 200 g,产绒量 25～50 g。成年羯羊屠宰率为 57%,母羊为 52%。母羊 6 月龄初配,母羊常年发情,一年可产两胎或两年三胎,一胎多羔,产羔率为 293.65%。

济宁青山羊具有生长快、成熟早、繁殖力强的特点,所产"猾子皮"有独特的毛色和美丽的花型,花型有波浪花、流水花、片花、隐花和平毛等多种类型,以波浪花最为美观。皮板轻,是制作翻毛外衣、皮帽、皮领的优质原料。

2. 中卫山羊 中卫山羊又名沙毛山羊,为裘皮羊品种。

【产地】 产于宁夏回族自治区中卫市及甘肃省、内蒙古自治区的部分地区,分布在宁夏回族自治区境内和甘肃省的靖远县等县。

【外貌特征】 被毛白色,光泽悦目,体质结实,体格中等,结构匀称,头清秀,面部平直,额部有丛毛一束。公羊、母羊均有角。体躯短深,背腰平直,四肢端正(图 12-20)。

【生产性能】 成年公羊体重 44.6 kg,成年母羊 34.1 kg。成年公羊产绒量 164～240 g,成年母羊 140～190 g。羊绒细度 12～14 μm。成年公羊粗毛产量 400 g,成年母羊 300 g。毛长 15～20 cm,光泽良好。屠宰率 40%～45%。成年母羊产羔率 103%。

中卫山羊所产二毛皮(又称沙毛皮),具有轻便、结实、保暖和不擀毡等特点。花穗清晰、美丽,呈波浪形,是世界上珍贵而独特的山羊裘皮。

公羊

母羊

图 12-20　中卫山羊

单元三　国外主要绵羊品种

单元目标

知识目标：了解国外主要绵羊品种的特征。

技能目标：识别国外的主要细毛羊、半细毛羊品种，主要肉用绵羊品种。

思政目标：培养学习者观察和分析问题的能力。

案例导学

国外主要绵羊品种。

课前思考

你认为国外的绵羊品种与我国的绵羊品种相比较，有哪些优缺点？

一、细毛羊品种

1. 澳洲美利奴羊

【产地】　原产于澳大利亚，是世界上最著名的细毛羊品种。从 1788 年开始，经过 100 多年有计划的育种工作和闭锁繁育，培育而成。

【外貌特征】　体形近似长方形，腿短，体宽，背部平直，后躯肌肉丰满，公羊颈部有 1～3 个发育完全或不完全的横皱褶，母羊有发达的纵皱褶。羊毛覆盖头部至两眼连线，前肢至腕关节或以下，后肢至飞节或以下（图 12-21）。毛被、毛丛结构良好，毛密度大，细度均匀，油汗为白色，弯曲均匀、整齐而明显，光泽良好。

【生产性能】　根据体重、羊毛长度和细度等指标的不同，澳洲美利奴羊分为超细型、细毛型、中毛型和强毛型 4 种类型。在中毛型和强毛型中又分无角系和有角系 2 种。

20 世纪 70 年代以来，我国先后多次引进澳洲美利奴羊，用于新疆细毛羊、东北细毛羊、内蒙古细毛羊品种的导入杂交和中国美利奴羊的杂交育种工作，对于改进我国细毛羊的羊毛品质和提高净毛产量,起到了重要的作用,取得了良好的效果。

2. 波尔华斯羊

【产地】 原产于澳大利亚维多利亚州的西部地区。从1880年开始,用林肯公羊与澳洲美利奴母羊杂交,杂交一代母羊再与澳洲美利奴公羊回交,从杂交二代羊中选择优秀的公羊、母羊进行横交固定而育成。波尔华斯羊属于毛肉兼用细毛羊品种。

【外貌特征】 体质结实,结构匀称,背腰宽平,体型外貌近似美利奴羊,公羊、母羊均无角,全身无皱褶,羊毛覆盖头部至两眼连线,腹毛着生良好。被毛呈毛丛结构,毛丛有大、中弯曲,油汗为白色或乳白色(图12-22)。

图12-21 澳洲美利奴羊(公羊)

图12-22 波尔华斯羊(公羊)

【生产性能】 成年公羊剪毛后体重56~77 kg,成年母羊45~56 kg。成年公羊剪毛量5.5~9.5 kg,成年母羊3.6~5.5 kg。毛长10~15 cm,细度58~60支纱,弯曲均匀,匀度良好。净毛率65%~70%。母羊泌乳性能好,产羔率为140%~160%。

20世纪60年代,我国先后从澳大利亚引进波尔华斯羊,主要饲养在吉林省、新疆维吾尔自治区、内蒙古自治区等地,该品种对我国绵羊的改良育种起到了积极的作用。

二、半细毛羊品种

1. 边区莱斯特羊

【产地】 原产于英国,是于1860年在英国北部苏格兰,用莱斯特公羊与山地雪维特母羊杂交培育而成,为了与莱斯特羊相区别,称为边区莱斯特。边区莱斯特羊属肉毛兼用半细毛羊长毛种。

【外貌特征】 体质结实,体型良好,体躯长,背宽平,公羊、母羊均无角,鼻梁隆起,两耳竖立,头部及四肢无羊毛覆盖。

【生产性能】 成年公羊体重90~140 kg,成年母羊60~80 kg。成年公羊剪毛量5~9 kg,成年母羊3~5 kg。净毛率65%~68%。毛长20~25 cm,细度44~48支纱。成年母羊产羔率150%~200%。该品种羊早熟性及胴体品质好,4~5月龄羔羊的胴体重20~22 kg。

20世纪60年代起,我国先后从英国和澳大利亚引进该品种羊,饲养在四川省、云南省等气候温和的地区,适应性良好,但该品种羊对内蒙古自治区、青海省等高寒地区适应性差。该品种羊是培育云南半细毛羊的主要父本之一,也是各省(区)进行羊肉生产杂交组合中重要的参与品种。

2. 罗姆尼羊

【产地】 原产于英国东南部的肯特郡,又称肯特羊。用莱斯特公羊改良当地旧型罗姆尼羊,经过长期选育而成。罗姆尼羊属肉毛兼用半细毛羊长毛种。在许多国家均有饲养,其中以新西兰饲养和繁育的罗姆尼羊数量最多。

【外貌特征】 英国罗姆尼羊四肢较高,体躯长而宽,后躯比较发达,头型略显狭长,头、肢被毛覆盖较差,体质结实,骨骼坚强,放牧游走和采食能力强。新西兰罗姆尼羊肉用体型好,四肢矮短,背腰平直,体躯长,头、肢被毛覆盖良好,但放牧游走能力差(图12-23)。

图 12-23　罗姆尼羊(公羊)

【生产性能】　英国罗姆尼羊体格较大,早熟,成年公羊体重 90～100 kg,母羊 60～80 kg;成年公羊剪毛量 6.0～8.0 kg,母羊 3.0～4.0 kg。净毛率 60％～65％,毛长 11～15 cm,细度 48～50 支纱。4 月龄公羔体重达 22.4 kg,母羔 20.6 kg。成年母羊产羔率为 120％。新西兰罗姆尼羊中成年公羊体重 77.5 kg,母羊 43.0 kg。羊毛长度 13～18 cm,细度 44～48 支纱。成年公羊剪毛量 6.0～7.0 kg,母羊 4.0 kg。净毛率 58％～60％。成年母羊产羔率 106％。

20 世纪 60 年代起,我国先后从英国、新西兰和澳大利亚引进 3 种不同系的罗姆尼羊,分别饲养在青海省、内蒙古自治区、甘肃省、山东省、江苏省、四川省、河北省、云南省、安徽省等省(区)。经过多年的饲养实践,该品种羊对我国北方和西北高寒地区放牧饲养条件适应性差,而在气候温和的东南和西南地区则适应性较好。罗姆尼羊是育成青海半细毛羊的主要父本之一。

三、肉用羊品种

(一)无角陶赛特羊

【产地】　原产于澳大利亚和新西兰。以考力代羊为父本,雷兰羊和英国有角陶赛特羊为母本进行杂交,杂种后代母羊再与有角陶赛特公羊回交,选择所生的无角后代培育而成。无角陶赛特羊属肉用羊品种。

【外貌特征】　体质结实,公羊、母羊均无角,颈粗短,胸宽深,背腰平直,体躯长、宽而深,肋骨弓张良好,体躯呈圆筒形,四肢粗壮,后躯丰满,肉用特征明显。被毛白色,同质,具有生长发育快、易育肥、肌肉发育良好、瘦肉率高的特点(图 12-24)。

图 12-24　无角陶赛特羊(公羊)

【生产性能】 成年公羊体重 90～110 kg,成年母羊 65～75 kg,毛长 7.5～10 cm。剪毛量 2～3 kg。净毛率 55%～60%。细度 56～58 支纱。产肉性能高,胴体品质好。2 月龄公羔平均日增重 392 g,母羔 340 g。经过育肥的 4 月龄公羔胴体重 22 kg,母羔 19.7 kg。屠宰率 50%以上。成年母羊产羔率 110%～140%,高者达 170%。

该品种羊具有生长发育快、早熟、产羔率高、母性强、常年发情配种、适应性强、遗传性能强等特点,是理想的肉羊生产的终端父本之一。20 世纪 80 年代以来,我国先后从澳大利亚引进无角陶赛特羊,适应性较好,除进行纯种繁殖外,还用来与蒙古羊、哈萨克羊和小尾寒羊杂交,杂种后代产肉性能得到显著提高,改良效果良好。

(二)夏洛莱羊

【产地】 原产于法国夏洛莱地区。该品种为 1800 年以后,以英国莱斯特羊、南丘羊为父本,以当地的兰德瑞斯半细毛羊为母本杂交培育,形成的体型外貌比较一致的品种类型。该品种羊在美国、德国、瑞士等国都有饲养,是一个繁殖率高、肉用性能良好的肉用羊品种。

【外貌特征】 公羊、母羊均无角,头部无毛,胸宽而深,肋部拱圆,背部肌肉发达,体躯呈圆筒形,后躯宽大,两后肢距离大,肌肉发达,呈"U"形,四肢较短,肉用特征良好。被毛同质、白色(图12-25)。

图 12-25　夏洛莱羊(公羊)

【生产性能】 成年公羊体重 110～150 kg,成年母羊 80～100 kg;周岁公羊体重 70～90 kg,周岁母羊 50～70 kg。毛长 4～7 cm。细度 50～58 支纱。成年公羊剪毛量 3～4 kg,成年母羊 1.5～2.2 kg。羔羊生长发育快,经育肥的 4 月龄羔羊体重 35～45 kg;6 月龄公羔体重 48～53 kg,母羔 38～43 kg。4～6 月龄羔羊的胴体重 20～23 kg。屠宰率在 55%以上。胴体质量好,瘦肉多,脂肪少。产羔率高,经产母羊为 182.37%,初产母羊为 135.32%。母羊季节性发情。

20 世纪 80 年代以来,我国内蒙古自治区、河北省、河南省、青海省等地,先后引入数批夏洛莱羊。根据饲养观察,该品种羊早熟、耐粗饲、采食能力强,容易适应变化的饲养条件,对于寒冷潮湿或干热气候均表现出较好的适应性。

(三)萨福克羊

萨福克羊有黑头萨福克羊和白头萨福克羊 2 种(图 12-26)。

1. 黑头萨福克羊

【产地】 原产于英国。以南丘羊为父本,以当地体大、瘦肉率高的黑头有角的洛尔福克羊为母本杂交,于 1859 年培育而成。

【外貌特征】 体格较大,骨骼坚强,头较长,无角,耳长,胸宽,背腰和臀部长宽而平,肌肉丰满,后躯发育良好。被毛白色。头和四肢为黑色,并且无羊毛覆盖。

【生产性能】 成年公羊体重 90～120 kg,成年母羊 80～90 kg。成年公羊剪毛量 5～6 kg,成年母羊 2.5～3.0 kg。毛长 8.0～9.0 cm,细度 50～58 支纱。成年母羊产羔率 141.7%～157.7%。萨

黑头萨福克羊　　　　　　　　白头萨福克羊

图 12-26　萨福克羊

福克羊的特点是早熟、生长发育快、产肉性能好,4 月龄公羔体重可达 56 kg 以上。经育肥的 4 月龄公羔胴体重 24.2 kg,母羔 19.7 kg,瘦肉率高。

　　萨福克羊是生产优质羔羊肉的理想品种。我国从 20 世纪 70 年代起先后从澳大利亚引进,主要分布在内蒙古自治区和新疆维吾尔自治区等地,适合放牧育肥,且杂交改良效果较好,适应性强,耐粗饲,抗病力强。该品种羊可作为生产肉羊的终端父本或三元杂交终端父本。

2. 白头萨福克羊

【产地】　澳大利亚近年培育的肉用羊新品种,是英国萨福克羊的改进型,是在原有基础上导入白头和多产基因培育而成。该品种羊具有优良的产肉性能。

【外貌特征】　体格大,颈长而粗,胸宽而深,背腰平直,后躯发育丰满,呈圆筒形,公羊、母羊均无角。四肢粗壮,被毛白色。

【生产性能】　成年公羊体重 110～150 kg,成年母羊 70～100 kg,4 月龄羔羊 56～58 kg。繁殖率 175%～210%。该品种羊早熟,生长快,肉质好,繁殖率高,适应性强。辽宁省于 2000 年引入该品种原种羊,母羊初产繁殖率高达 173.7%。羔羊发育良好,表现出良好的适应性,是较有发展前途的优良肉用羊品种。

（四）特克赛尔羊

【产地】　原产于荷兰。19 世纪中叶,由当地沿海低湿地区的晚熟但毛质好的马尔盛夫羊同林肯羊和莱斯特公羊杂交培育而成。特克赛尔羊是被毛同质的肉用羊品种。

【外貌特征】　体格大,体质结实,体躯较长,呈圆筒形,颈粗短,前胸宽,背腰平直,肋骨开张良好,后躯丰满,四肢粗壮。公羊、母羊均无角,眼大突出,鼻镜、眼圈部位皮肤为黑色,蹄质为黑色。全身被毛白色同质(图 12-27)。

公羊　　　　　　　　母羊

图 12-27　特克赛尔羊

【生产性能】 成年公羊体重115～140 kg,成年母羊75～90 kg。平均产毛量3.5～4.5 kg,毛长10～15 cm,细度46～56支纱。羔羊生长快,4～5月龄羔羊体重可达40～50 kg,6～7月龄时达50～60 kg。屠宰率55%～60%,瘦肉率高。眼肌面积大,较其他肉用羊品种高7%以上。母羊泌乳性能良好,产羔率150%～160%。该种羊产肉和产毛性能好,肌肉发育良好,瘦肉多,适应性强,具有多胎、早熟、羔羊生长快、母羊繁殖力强等特点。现已被引入法国、德国、英国、比利时、美国、澳大利亚、新西兰和非洲国家,被用于肥羔生产。20世纪90年代中期,我国黑龙江省大山种羊场引进该品种公羊10只、母羊50只,进行纯种繁育。其中14月龄公羊平均体重100.2 kg,母羊73.28 kg。20多只母羊产羔率达200%。30—70日龄羔羊日增重330～425 g。母羊平均剪毛量5.5 kg。目前,特克赛尔羊已推广到山东省、河南省、河北省等许多地区饲养,适应性和生产性能表现良好。

(五)杜泊羊

【产地】 原产于南非。1942—1950年,以从英国引进的有角陶赛特羊与当地的波斯黑头羊杂交培育而成,分为白头杜泊羊和黑头杜泊羊2种。该品种羊在干旱和半干旱的沙漠条件下,在非洲的各个国家甚至中非和东非的热带、亚热带地区都有很好的适应性。该品种羊是目前世界上公认的最好的肉用绵羊品种,被誉为南非国宝。

【外貌特征】 体躯呈独特的圆筒形,公羊、母羊均无角。头上有短、暗、黑色或白色的毛,体躯有短而稀的浅色毛(主要在前半部),腹部有明显的干死毛。成年羊颈粗短,肩宽厚,背平直,肋骨拱圆,前胸丰满,后躯肌肉发达,四肢强健,肉用特征好(图12-28)。

黑头杜泊羊(公羊)　　　　白头杜泊羊(公羊)

图12-28 杜泊羊

【生产性能】 成年公羊体重100～120 kg,成年母羊75～90 kg;周岁公羊体重80～85 kg,周岁母羊60～62 kg。成年公羊产毛量2～2.5 kg,成年母羊1.5～2 kg。被毛多为同质细毛,细度64支纱,少数达70支纱。净毛率平均50%～55%。羔羊生长速度快,成熟早,瘦肉多,胴体质量好,3.5～4月龄羔羊活重达36 kg,胴体重18 kg左右,肉中脂肪分布均匀,肉质细嫩、多汁、色鲜,瘦肉率高,为高品质胴体,其肉在国际上被誉为"钻石级肉"。4月龄羔羊屠宰率51%。羔羊初生重大,达5.5 kg,日增重可达300 g以上。平均产羔率150%以上,母性好,产奶量多。

杜泊羊成熟早,繁殖率高,生长速度快,屠宰率高,抗病力强,身体结实,肉质丰满,皮质优良,适应性强,能适应炎热、干旱、潮湿、寒冷的多种气候条件,无论在粗放还是在集约放牧的条件下,采食性能均良好,饲料调换简单,易饲养,是生产肥羔的理想肉用羊品种。目前,该品种羊已被引入加拿大、澳大利亚、美国等国家,用于生产肉用羔羊的杂交父本。2001年起,我国山东省、河南省等地引入杜泊羊,适应性较好,除用于纯种繁育外,还与当地绵羊杂交,取得了良好的效果,杂种后代产肉性能得到显著提高。

单元四　国外主要山羊品种

案例导学

单元目标

知识目标：掌握国外主要山羊品种的特征。

技能目标：识别国外的山羊品种及不同经济类型的山羊品种。

思政目标：培养学习者观察、分析问题的能力。

➡ **案例导学**

了解国外主要山羊品种。

➡ **课前思考**

你认识平时见到的从国外引入的山羊品种吗？

一、肉用山羊品种

波尔山羊。

【产地】　原产于南非。自20世纪20年代开始培育，经过数十年严格的选育，已成为世界上最受欢迎的肉用山羊品种，有"肉羊之父"的美称。目前该品种有4个类型：长毛型、无角型、普通型和改良型。

【外貌特征】　体格大，具有强健的头，眼睛清秀，罗马鼻，耳长适中且向下垂。颈粗壮，体躯长、匀称，胸宽深，肋骨开张良好，呈圆筒形，肌肉发达，后躯丰满，腿肌发达，皮肤柔软松弛，胸及颈部有较多皱褶。毛色为白色，头、耳、颈部颜色是浅红色至深红色，但不超过肩部，眼棕色。母羊乳房发育良好（图12-29）。

公羊　　　　　　　　　　　　　母羊

图12-29　波尔山羊

【生产性能】　公羊体长85～95 cm，母羊体长70～85 cm。公羊体高75～100 cm，母羊体高65～75 cm。成年公羊体重90～135 kg，成年母羊65～90 kg；周岁公羊体重45.2～52.3 kg，周岁母羊32.8～38.4 kg。生长发育快，肉用性能好，羊肉脂肪含量适中，胴体品质好，肉质鲜嫩多汁，色泽纯正,口感好,膻味小。产肉性能高,公羔初生重 3.6~4.2 kg,母羔 3.1~3.6 kg;100 日龄公羔体重 22.1~36.5 kg,母羔 19~29 kg。羔羊胴体重平均为 15.6 kg。8~10 月龄屠宰率为 48%,周岁羊屠宰率为 52% 左右。早熟,母羊常年发情,6~7 月龄即可初配,产羔率为 180%~200%,优良个体达 225%。该品种羊板皮面积大,质地致密,富有弹性,属上乘皮革原料。波尔山羊适应热带、亚热带、内陆,甚至半沙漠地带环境,性情温顺,合群性强,易于管理。既可舍饲,也可放牧,善于长距离采食。其采食范围广,丛生灌木、牧草、禾本科植物或杂草等均可被利用。现已被引入许多国家和地区,显示出很好的肉用性能和极强的适应性。

二、乳用山羊品种

萨能山羊。

【产地】 原产于瑞士伯尔尼州西南部的萨能地区,是世界上著名的乳用山羊品种。

【外貌特征】 体形高大,各部位轮廓清晰,结构紧凑细致,被毛白色或淡黄色。公羊、母羊均无角,耳长直立。母羊颈部细长,公羊颈粗而短,体躯深宽,背长而直,后躯发育良好,四肢坚实。母羊乳房发育良好,呈明显楔形体形(图 12-30)。

公羊

母羊

图 12-30 萨能山羊

【生产性能】 成年公羊体重 75~100 kg,成年母羊 50~65 kg。成年公羊体高 80~90 cm,成年母羊 75~78 cm。成年公羊体长 95~114 cm,成年母羊 82 cm 左右。泌乳期 8~10 个月,以产后 2~3 个月产奶量最高,年平均产奶量 600~1200 kg,个体最高产奶量达 3498 kg,乳脂率为 3.2%~4.0%。母羊秋季发情配种,头胎多产单羔,经产羊多产双羔或多羔,产羔率 160%~220%。萨能山羊现已广泛分布到世界各地,具有早熟、繁殖力强、泌乳性能好等特点。20 世纪初开始引入我国,除纯种繁育以外,改良地方山羊效果显著。萨能山羊是崂山奶山羊、关中奶山羊的主要父系品种。

三、毛用山羊品种

安哥拉山羊。

【产地】 原产于土耳其的安卡拉地区,是一个古老的培育品种,世界各地均有分布。该品种羊是世界上著名的毛用山羊品种。

【外貌特征】 公羊、母羊均有角,全身白色,体格中等,鼻梁平直或微凹,唇端或耳缘有深色斑点,耳大下垂,颈部细短,胸狭窄,尻倾斜,骨骼细,四肢较短而端正,蹄质结实。被毛白色,同质,有丝样光泽,手感柔软滑爽,由螺旋状或波浪状毛辫组成,毛辫长可垂至地面。

【生产性能】 成年公羊体重 50~70 kg,成年母羊 36~42 kg。成年公羊体高 60~65 cm,成年母羊体高 51~55 cm。成年公羊产毛量 4.5~6 kg,成年母羊 3~4 kg。净毛率为 65%~85%。羊毛长度 30 cm,最长可达 35 cm,每年剪毛 2 次。细度 40~60 支纱。该品种羊生长发育慢,性成熟晚,一般 1.5 岁配种,年产 1 胎,多产单羔,成年母羊平均产羔率 85%~90%。

Note

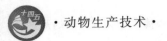

情境小结

　　本情境主要介绍了绵羊、山羊品种分类,以及我国主要绵羊、山羊品种及产地、外貌特征和生产性能,国外主要绵羊和山羊品种及产地、外貌特征和生产性能。

自测训练

一、选择题

1. 中国美利奴羊属于(　　)品种。
A. 细毛羊　　　　　　　B. 半细毛羊　　　　　　C. 粗毛羊　　　　　　D. 肉用羊

2. 小尾寒羊属于(　　)品种。
A. 细毛羊　　　　　　　B. 半细毛羊　　　　　　C. 粗毛羊　　　　　　D. 肉用羊

3. 中国卡拉库尔羊属于(　　)品种。
A. 细毛羊　　　　　　　B. 半细毛羊　　　　　　C. 羔皮羊　　　　　　D. 裘皮羊

4. 滩羊属于(　　)品种。
A. 细毛羊　　　　　　　B. 半细毛羊　　　　　　C. 羔皮羊　　　　　　D. 裘皮羊

5. 萨福克羊属于(　　)品种。
A. 细毛羊　　　　　　　B. 半细毛羊　　　　　　C. 肉用羊　　　　　　D. 乳用羊

6. 波尔山羊属于(　　)品种。
A. 细毛羊　　　　　　　B. 半细毛羊　　　　　　C. 粗毛羊　　　　　　D. 肉用羊

二、填空题

1. 国内外普遍应用的绵羊分类方法有_____和_____两种。

2. 我国三大粗毛羊品种包括_____、_____、_____。

情境十三　羊的体质外貌

不同品种羊有不同的鉴定分级标准,我国已先后出台了多个畜牧业国家标准和农业行业标准,针对羊的品种资源,近年来出台或新修订的羊的品种标准如下:《滩羊》(GB/T 2033—2008)、《东北细毛羊》(GB/T 2416—2008)、《新疆细毛羊》(GB/T 2426—81)、《小尾寒羊》(GB/T 22909—2008)、《湖羊》(GB 4631—2006)、《南江黄羊》(NY 809—2004)、《无角陶赛特种羊》(NY 811—2004)、《阿勒泰羊》(NY/T 1816—2009)等。

情境目标

▲知识目标

掌握羊的体尺测量、外貌鉴定及鉴定分级。

▲技能目标

能够独立完成羊的体尺测量;能够掌握羊外貌鉴定方法,了解鉴定分级的内容和标准。

▲思政目标

引导学习者树立严肃认真的工作态度和发扬严谨务实的工作作风。

扫码学
课件 13

单元一　体尺测量

单元目标

知识目标:掌握羊的体尺测量。

技能目标:能够独立完成羊的体尺测量。

思政目标:引导学习者在"做中学、学中做",强化实践教学的功能。

⇥ 案例导学

羊体各部位展示。

⇥ 课前思考

体尺测量部位有哪些?

Note

一、羊的部位名称

羊各部位的不同体尺构成了不同的外形特征,了解羊的体尺对判定其生产方向有实践意义。羊的各部位名称见图 13-1。

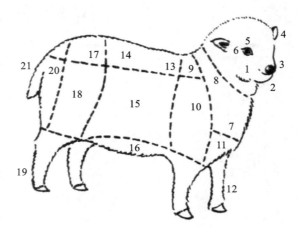

图 13-1 羊的各部位名称

1.脸;2.口;3.鼻;4.耳;5.额;6.眼;7.颈;8.肩前沟;9.鬐甲;10.胸部;11.胸部;12.前肢;
13.背部;14.腰部;15.体侧部;16.腹部;17.荐部;18.股部;19.后肢;20.尻部;21.尾

(1)头颈部:毛用羊的头较长,面部较大,颈部较长,一般有 2～3 个皮肤皱褶。肉用羊的头短而宽,颈部较短,无皱褶,肌肉和脂肪发达,呈宽的方圆形。

(2)鬐甲:毛用羊的鬐甲大多比背线高,肉用羊的鬐甲宽,与背部在同一水平线。

(3)背腰部:毛用羊的背腰较窄,肉用羊的背腰平直,宽而多肉。

(4)胸部:毛用羊的胸腔长而深,容量较大。肉用羊的胸腔宽而短,容量较小。

(5)腹部:绵羊的腹部要求腹线与背线平行。腹部下垂的称为"垂腹"或"草腹",是一大缺陷。垂腹是羊在幼龄阶段饲喂大量粗饲料所致,有时也与凹背有关。

(6)四肢:羊的品种不同,四肢高矮也有差异。肉用羊的四肢比其他品种的短。要求羊的肢势直立端正。前望,前肢覆盖后肢。侧望,一侧的前、后肢覆盖另一侧的前、后肢。后望,后肢覆盖前肢。凡两前肢膝盖或两后肢飞节紧挨着的称为"X"形腿,彼此分开的称为"O"形腿。两后肢关节向躯干下前倾的称为"刀状腿"。这些肢势均属缺陷。

二、羊的体尺测量

1. 体尺测量的项目 测量项目的多少根据测量的目的而定,但必须测量体高、体长、腰角宽等基本指标;如有特殊需要,可以针对性地多测量几个部位。体尺测量项目如下。

(1)头长:由顶骨的突起部到鼻镜上缘的直线距离。

(2)额宽:两眼外突起之间的直线距离。

(3)体高:由鬐甲最高点到地面的垂直距离。

(4)体长:由肩胛骨前端到坐骨结节后端的直线距离。

(5)胸宽:左右肩胛中心点的距离。

(6)胸深:由鬐甲最高点到胸骨底面的距离。

(7)胸围:在肩胛骨后端,绕胸一周的长度。

(8)尻高:由荐骨最高点到地面的垂直距离。

(9)尻长:由髋骨突到坐骨结节的距离。

(10)腰角宽(十字部宽):两髋骨突之间的直线距离。

(11)管围:管骨上 1/3 的圆周长度(一般以左腿上 1/3 处为准)。

(12)肢高:由肘端到地面的垂直距离。

（13）尾长：由尾根到尾端的距离。

（14）尾宽：尾幅最宽部位的直线距离。

2．体尺测量的步骤

（1）将羊保定在平坦的地方，站立的肢势要端正。

（2）根据不同项目分别用卷尺、测杖、圆形测量器逐一测量。

（3）测量时要求部位准确、读数精确，卷尺不能拉得太紧或放得太松，否则影响准确性。

（4）由一人记录。

单元二　外貌鉴定

> **知识目标**：掌握羊的外貌鉴定及鉴定分级。
>
> **技能目标**：能够掌握羊外貌鉴定方法，了解鉴定分级的内容和标准。
>
> **思政目标**：培养学习者热爱专业、苦练专业技能的精神。

 案例导学

羊的年龄鉴别。

 课前思考

如何进行羊年龄鉴别？羊的鉴定分级有何生产意义？

案例导学

一、羊的年龄判断

羊的年龄一般根据育种记录和耳标即可了解，但有时需要根据羊牙齿的生长、更换和磨损情况进行判断。

1．耳标判断法　这种方法多用于种羊场或一般羊场的育种群。为了做好羊的育种工作，在羊的左耳佩戴金属或塑料的耳号牌，每只羊都有耳标。允许有各种代号，但必须用 4 位或 5 位数字码，一般第一个号码表示该羊出生年份的尾数。年号的后面才是个体编号。如"4318"表示 2004 年出生的第 318 号羊。这样，就可通过第一个号码来推算羊的年龄。

2．牙齿判断法　羊的牙齿根据发育阶段分为乳齿和永久齿 2 种。羊上下颚各有臼齿 12 枚（每边各 6 枚），共有臼齿 24 枚。羊上颚没有门齿，下颚有门齿 8 枚，最中间的 1 对称为钳齿，依次向外各对称为内中间齿、外中间齿及隅齿。羔羊初生时长出第 1 对乳齿，生后不久长出第 2 对乳齿，生后 2～3 周长出第 3 对乳齿，生后 3～4 周长出第 4 对乳齿。乳齿小而白，永久齿大而微黄。幼年羊乳齿共 20 枚。随着羊的生长发育，逐渐更换为永久齿，到成年时达 32 枚。

可根据羊乳门齿长出、更换情况及永久齿的磨损情况判断羊的年龄（表 13-1）。

表 13-1　羊年龄判断表

羊 的 年 龄	乳门齿长出、更换及永久齿的磨损	习 惯 叫 法
1 周龄	乳钳齿长出	—
1～2 周龄	乳内中间齿长出	—

续表

羊 的 年 龄	乳门齿长出、更换及永久齿的磨损	习 惯 叫 法
2～3 周龄	乳外中间齿长出	—
3～4 周龄	乳隅齿长出	—
1.0～1.5 岁	乳钳齿更换	对牙
1.5～2.0 岁	乳内中间齿更换	四齿
2.5～3.0 岁	乳外中间齿更换	六齿
3.5～4.0 岁	乳隅齿更换	新满口
5 岁	钳齿齿面磨平	老满口
6 岁	钳齿齿面呈方形	—
7 岁	内中间齿、外中间齿齿面磨平	漏水
8 岁	开始有牙齿脱落	破口
9～10 岁	牙齿基本脱落	光口

为方便记忆,可以用以下三字顺口溜:一岁半,中齿换;到二岁,换两对;两岁半,三对全;满三岁,牙换齐;四磨平;五齿星;六现缝;七露孔;八松动;九掉齿;十磨净。

二、细毛羊、半细毛羊的品质鉴定

细毛羊、半细毛羊的品质鉴定是通过检查羊的体型外貌、生长发育、生产性能与育种价值等情况来进行的,从而为羊的育种工作打下基础。

细毛羊、半细毛羊的品质鉴定每年进行 1 次,有个体鉴定和等级鉴定 2 种。个体鉴定须做个体鉴定资料记录,等级鉴定不做记录,只按照鉴定项目和标准定出等级,做出标记,分别归入一级、二级、三级、四级。

进行个体鉴定的羊只包括特级和一级成年公羊、母羊,后备公羊,周岁公羊、母羊和做后裔测定的母羊及所生羔羊。对个体鉴定以外的羊只,包括一般供繁殖的母羊和幼年羊进行等级鉴定。

1. 细毛羊、半细毛羊的鉴定时间　细毛羊、半细毛羊的鉴定一般在春季剪毛前进行,此时羊毛质量与产量等各种特征已充分表现,是对羊进行全面鉴定的最佳时机。

(1) 细毛羊、半细毛羊及其杂种羊在 1 岁时鉴定 1 次,种羊场及繁殖羊场的核心群,在 2 岁时做 1 次终身鉴定。

(2) 种公羊每年都要鉴定 1 次。

(3) 羔羊初生时,根据其初生重(第一次吃初乳前测定)、体型、毛色、毛质及生长发育、健康状况等特征做初生鉴定,并将品质低劣不宜留种的公羔及时去势。

在羔羊断奶分群时,根据体重,体型,羊毛密度、长度、细度、弯曲,腹毛和体格大小进行总评鉴定。羔羊断奶后,可依据鉴定结果编群。

初生和断奶时的鉴定可作为种公羊后裔测定的初步资料。

2. 细毛羊的鉴定分级标准

(1) 新疆细毛羊鉴定分级标准:根据国家标准《新疆细毛羊》(GB 2426—1981)的分级标准鉴定。本标准适用于新疆细毛羊的鉴定、分级及种羊出售。新疆细毛羊鉴定后分为 4 级。

①一级:全面符合品种标准的为一级。一级中的优秀个体,凡符合下列条件者列为特级。

a. 毛长超过标准 15%,体重、剪毛量均超过标准 10%,三项中有两项达到者。

b. 体重超过标准 20%,剪毛量超过标准 30%,两项中有一项达到者。

种羊场的特等羊必须来源于特级羊或一级羊。

②二级:基本符合品种标准,毛密度稍差,腹毛较稀或较短的为二级。头毛及皱褶过多或过少,

羊毛弯曲不够明显,油汗含量不足,颜色深黄的个体也允许列为二级。

③三级:其他指标符合品种标准,体格较小,毛短(公羊不得低于6.0 cm,母羊不得低于5.5 cm)的列为三级。头毛及皱褶过多或过少,羊毛油汗较多,颜色深黄,腹毛较差的个体允许进入三级。

④四级:生产性能低,毛长不短于5.0 cm,不符合以上三级条件者列为四级。

(2)中国美利奴羊鉴定分级标准:中国美利奴羊鉴定后分为3级。

①一级:全面符合品种标准的为一级。凡全面符合一级要求,而在下列三项指标中有两项达到者,可列为特级。

a. 净毛产量:成年公羊6.3 kg以上,成年母羊3.5 kg以上;育成公羊3.5 kg以上,育成母羊3.0 kg以上。

b. 毛长:成年羊12个月毛长10 cm以上,育成羊15个月毛长11.5 cm以上。

c. 体重:成年公羊75.0 kg以上,育成母羊37.0 kg以上。

②二级:基本符合一级要求,但类型不符合要求,或净毛产量、体重较一级低。净毛产量:成年公羊不得低于4.7 kg,育成公羊和成年母羊不低于2.5 kg,育成母羊不低于2.2 kg,体重:成年公羊、母羊分别不得低于59.0 kg和34.0 kg。

③三级:羊毛长度和羊毛品质基本符合一级要求,但毛密度较稀,腹毛较差,净毛产量较一级低,但成年公羊不低于4.3 kg,育成公羊不低于2.3 kg;成年母羊不低于2.2 kg,育成母羊不低于2.0 kg。

(3)东北细毛羊鉴定分级标准:根据国家标准《东北细毛羊》(GB 2416—2008)的分级标准鉴定。本标准适用于东北细毛羊的品种鉴定和等级评定。东北细毛羊分为4级,一级和二级用于繁殖和改良粗毛羊,三级和四级用于本品种选育提高。

3. 细毛羊、半细毛羊个体鉴定的项目 根据农业行业标准《细毛羊鉴定项目、符号、术语》(NY 1—2004)执行。鉴定项目共10项,包括头部、体形类型、被毛长度、长度匀度、被毛手感、被毛密度、被毛纤维细度、细度匀度、弯曲、油汗,采用汉语拼音首位字母代表鉴定结果。半细毛羊鉴定项目可参照细毛羊进行。

4. 细毛羊、半细毛羊等级标志 细毛羊鉴定结束后,在右耳做等级标记。

(1)特级:在耳尖剪一个缺口。

(2)一级:在耳下缘剪一个缺口。

(3)二级:在耳下缘剪两个缺口。

(4)其他:不符合上述等级的一律不打标记。

5. 细毛羊的鉴定分级操作

(1)观察羊只整体结构是否匀称,外形有无严重缺陷,被毛中有无花斑或杂色毛,行动是否正常等。

(2)两眼与绵羊保持同高,观察头部、鬐甲、背腰、体侧、四肢姿势、臀部发育状况。

(3)查看公羊的睾丸及母羊乳房发育情况,以确定有无进行个体鉴定的价值。

(4)查看耳标、年龄,观察口齿、头部发育状况及面部、颈部有无缺点等。

(5)根据农业行业标准NY 1—2004中细毛羊鉴定项目依次对羊毛密度、长度、细度、弯曲、油汗等进行详细鉴定,并根据此标准规定符号做好记录。

三、肉用羊的鉴定

1. 肉用羊的鉴定时间

(1)肉用羊的鉴定在3月龄、6月龄、周岁和成年时进行。

(2)3月龄和6月龄羊的鉴定由生产单位进行,周岁和成年羊的鉴定由县级或县级以上专业技术部门进行。

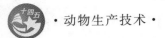

2．肉用羊的鉴定分级标准

（1）小尾寒羊鉴定分级标准：根据国家标准《小尾寒羊》（GB/T 22909—2008）鉴定。本标准适用于小尾寒羊的品种鉴定和等级评定。

（2）南江黄羊鉴定分级标准：根据农业行业标准《南江黄羊》（NY 809—2004）鉴定。

四、奶山羊的鉴定

1．奶山羊的鉴定时间

（1）母羊在第1、2、3胎泌乳结束后分别进行1次鉴定，每年的5—7月份进行外貌鉴定。

（2）成年公羊每年鉴定1次，直到后裔测定工作结束。

（3）关中奶山羊初生、3月龄时初选，3.5岁时进行终身鉴定。

2．奶山羊鉴定分级标准　以关中奶山羊鉴定分级标准为例。

根据《关中奶山羊》（ZB B 43004—86）的分级标准鉴定。本标准适用于关中奶山羊的品种鉴定和等级评定。关中奶山羊的分级标准如下。

（1）成年公羊、母羊和1.5岁产奶母羊达到体高、体重标准方可进行外貌鉴定和生产性能的等级评定。

（2）产奶量等级按标准进行评定。产奶量达到标准，乳脂率（乳脂量）或总干物质率有一项达到标准者，即可评为该等级。

（3）种公羊后裔测定：对生长发育、外貌鉴定合格的公羊，进行后裔测定。根据被测公羊相对育种值评定公羊等级。

（4）外貌评分等级标准：外貌鉴定按百分制评定。允许母羊有少量散在黑毛（面积不超过 1 cm²），或颈部毛色为轻度麦粟色，但不能评为特级。凡有狭胸、凹背、乳房形状不良、后躯发育过差等缺陷之一，且表现严重者，评为等外。

（5）综合评定：凡公羊、母羊的外貌特征符合品种要求，体高、体重达到下限标准者，分别进行泌乳性能或双亲和外貌的等级评定。

产奶母羊根据泌乳性能和外貌等级，种公羊根据后裔品质和外貌等级进行综合评定。对未经后裔测定的种公羊，根据双亲和外貌等级综合评定。但最高也不能评为特级。

五、羔皮羊、裘皮羊的鉴定

1．羔皮羊、裘皮羊的鉴定时间　羔皮羊、裘皮羊的鉴定时间，主要根据产品特点和质量表现最明显的时间确定。

（1）卡拉库尔羊的鉴定：卡拉库尔羊一生进行3次鉴定。

初生鉴定：在出生后2 d内进行，以此次鉴定为基础。

留种鉴定：在出生后12～15 d进行，以此次鉴定为重点。

育成鉴定：在1.5岁时进行，以此次鉴定为补充。

（2）滩羊的鉴定：滩羊一生进行3次鉴定。

初生鉴定：在出生后3 d内进行，以此次鉴定为基础。

二毛鉴定：在出生后30 d进行，以此次鉴定为重点。

育成鉴定：在1.5岁时进行，以此次鉴定为补充。

（3）湖羊的鉴定：湖羊一生进行2次鉴定。

初生鉴定：在出生后24 h内进行，以此次鉴定为基础。

配种鉴定：在育成羊配种前（6月龄）进行，以此次鉴定为补充。

2．羔皮羊、裘皮羊鉴定分级标准

（1）湖羊鉴定分级标准：根据国家标准《湖羊》（GB 4631—2006）的分级标准进行分级。本标准适用于湖羊的品种鉴定和等级鉴定。

①初生鉴定:分特级、一级、二级和三级 4 个等级。鉴定项目见表 13-2。

表 13-2　初生鉴定等级表

序号	父羊号	母羊号	羔羊号	出生日期	同胎羔数	性别	初生重/kg	毛色	花纹类型	花案面积	十字部毛长/cm	花纹宽度/cm	花纹明显度	花纹紧贴度	光泽	体质类型	等级	备注

特级:凡符合以下条件之一的一级优良个体,可列为特级:花案面积为 4/4 者,花纹特别优良者,同胎三羔以上者。

一级:同胎双羔,具有典型波浪形花纹,花案面积 2/4 以上,十字部毛长 2.0 cm 以下,花纹宽度 1.5 cm 以下。花纹明显、清晰,紧贴皮板,光泽正常,发育良好,体质结实。

二级:同胎双羔,有波浪形花或较紧密的片花。花案面积 2/4 以上,十字部毛长 2.5 cm 以下,花纹较明显,尚清晰,紧贴度较好;或花纹欠明显,紧贴度较差,但花案面积在 3/4 以上。花纹宽度 2.5 cm 以下,光泽正常,发育良好,体质结实;或偏细致、粗糙。

三级:波浪形花或片花,花案面积 2/4 以上,十字部毛长 3.0 cm 以下,花纹不明显,紧贴度差,花纹宽度不等,光泽较差,发育良好。

②配种前鉴定:鉴定项目主要为体型外貌、生长发育情况、被毛状况和体质类型。鉴定项目见表 13-3。

表 13-3　育成羊配种前鉴定登记表

序号	个体号	父羊号	母羊号	性别	初生鉴定等级	体型外貌	体重/kg	被毛状况	体质类型	评定结论	备注

要求育成羊在体型外貌上具有本品种的特征,生长发育良好,公羊体重在 30.0 kg 以上,母羊在 25.0 kg 以上,被毛中干死毛较少,体质结实。鉴定结论分及格、不及格两种。不及格者应酌情降级。

(2)滩羊鉴定分级标准:根据国家标准《滩羊》(GB 2033—2008)的分级标准鉴定。本标准适用于滩羊的品种鉴定和等级鉴定。

(3)中卫山羊鉴定分级标准:根据国家标准《中卫山羊》(GB 3823—2008)的分级标准进行分级。本标准适用于中卫山羊的品种鉴别和等级鉴定。

情境小结

本情境重点介绍了羊体尺测量、外貌鉴定方法和鉴定分级的内容及标准。

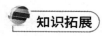

知识拓展

如何辨别羊毛衫的真伪?

知识拓展 13

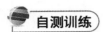 自测训练

一、选择题

1. 羊体尺测量项目管围：一般为左前肢管骨上（　　）处的圆周长度。

A. 1/2　　　　　　B. 1/3　　　　　　C. 1/4　　　　　　D. 1/5

2. 羊毛细度用（　　）表示。

A. cm　　　　　　B. mm　　　　　　C. μm　　　　　　D. 支纱数

3. 羊毛密度用（　　）表示。

A. L　　　　　　B. M　　　　　　C. N　　　　　　D. P

4. 羊毛的均匀度用（　　）表示。

A. W　　　　　　B. X　　　　　　C. Y　　　　　　D. Z

二、填空题

1. 羊年龄鉴定方法一般分为_____、_____。

2. 牙齿判断法中根据发育阶段分为_____和_____2种。

3. 羊体尺测量项目中体高：由_____到_____的垂直距离。

4. 羊体尺测量项目中体长：由_____到_____的直线距离。

5. 羊体尺测量项目中胸深：由_____到_____的距离。

6. 羊体尺测量项目中腰角宽（十字部宽）：_____的直线距离。

情境十四　羊的繁育与饲养管理

情境导入

羊生产主要包括羊的繁育和饲养管理技术,不同生理阶段、不同生产需要的羊必须进行科学的饲养管理,满足羊生长、繁育、育肥及产奶等生产需要,提高羊生产性能。

情境目标

▲知识目标

掌握羊的繁殖现象和规律、发情鉴定、配种技术、早期妊娠诊断、杂交改良和提高繁殖力的方法。掌握羊的饲养管理技术要点。

▲技能目标

初步掌握羊的发情鉴定、配种、早期妊娠诊断、杂交改良技术以及提高繁殖力的方法。掌握不同生理阶段、不同生产需要的羊的饲养管理技术。

▲思政目标

引导学习者树立严肃认真的学习态度和发扬严谨务实的工作作风,培养学习者科学严谨、吃苦耐劳、团结合作、勇于实践的工作精神。

单元一　羊的繁殖技术

单元目标

知识目标:掌握羊的繁殖现象和规律、发情鉴定、配种技术、早期妊娠诊断、杂交改良,以及提高繁殖力的方法。

技能目标:初步掌握羊的发情鉴定、配种、早期妊娠诊断、杂交改良技术。

思政目标:培养学习者科学严谨、吃苦耐劳、团结合作、勇于实践的工作精神。

扫码学

课件 14-1

案例导学

母羊的发情鉴定要点。

案例导学

Note

171

→ **课前思考**

　　羊生产环节较多,成本较高,要实现盈利必须提高饲养管理水平和生产技术,如何掌握科学的饲养管理技术和繁育方法并提高繁殖率是关键。

一、羊的繁殖现象和规律

　　1. 性成熟和初次配种年龄　公羊、母羊生长发育到一定的年龄,性器官发育基本完全,并开始形成性细胞和性激素,具备繁殖能力,这时称为性成熟。绵羊的性成熟一般在 7～8 月龄,山羊在 5～7 月龄。性成熟时,公羊开始具有正常的性行为,母羊开始出现正常的发情和排卵。

　　绵羊和山羊的性成熟受品种、气候、营养、激素处理等因素的影响。一般表现为个体小的品种的初情期早于个体大的品种,山羊早于绵羊。南方母羊的初情期较北方的早,热带的羊较寒带或温带的早;早春产的母羔可在当年秋季发情,而夏秋产的母羔一般需到第二年秋季才发情,差别较大。营养良好的母羊体重增长很快,生殖器官生长发育正常,生殖激素的合成与释放不会受阻,因此其初情期较早,营养不足则使初情期延迟。用孕激素类药物对 2 月龄母羔进行处理,继而用孕马血促性腺激素处理,可使母羔出现发情和正常的性周期,并且排卵。

　　通常性成熟后,就能够配种受胎并生殖后代,但是绵羊达到性成熟时并不意味着可以配种,因为绵羊刚达到性成熟时,其身体并未达到充分发育的程度,如果这时进行配种,不仅阻碍其本身的生长发育,而且也会影响胎儿的生长发育和后代的体质及生产性能,长此下去,必将引起羊群品质下降。因此,公羔、母羔在断奶时,一定要分群管理,以免偷配。

　　山羊的初配年龄一般在 10～12 月龄,绵羊在 12～18 月龄,但也受品种、气候和饲养管理条件的制约。南方有些山羊品种 5 月龄即可进行初次配种,而北方有些山羊品种初配年龄需到 1.5 岁。分布在江浙一带的湖羊生长发育较快,羊初配年龄为 6 月龄,我国广大牧区的绵羊多在 1.5 岁时开始初次配种。由此看来,分布于全国各地不同的绵羊、山羊品种的初配年龄很不一致,但根据经验,以羊的体重达到成年体重的 70%～80% 时进行初次配种较为合适。种公羊最好到 18 月龄后再进行配种。

　　2. 发情与排卵　母羊性成熟后,所表现出的一种具有周期性变化的生理现象,称为发情。母羊发情征象大多不明显,一般发情母羊多喜接近公羊,在公羊追逐或爬跨时站立不动,食欲减退,阴唇黏膜红肿、阴户内有黏性分泌物流出,行动迟缓,目光呆滞,神态不安等。处女羊发情更不明显,且多拒绝公羊爬跨,故必须注意观察和做好试情工作,以便适时配种。

　　母羊从上次发情开始到下次发情开始之间的时间间隔称为发情周期。羊的发情周期与其品种、个体、饲养管理条件等因素有关。绵羊的发情周期为 14～29 d,平均 17 d;山羊的发情周期为 19～24 d,平均 21 d。

　　从母羊出现发情特征到这些特征消失之间的时间间隔称为发情持续期,一般绵羊为 30～40 h,山羊为 24～28 h。在一个发情持续期,绵羊能排出 1～4 个卵,高产个体可排出 5～8 个卵。如进行人工超排处理,母羊通常可排出 10～20 个卵。

　　了解羊的发情征象及发情持续时间,目的在于正确安排配种时间,以提高母羊的受胎率。母羊在发情后期就有卵从成熟的卵泡中排出,排卵数因品种而异,卵在排出后 12～24 h 内具有受精能力,受精部位在输卵管前端 1/3～1/2 处。因此,在绵羊发情后 18～24 h、山羊发情后 12～24 h 配种或输精较为适宜。

　　在实际工作中,由于很难准确地掌握发情开始的时间,所以应在早晨试情后,挑出发情母羊立即配种,如果第 2 天母羊还继续发情,可再配 1 次。

　　3. 受精与妊娠　精子和卵子结合成受精卵的过程称为受精。受精卵的形成意味着母羊已经妊娠,也称为受胎。母羊从开始怀孕(妊娠)到分娩,称为妊娠期或怀孕期。母羊的妊娠期长短因品种、营养及单双羔因素有所不同。山羊妊娠期正常为 142～161 d,平均为 152 d;绵羊妊娠期正常为 146～157 d,平均为 150 d。但早熟肉毛兼用品种多在良好的饲养条件下育成,妊娠期较短,平均为 145 d。细毛羊多在草原地区繁育,饲养条件较差,妊娠期长,多在 150 d 左右。

4. 繁殖季节　母羊大量发情的季节称为羊的繁殖季节,一般也称为配种季节。羊的发情表现受光照长短变化的影响。在同一纬度的不同季节,以及不同纬度的同一季节,由于光照条件不相同,羊的繁殖季节也不相同。在纬度较高的地区,光照变化较明显,因此母羊发情季节较短,而在纬度较低的地区,光照变化不明显,母羊可以全年发情配种。

绵羊的发情表现受光照的制约,通常属于季节性繁殖配种的家畜。繁殖季节因是否有利于配种受胎及产羔季节是否有利于羔羊生长发育等自然选择演化形成,也因地区不同、品种不同而发生变化。生长在寒冷地区或原始品种的绵羊,呈现季节性发情;而生长在热带、亚热带地区或经过人工培育选择的绵羊,繁殖季节较长,甚至没有明显的季节性表现,我国的湖羊和小尾寒羊就可以常年发情配种。我国北方地区,绵羊季节性发情开始于秋季,结束于春季。其繁殖季节一般是 7 月份至翌年的 1 月份,而 8—10 月份为发情旺季。绵羊冬羔以 8—10 月份配种,春羔以 11—12 月份配种为宜。

山羊的发情表现对光照的影响反应没有绵羊明显,所以山羊的繁殖季节多为常年性的,一般没有限定的发情配种季节。但生长在热带、亚热带地区的山羊,5—6 月份因为高温的影响而表现为发情较少。生活在高寒山区、未经人工选育的原始品种藏山羊的发情配种也多集中在秋季,呈明显的季节性。

不管是山羊还是绵羊,公羊都没有明显的繁殖季节,常年都能配种。但公羊的性欲表现,特别是精液品质,也有季节性变化的特点,一般还是秋季最好。

二、发情鉴定

1. 影响母羊发情的因素

(1)光照:光照时间的长短对羊的性活动有较明显的影响。一般来说,由长日照转变为短日照的过程中,光照时间的缩短可以促进绵羊、山羊发情。

(2)温度:温度对羊发情的影响相比光照较为次要,但一般在相对高温的条件下羊的发情将会推迟。山羊虽然是常年发情的畜种,但在 5—6 月份也很少发情。

(3)营养:良好的营养条件有利于维持生殖激素的正常水平和功能,促进母羊提早进入发情季节。适当补饲,提高母羊营养水平,特别是补足蛋白质饲料,对中等以下膘情的母羊可以促进发情和排卵,诱发母羊产双胎。绵羊在进入发情季节之前,可采取催情补饲、加强营养的措施以促进母羊的发情和排卵;山羊在配种之前也应提高营养水平,做到满膘配种。

(4)生殖激素:母羊的发情表现和发情周期受内分泌生殖激素的控制,其中起主要作用的是脑垂体前叶分泌的促卵泡素和促黄体素 2 种。

①促卵泡素(FSH):其主要作用是刺激卵巢内卵泡的生长和发育,形成卵泡期,引起母羊生殖器官的变化和性行为的变化,促进羊的发情表现。

②促黄体素(LH):其主要作用是与促卵泡素协同作用,促进卵泡的成熟和雌激素的释放,诱使卵泡壁破裂而引起排卵,并参与破裂卵泡形成黄体,使卵巢进入黄体期,从而对发情表现有一定的抑制作用。促卵泡素和促黄体素虽然功能各异,但又具有协同作用。羊促卵泡素的分泌量较低,因此发情持续时间较短,与促黄体素的比值也相对较低,导致羊的排卵时间比较滞后,一般在发情结束期前,同时导致表现安静排卵的羊较多。

2. 异常发情　大多数母羊有正常的发情表现,但因营养不良、饲养管理不当或环境条件突变等原因,母羊也会出现异常发情,常见的有以下几种。

(1)安静发情:安静发情是指具有生殖能力的母羊外部无发情表现或外观表现不很明显,但卵巢上的卵泡发育成熟且排卵,也称隐性发情。这种情况如不细心观察,往往容易被忽视。其原因有三个方面:其一是由于脑垂体前叶分泌的促卵泡素量不足,卵泡壁分泌的雌激素量过少,致使这两种激素在血液中含量过低所致;其二是由于母羊年龄过大,或膘情过于瘦弱所致;其三是因母羊发情期很短,没有发现所致,这种情况称为假隐性发情。

(2)假性发情:假性发情是指母羊在妊娠期发情或母羊虽有发情表现但卵巢根本无卵泡发育。妊娠期间的假性发情,主要是由于母羊体内分泌的生殖激素失调造成的。

母羊发情配种受孕后,妊娠黄体和胎盘都能分泌孕酮,同时胎盘又能分泌雌激素。通常妊娠母羊体内分泌的孕酮、雌激素能够保持相对平衡,因此,母羊妊娠期间一般不会出现发情现象。但是当这两种激素分泌失调时,即孕酮激素分泌减少、雌激素分泌过多,将导致母羊血液里雌激素增多,这样,个别的母羊就会出现妊娠期发情现象。

无卵泡发育的假性发情,多数是由于个别年轻母羊虽然已达到性成熟,但卵巢功能尚未发育完全,此时虽然发情,但往往没有发育成熟的卵泡排出。或者是个别母羊患有子宫内膜炎,在子宫内膜分泌物的刺激下也会出现无卵泡发育的假性发情。

(3)持续发情:持续发情是指发情时间延长,并大大超过正常的发情期限,是由于卵巢囊肿或母羊两侧卵泡不能同时发育所致。卵巢囊肿,主要是卵泡囊肿,即发情母羊的卵巢有发育成熟的卵泡,越发育越大,但就是不破裂,而卵泡壁却持续分泌雌激素,在雌激素的作用下,母羊的发情时间就会延长。两侧卵泡不同时发育,主要表现为当母羊发情时,一侧卵巢有卵泡发育,但发育几天即停止,而另一侧卵巢又有卵泡发育,从而使母羊体内雌激素分泌的时间拉长,致使母羊的发情时间延长。早春营养不良的母羊也会出现持续发情的情况。

3. 发情鉴定 发情鉴定通常采用下列几种方法。

(1)外部观察法:外部观察法就是观察母羊的外部表现和精神状态,以判断母羊是否发情。母羊发情后,兴奋不安,反应敏感,食欲减退,有时反刍停止,频频排尿、摇尾,母羊之间相互爬跨,咩叫摇尾,靠近公羊,接受爬跨。

(2)公羊试情法:母羊发情时虽有一些表现,但不很明显,为了适时输精和防止漏配,在配种期间要用公羊试情的办法来鉴别母羊是否发情(图14-1)。此法简单易行,母羊表现明显,易于掌握,适用于大群羊。母羊发情时喜欢接近公羊。

图14-1 公羊试情

①试情时间:在生产实践中,一般是在黎明前和傍晚放牧归来后各进行一次,每次不短于1.0 h。如果天亮以后才开始试情,由于母羊急于出牧,性欲下降,故试情效果不好。

②试情圈面积:以每只羊1.2~1.5 m² 为宜。试情地点应大小适中,地面平坦,便于观察,利于抓羊,试情公羊能与母羊普遍接近。

③试情公羊必须体格健壮、性欲旺盛、营养良好、活泼好动,在试情期间要适当休息,以恢复体力,并加强饲养管理。

④试情时将母羊分成100~150只的小群,放在羊圈内,并赶入试情公羊。公羊数量可根据公羊的年龄和性欲旺盛的程度来定。一般可放入3~5只试情公羊。

⑤用试情布将阴茎兜住不让试情公羊和母羊交配受胎。每次试情结束要清洗试情布,以防布面

变硬擦伤阴茎。

⑥试情时,如果发现试情公羊用鼻子去嗅母羊的阴户,或在追逐爬跨时,母羊常把两腿分开,站立不动,摇尾示意,或者随公羊绕圈而行,即为发情母羊。用公羊试情就是利用这些特性,作为判定发情的主要依据。

⑦在配种期内,可每日定时将试情公羊放入母羊群中来发现发情母羊。

(3)阴道检查法:阴道检查法就是通过开膛器检查母羊阴道内变化来判定母羊是否发情。该法操作简单、准确率高,但工作效率低,适合小规模饲养户应用。检查时,先将母羊保定好,洗净外阴,再把开膛器清洗、消毒、烘干、涂上润滑剂,检查员左手横持开膛器,闭合前端,缓缓插入,轻轻打开前端,用手电筒检查阴道内部变化,当发现阴道黏膜充血、红色、表面光亮湿润,有透明黏液渗出,子宫颈口充血、松弛、开张,呈深红色,有黏液流出时,即可定为发情。

三、羊的配种技术

1. 配种时间的确定 绵羊配种时间的选择,主要是根据什么时期产羔最有利于羔羊的成活和母子健壮来决定的。一般在年产一次的情况下,有冬季产羔和春季产羔2种。冬羔是7—9月份配种,12月份至翌年1—2月份所产的羔羊;春羔是10—12月份配种,翌年3—5月份产的羔羊。国营羊场和农牧民养殖户要根据所在地区的气候和生产条件来决定产冬羔还是产春羔,不能强求一律。为了进一步分析羊最适宜的配种时间,以下将产冬羔和产春羔的优缺点进行比较。

(1)产冬羔的优点和条件。

①产冬羔的优点:利用当年羔羊生长快、饲料效益高的特点,搞肥羔生产,当年出售,加快羊群周转,提高商品率,从而可以减轻草场压力和保护草原。

a.母羊配种期一般在8—9月份,是青草茂盛季节,母羊膘情好,发情旺盛,受胎率高。

b.母羊在妊娠期间,由于营养条件比较好,有利于羔羊的生长发育,所以产的羔羊初生重大,体质结实,成活率高。

c.母羊产羔期膘情尚好,产羔后奶水充足,羔羊生长快,发育好。

d.羔羊断奶(4～5月龄)后,就能跟群放牧吃上青草,第一年的越冬度春能力强。

e.由于产羔季节(12月份至翌年2月份)气候比较寒冷,因而冬羔肠炎和痢疾等疾病的发病率比春羔低,故冬羔成活率比较高。

f.冬羔的剪毛量比春羔高。

②产冬羔的条件:

a.必须储备足够的饲草饲料,因在哺乳后期正值枯草季节,母羊容易缺奶,影响羔羊的生长发育。

b.要有保温良好的羊舍,因产冬羔时气候寒冷,羔羊保育有困难。

(2)产春羔的优点和缺点。

①产春羔的优点:

a.产春羔时,气候已转暖。母羊产羔后就能吃到青草,能分泌较多的乳汁哺乳羔羊,羊发育好,同时羔羊也很快能吃到青草,有利于发育,断奶体重比冬羔大。

b.产春羔时对圈舍的要求不高。

②产春羔的缺点:

a.母羊整个妊娠期处在饲草饲料不足的冬季,营养不良,因而羔羊的发育较差,初生重小,体质弱,这样的羔羊虽经夏秋季节的放牧可以获得一些补偿,但紧接着冬季到来,比较难以越冬度春,当年死亡较多。

b.春季气候多变,母羊及羔羊容易得病,发病率较高,尤其是羔羊抵抗力弱,发病率更高。

c.春羔断奶时已是秋季,对母羊的抓膘、发情配种有影响。

一般来说,冬羔的优越性大于春羔,早春羔比晚春羔好。条件较好的地区,可以多产冬羔。

2. 配种方法 绵羊的配种方法可分为自然交配和人工授精两种。

(1)自然交配:自然交配是让公羊和母羊自行直接交配的一种方式,包括自由交配和人工辅助

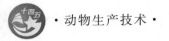

交配 2 种。

①自由交配：常年或在配种季节将公羊、母羊混群放牧，任其自由交配。这是一种原始的配种方法，由于完全不加控制，因此存在很多缺点，主要是不能发挥优良种公羊的作用；消耗公羊体力，影响母羊抓膘；较难掌握产羔具体时间；羔羊谱系混乱；容易交叉感染疾病等。所以多不采用这种方法，只在粗放的粗毛羊或人工授精扫尾采用。

②人工辅助交配：人工辅助交配是将公羊、母羊分群放牧，在配种期用试情公羊挑选出发情的母羊，再与指定的公羊交配。其优点是能进行选配和控制产羔时间，克服了自由交配的一些缺点，但还是不能完全利用种公羊的作用优势。在羊只数量少，种公羊比较充足，不具备开展人工授精条件的地区，可采用此法。

（2）人工授精：人工授精是一种先进的配种方法，是用器械将精液输入发情母羊的子宫颈内，使母羊受孕的方法。通过人工授精可以发挥优秀种公羊的作用，提高母羊的受胎率，节省公羊，节省饲料费用，防止传染病，便于血统登记，而且精液可以长期保存和远距离运输。它是有计划地进行羊群改良和培育新品种的一项重要技术措施。人工授精操作步骤如下。

①准备工作：

a. 药物配制。

配制 75% 酒精：用 95% 酒精加入蒸馏水勾兑，同时，用酒精比重计测定浓度。

配制 0.9% 氯化钠溶液：每 100 mL 蒸馏水中加入化学纯的氯化钠 0.9 g，待充分溶解后，用滤纸过滤两遍。现用现配。

配制 2% 碳酸氢钠或 1.5% 碳酸钠溶液：每 100 mL 温开水中加入 2 g 碳酸氢钠或 1.5 g 碳酸钠，使其充分溶解。

准备棉球：将棉花做成直径为 1.5~2 cm 的圆球，分装于有盖广口瓶或搪瓷缸内，分别浸入 75% 酒精及 0.9% 氯化钠溶液中，以棉球湿润为度。瓶上贴以标签，注明药液的名称、规格，以利于识别。氯化钠棉球经过消毒后使用。

b. 器械用具的洗涤和消毒：凡供采精、输精及与精液接触的器械、用具，都应做到清洁、干净，并经消毒后方可使用。

洗涤：输精器械用 2% 碳酸氢钠溶液或 1.5% 碳酸钠溶液反复洗刷后，再用清水冲洗 2~3 次，最后用蒸馏水冲洗数次，放在有盖布的搪瓷盘内。假阴道内胎用肥皂洗涤，以清水冲洗后，吊在室内，任其自然干燥。如急用可用清洁毛巾擦干。毛巾、台布、纱布、盖布等可用肥皂或肥皂粉洗涤，再用清水淘洗几次。

消毒：假阴道用棉球擦干，再用 75% 酒精消毒。集精杯用 75% 酒精或蒸汽消毒，再用 0.9% 氯化钠溶液冲洗 3~5 次。连续使用时，先用 2% 碳酸氢钠溶液洗净，再用开水冲洗，最后用 0.9% 氯化钠溶液冲洗 3~5 次。输精器用 75% 酒精消毒，再用 0.9% 氯化钠溶液冲洗 3~5 次。开膣器、镊子、搪瓷盘、搪瓷缸等可用酒精火焰消毒。其他玻璃器皿、胶质品用 75% 酒精消毒。氯化钠溶液、凡士林每日应蒸煮消毒一次。毛巾、纱布、盖布等洗涤干净后用蒸汽消毒（蒸汽消毒时，待水沸后蒸煮 30 min；最好用高压消毒锅），橡皮台布用 75% 酒精消毒。擦拭母羊外阴部和公羊包皮的纱布、试情布，用肥皂水洗净，再用 2% 来苏尔溶液消毒，最后用清水淘净晒干。

c. 做好准备工作：做好配种计划的制订工作、人工授精站的建筑和设备的准备、种公羊的选择和调教、配种母羊群的组织、试情公羊的选择等准备工作。

②假阴道的准备：

a. 将假阴道安装好，按上述器械洗涤、消毒方法和顺序对假阴道清洗消毒。

b. 在假阴道的夹层灌入 50~55 ℃的温水，水量为外壳与内胎间容量的 1/2~2/3。

c. 把消毒好的集精杯安装在假阴道一端，并包裹双层消毒纱布。

d. 在假阴道另一端深度为 1/3~1/2 的内胎上涂一层薄薄的凡士林（0.5~1.0 g）。

e. 吹气加压，使未装集精杯的一端内胎呈三角形，松紧适度（图 14-2）。

Note

176

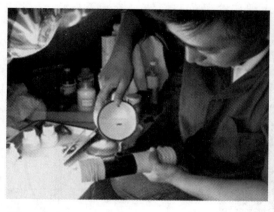

图 14-2 假阴道准备

f.检查温度,以 40～42 ℃为宜(气温低时,可适当高些,气温高时,可适当低些)。

③采精方法:

a.选择发情旺盛、个体大的母羊作为台羊,保定在采精架上。

b.引导采精的种公羊到台羊附近,拭净包皮。

c.采精人员右手紧握假阴道,用食指、中指夹好集精杯,使假阴道活塞朝向下方,蹲在台羊的右后侧。

d.待公羊爬跨台羊、阴茎伸出时,采精人员用左手轻拨(勿捉)公羊包皮(勿接触龟头),将阴茎导入假阴道(假阴道与地平线应成 35°角)(图 14-3)。

图 14-3 公羊采精

e.当公羊后躯急速向前用力一冲时,即完成射精,此时随着公羊从台羊身上跳下,顺着公羊动作向后移下假阴道,立即竖立,集精杯一端向下。

f.放出假阴道内的空气,擦净外壳,取下集精杯,盖好杯盖,送精液处理室检查处理。需要注意的是,种公羊每日采精以 4 次为宜,即上午 2 次、下午 2 次。必要时可采 5 次,但不应超过 6 次。连续采精时,第 1、2 次间隔时间应为 5～10 min,第 3 次采精与第 2 次间隔 30 min。年轻公羊每日采精不应超过 2 次。采精应在运动、喂料 1 h 后进行。公羊每采精 6～7 d 应休息 1 d。

④精液检查及稀释:

a.精液检查。

肉眼检查:

射精量:一般为 1～1.5 mL,最高可达 3 mL。

色泽:正常精液为乳白色,无味或稍具腥味。如为灰色、红色、黄色、绿色及带有臭味,不可使用。

云雾状:外观精液呈回转滚动的云雾状,即为品质优良的精液。

显微镜检查:应在室温(18～25 ℃)下进行。用细玻璃棒蘸一滴精液置于载玻片上,加盖玻片(勿出现气泡),然后在400～600倍的显微镜下,检查精子的密度和活力(图14-4)。

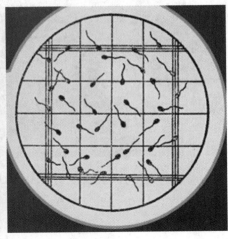

图14-4　公羊精液显微镜检查

　　密度:根据视野内精子的多少,评为"密""中""稀""无"4等。

　　活力:根据视野内直线前进精子的多少,评为5、4、3、2、1分或摆死等。

　　种公羊精液经检查,密度为"密"或"中",活力达到5分或4分者方可用于输精。

　　b.精液稀释:原精液加入一定的稀释液,可增大精液的体积,延长精子的存活时间,有利于精液的保存和运输,扩大母羊的配种数量。

　　稀释液配方:

　　配方一:脱脂奶粉10 g、卵黄10 g、蒸馏水100 mL、青霉素10万IU。

　　配方二:柠檬酸钠1.4 g、葡萄糖3.0 g、卵黄20 g、蒸馏水100 mL、青霉素10万IU。

　　两种配方配制时,分别将脱脂奶粉、柠檬酸钠、葡萄糖加入蒸馏水中,经过蒸煮消毒、过滤,最后加入卵黄和青霉素,振荡溶解后即制成了稀释液。

　　精液稀释:精液稀释时,稀释液要预热,其温度应与精液的温度尽量保持一致,在20～25 ℃的室温下无菌操作,将稀释液慢慢沿杯壁注入精液中并轻轻搅拌至混合均匀,稀释的倍数根据精子的密度、活力来定。一般以1∶1为宜,若精液不足,最高也不要超过1∶3。稀释好的精液在常温(20～30 ℃)下能保存1～2 d,低温(0～4 ℃)下能保存3～5 d。

　　⑤输精:

　　a.保定发情母羊,用小块消毒纱布擦净其外阴部。纱布每次使用后必须洗净、消毒,以备下次再用。

　　b.输精时,输精人员左手握开膣器,右手持输精器,先将开膣器慢慢插入阴道,轻轻旋转,打开开膣器,找到子宫颈,然后将输精器尖端通过开膣器,插入子宫颈0.5～1 cm,再用右手拇指轻轻推动输精器活塞,注入定量精液。输精后,先取出输精器,然后使开膣器保持一定的开张度而取出,以免夹伤母羊阴道黏膜。

　　c.输精量的多少,应依精液品质、稀释倍数、母羊数量和输精技术等确定。原则上要求每只母羊的一次输精量为0.05～0.1 mL,输入母羊子宫颈内的精子数为7000万个,不应少于5000万个。

　　d.当天输精工作完毕后,将用过的全部器械、用具洗净,用75%酒精消毒后,放在搪瓷盘里,盖上盖布,以备下次使用。

　　e.输精时间和次数与受胎率有密切关系。以在母羊发情开始后12 h进行第1次输精为宜。如连续发情,应每隔12 h重新输精1次。但在生产实践中,由于大群管理,母羊发情开始时间较难掌握,一般采用早晨1次试情,早、晚2次输精。秋季每天早晨6:00试情,8:00第1次输精;17:00—18:00第2次输精。第二天继续发情的羊,重新输精。

完成每只羊的输精后,输精器和开膣器都要用干净棉球擦拭,擦拭干净的开膣器必须使用高锰酸钾溶液、温开水、生理盐水洗涤后方可继续输精(图 14-5)。

图 14-5　开膣器洗涤液

f.已输精完毕的母羊、试情后发情的母羊,均应做好标记,以便识别。

g.人工授精工作结束后,应将一切器械、用具彻底清洗擦干,金属类涂上油剂,内胎涂以滑石粉,并妥善包装保存。

为了积累资料,总结经验,检查绵羊改良和育种工作成果,人工授精过程中必须做好种公羊精液品质检查、发情母羊输精情况及选配等的记录工作。记录务求清楚、准确,并进行统计分析。配种工作结束后,人工授精站必须做出全面的工作总结。

⑥提高受胎率的主要措施:

a.加强对公羊的选择及精液品质的鉴定:单睾、隐睾或睾丸形状不正常等存在生殖缺陷的公羊不能留作种用,一经发现应立即淘汰。同时还应避免一些公羊因长途运输、夏秋季气温过高等因素造成的暂时性不育的情况。通过精液品质检查,根据精子活力、正常精子的百分率、精子密度等判定公羊能否参加配种。

b.母羊的发情鉴定及适时输精:掌握母羊发情鉴定技术、确定适时输精时间是非常重要的。羊人工授精的最佳时间是发情后 12~24 h。因为这个时段子宫颈口开张,容易做到子宫颈内输精。一般可根据阴道流出的黏液来判定发情的早晚:黏液呈透明黏稠状即是发情开始;颜色为白色即到发情中期;如已混浊,呈不透明的黏胶状,即是到了发情晚期,是输精的最佳时期。

c.严格执行人工授精操作规程:人工授精从采精、精液处理到适时输精,都是环环相扣的,任何一环掌握不好都会影响受胎率,因此配种员应严格遵守人工授精操作规程,提高操作质量,才能有效地提高受胎率。

3.胚胎移植和超数排卵的概念 胚胎移植就是将一头母羊(也称为供体)的受精卵或早期胚胎取出,移植到另一头母羊(也称为受体)的输卵管或子宫内,借腹怀胎,以产出供体后代的一项新技术,也称人工授胎。胚胎移植和超数排卵结合起来,就能使一只优良的母羊在一个繁殖季节里,产生比自然繁殖增加数倍的后代。

超数排卵是利用促卵泡生长成熟的激素或 PMSG 处理,改变母羊在一个发情期只排 1~2 个卵的状况,促使卵巢在一个发情期排出更多的卵。这样能够充分发挥优良母羊的繁殖潜力,对迅速扩大良种畜群,加快养羊业的良种化进程有着积极的作用。

四、早期妊娠诊断

1.妊娠 母羊自发情接受输精或交配后,形成受精卵意味着妊娠。自精卵结合形成胚胎开始到发育成熟的胎儿出生为止,胚胎在母体内发育的整个时期为妊娠期。妊娠期间,母羊的全身状态特别是生殖器官会相应地发生一些生理变化。

（1）妊娠母羊的体况变化。

①食欲：妊娠母羊新陈代谢旺盛，食欲明显增强，消化能力提高。

②体重：由于胎儿的快速发育，加上母羊妊娠期食欲的增强，妊娠母羊体重明显上升。

③体况：妊娠前期因代谢旺盛，妊娠母羊营养状况改善，表现为毛色光润、膘肥体壮；妊娠后期则因胎儿急剧生长、消耗母体营养，如饲养管理条件较差，妊娠母羊则表现瘦弱。

（2）妊娠母羊生殖器官的变化。

①卵巢：母羊妊娠后，妊娠黄体在卵巢中持续存在，从而使发情周期中断。

②子宫：妊娠母羊子宫增生，继而生长和扩展，以适应胎儿的生长发育。

③外生殖器：妊娠初期阴门紧闭，阴唇收缩，阴道黏膜的颜色苍白。随妊娠时间的延长，阴唇表现水肿，其水肿程度逐渐增加。

（3）妊娠母羊体内生殖激素的变化。

母羊妊娠后，首先是内分泌系统协调生殖激素的平衡，以维持妊娠。妊娠期间，几种主要的生殖激素的变化和功能如下。

①孕酮：在促黄体素的作用下卵巢排卵，破裂卵泡处生成黄体，而后受催乳素的刺激释放一种生殖激素，这种激素就称为孕酮，也称为黄体酮。孕酮与雌激素协同发挥作用，维持妊娠。

②雌激素：雌激素是在促性腺激素的作用下由卵巢释放的，其进入血液，通过血液中雌激素和孕酮的浓度来控制脑垂体前叶分泌促卵泡素和促黄体素的水平，从而控制发情和排卵。雌激素也是维持妊娠所必需的。

2. 早期妊娠诊断　母羊配种后应尽早进行妊娠诊断，其优点是能及时发现空怀母羊，以便采取补配措施；对已妊娠的母羊加强饲养管理，避免流产。母羊的早期妊娠诊断通常有以下几种方法。

（1）表现征象观察：母羊妊娠后，在孕酮的制约下，发情周期停止，不再表现发情征象，性情变得较为温顺。同时，妊娠母羊的采食量增加，毛色变得光亮润泽。但这种方法不易早期确切诊断母羊是否妊娠，因此还应结合触诊法来确诊。

（2）触诊法：使待检查母羊自然站立，然后用两只手以抬抱方式在腹壁前后滑动，抬抱的部位是乳房的前上方，用手触摸是否有胚胎包块。

（3）阴道检查法：妊娠母羊阴道黏膜的色泽、黏液性状及子宫颈口形状均有一些与妊娠相一致的规律变化。

①阴道黏膜：母羊妊娠后，阴道黏膜变为苍白色，但用开膣器打开阴道后，很短时间内即由白色又变成粉红色；而空怀母羊阴道黏膜始终为粉红色。

②阴道黏液：妊娠母羊的阴道黏液呈透明状，量少、浓稠，能在手指间牵成线。如果黏液量多、稀薄、颜色灰白，则视为未孕。

③子宫颈：妊娠母羊子宫颈紧闭，色泽苍白，并有强糊状的黏块堵塞在子宫颈口，称为子宫栓。

（4）免疫学诊断：妊娠母羊血液、组织中有特异性抗原，可用制备的抗体血清与母羊细胞进行血液凝集反应，如母羊已妊娠，则红细胞会出现凝集现象。若加入抗体血清后红细胞不发生凝集，则视为未孕。

（5）超声波探测法：超声波探测仪是一种先进的诊断仪器，有条件的地方利用它来做早期妊娠诊断，便捷可靠。其检查方法如下：将待查母羊保定后，在其腹下乳房前毛稀少的地方涂上凡士林或液体石蜡，将超声波探测仪的探头对着骨盆入口方向探查。在母羊配种 40 d 以后，用这种方法诊断的准确率较高。

五、杂交改良

1. 杂交的概念　杂交就是选择不同品种的个体进行配种。其目的一是获得杂种优势，二是彻底改造生产方向。因此，杂交在养羊业中被广泛用于改良低产品种、创造新品种，最有效、最经济地获得羊产品。

2. 常用的杂交方法

（1）级进杂交（吸收杂交或改造杂交）：当一个品种生产性能很低，又无特殊的经济价值，需要从根本上改造时,可用另一优良品种与其进行反复杂交,这种方法称为级进杂交。它实际上是改良品种的反复使用,最初与土种羊杂交,后与各代杂种羊复杂杂交,其目的是从根本改变地方品种的生产性能和产品方向,如将粗毛羊改变为半细毛羊、细毛羊或其他方向的羊。用此法将粗毛羊改变为专门化肉用羊是比较有效的方法。

级进杂交并不是级进的代数越多越好。通过3~4代的级进杂交,可以在群中选择符合生产方向的羊只进行横交固定,对不符合生产方向的羊只,也可继续杂交1代或2代,然后进行横交固定。级进杂交所生的第一代杂种,即使处在与原品种类似的饲养水平下,仍能表现出较好的改良效果,因为有杂种优势的存在。随着级进代数的增加,其要求的饲养管理条件也相应提高,这时杂交改良的效果与饲养条件关系极为密切。条件好时,杂交代数越高,杂种生产性能亦越高;反之,代数过高,生产性能和品质反而下降。

级进杂交一定要选择产品方向完全符合要求,生产性能比较高,对当地生态条件能很好地适应,并且对饲养管理的条件要求不甚高的品种作为改良用品种,往往容易达到预期目的。这样级进杂交的后代既具有改良品种的优良品质和高生产性能,又具有被改良品种(粗毛羊)的生物学特性。采用级进杂交时,如果饲养管理条件不断改善,杂交进行4~5代时,杂种羊在生产性能和其他特性上与改良品种基本相似,但这并不意味着级进杂交就是将土种羊(被改良品种)完全变成改良品种的复制品。

(2) 导入杂交(引入杂交):当一个品种已基本满足国民经济的需要,但在某些方面还存在比较严重的缺点时,可以用生产方向一致,并能改良(纠正)此品种缺点的其他品种进行杂交,称为导入杂交或引入杂交。其目的只限于改良(纠正)原品种某方面的缺点,而尽量保留其主要品质。此法多用于原品种中表现某些个别缺点的母羊,而不是在整个品种中使用。

进行导入杂交时,选择品种和个体很重要。要选择经过严格后裔测验的种公羊,与原品种母羊交配,所生杂交一代公羊、母羊再与原品种的母羊、公羊交配,所得第二代含有1/4导入品种血液,这样即可进行自交固定;或者用第三代公羊、母羊与原品种交配,获得含外血1/8的个体,再进行自交固定。此外,还得加强原品种的选育工作,以保证供应好的回交种畜。

(3) 育成杂交(创造杂交):当原品种不能满足需要时,则利用2个或2个以上的品种进行杂交,最终育成1个新品种的方法。仅用2个品种杂交育成新品种的方法称为简单育成杂交;用3个或3个以上品种杂交育成新品种的方法称为复杂育成杂交。通过育成杂交培育新品种,是发展养羊业、提高绵羊生产性能的重要方法。

育成杂交的形式尽管多种多样,但其过程大致可分为3个阶段。

①杂交改良阶段:这一阶段的主要任务是培育新品种,选择参与育种的品种和个体,较大规模地开展杂交。开始杂交时就应根据国民经济的要求、原品种特点和当地条件做出决定,做到定向培育和定向选择,以便获得大量的优良杂种个体。

②横交固定阶段(自群繁育阶段):这一阶段的主要任务是选择理想型杂种公羊、母羊互交,即通过杂种羊自群繁育固定杂种羊的理想特性。

横交初期,后代性状分离比较大,需严格选择。凡不符合育种要求的个体,则应继续用改良品种(纯种公羊)配种;有严重缺陷的个体,则应淘汰出育种群。在横交固定阶段,为了尽快固定杂种优良特性,可以采用一定程度的亲缘交配或同质选配。

杂交和自群繁育是交错进行的,二者并没有时间上的确切界限,自群繁育开始,并不意味着就是杂交阶段的完全结束。

③纯繁扩群阶段(发展提高阶段、扩群提高阶段):这一阶段的主要任务是建立品种整体结构,增加绵羊数量,提高绵羊品质和扩大品种分布区,使其获得广泛的适应性。

总之,育成杂交的目的,就是将2个或2个以上品种的优良特性遗传并保留下来,克服它们的缺点,最终培育出1个适合地区养殖的、综合能力较高的优良新品种。

(4) 经济杂交(工业杂交或生产性杂交):经济杂交是利用2个或2个以上的不同品种(品系)进

行杂交,获得一代具有活力强、生长发育快、饲料报酬高、产品率高等优势的供商品生产用的杂种后代的方法,其目的是从中获得高的经济效益,但是,经济杂交时,并不是任意2个不同品种杂交都会获得满意结果的,要进行不同品种的杂交试验,找出合适的杂交组合。

实践证明,在商品性肥羔生产中,组织三品种或四品种的杂交效果更好。肥羔生产中利用波尔山羊作为父本与海门山羊、徐淮白山羊、长江三角洲白山羊等品种杂交,杂种一代的肉用性能比被改良亲本均提高50%～100%,所以,波尔山羊是我国肥羔生产上最理想的父本品种。

六、提高繁殖力的主要方法

1. 繁殖力的概念及衡量指标　繁殖力是指动物维持正常生殖功能、繁衍后代的能力,是评定种用动物生产力的主要指标。羊群的繁殖力是提高选育效果和提高养羊生产经济效益的前提,衡量指标有配种率、受胎率、产羔率、双羔率、羔羊成活率、繁殖率及繁殖成活率等。

$$配种率 = \frac{发情配种母羊数}{参配母羊数} \times 100\%$$

$$受胎率 = \frac{受孕母羊数}{参配母羊数} \times 100\%$$

$$产羔率 = \frac{产活羔母羊数}{分娩母羊数} \times 100\%$$

$$双羔率 = \frac{产双羔羊数}{分娩母羊数} \times 100\%$$

$$羔羊成活率 = \frac{断奶活羔羊数}{产活羔羊数} \times 100\%$$

$$繁殖率 = \frac{产活羔羊数}{适繁母羊数} \times 100\%$$

$$繁殖成活率 = \frac{年内成活羔羊数}{产活羔羊数} \times 100\%$$

2. 提高繁殖力的主要方法　繁殖是养羊业生产中的重要环节,只有提高繁殖力才能增加数量和提高质量,获得较高的经济效益。因此畜牧工作者采用各种方法和途径来提高羊群的繁殖力。

(1)加强选种:选育高产母羊是提高羊群繁殖力的有效措施,坚持长期选育可以提高整个羊群的繁殖力。一般采用群体继代选育法,即首先选择本身繁殖力较好的母羊组建基础群,作为零世代羊,以后各世代繁殖过程中均不引进其他群种羊,实行闭锁繁育,但应避免全同胞的近亲交配,第三世代群体近交系数控制在12.5%以内。随机编组交配,严格选留后代种公羊、种母羊。群体继代选育法的关键是建立的零世代羊基础群应具备较高的繁殖力。选择产羔率较高的种羊有以下一些方法。

①根据出生类型选留种羊:母羊随年龄的增长,其产羔率有所变化。一般能产双羔的初产母羊,除了其本身繁殖力较高外,其后代也具有繁殖力高的遗传基础,这些羊都可以选留作种。

②根据母羊的外形选留种羊:细毛羊脸部是否生长羊毛与产羔率有关。眼睛以下没有被覆细毛的母羊产羔率较高,所以选留的青年母绵羊应该体形较大,脸部无细毛覆盖。山羊中一般无角母羊的产羔率高于有角母羊,有肉髯母羊的产羔率略高于无肉髯母羊。但是无角山羊中容易产生间性羊(雌雄同体),因此山羊群体中应适当保留一定比例的有角羊,以减少间性羊的出生。

(2)引入多胎品种的遗传基因:引入具有多胎性的绵羊、山羊的基因,可以有效地提高绵羊、山羊的繁殖力。我国绵羊的多胎品种主要如下:大尾寒羊,平均产羔率为185%;小尾寒羊,平均产羔率为270%左右;苏联美利奴羊,平均产羔率为140%;考力代羊,平均产羔率为120%;湖羊,平均产羔率为235%左右。但是这些品种产毛量低,羊毛品质较差,杂交改良会给毛用性能带来不利影响。我国山羊具有多胎性能,平均产羔率可以达到200%左右,但北方地区的山羊品种产羔率通常较低,可以引进繁殖力较强的品种进行杂交。

(3)提高繁殖公羊、母羊的饲养水平:营养条件对绵羊、山羊繁殖力的影响极大,丰富和平衡的营养,可以提高种公羊的性欲,提高精液品质,促进母羊发情和排卵数的增加。因此,加强对繁殖公羊、母羊的饲养,特别是我国北方和高海拔地区,由于气候的季节性变化,存在着牧草生长的枯荣交替的季节性不平衡。枯草季节,羊采食不足,身体瘦弱会影响羊的受胎率和羔羊成活率。配种季节应加强公羊、母羊的放牧补饲,配种前2个月即应满足羊的营养需求。一方面延长放牧时间,早出晚归,尽量使羊有较多的采食时间;另一方面应适当补饲草料。公羊保持中上等膘情,配种前加强运动;母羊确保满膘配种。母羊在配种期如果满膘体壮,就能正常发情,增加排卵数,所谓"羊满膘,多产羔"就是这个道理。

(4)提高适龄繁殖母羊的比例:母羊承担着繁育羔羊的重任,提高适龄繁殖母羊(2~5岁)的比例是提高羊群繁殖力的重要措施。如果让适龄繁殖母羊在整个羊群中的比例达到60%以上,则可大大提高羊群的繁殖力。母羊一般到5岁达到最佳生育状态,随后生育能力会逐渐降低,到7岁后会逐渐出现一些生育障碍,并由于体况变差,繁殖成活率会大大下降。因此,7岁以上老龄母羊应逐渐淘汰,这样才能提高适龄繁殖母羊在羊群中的比例。

(5)利用药物制剂和激素免疫法:在营养良好的饲养条件下,一般绵羊每次可排出2~6个卵,山羊可排出2~7个卵,有时能排出10个以上。但由于卵巢上的各个卵泡发育成熟及破裂排卵的时间不一致,有些卵排出后错过了与精子相遇而受精的机会,因而不能形成多胎。同时,子宫容积对发育胎儿个数有一定的限制,过多的受精卵会因为不能适时着床而死亡。

注射孕马血清可以诱发母羊在发情配种最佳时间同时多排卵,因为孕马血清除了有着与促卵泡素相似的功能外,同时含有类似促黄体素的功能,能促使排卵和黄体形成。

注射孕马血清的时间应在母羊发情开始前3~4 d。因此,在配种前半个月对母羊试情,将发情的母羊每天做不同标记,经过13~14 d后在母羊后腿内侧皮下进行注射,注射剂量一般根据羊的体重决定:体重在55 kg以上者注射15 mL,45~55 kg者注射10 mL,45 kg以下者注射8 mL。注射后1~2 d内羊开始发情,在注射后第2天开始试情。

新疆生产的以雄烯二酮为主体的激素抗原免疫型药物(商品名称为XJC-A型绵羊双羔苗),在配种前40 d,每只羊肌内注射双羔苗2 mL,28 d后再注射1次,用量与第一次相同,过10 d左右配种,能显著提高母羊的产羔率。影响双羔苗应用效果的因素有几个方面:母羊膘情好,双羔率高;营养缺乏,矿物质供应不足时,双羔苗应用效果不大;繁殖力较低的品种比繁殖力较高的品种应用效果好;母羊配种时体重大的比体重小的应用双羔苗的效果好;初配羊与经产羊应用双羔苗的效果无明显差异。

单元二 接 羔 育 幼

单元目标

知识目标:掌握产羔前的准备工作、产羔母羊及初生羔羊护理技术要点、初生羔羊品质鉴定、羔羊断尾与去势、羔羊培育和断奶鉴定及分群知识要点。
技能目标:初步掌握产羔前的准备工作以及接羔技术、产羔母羊及初生羔羊护理技术、初生羔羊品质鉴定、羔羊断尾与去势、羔羊培育和断奶鉴定及分群方法。
思政目标:培养学习者认真负责、吃苦耐劳、科学严谨、团结合作的工作态度。

扫码学
课件14-2

案例导学

 案例导学

初生羔羊示例。

课前思考

接羔育幼工作关乎羔羊成活率及羔羊后期生长发育,其重要性不言而喻,你认为接羔育幼会涉及哪些方面的工作?

一、产羔前的准备及接羔技术

1. 产羔前的准备

(1)接羔棚舍的准备:羔羊在初生时对低温环境特别敏感,一般在出生后 1 h 内直肠温度降低 2～3 ℃,所以接羔棚舍的温度应达到 10 ℃左右,避免羔羊初生时感到寒冷,而且接羔棚舍要保持地面干燥、通风良好、光线充足、挡风御寒。在接羔棚舍附近,应安排一间暖室,为初生弱羔和急救羔羊之用。

此外,在产羔前 1 周左右,必须对接羔棚舍、饲料架、饲槽、分娩栏等进行修理和清扫,地面和墙壁要用 3％～5％的碱水或 10％～20％的石灰乳溶液进行彻底消毒。喷洒地面或涂抹墙壁要仔细彻底,并在产羔期间再消毒 2～3 次。

(2)饲草、饲料的准备。

①为冬季产羔的母羊提供充足的饲草、饲料:冬季产羔在哺乳后期正值枯草季节,如果缺乏良好的冬季牧草或充足的饲草、饲料,母羊易缺奶,影响羔羊发育,所以应该为冬季产羔的母羊准备充足的青干草、质地优良的农作物秸秆、多汁饲料和适当的精料等。

②为春季产羔的母羊提供饲草、饲料:春季产羔时有的地区牧草还没有返青,所以也应该为产羔母羊准备至少 15 d 的饲草、饲料。

③产羔用草地的准备:在牧区,在接羔棚舍附近,从牧草返青时开始,在避风、向阳、靠近水源的地方用土墙、草坯或铁丝网围起来,作为产羔用草地,其面积大小可根据产草量、牧草的植物学组成以及羊群的大小、羊群品质等因素确定,但至少应当够产羔母羊一个半月的放牧用。

(3)药品、器械的准备:消毒药品(如来苏尔、酒精、碘酒、高锰酸钾),消毒纱布、脱脂棉以及必需药品(如强心剂、镇静剂、垂体后叶素),还有注射器、针头、温度计、剪刀、编号用具和打号液、秤、记录表格(母羊产羔记录、初生羔羊鉴定)等均应准备充分。

(4)接羔人员的准备:接羔护羔是一项繁重而细致的工作,要根据羊群分娩头数认真研究,制订接羔护羔的技术措施和操作规程,做好接羔护羔的各项工作。接羔时除主管接羔的技术人员外,还应有几个辅助人员,必须每个人分工明确,责任到人,对初次参加接羔的工作人员要进行培训,使其掌握接羔的知识和技术。此外,兽医要经常进场进行巡回检查,做到及时防治。

2. 接羔技术

(1)母羊临产前的征象:有配种记录的母羊,可以按配种日期以"月加五,日减三"的方法来推算预产期。例如 4 月 8 日配种妊娠的母羊的预产期应为 9 月 5 日,10 月 7 日配种妊娠的母羊的预产期则为翌年的 3 月 4 日。

在预产期来临前 2～3 d,要加强对母羊的观察。母羊在临近分娩时会有以下异常的行为表现和组织器官的变化。

①临产母羊乳房开始胀大,乳头直立并能挤出黄色的乳。

②阴门红肿且不紧闭,并不时有浓稠黏液流出,尤其以临产前 2～3 h 较明显。

③骨盆韧带变得柔软松弛,肷窝明显下陷,臀部肌肉也有塌陷。由于韧带松弛,荐骨活动性增大,用手握住尾根部向上抬感觉荐骨后端能上下移动。

④临产母羊喜独处,常站立在墙角处,喜欢离群,放牧时易掉队,用蹄刨地,起卧不安,排尿次数增多,不断回顾腹部,食欲减退,停止反刍,不时鸣叫等。

有上述征象的母羊应留在接羔棚舍,不要出牧。

（2）产羔过程及接羔步骤。

①产羔过程：母羊产羔过程分产前准备阶段和胎儿产出阶段。

a.产前准备阶段：以子宫颈的扩张和子宫肌肉有节律地收缩为主要特征。在这一阶段的开始时期，子宫每 15 min 左右发生一次收缩，每次持续约 20 s，由于是一阵一阵地收缩，故称之为阵缩。在子宫阵缩的同时，母羊的腹壁也会发生收缩，称之为努责，这时，接羔人员应做好接羔准备。在准备阶段，扩张的子宫颈和阴道成为一个连续管道。随着胎儿和尿囊绒毛膜进入骨盆入口，尿囊绒毛膜开始破裂，尿囊液流出阴门，称之为"破水"。羊分娩的准备阶段的持续时间为 0.5～24 h，平均为 2～6 h。若尿囊绒毛膜破后超过 6 h 胎儿仍未产出，即应考虑胎儿产式是否正常，超过 12 h，即应按难产处理。

b.胎儿产出阶段：胎儿随羊膜继续向骨盆出口移动，同时引起膈肌和腹肌反射性地收缩，使胎儿通过产道产出。母羊正常分娩时，在羊膜破后几分钟至 30 min，羔羊即可产出。若是产双羔，先后产出时间间隔 5～30 min，但也偶有长达数小时的。如果分娩时间过长，则可能是胎儿产式不正常造成难产。分娩过程中，接产人员应时刻注意观察，要及时处理一些假死羔羊，并对难产母羊进行急救。

②接羔步骤：正常分娩时接羔可按以下步骤进行。

a.母羊乳房、外阴部清洗和消毒：母羊临产时剪净乳房周围和后肢内侧的羊毛，以免产后污染乳房，然后用温水擦洗乳房，并挤出几滴初乳。之后清洗母羊外阴部，并用 1％的来苏尔消毒。

b.接羔：羔羊出生时一般是两前肢及头部先出，并且头部紧紧靠在两前肢的上面，即为顺利产出。当母羊产出第一羔后，如仍有努责或阵缩，必须检查是否还有第二羔。方法为手掌在母羊腹部前侧适力颠举，如为双羔，可触到光滑的羔体。母羊在产羔过程中，非必要时，一般不应干扰，最好让其自行娩出。但双羔母羊在第二羔分娩时已感疲乏，或母羊体质较差时需要助产。助产方法：人在母羊体躯后侧，用膝盖轻压其肷部，等羔羊嘴端露出后，用一只手向前推动母羊会阴部，羔羊头部露出后，再用一只手托住头部，另一只手握住前肢，随母羊的"努责"向后下方拉出胎儿。若属胎位异常（不正），要做难产处理。

c.羔羊产出后的处理：羔羊产出后，用手先把其口腔、鼻腔里的黏液掏出擦净，以免因呼吸困难、吞食羊水而引起窒息或异物性肺炎。羔羊身上的黏液，最好让母羊舔净，这样有助于母羊认羔。如母羊恋羔性比较差，可将胎儿身上的黏液涂在母羊嘴上，引诱母羊舔净羔羊身上的黏液。如果母羊仍不舔或天气较冷，应用干草迅速将羔羊全身擦干，以免羔羊受凉感冒。

羔羊产出后，一般都是自己扯断脐带，等其扯断后再用 5％的碘酒消毒。在人工助产下分娩出的羔羊体质较弱，可由助产人员拿住脐带，把脐带中的血向羔羊脐部顺捋几下，在离羔羊腹部 3～4 cm 的适当部位扯断脐带，并进行消毒，预防发生脐带炎或破伤风。

母羊分娩后 1 h 左右，胎盘会自然排出，应集中深埋，以免母羊吞食，养成恶习。如 4～5 h 之后仍不排出，应进行处理，否则会引起子宫炎等一系列疾病。

初生羔羊要进行编号，育种羔羊称量初生重，按栏目要求填写羔羊出生登记表。

3. 难产的一般处理　在分娩时，初产母羊因骨盆狭窄、阴道过小、胎儿个体较大，或经产母羊由于腹部过度下垂、身体衰弱、子宫收缩无力或胎位不正等均会造成难产。助产时，助产人员应剪短、磨光指甲，消毒手臂，涂上润滑剂，根据不同情况采用不同方法处理。

（1）阴道狭窄或胎儿过大，羊膜已破，羊水流失时，用凡士林或液体石蜡涂抹阴道使阴道滑润后，用手将胎儿拉出。

（2）胎儿口、鼻和两肢已露出阴门，但仍不能顺利产出时，先将胎膜撕破，擦净胎儿鼻、口部的羊水，掏出口腔内黏液，然后在母羊阴门外隔阴唇用手握住胎儿头额后部，用劲向外挤压，将胎儿头和两蹄全部挤出阴门，随母羊努责将胎儿顺势拉出。

（3）遇有头颈侧弯或下弯者，将手伸进阴道将胎儿推回子宫腔内将头纠正，使鼻、唇和两前肢摆正并送入产道，慢慢将胎儿拉出。

（4）前肢弯曲，只出一只蹄，或有肩部前置情况时，都要将胎儿推回子宫腔，纠顺成正常状态（即两前肢托口唇的状态)后再慢慢顺势产出。

(5)遇子宫扭转、子宫颈扩张不全及骨盆腔狭窄等情况致胎儿不能产出时,要立即进行剖宫产手术,以保胎儿顺利产出。

遇到倒产、难产时都不能着急,一定要有耐心。慢慢将胎儿捋顺并随母羊努责动作,慢慢地将胎儿拉出,一般都能助产成功。

4. 假死羔羊的处理 羔羊产出后,身体发育正常,心脏仍有跳动,但不呼吸,这种情况称为假死。假死原因主要是羔羊过早地呼吸而吸入羊水,或子宫内缺氧、分娩时间过长、受凉等。如果遇到羔羊假死情况,要及时进行抢救处理。一般采用2种办法:①提起羔羊两后肢,使羔羊悬空,同时拍击其背、胸部,或向其口内猛吹几口气;②使羔羊平卧,用两手有节律地推压羔羊胸部两侧。一般假死的羔羊经过这种处理后即能复苏。

因受凉而造成假死的羔羊,应立即移入暖室进行温水浴,水温由38℃开始,逐渐升到45℃。沐浴时应注意将羔羊头部露出水面,严防呛水,同时结合腰部按摩,浸20~30 min,待羔羊复苏后,立即擦干其全身。

二、产羔母羊及初生羔羊的护理

1. 产羔母羊的护理 母羊经过阵痛和分娩,已经筋疲力尽,新陈代谢功能下降,抵抗力减弱。如果护理不当,不仅影响母羊身体健康,而且会导致母羊生产性能下降。因此,需要加强产羔母羊的护理。

(1)产羔母羊应注意保暖、防潮,给母羊戴上护腹带,要保持分娩圈舍干燥、清洁和安静,避免伤风、感冒,并使母羊安静休息。

(2)产羔后1 h左右,应给母羊饮1~1.5 L温水或麸皮盐水,水温在25~30 ℃,切忌饮冷水。

(3)为了避免引起乳房炎,在母羊产羔期间可稍减饲料喂量,只喂给优质干草和多汁饲料,产羔后3 d内尽量不喂精饲料,3 d以后,随着羔羊吃初乳的结束,再逐渐增喂精料、多汁饲料和青贮饲料。

(4)母羊分娩后,羔羊吃奶前,应剪去母羊乳房周围的长毛,并用温水洗净、擦干后,挤出一些初乳,帮助羔羊吸乳。

(5)注意母羊恶露排出情况,一般在产羔后4~6 h排尽恶露,若排不干净,要请兽医诊治。

(6)检查母羊乳房有无异常或硬块。

2. 初生羔羊的护理 羔羊出生后,体质较弱,适应能力差,抵抗力差,容易发病。因此,做好初生羔羊护理是保证其成活的关键。

初生羔羊的护理应当做到三防、四勤,即防冻、防饿、防潮和勤检查、勤喂奶、勤治疗、勤消毒。接羔棚舍要保持干燥,潮湿时要勤换干羊粪或干土,且温度不宜过高,要求在5~10 ℃。具体做法如下。

(1)注意防寒保暖:哺乳期羔羊体温调节功能很不完善,不能很好地保持恒温,易受外界温度变化的影响,出生后几小时内更为明显。羔羊肠道的适应性较差,各种辅助消化酶也不健全,易患消化不良和腹泻。所以要保暖、防潮,在高寒地区,天冷时还应给羔羊戴上用毡片、破皮衣制作的护腹带。若羔羊产在牧地上,吃完初奶后要用接羔袋将其背回。

(2)给羔羊充足的营养:羔羊出生后,必须给予充足的营养,使羔羊能尽快吃到初乳(母羊产后1~3 d分泌的乳汁)。尤其是哺乳期,羔羊发育很快,若奶不够吃,不仅羔羊的发育受影响,而且易于染病死亡。对缺奶的羔羊,应找保姆羊。保姆羊一般是死掉羔子的或有余奶的母羊。由于绵羊嗅觉灵敏,所以应先将母羊尿液或羊奶涂在待哺羔羊的身上,使母羊难以辨认。对保姆羊与待哺羔羊,要勤检查,最初几天需人工辅助,必要时强制授乳。

对弱羔、双羔、孤羔,一般用新鲜牛奶进行人工哺喂,但对初生羔羊必须设法让其先吃到初乳。牛奶必须加温消毒,并要求定温(38~39 ℃)、定量、定时、定质,可以用奶瓶哺乳,一般采用少量多次的喂法。

（3）精心护理病羔：对病羔要做到勤检查、早发现、及时治疗、特殊护理。不同疾病采取不同的护理方法，打针、投药要按时进行。一般体弱腹泻的羔羊，要做好保温工作；患肺炎的羔羊，畜舍不宜太热；积奶的羔羊，不宜多吃奶；24 h 后仍不见胎粪排出，应采取灌肠措施；胎粪黏稠，堵塞肛门，造成排粪困难时，应注意及时擦拭干净。

细毛羔羊、半细毛羔羊、杂种羔羊，吃饱奶后喜卧地，如天气热，卧地太久，胃内奶急剧发酵会引起腹胀，随即腹泻。所以在草地或圈内，不能让羔羊多睡觉，应常将其赶起走动。气温降低时，应立即将其赶回育羔室，防止因气温降低而引起感冒、肺炎、腹泻等疾病。

（4）及时给羔羊编号：为便于管理和进行各项记录，对留作种用的羔羊要编号，一般佩戴金属耳标，耳标有圆形和长方形两种，多为铝合金制品，在上面用字钉打上号码即可。

（5）羔羊早期补饲：提早补饲有助于羔羊的生长发育，有助于羔羊提早反刍，使瘤胃功能尽早得到锻炼，促使肠胃容积增大，前胃和咀嚼肌发达。青粗饲料还能使羔羊唾液腺、胃腺、肠腺和胰腺分泌增多，提高消化能力。因此，在羔羊出生 10 d 以后，开始训练其采食幼嫩的青干草，15～20 d 时适量补饲含蛋白质 18%～20% 的精料，并加入 1% 食盐、骨粉以及铜、铁等微量元素，同时，羊圈内要放置水盆盛上清洁水，供羔羊饮用。饲料搭配要多样，少喂勤添，并逐渐减少哺乳次数，促进羔羊提早断奶。羔羊出生后 30～40 d 可完全断奶。

三、初生羔羊品质鉴定

羔羊初生时，根据其初生重（第一次吃初乳前测定）、体形、毛色、毛质及生长发育、健康状况等特征做初生品质鉴定，品质低劣不宜留种用的公羔应去势。

细毛羔羊、半细毛羔羊及其杂种羔羊出生后 3 d 内需做一次品质鉴定，这是对羔羊的初步挑选。可以根据羔羊的等级组成来鉴定种公羊的好坏，种公羊的后裔测验结果知道得越早越好。另外有一些性状（如羔羊身上的有色斑点和犬毛等）在羔羊身上能清楚地看到，而长大后会逐渐消失或不易发现，这些性状对后代品质影响很大。

品质鉴定时着重观察皮肤皱褶、毛色、体质、类型等。品质鉴定后可把羔羊分为优、良、中、劣 4 个等级。

（1）优：体质坚实，体格大，毛色全白无犬毛，被毛同质，初生重在 4 kg 以上，体躯及四肢无杂色斑点。

（2）良：体质坚实，体格大或中等，毛色全白同质或犬毛很少，初生重在 3.5 kg 以上，体躯及四肢无杂色。

（3）中：体质坚实，体格中等或略小，毛色全白、同型，犬毛稍多或四肢次要部位有小的有色斑点，初生重在 3.0 kg 以上。

（4）劣：其他项目虽略同于以上各级，但羊毛混型或体躯主要部位有粗毛，或毛质略同于以上各级而体格特小、体质特差者。

以上标准适用于细毛、半细毛羊品种的羔羊及其杂种的品质鉴定，但后两者在毛质和毛色上可略放宽。初步鉴定后划出等级，并佩戴耳标，做好记录。耳标多为圆形铝合金制品，使用前用钢字钉打上号码。编号时，第一个字代表年度。经鉴定挑选出的优秀个体，可用母子群的饲养管理方式加强培育。

四、羔羊断尾与去势

1. 羔羊断尾

（1）断尾目的：断尾主要针对长瘦尾型的绵羊品种，如纯种细毛羊、半细毛羊及其杂种羊。因为尾瘦长、无实用价值且易被粪便污染，尾还会污染羊毛和妨碍配种。断尾的目的是保持羊体清洁卫生，保护羊毛品质和便于配种。

（2）断尾时间：羔羊应于出生后 10 d 内断尾，身体瘦弱的羊或遇天气寒冷时，可适当推迟。断尾最好选择在晴天的早晨进行，以便全天观察和护理羔羊。

(3) 断尾方法。

①热断法(烧烙法):断尾时,需用一种特制的断尾铲(厚 0.5 cm,宽 7 cm,高 10 cm)和两块 20 cm 见方的木板,在一块木板一端的中部锯一个半圆形缺口,两侧包以铁皮。一块称为挡板,另一块称为垫板,断尾时衬在板凳上,由一人将羔羊背贴木板进行保定,另一人用带缺口的木板卡住羔羊尾根部(距尾部 5~6 cm,第 3、4 尾椎之间),并用烧至暗红的断尾铲将尾切断。下切的速度不宜过快,用力要均匀,使断口组织在切断时受到烧烙,起到消毒、止血的作用,最后用碘酒消毒。

②结扎法:用橡皮筋圈在第 3、4 尾椎之间将羊尾紧紧扎住,阻断尾下段的血液流通,10~15 d 尾下段自行脱落。这种方法安全、方便,但是所需时间较长。

③快刀法:先用细绳捆紧尾根,断绝血液流通。然后用快刀在离尾根 4~5 cm 处切断,伤口用纱布、棉花包扎,以免引起感染和冻伤。当天下午将捆尾根的细绳解开,使血液流通,一般经 7~10 d 可愈合。

2. 羔羊去势

(1) 去势目的:去势也叫阉割,去势后的羊称为羯羊。凡不宜作种用的公羔都要进行去势,羊去势后性情温顺、管理方便、容易育肥、节省饲料,肉的膻味小且较细嫩。

(2) 去势时间:最佳去势时间为 1~2 月龄,多在春、秋两季气候凉爽、天气晴朗时进行。羔羊在出生后 1~2 周进行,如遇天冷或羔羊体弱,可以适当延迟去势。去势和断尾可同时进行或分别进行。

(3) 去势方法。

①刀切法:用阉割刀或手术刀切开阴囊,摘除睾丸。将羊保定后,用碘酒和酒精对术部消毒,术者左手紧握阴囊的上端,将睾丸压迫到阴囊的底部,右手用刀在阴囊的下端与阴囊中隔平行的位置切开,切口大小以能挤出睾丸为度。睾丸挤出后,将阴囊皮肤向上推,暴露精索,采用剪断或拧断的方法均可。在精索断端涂以碘酒消毒,在阴囊皮肤切口处撒上少量消炎粉即可。

②结扎法:术者左手握紧阴囊基部,右手撑开橡皮筋将阴囊套入,反复扎紧,以阻断下部的血液流通。经 15~20 d,阴囊连同睾丸自然脱落。此法较适合 1 月龄左右的羔羊。在结扎后,要注意常检查,防止结扎效果不好或结扎部位发炎、感染。

③去势钳法:用特制的去势钳,在阴囊上部用力夹紧,将精索夹断。精索夹断后睾丸逐步萎缩。此法不产生伤口,无失血、感染的危险。

3. 注意事项

(1) 羔羊断尾后,要注意观察,若发现流血,应进行烧烙或止血处理。

(2) 断尾时若无断尾铲,可改用火铲。

(3) 去势的最初几天,要常检查伤口,如遇红肿感染现象,要及时处理。同时,要注意去势羔羊的环境卫生,垫草要勤换,保持垫草清洁干燥,防止伤口感染。

(4) 羔羊去势术须多加练习。

五、羔羊培育、断奶鉴定及分群

1. 羔羊培育

(1) 羔羊培育的重要性:绵羊的生长发育有明显的阶段性,要想培育出高生产性能和优良品质的绵羊,就必须充分满足绵羊在各个生长发育阶段的营养需要。尤其在生长发育最快的幼龄时期更为重要。如果在羔羊时期不能正确培育,优良的性状不能充分表现,得到的只能是个体少、体质弱、生产性能差的羊。要是羔羊连续几代都处在不良的培育条件下,必然会造成绵羊品种的严重退化,生产性能逐渐降低,适应性减弱。相反,如能加强羔羊培育,用人为创造的生活条件(如饲养、管理等)来影响和控制羔羊的生长发育,使其向所需要的方向变异。培育工作虽然在绵羊整个生长发育过程中都应加以注意,但培育所产生的效果却以羔羊时期最显著,这是因为幼畜具有较大的可塑性。因此,羔羊培育是养羊业的重要一环。

(2) 羔羊培育方法:羔羊培育是指羔羊断奶(4 月龄)前的饲养管理。羔羊培育分为出生前培育和出生后培育两个阶段。

①出生前培育：妊娠前期胎儿形成各种组织器官，对各种营养物质的需要量不大，有全价的营养，能保证各组织器官发育正常、完善。而妊娠后期胎儿各组织器官生长发育很快，羔羊初生重的90%是妊娠后期生长发育的。同时，为产后泌乳，母羊本身也需储存了一些营养物质，因此，妊娠后期母羊要加强营养，以供给丰富而全价的营养物质，要给精料、优质青干草、多汁饲料和矿物质饲料。为母羊创造良好的饲养管理条件，不仅可使羔羊初生重大、羊毛密度好、发育良好、体格健壮，而且可使产后母羊泌乳多，能保证哺乳期羔羊的正常生长发育。

②出生后培育：羔羊出生后的营养主要靠哺乳及以后的补饲。

哺乳期是羊一生中生长发育最快而最难饲养的一个阶段，稍有不慎不仅会影响羊的发育和体质，还会造成发病率和死亡率增高，给羊生产造成重大损失。因此，应采取措施合理饲养。

a.羔羊出生后应尽早吃足初乳，并继续保持母羊良好的营养状况，使其有足够的乳汁哺育羔羊。羔羊出生后数日宜留在圈中，因此，母羊也应舍饲。

羔羊在哺乳前期主要依赖母乳获取营养，母乳充足时，羔羊生长发育好、增重快、健康活泼。母乳可分为初乳和常乳，母羊产后 3 d 内分泌的乳叫初乳，以后的则为常乳。初乳浓度大，养分含量高，含有大量的抗体球蛋白和丰富的矿物质元素，可增强羔羊的抗病力，促进胎粪排泄。因此，应保证羔羊在产后 15～30 min 内吃到初乳。哺乳时，生产人员应对弱羔、病羔或保姆性差的母羊进行人工辅助羔羊吃乳，并安排好吃乳时间。

b.为增强羔羊体质，随着羔羊日龄的增长，羔羊应尽早运动。舍饲情况下，10 日龄羔羊可在运动场内自由运动。放牧情况下，10 日龄羔羊可以开始随母羊放牧，开始时应距离羊舍近一些，以后可逐渐增大放牧距离。为了保证母羊和羔羊的正常营养，最好留出一些离羊舍较近的优质牧地。

c.适时补饲。一般 3.5～4 月龄羔羊即和母羊分群管理，这是羔羊发育的危险期。此时若补饲不够，羔羊体重不仅不增长，反而有下降的可能。因此，羔羊在断奶分群后应在较好的牧地上放牧，且需要适量补饲干草和精料。出生后 15 日左右，即可训练羔羊采食干草，1 个月左右补饲精料。补饲应少喂勤添，定时、定量、定点，保证饲槽和饮水的清洁卫生。羔羊时期生长发育迅速，1 月龄以后，羔羊逐渐以采食草、料为主，哺乳为辅。羔羊出生后 7～10 日龄，在跟随母羊放牧或补饲时，会模仿母羊的采食行为。此时，可将大豆、蚕豆、豌豆等炒熟粉碎后，撒于饲槽内对羔羊进行诱食。同时选择优质的青绿饲料或青干草（最好是豆科和禾本科草），放置在运动场内的草架上，训练羔羊采食。初期，每只羔羊每天可补喂混合饲料 10～50 g，待羔羊习惯后逐渐增加补喂量。一般 2 周龄至 1 月龄为 50～80 g，2 月龄为 100～120 g，3～4 月龄为 250～300 g。补喂的青粗饲料可任其自由采食。补饲的日粮最好按羔羊的体重和日增重要求，依据饲养标准进行搭配。补饲的日粮应种类多样，适口性好，易消化，粗纤维含量少，富含蛋白质、矿物质、维生素。

d.加强管理，顺利断奶。羔羊出生时，要保温防暑，进行体重称量。7～15 日龄时进行编号、去角（山羊）或断尾（绵羊），1 月龄左右对不符合种用的公羊进行去势。羔羊时期容易发病，如羔痢、肺炎、胃肠炎等，应经常观察羔羊食欲、粪便、精神状态的变化，发现问题后及时处理。保持羊舍干燥、清洁、温暖，勤换垫草或垫土，定期消毒，做好防疫注射。

羔羊培育要求较高，若把少量特别好的羔羊挑选出来加强培育，育成特别优秀的个体，这对整个羊群质量的提高有很好的作用。

2. 断奶鉴定 发育正常的羔羊一般在 3.5～4 月龄断奶，断奶时间要根据羔羊的月龄、体重、补饲条件和生产需要等因素综合考虑。在产羔集中或母羊奶量不足的情况下，最好采取一次性断奶。在国外工厂化肥羔生产中，羔羊的断奶时间通常为 4～8 周龄。对于早期断奶的羔羊，必须提供符合其消化特点和营养需要的代乳饲料，否则会造成损失。断奶时，要求母羊转移，母子不再合群，并做好饲料、环境、饲养方式的逐渐过渡。羔羊时期还应定期检测月龄体重和计算平均日增重，为选育提供科学依据，并结合放牧搞好运动，促进羔羊的生长发育。

在羔羊断奶分群时，要进行断奶鉴定。主要对羔羊体质类型、体格大小，羊毛密度、细度和长度做出评定,定出等级。

(1)优:体质结实,个体大,发育良好,具有符合品种要求的羊毛细度、皮肤皱褶、毛色和毛长的个体。

(2)良:体质稍细,体格大或中等,皮肤紧密无皱褶,毛色纯白,被毛长而密度稍差者。

(3)中:体质较粗,体格略小,皮肤宽松,毛色纯白,被毛密度大而毛短者。

(4)劣:凡不符合以上各级要求的均列为劣等。

经过断奶鉴定的羔羊,应按性别和鉴定等级分群,并做好记录。在鉴定的同时若发现有丢失耳标的羊只,应及时补上。

断奶鉴定注意事项:断奶时,个别体质特别差的弱羔、病羔应暂缓断奶,待体质恢复或病愈后再进行断奶;断奶鉴定评定体格大小时,应与整个群体来进行比较。

3. 分群 一般羊群应按公、母分群,同时羊群周转时应按年龄分群。经过鉴定的羔羊应按等级分群,分群一般在羔羊断奶时进行 1 次,育成羊鉴定剪毛后进行 1 次,基础母羊配种前进行 1 次,组群的数量大小根据品种、性别、年龄、经济效益的高低以及自然条件而定。牧区:一般细毛母羊 200～300 只为一群,粗毛羊 400～500 只为一群,羯羊 800～1000 只为一群,育成母羊 200～300 只为一群,育成公羊 200 只为一群。山区:一般母羊 200 只为一群,育成公羊 100 只为一群,羯羊 300 只为一群。农区:200 只为一群。

单元三　羊的饲养管理

扫码学
课件 14-3

单元目标

知识目标:掌握羊的生物学特性、消化生理特点、营养需要、日粮配合以及舍饲条件下羊的饲养管理,另外需掌握育成羊、种公羊、繁殖母羊的饲养管理、驱虫和药浴技术要点。

技能目标:掌握舍饲条件下不同生理阶段、不同生产需要的羊的饲养管理技术,掌握羊的驱虫和药浴技术。

思政目标:培养学习者科学严谨、吃苦耐劳、认真负责、精益求精的工作精神。

案例导学

➡ **案例导学**

种公羊的日粮组成和饲养方法。

➡ **课前思考**

饲养管理的概念比较宽泛,你认为羊饲养管理包括哪些方面的工作?

一、羊的生物学特性及消化生理特点

1. 羊的生物学特性

(1)采食能力强,对粗饲料的利用率高。

羊的颜面细长,嘴尖,嘴唇灵活,牙齿锐利,上唇中央有一纵沟,下颚切齿向前倾斜,对采食地面低草、小草、花蕾和灌木枝叶很有利,对草籽的咀嚼也很充分。羊善于啃食很短的牧草,在马、牛放牧过的草场或马、牛不能利用的草场,羊都可以正常放牧采食,故可以进行牛羊混牧。

绵羊和山羊的采食特点明显不同：山羊后肢能站立，有助于采食高处的灌木或乔木的幼嫩枝叶，而绵羊只能采食地面上或低处的草尖与枝叶；绵羊与山羊合群放牧时，山羊总是走在前面抢食，而绵羊则慢慢跟在后边低头啃食；山羊舌上苦味感受器发达，对各种苦味植物较乐意采食；绵羊中的粗毛羊爱吃"走草"，即边走边采食，移动较勤，游走较快，能扒雪吃草，对当地毒草有较高的识别能力，而细毛羊及其杂种，则吃的是"盘草"（站立吃草），游走较慢，常落在后面，扒雪吃草和识别毒草的能力较差。

羊作为反刍动物，能较好地利用粗饲料。在青草能吃饱的季节或有较好青干草补饲的情况下，不需要补饲精饲料，羊就可以保证正常的生理活动和育肥。所以，羊较其他家畜更容易安全越冬，具有较强的抗春乏能力。

（2）合群性强。

羊的合群性很强。放牧时虽很分散，但不离群，一有惊吓或被驱赶便马上集中。群体中各个体主要通过视、听、嗅、触等感官活动来传递和接受各种信息，以保持和调整群体成员之间的活动。利用合群性，在羊群出圈、入圈、过河、过桥、饮水、换草场、运输时，只要有领头羊先行，其他羊只即跟随领头羊前进并发出保持联系的叫声，为生产中的大群放牧提供了方便。但由于群居行为强，羊群间距离近时，容易混群，故在管理上应避免混群。在自然群体中，羊群的领头羊多是年龄较大、子孙较多的母羊，也可选择行动敏捷、易于训练及记忆力好的山羊做领头羊。应注意，经常掉队的羊，往往不是患病，就是老弱跟不上群。

一般来讲，山羊的合群性好于绵羊；绵羊的合群性，粗毛羊好于细毛羊，肉用羊最差；夏、秋季牧草丰盛时，羊只的合群性好于冬、春季牧草较差时。

（3）喜干厌湿。

"羊性喜干厌湿，最忌湿热湿寒，利居高燥之地"，说明养羊的牧地、圈舍和休息场所，都以高燥为宜。如久居泥泞潮湿之地，则羊只易患寄生虫病和腐蹄病，甚至毛质降低，脱毛加重。不同的绵羊、山羊品种对气候的适应性不同，如细毛羊喜欢温暖、干旱、半干旱的气候，而肉用羊和肉毛兼用半细毛羊则喜欢温暖、湿润、全年温差较小的气候，但长毛肉用的罗姆尼羊，比较能耐湿热气候和适应沼泽地区，对腐蹄病有较强的抵抗力。

我国北方很多地区相对湿度平均为 40%～60%（仅冬、春两季有时可高达 75%），故适合养羊特别是细毛羊；而南方的高湿高热地区则较适合养山羊和长毛肉用羊。

（4）嗅觉灵敏。

羊的嗅觉比视觉和听觉更灵敏，这与其发达的腺体有关，其具体作用表现在以下三个方面。

①靠嗅觉识别羔羊：羔羊出生后与母羊接触几分钟，母羊就能通过嗅觉鉴别出自己的羔羊。羔羊吮乳时，母羊总要先嗅一嗅其臀尾部，以辨别是不是自己的羔羊，利用这一点可在生产中寄养羔羊，即在被寄养的孤羔和多胎羔身上涂抹保姆羊的羊水或尿液，这样寄养多会成功。

②靠嗅觉辨别植物种类或枝叶：羊在采食时，能依据植物的气味和外表，细致地区分出各种植物或同一植物的不同品种（系），选择含蛋白质多、粗纤维少、没有异味的牧草采食。

③靠嗅觉辨别食物和饮水的清洁度：羊爱清洁，在采食草料和饮水之前，总要先用鼻子嗅一嗅再吃和喝。凡被污染、践踏或发霉变质有异味的食物和饮水，羊都会拒食。所以，要保持草料的清洁卫生，保证羊正常采食。

（5）山羊活泼好动，绵羊性情温顺，胆小易惊。

山羊机警灵敏，活泼好动而勇敢，记忆力强，易于训练成特殊用途的羊（如登台演出的羊）；而绵羊性情温顺，胆小易惊，反应迟钝，易受惊吓而出现"炸群"。当遇兽害或其他惊吓时，山羊能主动大叫求救，并且有一定的抵御能力；而绵羊性情温顺，缺乏抵抗力，常四散逃避，不会联合抵抗。山羊喜角斗，角斗形式有正向互相顶撞和跳起斜向相撞两种，绵羊则只有正向互相顶撞。因此，有"精山羊，疲绵羊"之说。

（6）抗逆性强。

羊对逆境有良好的适应性，主要表现为抗寒耐热、抗饥渴耐粗饲、耐粗放管理、发病率低等。

①抗寒耐热：羊毛有绝热作用，能阻止太阳辐射热迅速传到皮肤，所以羊较能耐热。但绵羊的汗腺不发达，蒸发散热主要靠呼吸，其耐热性较山羊差，故当夏季中午炎热时，绵羊常有停食、喘气甚至扎窝子等表现；而山羊却从不扎窝子，照常东游西窜，气温达 37.8 ℃时仍能继续采食。粗毛羊与细毛羊相比，前者较能耐热，只有当中午气温高于 26 ℃时才开始扎窝子；而后者则在 22 ℃左右就有此种表现。

由于绵羊有厚密的被毛和较多的皮下脂肪，可以减少体热散发，故其耐寒性高于山羊。细毛羊及其杂种羊的被毛虽厚，但皮板较薄，故其耐寒能力不如粗毛羊；长毛肉用羊原产于英国的温暖地区，皮薄毛稀，引入气候严寒之地后，为了增强抗寒能力，皮肤常会增厚，被毛有变密变短的倾向。

②抗饥渴耐粗饲：羊在极端恶劣的条件下，具有令人难以置信的生存能力，能依靠粗劣的秸秆、树叶维持生活。与绵羊相比，山羊更能耐粗饲，除能采食各种杂草外，还能啃食一定数量的草根树皮，对粗纤维的消化率比绵羊要高出 3.7%。

羊对渴的抵抗力强于其他家畜。当夏、秋季缺水时，羊能在黎明时分，沿牧场快速移动，用唇和舌接触牧草，以搜集叶上凝结的露珠。在野葱、野韭、野百合、大叶棘豆等牧草分布较多的牧场放牧时，羊可几天乃至十几天不采食不饮水。张松荫教授曾用羊做过饥饿试验，甘肃细毛羊不吃不喝 20多天才开始死亡，有些个体可存活 40 d 之久。但比较而言，山羊更耐渴，山羊每千克体重代谢需水186 mL，绵羊则需水 197 mL。

③耐粗放管理、发病率低：放牧条件下的各种羊，只要能吃饱饮足，一般全年发病较少。在夏、秋膘肥时期，羊对疾病的耐受能力较强，一般不表现出症状，有的临死还能勉强吃草跟群。为做到早治疗，必须细致观察，才能及时发现。山羊的抗病力强于绵羊，体内感染寄生虫和腐蹄病的也较少。粗毛羊的抗病力较细毛羊及其杂种羊强。

2. 羊的消化生理特点

(1) 消化器官的特点：羊属于反刍类家畜，具有复胃结构，分为瘤胃、网胃、瓣胃和皱胃 4 个胃室。其中，前 3 个胃室总称为前胃，胃壁黏膜无胃腺，犹如单胃的无腺区；皱胃被称为真胃，胃壁黏膜有腺体，其功能与单胃动物的胃相同。据测定，绵羊的胃总容积约为 30 L，山羊的为 16 L 左右，各胃室容积占总容积的比例不同。瘤胃呈椭圆形，容积最大，其功能是储藏在较短时间采食的、未经充分咀嚼而咽下的大量牧草，待休息时反刍，内有大量能够分解消化食物的微生物；网胃呈梨形，与瘤胃紧连在一起，其消化生理作用基本相似；瓣胃黏膜形成新月状的瓣叶，容积最小，对食物起机械压榨作用；皱胃可分泌胃液（主要是盐酸和胃蛋白酶），可对食物进行化学性消化。

羊的小肠细长曲折，长度约为 25 m，相当于体长的 26～27 倍。胃内容物进入小肠后，在各种消化液（胰液和肠液等）的参与下进行化学性消化，分解为各种营养物质后被小肠吸收。未被消化吸收的食物，经小肠蠕动被推进大肠。

大肠的直径比小肠粗，长度比小肠短，约为 8.5 m。大肠的主要功能是吸收水分和形成粪便。在小肠没有被消化的食物进入大肠，在大肠微生物和由小肠带入大肠的各种酶的作用下，继续消化吸收，余下部分变成粪便排出体外。

(2) 消化功能的特点。

①反刍：反刍是指反刍草食动物在食物消化前把食团吐出经过再咀嚼和再咽下的活动。其机制是饲料刺激网胃、瘤胃前庭和食管的黏膜引起反射性逆呕。反刍是羊的重要消化生理特点，反刍停止是疾病征兆，不反刍会引起瘤胃臌气。

羔羊出生后，约 40 d 开始出现反刍行为。羔羊在哺乳期，早期补饲容易消化的植物性饲料，能刺激前胃的发育，可提早出现反刍行为。反刍多发生在采食饲草之后。羊在反刍过程中也可随时转入采食饲草。反刍姿势多为侧卧式，少数为站立式。正常情况下，反刍时间与放牧采食时间之比为0.8：1，与舍饲采食时间之比为 1.6：1。

②瘤胃微生物的作用：瘤胃环境适合瘤胃微生物的栖息繁殖。瘤胃内存在大量细菌和原虫，每毫升内容物含细菌 10^{10}～10^{11} 个、原虫 10^5～10^6 个。原虫中主要是纤毛虫，其体积大，是细菌的 1000

倍。瘤胃是一个复杂的生态系统,反刍家畜摄取大量的草料并将其转化为畜产品,主要靠瘤胃(包括网胃)内复杂的消化代谢过程。瘤胃微生物的主要作用如下。

a. 消化糖类,尤其是纤维素:食入的糖类在瘤胃内由于受到多种微生物分泌酶的综合作用,发生酵解和分解,并形成挥发性低级脂肪酸(VFA),如乙酸、丙酸、丁酸等,这些酸被瘤胃壁吸收,通过血液循环,参与代谢,是羊最重要的能量来源。据测定,由于瘤胃微生物的发酵作用,羊采食的饲草饲料中有 $55\%\sim95\%$ 的糖类、$70\%\sim95\%$ 的纤维素被消化。

b. 可同时利用植物性蛋白质和非蛋白氮(NPN)构成微生物蛋白质:饲料中的植物性蛋白质,通过瘤胃微生物分泌酶的作用,最终被分解为肽、氨基酸和氨;饲料中的非蛋白氮,如酰胺、尿素等,也被分解为氨。在瘤胃内,在能源供应充足和具有一定数量蛋白质的条件下,瘤胃微生物可将这些分解产物合成微生物蛋白质(其中细菌蛋白质占主要成分)。微生物蛋白质含有各种必需氨基酸,且比例合适,组成较稳定,生物学价值高。它随食糜进入皱胃和小肠,作为蛋白质饲料被消化。因而,瘤胃微生物作用提高了植物性蛋白质的营养价值。同时,在养羊业中,可利用部分非蛋白氮(尿素、铵盐等)作为补充饲料代替部分植物性蛋白质。瘤胃内可合成 10 种必需氨基酸,这满足了绵羊必需氨基酸的需要。

c. 对脂类有氢化作用:瘤胃微生物可以将牧草中不饱和脂肪酸转变成羊体内的硬脂酸。同时,瘤胃微生物亦能合成脂肪酸。Sutton 测定(1970 年),绵羊每天可合成 22 g 左右长链脂肪酸。

d. 合成 B 族维生素:主要包括维生素 B_1、维生素 B_2、维生素 B_6、维生素 B_{12}、泛酸和烟酸等,同时能合成维生素 K。这些维生素合成后,一部分在瘤胃中被吸收,其余在肠道中被吸收利用。

二、羊的营养需要

羊的营养需要是指每天每只羊对能量、蛋白质、矿物质和维生素等营养物质的总需要量,包括维持营养需要和生产营养需要。维持营养需要是指羊为了维持正常体温、血液循环、组织更新等生命活动从饲料中摄取的营养物质。生产营养需要是指羊用于生长、育肥、繁殖、产奶、产毛等生产活动所需要的养分与能量。在实际生产中,根据羊在不同生理状态和生产水平下对营养物质需要的特点及规律,科学合理供给羊的营养物质,一方面能充分发挥羊的生产潜力,生产出量多质优的畜产品;另一方面可提高饲料转化率,有效地利用饲草、饲料。

1. 维持营养需要　羊在维持正常生命活动过程中,如果各种营养物质得不到满足,机体就会动用体内储存的养分来弥补亏损,导致体重下降和体质衰弱等不良后果。只有当日粮中的能量、蛋白质、矿物质和维生素等营养物质量超过羊的维持需要量时,羊才能维持一定水平的生产能力。干乳空怀的母羊和非配种季节的成年公羊,大多处于维持饲养状态,对营养水平要求不高。山羊的维持营养需要,与同体重的绵羊相似或略低。

2. 生长营养需要　羊从出生到 1.5 岁,肌肉、骨骼和各器官组织的发育较快,需要沉积大量的蛋白质和矿物质,尤其是出生至 8 月龄,是羊出生后生长发育最快的阶段,对营养物质的需要量较高。羊增重的可食成分主要是蛋白质(肌肉)和脂肪。如果饲料中的蛋白质、脂肪、矿物质供应不足,将直接影响羊的体型形成和体重增加。

3. 育肥营养需要　育肥的目的就是增加羊肉和脂肪等可食部分,改善羊肉品质。羔羊的育肥以增加肌肉为主,而成年羊的育肥主要是增加脂肪。因此,成年羊的育肥,对日粮中蛋白质水平要求不高,只要能提供充足的能量饲料,就能取得较好的育肥效果。

4. 产奶营养需要　产奶是母羊的重要生理功能。羊奶中的酪蛋白、白蛋白、乳脂和乳糖等营养成分,都是饲料中不存在的,必须经过乳腺细胞合成。母羊饲料中的糖类、蛋白质、矿物质、维生素供应不足时,会影响产奶,缩短泌乳期。

5. 产毛营养需要　羊毛是由 18 种氨基酸组成的角蛋白,富含硫氨酸,其胱氨酸的含量可占角蛋白总量的 $9\%\sim14\%$。瘤胃微生物可利用饲料中的无机硫合成含硫氨基酸,以满足羊毛生长的需要,提高羊毛产量,改善羊毛品质。在羊日粮干物质中,氮硫比以 $(5\sim10):1$ 为宜。产毛营养需要与维持、生长、育肥和繁殖等的营养需要相比,所占比例不大,并远低于产奶营养需要。但是,当日粮

中粗蛋白质水平低于 5.8% 时,也不能满足产毛的最低营养需要。产毛能量需要约为维持能量需要的 10%。铜与羊产毛的关系密切,缺铜的羊除出现贫血、瘦弱和生长发育受阻外,羊毛弯曲变浅,被毛粗乱,将直接影响羊毛的产量和品质。但应注意的是,绵羊对铜的耐受力非常有限,每千克饲料干物质中铜的含量达 5～10 mg 已能满足羊的各种需要;超过 20 mg 时有可能造成羊的铜中毒。维生素 A 对羊毛的生长和羊的皮肤健康十分重要,在枯草期应适当补充。

6. 繁殖营养需要 羊体况的好坏与繁殖能力有密切的关系,而营养水平又是影响羊体况的重要因素。

(1) 种公羊的营养需要:一年中,种公羊处于 2 种不同的生理阶段,即配种期和非配种期。在配种期内,要根据种公羊的配种强度或采精次数,合理调整日粮的能量和蛋白质水平,并保证日粮中纯蛋白质占有较大的比例。在非配种期,种公羊的营养需要比维持营养需要高 10%～20%;日粮的粗料比例也可适当增加。

(2) 繁殖母羊的营养需要:母羊配种受胎后即进入妊娠阶段,这时除满足母羊自身的营养需要外,还必须为胎儿提供生长发育所需的养分。

①妊娠前期(前 3 个月)营养需要:这是胎儿生长发育最快的时期,胎儿体内各器官、组织的分化和形成大多在这一时期内完成,但胎儿的增重较小。在这一阶段,母羊对日粮的营养水平要求不高,但必须提供一定数量的优质蛋白质、矿物质和维生素,以满足胎儿生长发育的营养需要。

②妊娠后期(后 2 个月)营养需要:到妊娠后期,胎儿和母羊自身的增重加快,母羊增重的 60% 和胎儿储积纯蛋白质的 80% 均在这一时期内完成。随着胎儿的生长发育,母羊腹腔容积减小,采食量受限,草料容积过大或水分含量过高,均不能满足母羊对营养物质的要求,应给母羊补饲一定的优质青干草或混合精料。妊娠后期母羊的热能代谢比空怀期高 15%～20%,对蛋白质、矿物质和维生素的需要量明显增加,需注意添加。

③泌乳期营养需要:母羊分娩后泌乳期的长短和泌乳量的多少,对羔羊的生长发育和健康有重要影响。母羊产后 4～6 周泌乳量达到高峰,维持一段时间后母羊的泌乳量开始下降。一般山羊的泌乳期较长,尤其是乳用山羊品种。母羊泌乳前期的营养需要高于泌乳后期。羊乳中含有乳酪素、白蛋白、乳糖和乳脂,这些成分必须经母羊乳腺细胞合成分泌。如果母羊饲料中的蛋白质、糖类、矿物质和维生素不足,就会直接影响乳的产量和品质。

综上所述,为了使公羊、母羊保持良好的体况和较高的繁殖力,应根据羊不同的营养需要合理配制和调整日粮,满足其对各种营养物质的需求;饲料种类要多样化,日粮的浓度和体积要符合羊的生理特点,并注意维生素 A、维生素 D 及微量矿物质元素铁、锌、锰、钴和硒的补充,使羊保持正常的繁殖功能,减少流产和空怀。

三、羊的日粮配合

日粮是羊一昼夜所采食的饲草、饲料的总称。日粮配合就是根据羊的饲养标准和饲料营养特性,选择若干种饲料原料及添加剂并按一定比例搭配,使所提供的各种养分均能满足羊的营养需要的过程。因此,日粮配合实质上是使饲养标准具体化。在生产上,对具有同一生产用途的羊群,按日粮中各种饲料的百分比配合而成大量的,再按日分顿喂给羊只的混合饲料,称为饲粮。

1. 日粮配合的原则 一是日粮要符合饲养标准,即保证供给羊只所需要的各种营养物质,但饲养标准是在一定的生产条件下制定的,各地自然条件和羊的情况不同,故应通过实际饲养的效果,对饲养标准酌情修订;二是选用的饲料的种类和比例应取决于当地饲料的来源、价格以及适口性等,原则上,既要充分利用当地的青、粗饲料,又要考虑羊的消化生理特点,其体积应保证羊能全部吃进去。

2. 日粮配合的步骤 第一步:确定每只羊每日营养供给量,作为日粮配方的基本依据。

第二步:计算出每千克饲粮的养分含量,用所规定的每只羊每日营养需要量除以每只羊每日采食的风干饲料的量(千克),即为每千克饲粮的养分含量(%)。

第三步:确定拟用的饲料,列出拟用饲料的营养成分和营养价值表,以便进行计算。

第四步:根据对日粮能量的要求,试配能量混合饲料。

第五步：在保持初配混合饲料能量浓度基本不变的前提下，用蛋白料替补，使能量和蛋白质这 2 项基本营养指标符合规定要求。

第六步：在能量和蛋白质的含量以及饲料搭配基本符合规定要求的基础上，补充钙、磷和食盐等其他营养物质。

3. 注意事项 羊是群饲家畜，在实际工作中，对放牧饲养的羊群，应在日粮中扣除放牧采食获得的营养数量，不足部分补给干草、青贮料和精料（包括矿物质和食盐）。此外，在炎热季节或炎热地区，羊的采食量下降，为减轻热应激、降低日粮中的热增耗而保持净能量不变，在做日粮调整时，应降低粗饲料的含量，保持饲料中有较高含量的脂肪、蛋白质和维生素，以平衡生理上的需要。抗高温添加剂有维生素 C、阿司匹林、氯化钾、碳酸氢钠、氯化铵、无机磷、瘤胃素、碘化酪蛋白等。在寒冷地区或寒冷季节，为减轻冷应激，在日粮中，应添加含热能较高的饲料。从经济上考虑，用粗饲料作热能饲料比精饲料价格低。

4. 羊日粮配制举例

（1）用品及给定条件：现有一批活重 30 kg 羔羊进行育肥，计划日增重 300 g。试用野干草、中等品质苜蓿干草、玉米和豆饼 4 种饲料，配制育肥日粮。饲养标准表、饲料营养成分表、计算器等供备用。

（2）步骤和方法如下。

第一步：查饲养标准表（表 14-1），记下相应育肥羔羊的营养需要量；同时查饲料营养成分表（表14-2），记下所用几种饲料的营养成分。

表 14-1　饲养标准表

项　　目	干物质/kg	消化能/MJ	粗蛋白质/g	钙/g	磷/g
羔羊需要量	1.3	17.15	191	6.6	3.2

表 14-2　饲料营养成分表

饲料名称	干物质/（%）	消化能/（MJ/kg）	粗蛋白质/（%）	钙/（%）	磷/（%）
野干草	92.21	7.99	11.20	0.98	0.41
苜蓿干草	92.45	10.13	12.30	1.67	0.52
玉米	80.00	14.02	6.95	0.05	0.36
豆饼	95.26	18.16	42.10	0.39	1.01

第二步：计算粗饲料提供的营养量。根据羊的精饲料供给量，不能超过日粮的 60%，并以控制在 40%～60% 为较合适的原则，设日粮的粗饲料供给量为 60%，则 2 种干草混合的总供给量为羔羊日需干物质总量的 60%，即 1.3×0.6＝0.78 kg。那么，混合精料的干物质供给量则为 1.3－0.78＝0.52 kg。那么，混合干草可提供的各种营养物质量如下。

设野干草和苜蓿干草的占比分别为 70% 和 30%，则野干草的干物质量为 0.78×0.7＝0.546 kg，苜蓿干草的干物质量为 0.78－0.546＝0.234 kg。则野干草和苜蓿干草的风干物质量分别为 0.546÷0.9221＝0.5921 kg 和 0.234÷0.9245＝0.2531 kg。

两种干草可提供的营养物质总量分别如下：

消化能：0.5921×7.99＋0.2531×10.13＝7.2948 MJ。

粗蛋白质：592.1×0.112＋253.1×0.123＝97.45 g。

钙：592.1×0.0098＋253.1×0.0167＝10.03 g。

磷：592.1×0.0041＋253.1×0.0052＝3.74 g。

消化能和粗蛋白质分别比羔羊的日需要量少 9.8552 MJ（17.15－7.2948＝9.8552）和 93.55 g（191－97.45＝93.55）。钙和磷均超过需要量，且磷钙比为 1∶2.68，处于合理范围内[1∶（2～3）]。

第三步：调配玉米和豆饼 2 种精饲料以补充其所缺少的消化能和粗蛋白质。

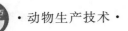
先按经验,设所缺消化能由玉米解决 70%,则由玉米提供的消化能为 9.8552×0.7=6.8986 MJ,这样,玉米的风干物质量为 6.8986÷14.02=0.4921 kg,它所能提供的粗蛋白质则为 492.1×0.0695=34.20 g。

那么,豆饼提供的消化能为 9.8552−6.8986=2.9566 MJ,豆饼的风干物质量则为 2.9566÷18.16=0.1628 kg,可提供粗蛋白质 162.8×0.421=68.54 g。

玉米和豆饼可提供的粗蛋白质总量为 34.20+68.54=102.74 g。4 种饲料可提供的粗蛋白质总量满足标准的规定。

第四步:总结。活重 30 kg、日增重 300 g 的育肥羔羊日粮组成如表 14-3 所示。

表 14-3　畜肥羔羊日粮组成

饲料名称	干物质 /kg	风干物质 /kg	所占比例/(%)		消化能 /MJ	粗蛋白质 /g
			干物质	风干物质		
野干草	0.5460	0.5921	41.09	39.47	4.7309	66.32
苜蓿干草	0.2340	0.2531	17.61	16.87	2.5639	31.13
玉米	0.3937	0.4921	29.63	32.80	6.8992	34.20
豆饼	0.1551	0.1628	11.67	10.85	2.9564	68.54
合计	1.3288	1.5001	100.00	99.99	17.1504	200.19

可见,由这 4 种饲料所组成的日粮,能满足育肥羔羊对消化能、粗蛋白质以及钙、磷的需要。为进一步提高育肥的效果,只需在上述日粮中,根据当地的实际情况,有针对性地另外添加一些微量矿物质元素和生长剂即可。

四、舍饲条件下羊的饲养管理

专业化、规模化、标准化养羊业的发展,开创了我国养羊产业化的新局面,提升了羊产品在国内、外市场上的竞争力,确保了我国养羊业的持续发展。与传统的放牧饲养方式相比,羊的舍饲有利于形成饲养规模,降低生产消耗,提高产品质量与生产效益,有利于先进技术的推广应用,有利于生态环境的改善。因此,舍饲养羊已经成为养羊业由粗放型向高效集约型经营方式转变的必然趋势和基本方法。

1. 饲料多样化供应　羊的饲料种类甚多,可分为植物性饲料、动物性饲料、矿物质饲料及其他特殊饲料。其中,植物性饲料(包括粗饲料、青贮饲料、多汁饲料和精料)对羊特别重要。羊喜食多种饲草,若经常只饲喂少数的几种,会造成羊厌食、采食量减少、增重减慢,影响羊生长。因此,要注意增加饲草品种,尽可能提高羊的食欲。更换饲料应由少到多逐渐过渡,避免突然换饲料。

2. 定时定量饲喂　实践证明,定时定量、少喂勤添饲喂可使羊保持较好的食欲,并可减少饲料的浪费。每天可饲喂 3 次,早晨(7:30—8:30)、中午(13:00—13:30)、下午(19:00—20:00)各饲喂 1 次。精饲料与粗饲料应间隔供给,青贮饲料和多汁饲料也应与青干草间隔饲喂,每次喂量不宜太多。饲喂日程应根据饲料种类和饲喂量安排,通常是先粗料后精料。精料喂完后不宜马上喂多汁饲料或给水喝,否则,羊胃严重扩张,逐渐变成"大腹羊"。饲喂青贮饲料要由少到多,使之逐步适应;为提高饲草利用率,减少饲草的浪费,饲喂青干草时要切短,或粉碎后与精饲料混合饲喂,也可以经过发酵后饲喂。每天自由饮水 2~3 次。

3. 合理分群,稳定羊群结构　在规模化、集约化养羊生产中,合理分群、稳定羊群结构是保持较高生产率的基础。规模化羊场应按照不同品种、不同年龄、不同体况,将羊群分为公羊舍、育成羊舍、母羊舍、哺乳母羊舍、断奶羔羊舍、病羊舍及育肥羊舍,并根据各种羊的情况分别管理。据统计,理想的羊群公母比例是 1:36,繁殖母羊、育成羊、羔羊比例应为 5:3:2,这样可保持高的生产效率、繁殖率和持续发展后劲。每年入冬前要对羊群进行一次调整,淘汰老、弱、病、残母羊和次羊,补充青壮母羊参与繁殖,并推行羔羊当年育肥出栏。

4. 加强运动 每天保持充足的运动,才能促进新陈代谢,保持正常的生长发育。夏季时常保持羊舍与运动场连通,便于羊只自由出入进行活动。其他季节应与保暖措施结合,合理安排运动。冬季宜选择天气较好时运动。种公羊非配种季节每日运动时间不短于 4 h,配种季节可适当缩减。母羊妊娠后期也可适当加强运动,以保证良好的体况,促进胎儿发育,以利于分娩。

5. 做好饲养卫生和消毒工作 日常喂给的饲料、饮水必须保持清洁。不喂发霉、变质、有毒及夹杂异物的饲料。母羊妊娠后,禁止饲喂棉籽饼、菜籽饼、酒糟等饲料。日常饮水要清洁,妊娠母羊、刚产羔的母羊供应温水,预防流产或产后疾病。饲喂用具经常保持干净。羊舍、运动场要经常打扫,每月做 1 次常规消毒。羊舍四周环境要不定期铺撒生石灰消毒。羊场大门设消毒池,对进入羊场的车辆进行消毒,门卫室设紫外灯,对进入羊场的工作人员进行消毒。严禁闲杂人员进入场区。要坚持自繁自养,尽可能不从疫区购羊,防止疫病传播。如果必须从外地引入,要严格检疫,经过 10~15 d 隔离观察,并经兽医确认无病后方可合群。定期注射疫苗。

6. 定期驱除体内、外寄生虫 驱虫的目的是减少寄生虫对机体的不利影响。一般每年春、秋两季要对羊群驱肝片吸虫 1 次。对寄生虫感染较严重的羊群可在每年 2—3 月提前治疗性驱虫 1 次;对寄生虫感染较严重的地区,还应在入冬前再驱虫 1 次。常用的驱虫药有左旋咪唑、驱虫净、丙硫咪唑、虫克星(阿维菌素)等,其中丙硫咪唑又称抗蠕敏,是效果较好的新药,口服剂量为每千克体重15~20 mg,其对线虫、吸虫、绦虫等都有较好的治疗效果。研究表明,针对性地选择驱虫药或交叉使用 2~3 种驱虫药等都会取得很好的驱虫效果。

为驱除羊体外寄生虫、预防疥癣等皮肤病的发生,每年春季放牧前和秋季舍饲前应进行药浴。

7. 坚持进行健康检查 在日常饲养管理中,注意观察羊的精神、食欲、运动、呼吸、粪便等状况,发现异常及时检查,如有疾病及时治疗。当发生传染病或疑似传染病时,应立即隔离,观察治疗,并根据疫情和流行范围采取封锁、隔离、消毒等紧急措施,病死羊的尸体要深埋或焚烧,做到切断病源、控制流行、及时扑灭。

五、育成羊的饲养管理

育成羊是指羔羊断奶后到第一次配种的青年羊,多为 4~18 月龄。羔羊断奶后 5~10 个月生长很快,一般毛肉兼用和肉毛兼用品种公、母羊增重可达 15~20 kg,营养物质需要较多。若此时营养供应不足,则会出现四肢高、体狭窄而浅、体重小、剪毛量低等问题。在实际生产中,一般将育成羊分为育成前期(4~8 月龄)和育成后期(9~18 月龄)2 个阶段进行饲养。

1. 育成前期 育成前期尤其是断奶不久的羔羊,生长发育快,瘤胃容积有限且功能不完善,对粗饲料的利用能力较差。这一阶段饲养的好坏,直接影响羊的体格大小、体型和成年后的生产性能,必须引起高度重视。应按羔羊的平均日增重及体重,依据饲养标准,供给体积小、营养价值高、容易消化的日粮。

因此,这一阶段的饲养以精料为主。羔羊断奶时,不要同时断料;断奶后应按性别分群。放牧时应控制羊群,放牧距离不能太远。在冬、春季节,除放牧采食外,还应适当补饲优质干草、青贮饲料、块根块茎饲料、食盐和饮水。补饲量应根据品种和各地的具体条件而定。

2. 育成后期 育成后期羊的瘤胃消化功能趋于完善,可以采食大量的牧草和农作物秸秆。这一阶段,育成羊可以放牧为主,适当补饲少量的混合精料或优质青干草进行饲养。粗劣的秸秆不宜用来饲喂育成羊,即使使用,其在日粮中的比例也不可超过 25%,使用前还应进行合理的加工调制。

表 14-4 列出了毛用和毛肉兼用绵羊中 10 月龄育成羊的日粮范例,供参考。

在育成阶段,无论是冬羔还是春羔,必须重视断奶后的第一个越冬期的饲养。许多人认为育成羊不配种、不怀羔、不泌乳,没负担,而忽视和放松了冬、春季对育成羊的补饲,结果使幼龄育成羊因营养不足而逐渐消瘦体弱,乃至死亡,造成损失。

所以,在越冬期间,除坚持放牧外,首先要保证有足够的青干草、青贮、多汁饲料的供应,其次每天还要补给混合精料 200~250 g,种用小母羊和小公羊分别补 500 g 和 600 g。在育成阶段,可通过体重变化来检查羊的发育情况。在 1.5 岁以前,从羊群中随机抽出 5%~10% 的羊,每个月定期在早晨未饲喂或出牧之前进行称量。

表 14-5 所示为毛肉兼用细毛羊在正常饲养管理下的增重情况。

六、种公羊的饲养管理

种公羊是养羊生产的重要生产资料,对羊群的生产水平、产品品质都有重要影响。种公羊应常年保持中上等膘情,健壮、活泼、精力充沛、性欲旺盛,能够产生品质优良的精液。

种公羊最好采取放牧和舍饲相结合的饲养方式,青草期以放牧为主,枯草期以舍饲为主。放牧场应选择优质的天然或人工草场。种公羊要单独组群和放牧,放牧时距离母羊要远,严防混群偷配,尽量防止公羊互相角斗及爬跨,每天要饮水 2~3 次,要有专人管理,羊舍、运动场、羊体要保持清洁。

种公羊的日粮应由公羊喜欢采食的、品质好的多种饲料组成,其补饲应定额,应该根据公羊体重、膘情与采精次数来决定。必须含有丰富的蛋白质、维生素和矿物质。饲料要品质好、易消化、适口。粗饲料有苜蓿干草、禾本科干草等,精饲料有豆饼、高粱、大麦、玉米、燕麦等,多汁饲料有胡萝卜、甜菜及青贮饲料等。种公羊日粮营养要长期稳定。

表 14-4 毛用和毛肉兼用绵羊中 10 月龄育成羊日粮范例

组成及 营养成分	母羊 (体重 40 kg)	公羊 (体重 50 kg)	组成及 营养成分	母羊 (体重 40 kg)	公羊 (体重 50 kg)
荒地禾本科干草/kg	0.7	1.0	粗蛋白质/g	195	244
玉米青贮科/kg	2.5	2.0	可消化蛋白质/g	114	156
大麦碎粒/kg	0.15	0.23	钙/g	7.6	10.1
豌豆/kg	0.09	0.1	磷/g	4.5	6.0
向日葵油粕/kg	0.06	0.12	镁/g	1.9	2.1
食盐/kg	12	14	硫/g	4.2	4.7
二钠磷酸盐/kg	—	5	铁/mg	1 154	1 345
硫/g	—	0.7	铜/mg	9.2	12.4
硫酸铵/mg	2	3	锌/mg	45	52
硫酸锌/mg	20	23	钴/mg	0.43	0.63
硫酸铜/mg	8	10	锰/mg	56	65
日粮中含:			碘/mg	0.35	0.41
饲料单位	1.15	1.35	胡萝卜素/mg	39	40
代谢能/MJ	12.5	16.0	维生素 D/IU	465	510
干物质/kg	1.5	1.8			

表 14-5 毛肉兼用细毛羊从出生到 12 月龄的体重变化 　　　　单位:kg

项目	出生	月龄											
		1	2	3	4	5	6	7	8	9	10	11	12
公羊	4.0	12.8	23.0	29.4	34.7	37.6	40.1	43.1	47.0	51.5	56.3	59.6	60.9
母羊	3.9	11.7	19.5	25.2	28.7	31.4	34.4	36.8	39.8	42.6	46.0	49.8	52.6

1. 合理的饲养方法 种公羊的饲养可分为配种期和非配种期 2 个阶段。

配种期又可分为配种预备期(配种前 1~1.5 个月)、配种正式期(正式采精或本交阶段)及配种后复壮期(配种停止后 1~1.5 个月)3 个阶段。在非配种期,除放牧外,冬、春季每日每只羊可补给混合精料 0.4~0.6 kg、胡萝卜 0.5 kg、干草 3 kg、食盐 5~10 g、骨粉 5 g,夏、秋季以放牧为主,每日每只羊补给混合精料 0.4~0.5 kg,饮水 1~2 次。配种预备期应增加精料量,按配种正式期供给量的 60%~70%补给,要求逐渐增加并过渡到配种正式期的喂量。配种正式期以补饲为主,适当放牧。

饲料补饲量大致为混合精料 1.0～1.5 kg、优质干草自由采食、胡萝卜 1.0～1.5 kg、骨粉 5～10 g、食盐 15～20 g、鸡蛋 2～3 枚或脱脂乳 1～2 kg。草料分 2～3 次饲喂,每日饮水 3～4 次。配种后复壮期的初期精料不减,延长放牧时间,过些时间再逐渐减少精料,直至过渡到非配种期的饲养标准。

2. 科学的管理　种公羊的管理要由专人负责,保持常年相对稳定,单独组群或放牧。每天驱赶运动 2 h 左右。种公羊运动时应快步驱赶和自由行走相交替,以羊体皮肤发热而不喘气为宜。经常观察羊的采食、饮水、运动及粪尿的排泄等情况,保持饲料、饮水、环境的清洁,注意采精训练和合理使用。

在配种前 1 个月开始采精,进行精液品质检查。采精训练开始时,每周采精检查 1 次,以后增至每周 2 次,并根据种公羊的体况和精液品质来调整日粮或增加运动。对精液稀薄的种公羊,应增加日粮中蛋白质饲料的比例;当精子活力差时,应加强种公羊的放牧和运动。

种公羊要根据羊的年龄、体况和种用价值来合理使用。对 1.5 岁左右的种公羊以每天采精 1～2 次为宜,不要连续采精;成年种公羊每天可采精 2～3 次,每次采精应有 2 h 左右的休息时间。为使种公羊在配种期养成良好的条件反射,使各项配种工作有条不紊地进行,必须拟订种公羊的饲养管理日程。

七、繁殖母羊的饲养管理

成年母羊的饲养应保证配种、妊娠、泌乳等任务的顺利完成。生产实践中,由于母羊在空怀期、妊娠期和泌乳期的生理特点和营养需要不同,应分别给予适宜的饲养管理。

1. 空怀期　由于各地产羔季节不同,母羊空怀季节也不同。产冬羔的母羊一般 5—7 月为空怀期,产春羔的母羊一般 8—10 月为空怀期。空怀期的母羊主要饲养目标是恢复体况,这期间牧草繁茂,营养丰富,注意放牧管理能很快复壮,并为配种做好准备。

母羊空怀期正处在牧草茂盛季节,不配种也不妊娠,营养需要量低,只要抓紧时间做好放牧工作,即可满足母羊的营养需要。但在母羊体况较差或草场植被欠缺时,应在配种前 1～1.5 个月对母羊加强营养,提高饲养水平,使母羊在短期内增加体重和恢复体质,促进母羊发情整齐和多排卵。短期优饲的方法:一是延长放牧时间;二是除放牧外,适当补饲精料。舍饲时,应按空怀母羊的饲养标准,制订配合日粮进行饲养。

2. 妊娠期　母羊妊娠期分妊娠前期和妊娠后期两个阶段。妊娠前期(妊娠前 3 个月),因胎儿生长发育缓慢,营养需要与空怀期差不多。若是放牧饲养,只要牧地条件良好,加强放牧即可满足营养需要。在枯草季节,放牧效果不好时,可酌情补给粗饲料或少量的精饲料,应按照饲养标准进行。妊娠后期(妊娠后 2 个月)的母羊,胎儿生长迅速,初生羔羊体重的 70%～80% 是此时生长的,此期母羊对营养物质的需要量很大。在妊娠后期,一般母羊要增加 7～8 kg 的体重,因此,单靠放牧是不够的,必须给予补饲。要求按营养标准配合日粮进行饲养。一般在放牧条件下,每只羊每天补饲混合料 0.4～0.5 kg、优质青干草 11.5 kg、胡萝卜 1.5 kg、食盐 10～15 g、骨粉 10 g 左右。

妊娠期母羊的管理重心是保胎,不要让羊吃霜冻草或发霉饲料,不饮冰碴水,严防惊吓、拥挤、跳沟和疾病发生。羊群出牧、归牧、饮水、补饲时,要慢而稳,羊舍要保持温暖、干燥、通风良好。

3. 泌乳期(哺乳期)　母羊的泌乳期分泌乳前期和泌乳后期两个阶段,泌乳前期(羔羊出生后 2 个月)的母羊,因泌乳旺盛,营养需要量很大。如果母羊营养良好,奶水充足,则羔羊生长发育好,抗病力强,成活率高;如果母羊营养差,泌乳量减少,则羔羊生长发育受阻,抗病力减弱,成活率降低。而在大多数地区,哺乳前期的母羊正处在枯草或青草萌发期,单靠放牧显然满足不了营养需要。因此,对于泌乳前期的母羊,要以补饲为主、放牧为辅。应根据母羊的体况及所带羔羊的情况,按照营养标准配制日粮进行饲养。一般情况下,产单羔的母羊,每只羊每日补饲混合精料 0.3～0.5 kg、优质青干草最好是豆科牧草 11.5 kg、多汁饲料 1.5 kg。泌乳后期(羔羊 2 月龄后)的母羊,泌乳能力下降,即使增加补饲量也难以达到泌乳前期的泌乳水平。而此时羔羊的胃肠功能也趋于完善,可以利用青、粗饲料,不再主要依靠母乳生存。因此,对泌乳后期的母羊,应以放牧采食为主,逐渐取消补饲。若处于枯草期,可适当补饲青干草。

哺乳母羊的管理应注意安全断奶,断奶前1周要减少母羊的精料、多汁饲料和青贮料的量,以防乳房炎的发生。产后1周内的母子群应舍饲或就近放牧,1周后逐渐延长放牧距离和时间,并注意天气变化,防止暴风雪对母子羊的伤害。舍内应保持清洁,胎衣、毛团等污物要及时清除,以防羔羊食入而生病。

八、驱虫技术

1. 驱虫种类和意义 驱虫是杀灭羊体寄生虫的重要措施,一方面治疗寄生虫病,另一方面可以消灭病原散布者,达到控制和消灭传染源的目的,可分预防性驱虫和治疗性驱虫两种。

(1)预防性驱虫:按时对羊只进行预防性投药,在牧区多采取每年驱虫2次的方法,一般在春季和秋末冬初各驱虫1次。农区和半农半牧区则多在放牧转入舍饲或舍饲转入放牧前进行驱虫,以减少羊的感染机会。

(2)治疗性驱虫:在羊只已发生寄生虫病时进行的驱虫。对羊群要经常检查寄生虫感染情况。根据病情,适时进行驱虫治疗,对寄生虫感染较严重的羊群,可提前2~3 d做1次治疗性驱虫。

2. 驱虫技术

(1)驱虫药的选择:总的原则是选择广谱、高效、低毒、方便和廉价的药物。广谱指驱除寄生虫的种类多,丙硫咪唑、驱虫净、敌百虫、螨净、虫克星、灭虫丁等是生产中应用较多的广谱驱虫药;高效指对寄生虫的成虫和幼虫都有高度驱除效果;低毒指治疗量不具有急性毒性、慢性毒性、致畸性和致突变作用;方便指给药方法简便,适合大群羊驱虫给药的技术(如气雾、饲喂、饮水等);廉价指与其他同类药物相比价格低廉。但最主要是依据当地存在的主要寄生虫选择高效驱虫药。

(2)驱虫药的配制:根据所选药物的要求进行配制。多数驱虫药不溶于水,需配成混悬液给药,其方法是先把淀粉、面粉或细玉米面加入少量水中,搅匀后再加入药粉,继续搅匀,最后加足量水即成混悬液。但用时需边用边搅拌,以防上清下稠,影响驱虫的效果与安全性。

(3)给药方法:动物多为个体给药,根据所选药物的要求,选定相应的给药方法,具体给药技术与临床常用给药方法相同。如用饲喂法给药时,先按群体体重计算好总药量,再将驱虫药混于少量半湿料中,然后均匀地与日粮混合,撒于饲槽中饲喂。不论哪种给药方法,均要预先称量动物体重,精确计算药量。

(4)驱虫工作的组织及注意事项。

①驱虫前应注意选择驱虫药、剂量、剂型、给药方法和疗程,同时对药品的生产单位、批号等加以记载。

②在进行大群羊驱虫之前,还应选出有代表性的少部分动物进行试验,观察药物效果及安全性。

③驱虫时对驱虫动物的来源、健康状况、年龄、性别等信息进行逐头编号登记。为使驱虫药用量准确,要预先称量体重或用体重估测法计算体重。

④给药前后1~2 d应观察畜群(特别是驱虫后3~5 h),注意给药后的变化,发现中毒立即进行急救。

⑤给药期间,加强饲养管理,役畜应解除使役。

⑥驱虫时要进行驱虫效果评定,必要时进行第二次驱虫。

⑦驱虫药要经常更新换代或交替使用,防止虫体产生耐药性,影响驱虫效果。

⑧每次驱虫应在1 d内对一群羊只投药完毕,投药后3 d内要将圈舍的粪便堆积发酵,并用20%的石灰水将圈舍的墙壁、地面、运动场消毒1次,一个牧区放牧3 d后立即转移牧区,半个月之后才可重新在原牧地放牧。

(5)驱虫效果评定:驱虫效果主要通过驱虫前、后下述各方面的情况对比来确定。

①发病与死亡:对比驱虫前、后的发病率与死亡率。

②营养状况:对比驱虫前、后各种营养状况所占比例。

③临诊表现:观察驱虫后临诊症状减轻与消失的情况。

④生产能力:对比驱虫前后的生产性能。

⑤寄生虫情况:一般可通过虫卵减少率和虫卵转阴率确定,必要时通过剖检计算出粗计驱虫率和精计驱虫率。

(6)驱虫效果评定的计算。

①虫卵减少率与虫卵转阴率。

虫卵减少率:虫卵减少率为动物服药后,一定量粪便内某种虫卵数与服药前的虫卵数相比所下降的百分率。公式如下:

$$虫卵减少率 = \frac{投药前1\,g粪便内某种寄生虫的虫卵数 - 投药后1\,g粪便内该种寄生虫的虫卵数}{投药前1\,g粪便内某种寄生虫的虫卵数} \times 100\%$$

虫卵转阴率:虫卵转阴率为投药后动物的某种寄生虫感染率较投药前感染率下降的百分率。公式如下:

$$虫卵转阴率 = \frac{投药前某种寄生虫感染率 - 投药后该种寄生虫感染率}{投药前某种寄生虫感染率} \times 100\%$$

为了比较准确地评定驱虫效果,驱虫前、后进行粪便学检查时,所有的器具、粪样数量以及操作中每一步骤所用时间要完全一致,同时驱虫后粪便检查时间不宜过早(一般为驱虫后 10~15 d),以避免出现人为误差。进行驱虫效果评定时,应在驱虫前、后各检 3 次。

②粗计驱虫率与精计驱虫率。

粗计驱虫率(又称为驱净率):投药后驱净某种寄生虫的动物头数与驱虫前感染动物头数相比的百分率。公式如下:

$$粗计驱虫率 = \frac{投药前动物的感染头数 - 投药后动物的感染头数}{投药前动物的感染头数} \times 100\%$$

精计驱虫率(又称为驱虫率):试验动物投药后驱除的某种寄生虫平均数与对照动物体内该种寄生虫平均数相比的百分率。公式如下:

$$精计驱虫率 = \frac{对照动物体内平均虫数 - 试验动物体内平均虫数}{对照动物体内平均虫数} \times 100\%$$

为准确评定药效,在投药前应进行粪便检查,根据粪便检查结果(感染强度大小)搭配分组,使对照组与试验组的感染强度相近。

九、药浴技术

1. 药浴 药浴的目的是防治绵羊体外寄生虫病,特别是螨病(农区称为"瘙")。药浴一般在剪毛后 10 d 左右进行。除小于 2 月龄羔羊、病羊和有外伤的羊外,其余羊只一律进行药浴。药浴每年进行 2 次。药浴应选在晴朗的天气进行。

2. 药浴药液的选择和配制

(1)常用药浴药液及其浓度:药浴药液为 0.1%~0.2%杀虫脒水溶液、0.5%~1.0%敌百虫水溶液、(80~200)×10⁻⁶ g/L 速灭菊酯水溶液、(50~80)×10⁻⁶ g/L 溴氰菊酯水溶液。常用的还有蝇毒磷 20%乳剂或 16%乳油配制的水溶液。成年羊药浴的浓度为 0.05%~0.08%,羔羊为 0.03%~0.04%。

(2)药浴药液稀释的计算方法。

①浓溶液体积=(稀溶液浓度/浓溶液浓度)×稀溶液体积。

例:若配制 0.2%杀虫脒溶液 5000 mL,需用 20%杀虫脒原液多少毫升?

$$20\%杀虫脒原液体积=(0.2\%/20\%)\times 5000 = 50 \text{ mL}$$

②稀溶液体积=(浓溶液浓度/稀溶液浓度)×浓溶液体积。

例:用 20%杀虫脒原液 50 mL,可配制成 0.2%杀虫脒溶液多少毫升?

$$0.2\%杀虫脒溶液体积=(20\%/0.2\%)\times 50 = 5000 \text{ mL}$$

③加水倍数=(原药浓度/使用浓度)-1(稀释 100 倍以上时不必减 1)。

例:用 20%的杀虫脒原液配制成 5%杀虫脒稀释液时,需加几倍量水?

$$加水倍数=(20\%/5\%)-1=3$$

④需加浓溶液体积＝(稀溶液浓度×稀溶液体积)/(浓溶液浓度－使用浓度)。

例：现有 0.2％过氧乙酸 2500 mL，欲增大药液浓度至 0.5％，需加 28％过氧乙酸多少毫升？

需加 28％过氧乙酸体积＝(0.2％×2500)/(28％－0.5％)＝18.2 mL

（3）配制药浴药液时应注意以下几个问题。

①药量、水量和药与水的比例应准确。

②配制药浴药液的容器必须干净。

③注意检查药浴药液的有效浓度。

④配制好的药浴药液不能久放。

⑤药液配制宜用软水，将水加热到 60～70 ℃。药浴时药液温度为 20～30 ℃。

3. 药浴的注意事项

（1）羊只在药浴前半日应停止放牧，并令其饮足水。

（2）为了防止中毒，先让几只质量较差的羊试浴，确认安全后再让大群羊入池。

图 14-6　新式药浴设施

（3）每浴完一群，应根据减少的药液量补充，以保持药量和浓度。

（4）要保持药浴池的清洁，及时清除污物，适时换水。

（5）药浴后，如遇阴雨天气，应将羊群及时赶到附近羊舍内躲避，以防感冒。

4. 药浴的方式　药浴方式有池浴、淋浴和盆浴三种。淋浴因基建设备要求高，药浴效果欠佳，近年来较少采用。盆浴适用于羊只少的养羊户。目前，多采用池浴的方式。新式药浴设施见图 14-6。

单元四　羊的育肥技术

扫码学
课件 14-4

单元目标

知识目标：掌握羔羊育肥和成年羊育肥技术要点。

技能目标：掌握羔羊育肥和成年羊育肥饲养管理技术。

思政目标：培养学习者科学严谨的工作态度，认真调查、研究市场规律；引导学习者讲科学、学科学、用科学，树立成本意识、科学管理意识，具备严肃认真、追求卓越的工作精神。

案例导学

案例导学

羊肉分割部位示例。

课前思考

你认为羊育肥工作需要哪些技术支撑来实现盈利？市场调查和成本意识的重要性你了解多少？

一、羔羊育肥

Note

羔羊肉受国际市场欢迎，许多国家上市的羊肉以羔羊肉为主。如美国，上市羊肉的 94％为羔羊肉;澳大利亚、新西兰、阿根廷等国,羔羊肉占羊肉总产量的80%以上。羊肉生产由传统生产方式向现代化、产业化生产方式发展过程中,羔羊育肥生产羔羊肉是当今养羊业发展的一大特点。

1. 羔羊生长发育的特点　羔羊从胚胎到体外生活,生活环境发生了较大的变化,且机体本身生长发育功能尚不完善。从适应新环境到机体逐渐完善过程中,羔羊的消化生理特点和体重发生了较大的变化,了解和掌握羔羊的生理变化特点,才能利用好这些特点,最大限度地发挥羔羊的生长潜能。

(1)羔羊消化生理特点:羔羊从出生到3周龄左右,瘤胃、网胃、瓣胃的功能极不完善,无任何消化能力。羔羊哺乳时食管沟闭合,形成管状结构,可避免乳汁流入瘤胃。乳汁经过食管沟和瓣胃直接进入皱胃而被消化。羔羊到3周龄时,瘤胃内微生物区系开始形成,内壁的乳头状突起逐渐发育,开始具有消化功能,对各种粗饲料的消化能力逐步增强。所以,3周龄以内羔羊的消化是由皱胃承担的,消化规律与单胃动物相似。新生羔羊消化道内缺乏麦芽糖酶,所以,羔羊在出生后的早期阶段不能大量利用淀粉,大约到7周龄时,羔羊体内麦芽糖酶的活性才逐渐显现出来。初生羔羊体内几乎没有蔗糖酶,不具备消化蔗糖的能力。初生羔羊的胰脂肪酶活力很低,以后随日龄增长而提高,到8日龄时胰脂肪酶的活力达到最高水平,这时羔羊能够利用全乳。总之,对羔羊来说,出生至3日龄必须供给充足的初乳,3周龄内以母乳为营养来源,3周龄以后其胃肠道才能逐渐适应植物性饲料。断奶后,羔羊采食量不断增加,消化能力提高,骨骼和肌肉迅速增长,各个组织器官也相应增大,是生产肥羔的有利时期;当羔羊达到性成熟(初情期)时,生殖器官发育完毕,体型基本定型,但仍保持一定的生长速度,也可以作为育肥的主体。

(2)羔羊体重变化特点:羔羊出生后体重变化有一定规律。4月龄前生长发育最快,4月龄体重为初生重的4.77倍,以后生长渐慢,5月龄体重仅为初生重的5.34倍,10月龄体重为初生重的6.79倍。4月龄前体重呈直线上升,以后变化速度渐缓。生产上利用这个规律确定育肥时间,以4月龄前效果最好。

2. 羔羊育肥技术

1)羔羊早期育肥技术　羔羊早期育肥技术包括早期断奶羔羊强度育肥和哺乳羔羊育肥两种技术。

(1)早期断奶羔羊强度育肥:羔羊45～60日龄断奶,然后采用全精料舍饲育肥,羔羊日增重达300 g左右,料肉比约为3∶1,120～150日龄羔羊活重达到25～35 kg,便可屠宰上市。

①早期断奶羔羊强度育肥特点:利用羔羊早期生长发育快、消化方式与单胃家畜相似的特点,给羔羊补饲固体饲料,特别是整料玉米通过瘤胃被破碎后进入皱胃,转化成葡萄糖被吸收,饲料利用率高。而发育完全的瘤胃,微生物活动增强,对摄入的玉米经发酵后转化成挥发性脂肪酸,这些挥发性脂肪酸只有部分被吸收,饲料转化率明显低于瘤胃发育不全时。因此,采用早期断奶羔羊全精料育肥能获得较高的屠宰率,饲料报酬和日增重也较高。如新疆维吾尔自治区畜牧研究所1986年试验表明,1.5月龄羔羊体重在10.5 kg时断奶,育肥50 d,平均日增重280 g,育肥终重达25～30 kg,料肉比为3∶1。1.5月龄羔羊早期断奶育肥后上市,可以缓解5—7月羊肉供应淡季的市场供需矛盾。此外,全精料育肥只喂各类精饲料,不喂粗饲料,可使管理简化。这种育肥方法的缺点是胴体偏小,生产规模受羔羊来源限制,精料比例大,难以推广。

②育肥前准备。

a.羊舍准备:育肥羊舍应该通风良好、地面干燥、卫生清洁、夏挡强光、冬避风雪。圈舍地面上可铺少许垫草。羊舍面积按每只羔羊0.75～0.95 m² 进行分配。饲槽长度应与羊数量相称,每只羔羊23～30 cm,避免由饲槽长度不足造成羊吃食拥挤,进食量不均,进而影响育肥效果。

b.隔栏补饲:羔羊断奶前半个月实行隔栏补饲,或在早、晚一定时间将羔羊与母羊分开,让羔羊在专用圈内活动,活动区内放精料槽和饮水器,其余时间仍母子同处。

c.做好疫病预防:育肥羔羊常见传染病有肠毒血症和出血性败血症。肠毒血症疫苗可在产羔前给母羊注射,或在断奶前直接给羔羊注射。一般情况下,也可以在育肥开始前注射羊快疫、猝疽、肠毒血症三联疫苗。

203

③育肥日粮：早期断奶羔羊月龄小，瘤胃发育不完全，对粗饲料消化能力差，应以全精料型饲料饲喂，要求高能量、高蛋白质，饲料原料质量要好，并添加微量矿物质元素和维生素添加剂预混料，营养全价、平衡，易消化，适口性好。6～8周龄断奶羔羊，体重在13～15 kg，饲料中蛋白质含量应比3～5周龄哺乳羔羊补饲料水平高，可达26%（干物质基础），不低于16%，饲料干物质的消化能为14.6 MJ/kg（相当于代谢能11.97 MJ/kg）。体重20 kg羔羊饲料含粗蛋白质17%，体重30 kg羔羊饲料含粗蛋白质15%，体重40 kg以上羔羊饲料含粗蛋白质14%。羔羊各体重阶段饲料的消化能为13.8～14.2 MJ/kg（相当于代谢能11.3～11.6 MJ/kg）。

表14-6、表14-7所示分别为早期断奶羔羊饲料配方、羔羊育肥饲料配方，可供参考。

表14-6　早期断奶羔羊饲料配方（干物质基础）　　　　　单位：%

饲料原料	配比	饲料原料	配比
磨碎的玉米	25.0	磷酸氢钙	1.0
豆饼（含粗蛋白质44%）	38.5	微量矿物质元素（含食盐）	0.5
苜蓿粉（优等）	25.0	合计	100.0
植物油	10.0		

注：每千克加5.5 IU抗生素。

表14-7　羔羊育肥饲料配方（干物质基础）　　　　　单位：%

饲料原料	配比	饲料原料	配比
压扁的粗粒大麦	80.0	骨粉	1.0
压扁的粗粒小麦	10.0	食盐	1.0
豆饼	8.0	合计	100.0

注：应加一定量的微量矿物质元素和维生素，适用于断奶后羔羊。

日粮配制也可选用任何一种谷物饲料，但效果较好的是玉米等高能量饲料。谷物饲料不需破碎，未破坏谷粒效果优于破碎谷粒，主要表现在饲料转化率高和引起的胃肠病少。使用配合饲料则优于单喂某一种谷物饲料。最优饲料配合比例如下：整粒玉米83%，黄豆饼15%，石灰石粉1.4%，食盐0.5%，维生素和微量矿物质元素0.1%。其中维生素和微量矿物质元素的添加量按每千克饲料计算为维生素A、维生素D、维生素E分别是500 IU、1000 IU和20 IU，硫酸锌150 mg，硫酸锰80 mg，氧化镁200 mg，硫酸钴5 mg，碘酸钾1 mg。若没有黄豆饼，可用10%的鱼粉替代，同时把玉米比例调整为88%。

如果不用全精料型饲料，饲料可由混合精料和干草组成。一般粗料与精料分开饲喂，优质干草自由采食，精料饲料定量分2～3次饲喂。其精料配方见表14-8，可压制成颗粒料饲喂。

表14-8　羔羊育肥精料配方（干物质基础）　　　　　单位：%

饲料原料	配比	饲料原料	配比
玉米	58.5	微量矿物质元素＋强化食盐	0.5
燕麦	20.0	磷酸氢钙	1.0
麦皮	10.0	合计	100.0
豆麻饼或豆饼	10.0		

④育肥期日粮饲喂及饮水要求：饲喂方式为自由采食、自由饮水。饲料投给最好采用自动饲槽，以防止羔羊四肢踩入槽内，造成饲料污染而降低饲料摄入量和扩大球虫病与其他病菌的传播；饲槽离地面高度应随羔羊日龄增长而升高，以饲槽内饲料不堆积或不溢出为宜。如发现某些羔羊啃食圈墙，应在运动场内添设盐槽，槽内放入食盐或食盐加等量的石灰石粉，让羔羊自由采食。饮水器或水槽内始终保持有足够的清洁的饮用水。

⑤关键技术。

a.早期断奶:集约化生产要求全进全出,羔羊进入育肥圈时的体重大致相似,差异较大将不便于管理,且影响育肥效果。为此,除采取同期发情、诱导产羔外,早期断奶是主要措施之一。从理论上讲,羔羊断奶的月龄和体重,应以能独立生活并能以饲草为主获得营养为准,羔羊到8周龄时瘤胃已充分发育,能采食和消化大量植物性饲料,此时断奶是比较合理的。对羔羊实行早期断奶,可缩短育肥进程。

b.营养调控技术:断奶羔羊体格较小,瘤胃体积有限,粗饲料过多则营养浓度跟不上,精料过多则缺乏饱感,精粗料比以8:2为宜。羔羊处于发育时期,要求的蛋白质、能量水平高,矿物质和维生素要全面。若日粮中微量矿物质元素不足,羔羊有吃土、舔墙现象,可将微量矿物质元素盐砖放在饲槽内,任其自由舔食,以防止羊缺乏微量矿物质元素。

c.大力推行颗粒饲料:颗粒饲料体积小,营养浓度大,非常适合饲喂羔羊,在开展早期断奶羔羊强度育肥时都采用颗粒饲料。颗粒饲料适口性好,羊喜欢采食,饲料报酬较粉料提高5%~10%。

断奶羔羊的日粮单纯依靠精饲料,既不经济又不符合生理功能发展规律,日粮必须有一定比例的干草,干草一般占饲料总量的30%~60%,以苜蓿干草较好。

d.适时出栏:出栏时间与品种、饲料、育肥方法等有直接关系。大型肉用品种3月龄出栏,体重可达35 kg,小型肉用品种相对差一些。断奶体重与出栏体重有一定相关性,试验表明,断奶体重在13~15 kg时,育肥50 d后体重可达30 kg;断奶体重在12 kg以下时,育肥50 d后体重可达25 kg,在饲养上设法提高断奶体重,就可增大出栏活重。

⑥注意事项。

a.断奶前补饲的饲料应与断奶育肥饲料相同。玉米粒在刚补饲时稍加破碎,待习惯后则喂以整粒,羔羊在采食整粒玉米的初期,有吐出玉米粒的现象,反刍次数也较少,随着羔羊日龄增加,吐玉米粒现象逐渐消失,反刍次数增加,此为正常现象,不影响育肥效果。

b.羔羊断奶后的育肥全期不要变更饲料配方,如果改用其他饼类饲料代替豆饼,可能会导致日粮中钙磷比例失调,应注意预防尿结石。

c.正常情况下,羔羊粪便呈团状、黄色,粪便内无玉米粒。羔羊对温度变化比较敏感,如果遇到天气变化或阴雨天,可能出现腹泻,所以羔羊的防雨和保温极为重要。

d.选择合适的品种,做好断奶前补饲,保证断奶前母羊体壮奶足是提高育肥效果的重要技术措施。

(2)哺乳羔羊育肥。

①哺乳羔羊育肥特点:哺乳羔羊育肥基本上以舍饲为主,但不属于强度育肥,羔羊不提前断奶,提高隔栏补饲水平,到断奶时从大群中挑出达到屠宰体重(25~27 kg)的羔羊出栏上市,达不到者断奶后仍可转入一般羊群继续饲养。羔羊育肥过程中不断奶,保留原有的母子对,减少了因断奶而引起的应激反应,有利于羔羊的稳定生长。这种育肥方式利用母羊全年繁殖,安排秋季和冬季产羔,可提供节日(元旦、春节等)时特需的羔羊肉。

②哺乳羔羊育肥要点。

a.饲养方法:以舍饲育肥为主,母子同时加强补饲。母羊哺乳期间每天喂足量的优质豆科牧草,另加500 g精料,目的是使母羊泌乳量增加。羔羊应及早隔栏补饲,且越早越好。

b.饲料配制:整粒玉米75%,黄豆饼18%,麸皮5%,石灰石粉1.4%,食盐0.5%,维生素和微量矿物质元素0.1%。其中,维生素和微量矿物质元素的添加量按每千克饲料计算为维生素A、维生素D、维生素E分别是5000 IU、1000 IU和200 IU,硫酸钴3 mg,碘酸钾1 mg,亚硒酸钠1 mg。每天喂2次,每次喂量以20 min内吃净为宜;羔羊自由采食上等苜蓿干草。若干草质量较差,日粮中每只应添加50~100 g蛋白质饲料。

c.适时出栏:经过30 d育肥,到4月龄时止,挑出羔羊群中25 kg以上的羔羊出栏上市。剩余羊只断奶后转入舍饲育肥群,进行短期强度育肥;不作为育肥用的羔羊,可优先转入繁殖群饲养。

2) 断奶羔羊育肥技术　羔羊 3～4 月龄正常断奶后,除部分被选留到后备群外,大部分需出售处理。一般情况下,体重小或体况差的进行适度育肥,体重大或体况好的进行强度育肥,均可进一步提高经济效益。各地可根据当地草场状况和羔羊类型选择适宜的育肥方式。目前羔羊断奶后育肥方式有以下几种。

(1) 混合育肥:混合育肥有 2 种情况。其一是放牧后短期舍饲育肥,具体做法是在秋末草枯后对一些未抓好膘的羊,特别是还有很大增重潜力的当年生羔羊,再延长一段育肥时间,在舍内补饲一些精料,使其达到屠宰标准;其二是放牧补饲型育肥方式,具体是指育肥羔羊完全通过放牧不能满足快速育肥的营养需求,而采用放牧加补饲的混合育肥方式。

(2) 舍饲育肥:舍饲育肥是根据羊育肥前的状态,按照饲养标准和饲料营养价值配制羊的饲喂日粮,并完全在舍内喂、饮的一种育肥方式。与放牧育肥相比,在相同月龄屠宰的羔羊,活重可提高10%,胴体重可提高 20%,故舍饲育肥效果好,能提前上市。该种育肥方式适用于产粮丰富的地区。利于组织规模化、标准化、无公害肉羊生产,有助于我国羊肉质量标准与国际通用标准接轨,进而打入国际市场。

常规育肥羔羊饲料中的营养浓度与育肥目标有关。月龄小的羔羊以生长肌肉为主,饲料中蛋白质含量应高一些,随着日龄和体重的增加,体内转为以沉积脂肪为主,饲料中的蛋白质含量相应降低,能量相应提高。要求日增重高的羔羊,饲料中能量和蛋白质含量要高,也就是精料比例大,可采用精料型饲料。如果要求日增重不高,饲料中能量和蛋白质含量应低,也就是降低饲料中精料比例,采用粗料型饲料或青贮料型饲料。美国对 4～7 月龄羔羊按不同体重、不同日增重要求分别给予不同的日粮(表 14-9)。

表 14-9　羔羊日增重要求与饲料营养含量

体重/kg	日增重/g	消化能/(MJ/kg)	代谢能/(MJ/kg)	粗蛋白质/(%)
30	295	13.4	10.5	14.7
40	275	13.8	11.3	11.6
50	205	14.2	11.7	10.0

育肥羔羊饲料中除需满足能量和蛋白质需要外,钙、磷及微量矿物质元素和维生素营养要求也要满足。

舍饲育肥羊加大精料喂量时,要预防过食精料引起的肠毒血症和钙磷比例失调引起的尿结石等。防止肠毒血症,主要靠注射疫苗;防止尿结石,在以各类饲料和棉籽饼为主的日粮中可将钙含量提高到 0.5% 的水平或加 0.25% 氯化铵,以避免日粮中钙磷比例失调。

育肥羔羊圈舍要保持干燥、通风、安静和清洁,育肥期不宜过长,达到上市要求即可。舍饲育肥时间通常为 75～100 d,时间过短,育肥效果不显著;时间过长,饲料转化率低,育肥效果不理想。在良好的饲料条件下,育肥期一般可增重 10～15 kg。

二、成年羊育肥

1. 成年羊育肥的原理　成年期是羊功能活动最旺盛、生产性能最高的时期,能量代谢水平稳定,虽然绝对增重达到高峰,但在饲料丰富的条件下,仍能迅速沉积脂肪。可以利用成年母羊补偿生长的特点,采取相应的育肥措施,使其在短期内达到一定体重而屠宰上市。实践证明,补偿生长现象是由羊在某些时期或某一生长发育阶段饲草、饲料摄入不足而造成的,若此后恢复较高的饲养水平,羊只便有较高的生长速度,直至达到正常体重或良好膘情。成年母羊的营养受阻可能来自两种状况:一是繁殖过程中的妊娠期和哺乳期,此时因特殊的生理需要,即使在正常的饲喂水平下,母羊也会动用一定的体内储备(母体效应);二是季节性的冬瘦和春乏,由于受季节性的气候、牧草供应等影响,冬、春季节的羊只常出现饲草、饲料摄入不足。在我国,羊肉生产的主体仍是已淘汰的成年母羊。

2. 育肥的准备　要使育肥羊处于非生产状态,母羊应停止配种、妊娠或哺乳;公羊应停止配种、试情,并进行去势。各类羊在育肥前应剪毛,以增加收入,改善羊的皮肤代谢,促进羊的育肥。在育肥开始前应用驱虫药对羊进行驱虫,对患有疥癣的羊进行药浴或局部涂擦药物灭癣。

3. 成年羊育肥的方式 成年羊育肥方式可根据羊只来源和牧草生长季节来选择,目前主要的育肥方式有放牧补饲混合型和舍饲育肥两种。但无论采取何种育肥方式,放牧是降低成本和利用天然饲草、饲料资源的有效方法,也适用于成年羊快速育肥。

(1)放牧补饲混合型。

①夏季放牧补饲:充分利用夏季牧草旺盛、营养丰富的特点进行放牧育肥,归牧后适当补饲精料。这期间羊每日采食青绿饲料可达 5～6 kg,精料 0.4～0.5 kg,日增重一般在 140 g 左右。

②秋季放牧补饲:主要选择已淘汰的成年母羊和瘦弱羊为育肥羊,育肥期一般为 60～80 d,此时可采用两种方式缩短育肥期:一是使淘汰母羊配上种,妊娠育肥 50～60 d 宰杀;二是将羊先转入秋场或农田茬子地放牧,待膘情好转后,再转入舍饲育肥。

(2)舍饲育肥:成年羊育肥期一般以 60～80 d 为宜。底膘好的成年羊育肥期可以为 40 d,即育肥前期 10 d、中期 20 d、后期 10 d;底膘中等的成年羊育肥期可以为 60 d,即育肥前、中、后期各为 20 d;底膘差的成年羊育肥期可以为 80 d,即育肥前期 20 d,中、后期各为 30 d。

此法适用于有饲料加工条件的地区和饲养的肉用成年羊或羯羊。根据成年羊育肥标准合理配制日粮。成年羊舍饲育肥时,最好加工为颗粒饲料。颗粒饲料中秸秆和干草粉可占 55%～60%,精料占 35%～40%。

4. 成年羊育肥饲养管理要点

(1)选羊与分群:要选择膘情中等、身体健康、牙齿好的羊只育肥,淘汰膘情很好和极差的羊。挑选出来的羊应按体重大小和体质状况分群,一般将情况相近的羊放在同一群育肥,避免因强弱争食造成较大的个体差异。

(2)入圈前的准备:给育肥羊注射羊快疫、猝疽、肠毒血症三联疫苗和驱虫,同时在圈内设置足够的水槽、料槽,并进行环境(羊舍及运动场)清洁与消毒。

(3)选择最优配方配制日粮:选好日粮配方后严格按比例称量、配制日粮。为提高育肥效益,应充分利用天然牧草、秸秆、树叶、农副产品及各种下脚料,扩大饲料来源。合理利用尿素及各种添加剂(如育肥素、喹乙醇、玉米赤霉醇等)。

(4)安排合理的饲喂制度:成年羊日粮的日喂量依配方不同而有差异,一般为 2.5～2.7 kg。每天投料 2 次,日喂量的分配与调整以饲槽内基本不剩为标准。喂颗粒饲料时,最好采用自动饲槽投料,雨天不宜在敞圈饲喂,午后应适当喂些青干草(每只 0.25 kg),以利于成年羊反刍。

在肉羊育肥的生产实践中,各地应根据当地的自然条件、饲草饲料资源、肉用羊品种状况及人力、物力状况,选择适宜的育肥模式进行羊肉生产,达到以较少的投入换取更多肉产品的目的。

单元五　奶山羊饲养管理

单元目标

知识目标:掌握奶山羊饲养管理技术要点。

技能目标:掌握奶山羊饲养管理技术以及提高奶山羊产奶量的科学方法。

思政目标:培养学习者严肃认真、科学严谨的态度和吃苦耐劳、有担当、负责任的精神。

扫码学

课件 14-5

案例导学

 案例导学

奶山羊的习性介绍。

→ **课前思考**

你认为科学、有效地提高奶山羊产奶量的措施有哪些?

一、奶山羊的饲养管理

1. 奶山羊的饲养

（1）泌乳羊的饲养。

①泌乳初期:母羊产后 20 d 内为泌乳初期,也称恢复期。母羊产后,体力消耗很大,体质较弱,腹部空虚但消化功能较差;生殖器官尚未复原,乳腺及血液循环系统功能尚未复原,部分羊乳房、四肢和腹下水肿还未消失,此时,应以恢复体力为主。饲养上,产后 6 d 内,给予易消化的优质幼嫩干草,饮用温的小米或麸皮盐水汤,并给予少量的精料。6 d 以后逐渐增加青贮饲料或多汁饲料,14 d 以后精料增加到正常的喂量。

精料量应根据母羊的体况、食欲、乳房膨胀情况、产奶量的高低逐渐增加,防止突然过量导致腹泻和胃肠功能紊乱。产后应严禁母羊吞食胎衣,轻者影响产奶量,重者会终生损伤消化能力。日粮中粗蛋白质含量以 12%～14% 为宜,具体含量要根据粗饲料中粗蛋白质的含量灵活调整。粗纤维的含量以 16%～18% 为宜,干物质量按体重的 3%～4% 供给。

②泌乳高峰期:产后 20～120 d 为泌乳高峰期,其中又以产后 40～70 d 产奶量最高。此期产奶量约占全泌乳期产奶量的一半,此期产奶量的高低与本胎次产奶量密切相关,此时,要想尽一切办法提高产奶量。泌乳高峰期的母羊,尤其是高产母羊,营养上入不敷出,体重明显下降,因此饲养要特别细心,营养要完全,并给予催奶饲料。即在母羊产羔 20 d 后,逐渐进入泌乳高峰期时,在原来饲料标准的基础上,提前增加一些"预支"饲料。

催奶从产后 20 d 开始,在原来精料量(0.5～0.75 kg)的基础上,每天增加 50～80 g 精料,只要产奶量不断上升,就继续增加,当增加到每千克奶给 0.35～0.40 kg 精料,产奶量不再上升时,就要停止加料,并维持该料量 5～7 d,然后按泌乳羊饲养标准供给精料。此时要前面看食欲(是否旺盛),中间看产奶量(是否继续上升),后面看粪便(是否拉软粪),要时刻保持羊只旺盛的食欲,并防止消化不良。

高产母羊的泌乳高峰期出现较早,而采食高峰期出现较晚,为了防止泌乳高峰期营养亏损,饲养上要做到产前(干奶期)丰富饲养,产后大胆饲喂、精心护理。饲料要适口性好,体积小,营养高,种类多,易消化。要增加饲喂次数,定时定量,少给勤添。增加多汁饲料和豆浆量,保证充足饮水,自由采食优质干草和食盐。

③泌乳稳定期:母羊产后 120～210 d 为泌乳稳定期,此期产奶量虽已逐渐下降,但下降较慢。这一阶段正处在 6—8 月,北方干燥炎热,南方阴雨湿热,尽管饲料较好,但不良的气候对产奶量有一定影响。在饲养上要尽量避免饲料、饲养方法及工作日程的改变,多给一些青绿多汁饲料,保证饮水清洁,尽可能使高产奶量时间稳定保持较长一段时期。母羊每产 1 kg 奶需饮水 2～3 kg,日需水量6～8 kg。

④泌乳后期:产后 210 d 至干奶期(9—11 月)为泌乳后期,由于气候、饲料的影响,尤其是发情与妊娠的影响,产奶量显著下降,饲养上要想办法使产奶量下降得慢一些。在泌乳高峰期,精料量的增加是在产奶量上升之前开始的,而此期精料量的减少,是在产奶量下降之后开始的,以减缓产奶量下降速度。应注意妊娠前期的饲养,虽然胎儿增重不大,但对营养的要求是全面的。

⑤干奶期:母羊经过 10 个月的泌乳和 5 个月的妊娠,营养消耗很大,为了使其有恢复和补充营养的机会,应停止产奶。停止产奶的这段时间叫干奶期。母羊在干奶期应得到充足蛋白质、矿物质及维生素,并使乳腺功能得到休整。妊娠后期的体重如果能比泌乳高峰期增加 20%～30%,胎儿发育和高产奶量就有保障。但应注意不要喂得过肥,否则容易造成难产,并患代谢疾病。

干奶期的母羊体内胎儿生长很快,母羊增重的 50% 是在干奶期增加的,此时,虽不产奶,但还需储存一定的营养,此期要求饲料水分少,干物质含量高。营养物质给量可按妊娠母羊饲养标准供给,一般的方法是,在干奶期的前 40 d,50 kg 体重的羊,每天给 1 kg 优质豆科干草,2.5 kg 青贮玉米,

0.5 kg 混合精料;产前 20 d 要增加精料喂量,适当减少粗饲料给量,一般 60 kg 体重的母羊给混合精料 0.6~0.8 kg。

干奶期不能喂发霉变质的饲料和冰冻的青贮饲料,不能喂酒糟、发芽的马铃薯和大量的棉籽饼、菜籽饼等,要注意钙、磷和维生素的供给,可让羊自由舔食骨粉、食盐,每天补饲一些野青草、胡萝卜、南瓜之类的富含维生素的饲料。冬季的饮水温度应不低于 8 ℃。

(2)种公羊的饲养:饲养种公羊的目的在于生产品质优良的精液。在精子的干物质中,约有一半是蛋白质。羊的精子中有 18 种氨基酸,其中以谷氨酸最多,其次是缬氨酸和天冬氨酸等。精液的成分中,除蛋白质外,还有无机盐(钠、钾、钙、镁、磷等)、果糖、酶、核酸、磷脂和维生素(维生素 B_1、维生素 B_2、维生素 C 等)。因此,饲养上在保证蛋白质需要的前提下,还应注意能量、矿物质和维生素供给。

种公羊的饲养管理分为配种期和非配种期两个阶段。在配种期(8—12 月),公羊的神经处于兴奋状态,经常心神不安,采食不好,加之配种任务繁重,其营养和体力消耗很大,在饲养管理上要特别细心,日粮应营养全面、适口性好、品质好、易消化。粗饲料应以优质豆科干草、青苜蓿、人工牧草和野青草为主,冬季补饲含维生素丰富的青贮饲料、胡萝卜或大麦芽等。精料中玉米比例不可过高,保证有充足的富含蛋白质的豆饼类饲料,特别是在配种季节,其含量应为混合精料的 15%~20%。混合精料喂量,75 kg 体重的公羊,配种季节每天饲喂 0.75~1.0 kg,非配种季节每天饲喂 0.6~0.75 kg。可消化粗蛋白质以 14%~15% 为宜,粗纤维以 15% 为宜。

为了完成配种任务,在非配种期(1—7 月)就应加强饲养。每年春季,公羊性欲减退,食欲逐渐旺盛,此时是加强饲养的最好时期,应使公羊恢复至良好的体况和精神状态,在有条件的地方可适当放牧。入伏以后,天气炎热,公羊食欲较差,如果此时营养状况和体力尚未恢复,营养不良和体质消瘦会严重影响公羊性欲和精液品质,则公羊很难承担繁重的配种任务。但过度饲养、体态臃肿也会影响性欲和精液品质。一般在配种前 1~2 个月就应加强饲养管理。

(3)羔羊的培育:羔羊和青年羊的培育,不仅可以塑造奶山羊的体质、体型,而且直接影响其主要器官(胃、心、肺、乳房等)的发育和功能,最终影响其生产力。加强羔羊的培育,对提高羔羊成活率和羊群品质,加快育种进度有极其重要的作用,因此,必须高度重视。

羔羊的培育分为胎儿期的培育和哺乳期的培育。

①胎儿期的培育:胎儿在母体内生活的时间是 150 d 左右,主要通过母体获得营养。在饲养管理方面,应根据胎儿的发育特点加强妊娠母羊的饲养管理。

胎儿在妊娠期的前 3 个月发育较慢,其重量仅为初生重的 20%~30%,这一时期主要发育脑、心、肺、肝、胃等主要器官,营养物质要全面。因母羊处于泌乳后期,母子之间争夺营养物质的矛盾并不突出,母羊的日粮只要能够满足产奶的需要,胎儿的发育就能得到保证。妊娠期后 2 个月,胎儿发育很快,其初生重的 70%~80% 是在这一阶段增长的,此期胎儿的骨骼、肌肉、皮肤及血液的生长与日俱增,因此,应供给母羊足够的能量、蛋白质、矿物质与维生素,日粮以优质豆科干草、青贮饲料和青草为主,适当补充部分精料。母羊每日应坚持运动,以防止难产和水肿,常晒太阳,可增加维生素D。高产母羊泌乳营养支出多,产第一胎的母羊本身还要生长,营养需要量大,故整个妊娠期比一般羊需供给更多的营养物质。

②哺乳期的培育:哺乳期是指从出生到断奶的时期,一般为 2~3 个月,羔羊的断奶体重较初生重可增长 7~8 倍,是羊一生中生长发育最快的时期。其特点如下:神经反应迟钝,适应性差,抗病力弱;消化功能发育不完全,仅皱(真)胃发达,瘤胃很小。其摄取营养的方式,从胎儿期的血液营养到出生后的奶汁营养,再到以草料为主,变化很大。不同的日粮类型、营养水平、管理方法,对羔羊的生长发育、体质类型影响很大,因此,必须高度重视羔羊的培育工作。哺乳期羔羊的培育分为初乳期(出生到 6 d)、常乳期(7~60 d)和由奶到草料的过渡期(61~90 d)三个阶段。

a.初乳期(出生到 6 d):母羊产后 3 d 以内的乳叫初乳,初乳是羔羊出生后唯一的全价天然食品,对羔羊的生长发育有极其重要的作用,因此,应让羔羊尽量早吃,多吃初乳,才能确保增重快,体质强,发病少,成活率高。初乳期最好让羔羊跟随母羊自然哺乳,6 d 以后再改为人工哺乳。如果需要进行人工哺乳,从出生后 20~30 min 开始,每日 4~5 次,喂量为 0.6~1.0 kg,逐渐增加,初乳期平均日增重以 150～220 g 为宜。

为了防止关节炎-脑炎的传染,羔羊出生后必须进行人工哺乳,其喂给初乳的温度以 34～40 ℃ 为宜,而加热温度以 55 ℃ 为宜,温度过高,则初乳会发生凝固。

b. 常乳期(7～60 d):在这一时期,奶是羔羊的主要食物。从出生到 45 日龄,羔羊的体尺增长最快,从出生到 75 日龄,羔羊的体重增长最快,尤以 30～75 日龄生长最快,这与母羊的泌乳高峰(30～70 d)是极其吻合的。因此,在饲养方面,应保证供给母羊充足的营养。

羔羊出生后 2 个月内,其生长速度与吃奶量有关,每增重 1 kg 需奶 6～8 kg。整个哺乳期需奶量为 80 kg,平均日增重母羔羊不低于 140 g,公羔羊不低于 160 g。

人工哺乳时,首先应进行调教。哺乳工具可用奶瓶、哺乳器和碗盆等。调教时,先让羔羊饥饿半天,一手抱羊,另一手食指伸入碗中诱导羔羊吮吸,然后逐渐将手指移开,练习数次就可教会。要注意防止羔羊将奶吸入鼻内,羊一受呛就不愿再吃。奶的温度以 38～42 ℃ 为宜,温度过低,易引起腹泻,温度过高,会烫伤羊口腔黏膜。

喂奶时,要按羔羊的年龄、体重、体质分群饲养,并做到定时、定量、定温、定质。饲喂的奶必须新鲜,加热时应用热水浴。

人工哺乳时,从 10 日龄起增加喂奶量,25～50 d 喂奶量最高,50 d 后逐渐减少喂奶量。

10 日龄后的羔羊应开始诱食饲草。可将幼嫩的优质青干草捆成小把悬吊于圈中,让羔羊自由采食。在羔羊出生 20 d 后开始诱食精料。可将精料放入饲槽,并诱导羔羊舔食,反复数次,羔羊就可吃精料了。若有的羊不吃,可将精料添入其口中,反复数次即可教会。因羔羊在出生四五十天后,将从食奶为主过渡到食草为主,为了尽量减少断奶应激反应,要想办法让羔羊早日学会吃饲料。

c. 由奶到草料的过渡期(61～90 d):该时期的食物从奶、草并重过渡到以草料为主,要注意日粮的能量、蛋白质营养水平和全价性,日粮中可消化蛋白质以 16%～20% 为佳,可消化总养分以 74% 为宜。后期奶量不断减少,以优质干草与精料为主,全奶仅作为补充蛋白质的饲料。培育的羔羊应发育良好,外貌清秀,棱角明显,腹部突出,母羔已显出雌性形象。

d. 饮水:在冬季应饮清洁温水,天气暖和时可饮新鲜自来水。为了防止白肌病的发生,对出生后 5～6 日龄的羔羊注射亚硒酸钠,断奶的羔羊在转群或出售前要全部驱虫,以利于生长发育和避免对新环境的污染。

2. 奶山羊的管理

(1) 种公羊的管理:管理好种公羊的目的在于使它具有良好的体况、健康的体质、旺盛的性欲和良好的精液品质,以便更好地完成配种任务,发挥其种用价值。

种公羊的管理要点:温和待羊,恩威并施,驯治为主,经常运动,每日刷拭,及时修蹄,不忘防疫,定期称量,合理利用。

奶山羊属季节性繁殖家畜,配种季节性欲旺盛,神经兴奋,不思饮食,因此,配种季节的管理要特别精心。配种期的公羊应远离母羊舍,最好单独饲养,以减少发情母羊与公羊之间的干扰,特别是当年的公羊与成年公羊要分开饲养,以免互相爬跨,影响休息和发育。

奶山羊性反射强而快,所以必须定期采精或交配,如长期不配种,会出现自淫、性情暴躁、顶人等恶癖。

对小公羊,应坚持按摩睾丸。3 月龄时要进行生殖器官的检查,对小睾丸、附睾不明显者应予以淘汰。6～7 月龄时要进行精液品质检查,对无精、死精的个体要予以淘汰。

(2) 泌乳羊的管理:泌乳是一个连续的过程,良好的挤奶习惯,会提高乳汁的产量和质量,降低乳房炎的发生率,延长奶山羊的利用年限。

挤奶方法分为手工挤奶和机器挤奶两种。

①手工挤奶:手工挤奶方法有拳握式和滑挤式,以拳握式为佳。拳握式操作方法:先用拇指和食指握紧乳头基部,以防乳汁倒流,然后其他手指依次向手心紧握,压榨乳头,把乳汁挤出。滑挤式适用于乳头短小者,操作方法:用拇指和食指指尖捏住乳头,由上向下滑动,将乳汁挤出。

挤奶时两手同时握住两乳头,一挤一松,交替进行。动作要轻巧、敏捷、准确,用力均匀,使羊感到轻松。每天挤奶 2～3 次为宜,挤奶速度为每分钟 80～120 次。

产后第一次挤奶要洗净母羊后躯的血痂、污垢,剪去乳房上的长毛。挤奶时要用 45～50 ℃的温热毛巾擦洗乳房,随后进行按摩,并开始挤奶。首次挤完后,应再次按摩乳房,并挤净余奶。挤奶是个条件反射过程,乳汁的排出受神经与激素调节,因而挤奶时间、挤奶场所和人员不能经常变动,每次挤奶应在 5 min 内完成。

手工挤奶时应注意如下事项。

a. 挤奶前必须把羊床、羊体和挤奶室打扫干净。挤奶和盛奶容器必须严格清洗消毒。

b. 挤奶人员应健康无病,勤剪指甲,洗净双手,工作服和挤奶用具必须经常保持干净。挤奶桶最好是带盖的小桶。

c. 乳房接受刺激后的 45 s 左右,脑垂体即分泌催产素,该激素的作用仅能持续 5～6 min,所以,擦洗乳房后应立即挤奶,不得拖延。

d. 每次挤奶时,应将最先挤出的一把奶弃去,以减少细菌含量,保证鲜奶质量。

e. 挤奶室要保持安静,严禁打骂羊只。

f. 严格执行挤奶时间与挤奶程序,以形成良好的条件反射。

g. 患乳房炎或有病的羊最后挤奶,其乳汁不可食用,擦洗这类羊乳房的毛巾不可与健康羊的混用。挤完奶后应及时过秤,准确记录,用纱布过滤后速交收奶站。

②机器挤奶:在大型奶山羊场,为了节省劳动力,提高工作效率,主要采用机器挤奶。机器挤奶是促进奶山羊生产向规模化、产业化方向发展的一个重要方面。

机器挤奶的要求如下。

a. 有宽敞、清洁、干燥的羊舍和铺有干净褥草的羊床,以保护乳房而获得优质的羊奶。

b. 有专门的挤奶间(内设挤奶台、真空系统和挤奶器等)、储奶间(内装冷却罐)及清洁无菌的挤奶用具。

c. 适当的挤奶程序:定时挤奶(羊只进入清洁而宁静的挤奶台)→冲洗并擦干乳房→乳汁检查→戴好挤奶杯并开始挤奶(擦洗后 1 min 之内)→按摩乳房并给集乳器上施加一些张力→乳房萎缩,奶流停止时轻巧而迅速地取掉挤奶杯→用消毒液(碘氯或氯己定)浸泡乳头→放出挤完奶的羊只→清洗用具及挤奶间。

d. 山羊挤奶器,无论提桶式还是管道式,其脉动频率皆为 60～80 次/分,节拍比为 60∶40,挤压节拍占时较少,真空管道压力为(280～380)×133.3 Pa。

e. 经常保持挤乳系统的清洁,定期进行挤乳系统的检查与维修。

(3)干奶羊的管理:让羊停止产奶就叫干奶。干奶方法分为自然干奶法和人工干奶法两种。产奶量低的母羊,在泌乳 7 个月左右配种,妊娠 1～2 个月后产奶量迅速下降而自动停止产奶,即自然干奶法。产奶量高、营养条件好的母羊,应实行人工干奶法。人工干奶法又分为逐渐干奶法和快速干奶法。逐渐干奶法:逐渐减少挤奶次数,打乱挤奶时间,停止乳房按摩,减少精料量,控制多汁饲料量,限制饮水,加强运动,使羊在 7～14 d 逐渐干奶。但在生产中,一般采用快速干奶法,即在预定干奶的当天,认真按摩乳房,将奶挤净,然后擦干乳房,用 2%的碘液浸泡乳头,经乳头孔注入青霉素或金霉素软膏,用火棉胶封闭乳头孔,并停止挤奶,7 d 之内乳房积乳逐渐被吸收,乳房收缩,干奶结束。

无论采用何种方法干奶,停止挤奶后一定要随时检查乳房,若发现乳房肿胀很厉害,触摸有痛感,就要把奶挤出,重新采取干奶措施。如果出现乳房炎,必须治愈后,再进行干奶。

干奶期的管理:在干奶初期,要注意圈舍、褥草和环境卫生,以减少乳房的感染。妊娠中期,最好驱除一次体内、外寄生虫。妊娠后期要注意保胎,严禁拳打脚踢和惊吓羊只,羊出入圈舍要谨防拥挤,严防滑倒和角斗。要坚持运动,对腹部过大、乳房过大而行走困难的母羊,可任其自由运动。在缺硒地区,产前 60 d,应给母羊注射 250 mg 维生素 E 和 5 mg 亚硒酸钠,以防羔羊白肌病。产前 1～2 d,让母羊进入分娩栏,并做好接产准备。

(4)青年羊的培育:从断奶到配种前的羊叫青年羊。这一阶段是羊骨骼和器官充分发育的时期,优质青干草、充足的运动是培育青年羊的关键。青干草有利于消化器官的发育,培育成的羊骨架大,肌肉薄,腹大而深,采食量大,消化力强,乳用型明显。丰富的营养、充足的运动可使青年羊胸部宽广,心肺发达,体质强壮。如果营养跟不上,便会影响生长发育,形成腿高、腿细、胸窄、胸浅、后躯短的体型,并严重影响体质、采食量和终身泌乳能力。半放牧半舍饲是培育青年羊最理想的饲养方式,在有放牧条件的地区,最好进行放牧和补饲结合。断奶后至 8 月龄,每日在吃足优质青干草的基础上,补饲混合精料 250～300 g,其中,可消化粗蛋白质的含量不应低于 15%。18 月龄配种的母羊,满 1 岁后,每日给精料 400～500 g,如果草的质量好,可适当减少精料喂量。

青年公羊的生长速度比青年母羊快,应多喂一些精料。运动对青年公羊更为重要,不仅有利于生长发育,而且可以防止形成草腹和恶癖。

青年羊可在 10 月龄、体重 32 kg 以上配种,育种场及饲料条件差的地区可在第二年早秋配种。

二、提高产奶量的方法

1. 奶山羊产奶能力的测定和计算 为了正常地开展奶山羊的育种工作,不断提高羊群的质量,必须准确地测定和计算奶山羊的产奶能力,作为选种、选配、制订产奶计划、制订饲料计划及计算成本、劳动报酬等的依据。

奶山羊的产奶能力,主要通过产奶量、乳脂率和饲料转化效率来表示。

(1)产奶量的测定和计算。

①产奶量的测定方法:准确的方法应该是对每只母羊的每次产奶量进行称量和登记。但此种方法费时费力。实际上,许多国家推行的是产奶量的简化测定方法,如每个月测定一次,或每隔1.5～2个月测定一次产奶量和乳脂率;或通过每个月测定 2 d 或 3 d 的产奶量来估算全月的产奶量等。

②个体产奶量的计算。

a.300 d 总产奶量:从产羔后第 1 天开始到第 300 天为止的总产奶量。超过 300 d 者,超出部分不计算在内。不足 300 d 但超过 210 d 者,按实际产奶量计算,但需注明泌乳天数。不足 210 d 的泌乳期,属非正常泌乳期。

b.校正 300 d 产奶量:在选种工作中,为了比较准确地评定奶山羊的产奶性能,需要将泌乳天数不足 300 d 或超过 300 d 而又无产奶记录核查者,校正到 300 d 的近似产奶量,以便在同一个水平上进行比较。在实际工作中,可根据不同品种奶山羊的泌乳规律,制订出 300 d 产奶量校正系数和不同胎次、产羔季节的校正系数。

c.全泌乳期实际产奶量:从产羔后第 1 天起到干奶为止的累计产奶量。

d.年度产奶量:本年度 1 月 1 日至本年度 12 月 31 日为止的全年产奶量,其中包括干奶期。

③全群产奶量的计算:有两种计算方法,一种是应产母羊全年平均产奶量,另一种是实产母羊全年平均产奶量。它们的计算公式如下:

$$应产母羊全年平均产奶量 = 全群全年总产量/全年每天饲养能泌乳母羊只数$$
$$实产母羊全年平均产奶量 = 全群全年总产量/全年每天饲养泌乳母羊只数$$

能泌乳母羊只数指羊群中所有的成年母羊,包括产奶的、干奶的及空怀的。按照能泌乳母羊只数计算的应产母羊全年平均产奶量,用于计算母羊群的饲料转化效率和产品成本,反映一个羊场的经营管理水平。实产母羊全年平均产奶量的计算只包括泌乳母羊,不包括干奶羊和其他非产奶母羊,主要反映羊群的产奶水平和羊的质量。该数据可用作选种和制订产奶计划时的参考。

(2)乳脂率的测定和计算。

①乳脂率测定的方法:常规的乳脂率的测定方法,应是在全泌乳期内,每个月测定 1 次,先计算出各月的乳脂率,再用各月乳脂率总和除以各月总产奶量,即得平均乳脂率。

平均乳脂率计算公式如下:

$$平均乳脂率 = \sum(F \times M)/\sum M$$

式中,F 为各月的乳脂率;M 为产奶量。

由于乳脂率测定工作量较大,生产实践中,难以达到每个月测定 1 次。为此,参照中国黑白花奶牛原北方育种组的经验,在一个泌乳期中的第 2、第 5 和第 8 泌乳月各测定 1 次,并用上式进行计算。

②4%标准乳的计算:为了评定和便于比较不同羊的产奶性能,应将不同乳脂率的奶校正为 4%

乳脂率的标准乳。计算公式如下：

$$FCM = M \times (0.4 + 0.15F)$$

式中，FCM 为乳脂率 4% 标准乳量；F 为乳脂率；M 为乳脂率为 F 的产奶量。

（3）饲料转化效率的计算：饲料转化效率是评定奶山羊品质优劣的一个重要指标，表示对饲料的利用能力。饲料转化效率越高，用于维持的比例就越低，纯收益就越高。高产家畜的饲料利用效率较高，因而纯收入也高。在奶山羊中，较粗略的饲料转化效率的计算，是用每千克饲料干物质生产的羊奶数（千克）来表示的，其公式如下：

饲养转化效率＝全泌乳期总产奶量（kg）/全泌乳期饲喂各种饲料干物质总量（kg）

其单位为千克奶/千克饲料干物质。

比较精确的计算方法应以食入的和产出的蛋白质或能量之比来表示。

2. 影响奶山羊产奶量的因素 影响奶山羊产奶量的因素很多，主要因素包括两个方面：一是羊本身的因素，即遗传因素；二是外界环境因素，即饲养管理条件。遗传是影响产奶量的根本因素，饲养管理是影响产奶量的关键因素。

奶山羊产奶量的遗传力为 0.3～0.35，就是说遗传因素对产奶量的影响占 30%～35%。另外 65%～70% 受饲养管理条件影响。

（1）品种：不同品种，因遗传性能不同，产奶量不同，奶中的营养成分也有差异。如萨能奶山羊在世界上产奶量最高，其世界纪录是一个泌乳期产奶 3432 kg（英国）；其次是吐根堡奶山羊、阿尔卑斯奶山羊和努比亚奶山羊，世界纪录是 305 d 产奶 2610.5 kg、2218.0 kg 和 2009 kg。努比亚奶山羊的乳脂率最高，为 4.6%，吐根堡奶山羊为 3.5%，阿尔卑斯奶山羊 3.4%，萨能奶山羊为 3.6%。

（2）血统：同一品种内，不同公羊、母羊的后代，由于遗传基础不同，产奶量也不同，血统好的羊，其母羔得到的泌乳潜力就大。

不同近交程度的公羊与非近交的母羊交配（顶交），第 3 胎产奶量相比非近交的公羊与非近交的母羊、非近交公羊与近交的母羊、中亲组公羊与不同近交程度的母羊交配的后代，产奶量分别提高 16.75%、10.72% 和 18.91%。因此，顶交在提高奶山羊产奶性能方面，应予以重视和应用。远血缘公、母羊交配，其后代产奶量显著提高。

（3）泌乳天数：高产羊的泌乳天数，在第 1～3 胎与一般羊差异不显著，第 4 胎时差异极显著（$P<0.01$），以后各胎次差异均显著（$P<0.05$），说明高产羊代谢功能的下降明显。

通过计算，泌乳天数与产奶量的相关系数为 0.8984，泌乳天数的遗传力为 0.19～0.40，说明泌乳天数与产奶量的高低有密切的关系。

（4）第 1 胎的最高泌乳日、泌乳旬、泌乳月和 90 d 产奶量：第 1 胎，最高泌乳日产奶量与本胎总产奶量呈极显著正相关（$r=0.47309$），而最高泌乳日分布，以产后前 1～3 个月居多，占 88.69%，第 5 个泌乳月以后极少，仅占 3.05%。

从泌乳旬看，第 1～2 旬是上升阶段，第 3～13 旬为产奶量最高时期，以第 7 旬最高，第 13 旬以后产奶量开始下降。第 1～10 旬产奶量占整个泌乳期的 43% 以上，第 1～15 旬的产奶量占整个泌乳期的 60% 以上。

第 1 胎最高泌乳月的产奶量，与本胎次总产奶量的相关系数为 0.694（$P<0.01$），以第 3 个泌乳月最高，第 6 个泌乳月以后显著下降，所以，要提高产奶量必须在泌乳高峰期下功夫。

（5）年龄和胎次：西农萨能奶山羊在 18 月龄配种的情况下，以 3～6 岁，即第 2～5 胎产奶量较高，第 2～3 胎产奶量最高，第 6 胎以后产奶量显著下降。

（6）个体：同血统的不同个体，尽管在同一饲养条件下，产奶量仍有差异。

①对 21 对孪生母羔第 1 胎产奶量之间的表型相关进行计算，其相关系数为 0.826，相关性较强。又对 24 对孪生母羔的产奶量进行比较，结果表明，每对母羔的产奶量存在一定差异，其差异平均值为 18.89%±13.19%。

②乳房性状对产奶量的影响：乳房体积与产奶量呈显著正相关（$r=0.512$，$P<0.05$）。萨能奶山羊乳房基部周径、乳房后连线、乳房深度、乳房宽度均与产奶量呈正相关，其相关系数分别为 0.351、

213

0.373、0.489、0.392。

乳房外形评分与产奶量的相关系数为0.634($P<0.01$),说明乳房外形评分越高,产奶量越高。30 s排乳速度与产奶量的相关系数为0.4482($P<0.05$),说明30 s排乳速度快的羊产奶量较高。形状为方圆形的乳房,其产奶量显著高于布袋形、梨形和球形乳房的产奶量,球形乳房产奶量较差。

据统计(1987年),第3胎乳房质地为松软、较软、较硬三种羊的90 d产奶量,分别为375.0 kg、306.3 kg、264.5 kg,差异显著($P<0.05$),说明乳房质地对产奶量的影响是显著的。

(7)营养水平:母羊产前体重一般比泌乳高峰期高18%~27%。统计表明,体重增加与产奶量呈正相关($r=0.416$),产奶量与食入饲料的消化能呈正相关($r=0.978$),产奶量与干物质采食量呈正相关($r=0.986$),表明妊娠后期(干奶期)的饲养管理非常重要,营养水平与产奶量的关系极为密切。

(8)初配年龄与产羔月份:初配年龄取决于个体生长发育的程度,而个体发育又受饲养条件的影响。产奶天数、气候和饲料的变化是引起产奶量差异的主要原因。

(9)同窝产羔数:同窝产羔数与产奶量的表型相关系数为0.2369,遗传相关系数为−0.1751。一般,同窝产羔数多的母羊产奶量较高,但多羔母羊妊娠期的营养消耗多,可能会影响产后的泌乳。

(10)挤奶:挤奶的方法、次数对产奶量有明显的影响。正确的挤奶方法可明显提高产奶量。将每日挤奶1次改为每日挤奶2次,可提高产奶量25%~30%,改每日挤奶2次为每日挤奶3次,可提高15%~20%。在生产实际中,多数采用每日挤奶2次。值得注意的是,在我国一些地区,每天只挤奶1次,这使许多高产母羊的乳房下垂,产奶潜力得不到发挥。

(11)其他:疾病、气候、应激、发情、产前挤奶等因素,都会影响产奶量。

3. 提高产奶量的措施 奶山羊的产奶量受遗传因素的制约和环境因素的影响,要提高产奶量,就必须从遗传因素方面着手,在饲养管理上下功夫。

(1)加强育种工作,提高品种质量:优良品种是高产的基础,而育种工作是提高品种质量的根本保证。

①发展优良品种:对于引进的优良品种,如萨能奶山羊、吐根堡奶山羊等,要集中管理,加强饲养,建立品系,扩大数量,提高质量。

②努力提高我国培育品种的生产水平:对于我国自己培育的品种,如关中奶山羊、崂山奶山羊等,要建立良种繁育体系,严格选种,合理选配,稳定数量,提高质量。

③积极改良当地品种:对于低产羊要继续进行级进杂交,积极改良品种。要成立育种组织,落实改良方案,制定鉴定标准,每年鉴定,进行良种登记。为了扩大良种覆盖面,提高改良速度和效果,可采用人工授精和冷冻精液。

(2)加强羔羊、青年羊的培育:羔羊和青年羊的培育,是介于遗传和选择之间的一个重要环节,如果培育工作做得不好,优良的遗传基因就得不到显示和发挥,选择也就失去了基础和对象。羔羊生长发育较快的时间是出生至75日龄,以出生至45日龄生长最快,随年龄的增长,其生长速度降低,所以羔羊的喂奶量应以30~60日龄为最高。初生重、断奶体重与其产奶量呈显著正相关,加强培育,增大体格,促进器官发育,对提高产奶量有重要作用。

(3)科学饲养。

①根据奶山羊生理特点和生活习惯饲养:草是奶山羊消化生理必不可少的物质,也是奶山羊营养物质的重要来源。青绿饲料、青贮饲料和优质干草营养丰富,适口性好,易于消化,有利于奶山羊的生长发育、繁殖、泌乳和健康。精料过多,瘤胃酸度升高,影响消化。因此,要以草为主饲养奶山羊。

②根据不同生理阶段饲养:要根据不同生理阶段(泌乳初期、泌乳高峰期、泌乳稳定期、泌乳后期、干奶期)的生理特点,合理进行饲养。

③认真执行饲养标准:认真按照饲养标准,保证各类羊的营养需要,采用配合饲料和复合饲料添加剂等,以保证羊只的全价营养饲养。

(4)良好管理,增进健康,减少疾病。

①认真做好干奶期和泌乳高峰期的管理工作,产后及时催奶,根据产奶量适当增加挤奶次数。

②坚持让羊运动,增进羊健康;经常刷拭,定期修蹄,搞好卫生,减少疾病。

③适时配种,防止空怀,8—10月配种,1—3月产羔有利于提高产奶量。

④加强疫病防治,保证羊只健康。夏季防暑防蚊,冬季防寒保暖。

⑤保持合理的羊群结构,及时淘汰老、弱、病、残羊。

(5)充分调动生产者的积极性。

①认真落实生产承包责任制,实行按劳分配,生产效益与个人收入挂钩,充分调动广大生产者的积极性。

②搞好奶的市场营销,努力开发新产品,提高附加值。

(6)重视科学研究与人才培养:提高生产力,科技是保证。为此,一要加强奶山羊的遗传育种、饲料营养、疾病防治、经营管理等方面的研究,提高科技成果的转化率;二要加强基层技术人员的培训,建立一支技术和管理人才队伍;三要加强饲养人员的技术培训,实现科学管理。

4. 提高奶山羊经济效益的措施　在奶山羊的产值中,奶的收入占65%~70%,羔羊的收入占30%~35%,粪肥的收入占2%~3%。而在成本支出中,饲料费占65%,工资占15%,医药费占3%,房舍、水电及管理费占17%。要提高奶山羊的经济效益,必须做到以下几点。

(1)努力提高个体效益:个体效益取决于奶山羊的生产水平与饲养成本,提高生产水平是提高个体效益的重要方面。

①提高产奶量和提高鲜奶的商品率:要提高产奶量,一要发展高产优良品种,二要改良低产品种,三要抓好饲养管理,四要减少空怀并对空怀母羊进行诱导泌乳。要提高个体效益,还必须使鲜奶变为商品。在奶山羊基地所在的地区,增设收奶网点,保证收奶次数,价格合理,以利于提高鲜奶的商品率。

②加强羔羊、青年羊的培育,提高成活率:应用人工乳,实行人工哺乳,早期断奶,降低培育成本。青年羊可在8~10月龄配种。提高母羊的受胎率、产羔率和产羔成活率。推广人工授精、冷冻精液,扩大良种公羊配种只数,降低公羊饲养成本。

③合理利用饲料,降低饲养成本:在羊奶的生产成本中,饲料费占的比例最大,合理地利用饲料,是降低饲养成本的关键之一。在奶山羊生产中,若饲养管理方法落后,精饲料种类单一,粗饲料数量不足、品质不良,则饲草矛盾更为突出。提倡生产配合饲料,营养全面,利用率高。种草养羊,既符合羊的生理特点,又比用粮食养羊经济合算。苜蓿是饲草之王,单位面积生产的能量、蛋白质分别是小麦的4.7倍和7倍。青贮玉米是奶畜保健饲料,青刈玉米单位面积所产的总可消化养分和可消化粗蛋白质分别比收玉米籽粒高44%和85.5%。套种油菜、豆类、毛苕子等,合理利用两饼,不仅营养全面,而且价格便宜。高蛋白质的复合添加剂,对于补充奶山羊蛋白质和微量元素的不足、降低饲料成本,有显著效果。生产浓缩饲料,既可以补充农村奶山羊饲料营养的不足,还可以降低运输成本,降低总成本。饲料转化效率、奶料比是评价饲料利用效果的重要指标。

④提高羊群科学管理水平:保持合理的羊群结构,按时周转,及时淘汰,并保证合理的分娩间隔。

⑤加强疫病防治,保持羊舍清洁,增进羊群健康,减少疫病损失:每年要定期检查布氏杆菌病、结核病、关节炎、脑炎病,坚持药浴和驱虫,在泌乳期每天进行乳房炎的检测。

(2)发展适度规模经营,提高规模经营效益:扩大奶山羊生产经营的规模,使其走向专业化、社会化、商品化,只有这样才能使奶山羊生产逐步摆脱家庭副业的地位,充分发挥科学技术的作用,才能不断提高劳动生产率和经济效益。

(3)开展综合利用,提高综合效益:在有条件的地区,推广公羔异地育肥,生产羔羊肉,满足市场需要。开展羊奶、羊肉、羊皮、羊肠、羊脑的初加工。利用山羊奶蛋白质含量高、易消化的特点,生产婴儿奶制品,利用羊肉胆固醇含量低的特点,生产老人保健食品。利用羊奶干酪风味好、欧美人好食的习惯生产旅游食品和出口创汇食品。

(4)全力提高奶山羊生产的总体效益。

①加强奶山羊基地的建设,促进奶山羊生产的发展:发展奶山羊生产要根据社会经济条件与生态条件,因地制宜,适当集中,择优发展。对现有的奶山羊生产基地要加强领导,巩固提高。建立和

完善良种繁育、饲料生产、疾病防治、产品收购加工、服务体系。在地县实行科研与推广、普及与提高相结合,推广实用配套技术,努力提高奶山羊生产水平。

②乳品工业要归口管理、合理布局乳品厂:要以奶源为优势,以价格为动力,以质量求生存,以品种求发展。要引入竞争机制,搞好经营管理,提高产品质量。

③建立全国奶山羊研究推广中心:为全国奶山羊产业的发展培养技术人才,开展技术服务工作,提供各类信息。

④放开羊奶价格,实行按质论价、优质优价政策:鉴于鲜奶成本不断上升,羊奶价格一直偏低,影响奶农的生产积极性和乳品厂原料的供应,在市场经济和我国已加入 WTO 的形势下,可以放开羊奶价格。合理的羊奶价格能够促进生产,保障供给,促进畜牧业向节粮、高效优质、高产商品性生产发展。

实行季节性差价,提高冬季奶价,促进奶农分期配种,全年产奶,均衡供应。

情境小结

本情境主要内容为羊的发情鉴定、配种、早期妊娠诊断、接羔育幼、断尾、去势、断奶鉴定及分群等技术,各生理阶段羊的饲养管理技术,羊的育肥技术和奶山羊的饲养管理及提高其产奶量的方法。

 自测训练

一、选择题

1. 羊的发情周期平均为(　　)d。
A. 16　　　　　　　　B. 17　　　　　　　　C. 18　　　　　　　　D. 19

2. 羊的妊娠期平均为(　　)d。
A. 148　　　　　　　B. 150　　　　　　　C. 152　　　　　　　D. 154

3. 采精时,假阴道内温度以(　　)℃为宜。
A. 36~38　　　　　　B. 38~40　　　　　　C. 40~42　　　　　　D. 42~44

4. 在配种前(　　)个月开始采精,进行精液质量检查。
A. 1　　　　　　　　B. 2　　　　　　　　C. 3　　　　　　　　D. 4

5. 精液镜检时,室温应保持在(　　)℃。
A. 15~20　　　　　　B. 16~24　　　　　　C. 18~25　　　　　　D. 20~25

6. 绵羊的初配年龄一般在(　　)月龄。
A. 10~16　　　　　　B. 12~18　　　　　　C. 14~20　　　　　　D. 18~24

二、填空题

1. 羊为短日照季节性发情动物,光照缩短,母羊生殖功能处于兴奋和旺盛状态,促进母羊_____;光照时间延长则会抑制母羊发情。

2. 羊的发情鉴定通常有_____法、_____法和_____法。

3. 绵羊的配种方法可分为_____和_____两种。

4. 胚胎移植中,提供受精卵或早期胚胎的母羊叫作_____。

5. 母羊早期妊娠诊断的方法有_____、_____、_____、_____、_____等。

6. 种公羊最好采取放牧和舍饲相结合的饲养方式,青草期以_____为主,枯草期以_____为主。

第四篇　牛生产技术

情境十五 牛场建设及牛的品种

情境导入

随着科学技术的进步,牛的饲养正逐渐由家庭散养模式向规模化、标准化、现代化的养殖模式转变,故建设适合不同规模、不同地域、不同气候、不同资源条件的现代化牛场越来越重要。此外,牛的品种亦具有多样性,这是自然选择和人类长期选育的结果,也是发展养牛业的宝贵遗传资源,因此,熟悉不同品种牛的生产特性,对掌握牛生产技术至关重要。

情境目标

▲知识目标

掌握牛场建设内容及要点,掌握各品种牛的体型外貌特征及生产性能。

▲技能目标

初步具备规划牛场及设计牛舍的能力,可准确识别常见牛品种及生产性能。

▲思政目标

通过学习牛场建设及牛的品种,树立环保意识、保种意识。

单元一 牛场建设

单元目标

知识目标:掌握牛场选址、牛场规划、牛舍设计及场区配套设施的设计要点和注意事项。

技能目标:初步具备规划牛场及设计牛舍的能力。

思政目标:通过学习牛场选址内容,树立环保理念。

扫码学
课件 15-1

案例导学

李某决定在自家的盐碱地上建造牛场,请问这么做可行吗?

课前思考

牛场为何不能建在低洼水道或风口处?

案例导学

Note

一、牛场选址

牛场应选在背风向阳、干燥平坦之处,不可设在低洼水道及风口处。平原地区地面坡度一般选在2%左右,山区坡度不得超过8%。此外,牛场应保证水、电供给不间断,交通便利且位于该地区主导风向及居民点的下风向,远离城市、工矿区、化工厂、医院及其他养殖场等区域。

牛场选址应从地形地势、水源土质、社会联系这三个方面进行综合考虑。地形地势应开阔平整,背风向阳、北高南低、总体平坦,应选地下水位在2 m以下的区域,勿选低洼、风口、山洪水道及盐碱地。水源土质方面,应保证牧场附近水源充足,取用方便;土质透气、透水、吸湿、抗压,沙壤土最理想。社会联系方面,应确保场区周边环境符合防疫、环保要求,场区周围3000 m内无大型化工厂、畜牧污染源等;1000 m内无公共场所、居民居住区等。

二、牛场规模

牛场规模应根据养殖区、职工生活区、其他附属建筑用地,结合每头牛所需场地、空间,辅以未来规划进行计算。牛舍面积应根据牛的饲养头数确定,但鉴于牛体形大小、生产目的、饲养方式等不同,每头牛占牛舍面积也不尽相同。例如,肉牛场内每头育肥牛所需面积为1.6~4.6 m²;而奶牛场内成年母牛每头所需面积为9~10 m²,育成牛6~8 m²,犊牛4~5 m²。

三、牛场规划

根据牛场规划,一般可将牛场分为生活区、管理区、生产区、辅助区、粪污处理区(图15-1)。需指出的是,牛场分区规划是否合理,将直接影响牛场生产效率和防疫水平。生活区应在牛场上风口并与生产区保持100 m以上距离。管理区需包括办公室、财务室、接待室、档案资料室、培训活动室、化验室等,管理区需与生产区保持50 m以上距离。生产区是牛场的核心区域,主要包括成年母牛、青年牛、育成牛、犊牛牛舍及运动场,并设配种室、兽医室、挤奶厅。生产区入口需配置消毒设施,如脚踏消毒池、车辆消毒池、防疫沟等。此外,场区内污道不得与其他道路交叉,牛舍防疫间距为15 m。辅助区包括精饲料库、干草棚、青贮池、TMR加工车间、机械车辆库等。值得注意的是,干草堆放位置需与其他建筑物保持60 m以上防火距离。粪污处理区由兽医诊疗室、病牛隔离舍等组成。此区应设在地势较低的下风向,四周设立围墙,与其他区域隔开,应与生产区间隔100 m以上。

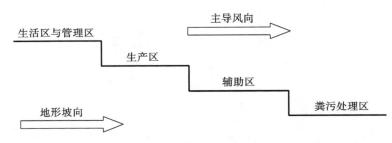

图15-1　牛场功能分区

四、牛舍设计

牛舍设计需因地制宜,其建筑类型主要包括拴系式和散栏式。拴系式牛舍内,母牛被拴系,活动范围受限,其采食、休息、挤奶(奶牛)均在牛舍内进行。常见结构为钟楼式、半钟楼式、双坡式。散栏式牛舍,即舍内不拴系,高密度散放饲养,自由采食、自由饮水。

牛舍需配备牛床、饲槽、饮水槽、运动场及挤奶厅等。牛床要位于饲槽后面,分长形和短形两种。长形牛床长1.95~2.25 m,宽1.3~1.6 m,适用于种公牛和高产牛。母牛一般配备短形牛床,长1.6~1.9 m,宽1.1~1.25 m。为利于粪污排出,牛床常向粪沟作1%倾斜。牛床前设饲槽,槽底为圆形,饲槽净宽60~80 cm,前沿高60~80 cm,后沿高度视牛床而定,长形牛床用高槽,高度为40~50 cm;短形牛床用低槽,高度为20~30 cm,以便牛采食。饮水设备一般为自动饮水器或水槽,置于每头牛饲槽旁距地面约50 cm处。每栋牛舍需设运动场,成年牛每头占地15~20 m²,育成牛每头占地10~

15 m²,犊牛每头占地5～10 m²,运动场地面应以三合土或沙土为主,内应设凉棚、饮水槽。挤奶厅分坑道式和转盘式两种,大型牛场一般为坑道式,超大型牛场一般为转盘式,坑道式便于维护和检修,但工作效率低于转盘式,转盘式正好与此相反。

五、场区配套设施

场区配套设施包括场区道路、场区绿化、供水、供电、供暖等设备或建筑。

1. 场区道路 场区道路一般与建筑物平行或垂直布置,路面标高应较牛舍地面标高低0.25 m左右。生产区道路分净道、污道,净道不与污道交叉(图15-2)。需注意的是,场区内但凡与牛行走通道垂直交叉的,应设约1 m宽、与过道同长、深约0.8 m的漏缝井,井上覆盖子,以便奶牛顺利通过。净道路面宜用混凝土,也可采用条石,一般宽约5.0 m,横坡1%～1.5%。污道路面材质可与净道相同,也可用碎石或工程土,宽度约为3 m,横坡2%～3%。

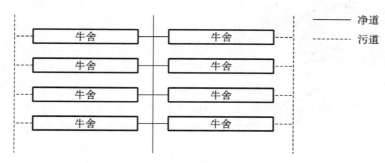

图15-2 牛场内净道、污道设置

2. 场区绿化 场区绿化应选择适合当地气候条件、人畜无害的花草树木进行培植。树木与建筑物外墙、围墙、运动场、道路和排水沟边缘距离不小于1.5 m。乔木不可密植,以成年树冠不相交为宜,灌木丛不宜高过0.8 m。

3. 供水 牛场所用水源应保证牛场所需。

4. 供电 为保证牛场用电安全和电量供给,需根据牛场实际情况配置供电系统,建议在配电室内预先准备柴油发电机和备用变压器,以备停电所需。

5. 供暖 北方的牛场需要配置冬季供暖设备。

单元二 牛的品种

单元目标

知识目标: 掌握乳用品种、肉用品种和兼用品种牛的体型外貌特征及生产性能。
技能目标: 可准确识别常见牛的品种及生产性能。
思政目标: 了解我国具有自主知识产权的牛品种,增强民族自信心和自豪感。

扫码学
课件15-2

案例导学

某养殖场购入一批奶牛,产犊后,产奶量不高,泌乳盛期每天只产奶10～15 kg,观察外形发现,奶牛乳房较小,乳房血管不明显,前望、侧望、上望均呈矩形,显然不是高产奶牛。如果让你帮助购买,你会选择具备何种特征的奶牛?

案例导学

Note

课前思考

以产奶量高而闻名于世的奶牛品种是什么？

一、乳用品种

乳用品种是经过长期选育、改良后，用于生产牛奶的专门化品种。世界上分布最广的乳用品种是荷斯坦牛，其以产奶量高、风土驯化能力强、适应性好而闻名于世。

1. 荷斯坦牛　荷斯坦牛原产于荷兰北部的北荷兰省、西弗里生省及德国的荷斯坦省，其因生产

图 15-3　荷斯坦牛

性能、适应性、风土驯化能力优异，世界各国均有饲养（图 15-3）。各国对荷斯坦牛进行长期驯化和选育，形成了各具特色的荷斯坦牛品种，并冠以国名，如美国荷斯坦牛、加拿大荷斯坦牛、中国荷斯坦牛等。荷斯坦牛根据其特点可分为两大品系，即北美系（乳用型）、欧洲系（兼用型）。乳用型荷斯坦牛以美国、加拿大、澳大利亚品种为代表，体形呈楔形。兼用型荷斯坦牛以荷兰、瑞典、丹麦品种为代表，体形略呈矩形。

乳用型荷斯坦牛体形侧望、前望、上望均呈楔形；体格高大，结构匀称，皮薄骨细；后躯发达，乳房庞大丰满，四个乳区结构匀称，乳静脉粗且弯曲，乳头大小适中，长度为 5～8 cm；头狭长清秀，背腰平直，尻方正；四肢端正结实，蹄质坚实，蹄底呈圆形；被毛细短，毛色呈黑白斑块，额部有白星；腹下、四肢下部及尾帚为白色。成年公牛体重 900～1200 kg，成年母牛体重 650～750 kg，犊牛初生重 40～50 kg。年产奶量一般为 7500～8500 kg。

兼用型荷斯坦牛体格、体重均低于乳用型，毛色与乳用型相同。成年公牛体重 900～1100 kg，成年母牛体重 550～700 kg，犊牛初生重 35～45 kg。兼用型荷斯坦牛的年产奶量为 4500～6000 kg。兼用型荷斯坦牛产肉性能较好，平均日增重为 0.9～1 kg，屠宰率可达 55%～60%。

2. 中国荷斯坦牛　中国荷斯坦牛整体偏乳用型，但形格大小不一，分为大、中、小三个类型。大型荷斯坦牛成年母牛体重不低于 610 kg，体高不低于 135 cm。中型荷斯坦牛成年母牛体重不低于 580 kg，体高不低于 133 cm。小型荷斯坦牛成年母牛体重不低于 545 kg，体高不低于 129 cm。

（1）外貌特征：中国荷斯坦牛毛色以黑白花为主，额部有多白星；头清秀，颌骨坚实，前额宽而凹陷，鼻梁平直；体格清秀，背线平直，尻长而平，棱角分明；皮薄毛短，皮下脂肪少，体形前望、上望、侧望均呈楔形；后躯宽深，腹大而不下垂；四肢端正结实，肢势良好，飞节轮廓明显，蹄形正，蹄底呈圆形；乳房发达，结构良好，乳静脉大而弯曲，附着较好，乳头大小分布适中。

（2）体尺与体重。

①犊牛：犊牛初生重不低于 36 kg。

②母牛：母牛 18 月龄体重（奶牛空腹时的重量，用磅秤称量）不低于 395 kg，体高不低于 131 cm，体斜长（奶牛肩胛骨前缘至坐骨结节后缘的距离，用杖尺测量）不低 142 cm，胸围（奶牛肩胛骨后缘处量取的胸部周径，用卷尺测量）不低于 177 cm。母牛 24 月龄体高不低于 136 cm，体重不低于 655 kg，体斜长不低于 147 cm，胸围不低于 182 cm。

③公牛：公牛 24 月龄体高不低于 145 cm，体重不低于 725 kg。

（3）产奶性能：正常饲养管理条件下，头胎母牛 305 d 产奶量不低于 5500 kg。305 d 产奶量：从产犊日到第 305 个泌乳日的总产奶量。泌乳天数不足 305 d 时，按实际产奶天数和产奶量计算；泌乳天数超过 305 d 时，只取 305 d 的实际产奶量。乳脂率（乳中所含脂肪的百分率）不低于 3.4%，乳蛋白率（乳中所含蛋白质的百分率）不低于 2.9%。经产母牛 305 d 产奶量不低于 6500 kg，乳脂率不低

于 3.4％,乳蛋白率不低于 2.9％。

（4）繁殖力。

①公牛：公牛 11～12 月龄性成熟,14～16 月龄可采精,精液品质需符合 GB 4143—2008 规定。

②母牛：母牛一般 11 月龄性成熟,发情周期平均为 21 d,初配年龄为 13～14 月龄,体重为 340～380 kg,妊娠期为 282～290 d,头胎母牛的产犊月龄不晚于 24 月龄。

③利用年限：正常饲养管理条件且健康状况良好的情况下,公牛可利用年限为 9 年以上,母牛为 5 个泌乳期以上。

（5）适应性：荷斯坦牛耐寒不耐热,可在低海拔、寒温气候地区饲养。

3. 娟姗牛 娟姗牛属小型乳用品种（图 15-4）,其性情温顺、体形小、乳脂率较高,可终年放牧饲养。娟姗牛具有典型乳用牛体型外貌特征。娟姗牛头小,额凹;胸宽,背平,后躯发育良好;乳房发育匀称,形状美观,乳静脉粗大而弯曲;皮薄,骨骼细,毛色以浅褐色居多;鼻镜、舌及尾帚为黑色。成年公牛平均体重为 700 kg,体高 131 cm;成年母牛平均体重为 400 kg,体高为 121 cm,犊牛平均初生重为 25 kg。

单位体重产奶量高,乳脂肪球大是娟姗牛的最大特点。娟姗牛年平均产奶量为 4000 kg,乳脂率为 5％～7％,是世界上乳用品种牛中乳脂率最高的品种。

二、肉用品种

1. 海福特牛 海福特牛是中、小型早熟肉用品种之一（图 15-5）,分为有角和无角两种类型,但生产性能相差无几。海福特牛头短、额宽、颈短粗而多肉,垂皮发达,躯干呈圆筒状;腰背宽、平、直,臀部肌肉发达;侧望、上望、前望体躯呈矩形;毛色主要为暗红色,具"六白"特征,即头、颈下、腹下、四肢下部、鬐甲和尾帚均为白色。

图 15-4 娟姗牛　　　　　　　　图 15-5 海福特牛

海福特牛增重快,最高屠宰率可达 65％。母牛 6 月龄开始发情,15～17 月龄可初次配种,发情周期为 21 d,发情持续期为 12～36 h,妊娠期平均为 277 d。

2. 安格斯牛 安格斯牛全称为阿伯丁安格斯牛（图 15-6）,是小型肉用品种之一,无角、黑毛是安格斯牛的主要外貌特征。安格斯牛体躯低矮,体质结实;头小而方,腰背平直,肌肉丰满;体躯宽而深,呈圆筒状。成年公牛平均体重 800 kg,成年母牛平均体重 550 kg;犊牛平均初生重 29 kg。

图 15-6 安格斯牛

安格斯牛具有生长快、胴体品质好、出肉率高等特点,屠宰率为 60％～65％。安格斯牛一般 12 月龄性成熟,13～14 月龄初配。发情周期为 21 d,发情持续期平均为 21 h,妊娠期为 280 d,极少发生难产。

3. 夏南牛 夏南牛是我国第一个具有自主知识产权的肉用牛品种,其以法国夏洛莱牛为父本,南阳牛为母本,历时 21 年培育而成。夏南牛毛色纯正,以浅黄色、米黄色居多。牛头方正,颈粗壮。

成年牛结构匀称,体躯呈长方形,胸深而宽,肋圆,腰背平直,肌肉丰满,尻部长、宽、平、方;四肢粗壮,蹄质坚实。成年公牛体高 143 cm,体重 860 kg 左右;成年母牛体高 137 cm,体重 590 kg 左右。一般饲养条件下,18 月龄该牛屠宰率可达 60%。夏南牛初情期为 10～14 月龄,发情周期平均为 20 d,妊娠期平均为 285 d,难产率约为 1%,犊牛平均初生重为 38 kg。

4. 延黄牛 以延边牛为母本、利木赞牛为父本培育而成的延黄牛,是我国第二个具有自主知识产权的肉用品种,是中华人民共和国农业农村部在东北肉牛养殖区推荐的品种之一。延黄牛含 75% 的延边牛血统,25% 的利木赞牛血统,被毛颜色为黄红色或浅红色。延黄牛头方正,额平直,颈粗壮;骨骼坚实,体躯匀称、呈长方形,胸深肋圆,背腰平直,尻部宽长;四肢粗壮,蹄质坚实,肉用特征明显。短期集中舍饲育肥 18 月龄公牛,屠宰率可达 60%。延黄牛初情期为 8～9 月龄,初配期为 13～15 月龄,发情周期为 20～21 d,持续 20 h,妊娠期平均为 283～285 d。犊牛初生重为 28～30 kg。

5. 利木赞牛 利木赞牛(图 15-7)原产于法国利木赞高原,其体躯呈圆筒形,头短额宽;胸宽深,肋圆,背腰较短,尻平,背部及臀部肌肉丰满,四肢强壮。被毛为黄棕色。成年公牛平均体重 1050 kg,体高 140 cm;成年母牛平均体重 700 kg,体高 130 cm。公犊初生重为 36 kg,母犊初生重为 35 kg。

利木赞牛眼肌面积大,脂肪少,瘦肉多,多用于小牛肉生产。小公牛 3～4 月龄平均活重 155 kg,屠宰率为 68%。

6. 夏洛莱牛 夏洛莱牛(图 15-8)属大型肉用品种,体格大,体质结实,全身肌肉丰满,后腿肌肉圆润并向后突出,具有"双肌"特征;颜面部较宽,颈粗短;体躯呈圆筒形,四肢正直,蹄为蜡黄色。公牛常见双鬐甲,被毛为白色。成年公牛平均体重 1150 kg,成年母牛平均体重 750 kg。夏洛莱牛生长速度快、眼肌面积大、瘦肉产量高,6 月龄公犊平均日增重为 1.2 kg、母犊 1.05 kg,屠宰率为 60%～70%。

图 15-7　利木赞牛

图 15-8　夏洛莱牛

图 15-9　西门塔尔牛

三、兼用品种

1. 西门塔尔牛 西门塔尔牛(图 15-9)产于海拔 2000 m 以上的瑞士阿尔卑斯山区,其在世界上的养殖数量仅次于荷斯坦牛。西门塔尔牛头较长,颜面部较宽,眼大有神,睫毛细长;颈与鬐甲结合良好,体躯长,肋骨开张,胸部发育好,尻部长而平,四肢端正结实且肌肉发达;乳房发育较好,细致而紧凑。毛色为黄白花或红白花,头、胸部、腹下和尾帚多为白色,肩部和腰部有条状白毛片。成年公牛平均体重 1200 kg,成年母牛平均体重 650 kg,犊牛初生重 42～47 kg。西门塔尔牛产奶、产肉性能均较高,一般饲养条件下,年平均产奶量为 4000～5000 kg,公牛育肥后屠宰率为 60%～63%,母牛在半育肥状态下,屠宰率为 53%～55%。西门塔尔牛发情周期为 18～22 d,持续 20～36 h,妊娠期为 284 d,难产率低。

2. 三河牛 三河牛是我国培育的第 1 个乳肉兼用品种,产于内蒙古自治区。其体质结实,肌肉发达,骨骼粗壮;头清秀,眼大,角粗细适中并向上向前弯曲;毛色以红、黄、白花为主,花片分明。三河牛年平均产奶量为 3600 kg,屠宰率约为 53%,12 月龄性成熟,平均发情周期为 21 d,妊娠期约为 282 d。

四、中国黄牛品种

1. 秦川牛 秦川牛源自陕西省关中平原,是中国五大良种黄牛之首,是大型役肉兼用品种,体格高大结实,骨骼粗壮,结构匀称,肌肉丰满。毛色以紫红色、红色为主。该牛肉用性能较突出,具有育肥快、瘦肉率高、肉质细嫩等特点。在一般饲养条件下,18 月龄秦川牛平均屠宰率约为 58%。秦川牛发情周期为 21 d,平均妊娠期为 285 d。

2. 南阳牛 河南省南阳地区孕育的南阳牛是中国五大良种黄牛之一。该牛体格高大,结构匀称,体质结实,肌肉丰满,背腰平直,肢势端正。母牛后躯发育良好,但乳房发育差,部分牛存在斜尻。毛色以黄色为主,红色为辅。南阳牛肉质细嫩,大理石花纹明显。18 月龄公牛平均屠宰率约为56%。母牛发情周期为 21 d,持续 24~36 h,妊娠期平均为 292 d。

3. 晋南牛 晋南牛产自山西省南部,属中国五大良种黄牛之一。该牛头较清秀,额短稍凸,前躯发达,背平直,腰短。尻较窄,具略斜特征,乳房发育不足,乳头细小。毛色多为枣红色。晋南牛产肉性能较好,一般育肥条件下,16~24 月龄晋南牛平均屠宰率为 54%。强度育肥条件下,屠宰率为 63%。母牛发情周期平均为 21 d,妊娠期平均为 285 d。

4. 鲁西牛 鲁西牛产于山东省西南部,属中国五大良种黄牛之一。该牛体格高大,骨细,肌肉发育好。侧望近似长方形,具有肉用牛外貌特征。毛色以黄色居多,具有"三粉特征",即眼圈、嘴圈和腹下至股内侧呈粉色。一般饲养条件下,18 月龄鲁西牛平均屠宰率约为 57%,成年牛平均屠宰率约为 58%。鲁西牛肉质细嫩,大理石花纹明显。鲁西牛初情期为 10~12 月龄,发情周期平均为 21 d,妊娠期平均为 285 d。

5. 延边牛 延边牛来自吉林省延边朝鲜族自治州,是役肉兼用品种,亦属于中国五大良种黄牛之一。延边牛体质粗壮结实,结构匀称;背、腰平直,尻斜,前躯发育比后躯好;毛色为深浅不同的黄色。延边牛易育肥,肉质细嫩。18 月龄公牛,经 180 d 育肥,其屠宰率可达 58%。母牛平均发情周期为 21 d,持续 20 h。

情境小结

1. 牛场选址、牛场规划、牛舍及场区配套设施的设计是需要掌握的重点内容。
2. 乳用品种、肉用品种、兼用品种和中国黄牛品种的外貌特征、生产性能是本情境的重点内容。

知识拓展

牛奶感官鉴定及酸度滴定法鉴定牛奶新鲜程度。

知识拓展 15

自测训练

选择题

1. 牛场应选在(　　　)。

A. 山洪水道　　　　　B. 地势低洼处　　　　　C. 盐碱地　　　　　D. 背风向阳处

2. 牛场选址应距公共场所至少(　　　)。

A. 5000 m   B. 10000 m   C. 1000 m   D. 3000 m

3. 每头育成牛所需饲养面积为(   )。

A. 2 m²   B. 3 m²   C. 4 m²   D. 7 m²

4. 属于大型肉用品种的是(   )。

A. 海福特牛   B. 利木赞牛   C. 安格斯牛   D. 乳用短角牛

5. 属于小型乳用品种的是(   )。

A. 海福特牛   B. 娟姗牛   C. 安格斯牛   D. 利木赞牛

6. 属于乳用品种的是(   )。

A. 海福特牛   B. 娟姗牛   C. 安格斯牛   D. 利木赞牛

情境十六　牛的体质外貌鉴定与繁殖技术

情境导入

　　牛的体质外貌是躯体外部形态与生理功能、生产性能、抗病力及适应性等协调统一的综合表现。研究牛的体质外貌,旨在揭示体质外貌与生产性能、健康程度之间的关系,以便选出生产性能高且健康状况良好的牛只,这是对牛生产潜力进行鉴定和筛选的重要手段,也是牛选育过程中不可或缺的重要环节。牛选育期间,合理运用繁殖技术可以加快选育进程,缩短选育时间,因此,熟悉牛繁殖技术,对加快选育进程具有重要意义。

情境目标

▲知识目标

掌握牛体质外貌鉴定、奶牛体型线性鉴定、奶牛体况评分的方法及牛繁殖技术要点。

▲技能目标

能够对牛进行体质外貌鉴定;能够进行奶牛体型线性鉴定;可以正确运用繁殖技术,增加牛群数量。

▲思政目标

通过学习牛体质外貌特点,了解体质外貌与生产潜力的相关性,熟悉牛繁殖技术,为促进畜牧业高质量发展贡献力量。

单元一　牛体质外貌鉴定

单元目标

　　知识目标:掌握牛体质外貌鉴定中观察鉴定、测量鉴定、评分鉴定的方法及注意事项。

　　技能目标:能够运用观察鉴定、测量鉴定及评分鉴定对牛体质外貌进行鉴定。

　　思政目标:牛体质外貌鉴定是三种鉴定方法的相互配合,以弥补彼此的不足,明确相互合作的重要性。

扫码学
课件 16-1

案例导学

　　闫某从市场上购买了一批荷斯坦牛,但发现牛群中部分奶牛体形侧望略呈矩形,那么这部分奶牛还属于乳用型吗?

案例导学

Note

227

→ **课前思考**

牛的观察鉴定有何不足?

牛体质外貌鉴定包括观察鉴定、测量鉴定和评分鉴定。对牛进行体质外貌鉴定时,往往以观察鉴定为主,测量鉴定和评分鉴定为辅。

一、观察鉴定

观察鉴定即肉眼观察,据此判断牛体型外貌及品种特征。经验丰富的鉴定人员,常通过肉眼观察及触摸来判断牛的体质优劣及生产性能。

观察鉴定时,被鉴定牛需处于宽广、平坦的场地上,鉴定人员先对牛进行一般观察,即环视牛体1周,对牛各部位发育情况形成总体印象。然后,对牛前面、侧面、后面分别进行观察,前面观察可判断牛头部、胸部、肋骨扩张程度等情况;侧面观察可判断肩至尻的倾斜度,颈、背、腰、尻的长度,乳房发育情况及各部位是否匀称;后面观察可判断尻部发育情况。肉眼观察完毕,再用手触摸,明确皮下组织、肌肉、骨骼、乳房等发育情况。最后,让牛自由行走,观察其姿势、步态。最后,须指出的是,观察鉴定虽简单易行,但要想得到较准确的结果,鉴定人员必须具备丰富的实践经验。

二、测量鉴定

测量鉴定主要依靠体尺测量来对牛体质外貌进行鉴定,是评定牛生长发育情况、体型外貌及选种的重要依据。体尺测量常用的工具有测量杖、圆形测定器、卷尺、测角计等,牛在初生、6月龄、周岁、1.5岁、2岁、3岁时均需测定。体尺测量务必使被测量牛直立在平坦的地面上,四肢必须垂直于地面、端正,左、右两侧的前后肢均必须在同一条直线上,头自然前伸且近端与鬐甲处于同一水平,只有这样才能得到较准确的结果。

测量鉴定的指标数目常根据测量目的而定,具体测量指标名称、测量方法、测量工具见表16-1。

表 16-1　测量鉴定

序号	测量指标	测量方法	测量工具
1	头长	从额顶至鼻镜上缘的距离	卷尺
2	额大宽	两眼眶最远点的距离	圆形测定器
3	额小宽	颞颥部上面额的最小宽度	圆形测定器
4	体斜长	从肩胛前缘到同侧坐骨结节后缘间的距离	测量杖
5	体直长	从肩胛前缘到同侧坐骨结节后缘间的水平距离	测量杖
6	体高	自鬐甲最高点到地面的垂直高度	测量杖
7	胸深	肩胛后缘胸部上、下之间的距离	测量杖
8	胸围	在肩胛骨后缘处作一垂线,用卷尺绕其1周的长度	卷尺
9	胸宽	肩胛后缘胸部最宽处左、右两侧间的距离	测量杖或圆形测定器
10	管围	前掌骨上1/3最细处的水平周长	卷尺
11	臀高	荐骨最高点至地面的垂直高度	测量杖
12	臀端高	坐骨结节至地面的垂直高度	测量杖
13	臀长	腰角前缘至坐骨结节后缘间的距离	测量杖或圆形测定器
14	后腿围	从一侧后膝前缘,绕臀后至对侧后膝前缘突起的水平半周长	卷尺
15	背高	从最后胸椎棘突后缘至地面的垂直距离	测量杖
16	腰高	从两腰角连线中点至地面的垂直高度	测量杖
17	腰角宽	两腰角外缘间的距离	测量杖
18	髋宽	两臀角外缘的最大距离	圆形测定器
19	坐骨端宽	两坐骨结节外缘间的宽度	圆形测定器

续表

序号	测 量 指 标	测 量 方 法	测 量 工 具
20	乳房的容积,具体测量指标如下:		
	(1)乳房围	乳房的最大周径	卷尺
	(2)乳房深度	后乳房基部至乳头基部的距离	卷尺
	(3)前、后乳房距离	两乳头基部间的距离	圆形测定器
	(4)左、右乳房距离	两乳头基部间的距离	圆形测定器

进行测量鉴定时,为了明确判断某些部位是否发育正常,往往需要计算体尺指数,即牛某一部位体尺对另一部位体尺的百分比。常用的体尺指数如下。

1. 体长指数

$$体长指数 = \frac{体斜长}{体高} \times 100\%$$

乳用品种体长指数较肉用品种小,生长期发育不良将会导致体长指数低于该品种平均值。

2. 体躯指数

$$体躯指数 = \frac{胸围}{体斜长} \times 100\%$$

体躯指数可反映牛体发育情况,肉用品种的体躯指数比乳用品种大。

3. 管围指数

$$管围指数 = \frac{管围}{体高} \times 100\%$$

管围指数可用于判断牛骨骼相对发育情况,通常肉用品种的管围指数较乳用品种小。

三、评分鉴定

将牛体各部位根据其重要程度分别给予一定的分值进行鉴定的方法即为评分鉴定,总分为100分。以荷斯坦牛为例,根据表16-2、表16-3确定其外貌得分。

表 16-2 母牛外貌鉴定评分表

项 目	满 分 标 准	标准分值
一般外貌与乳用特征	1. 头、颈、鬐甲、后大腿等部位棱角和轮廓明显	15
	2. 皮肤薄而有弹性,毛细而有光泽	5
	3. 体高大而结实,各部位结构匀称,结合良好	5
	4. 毛色黑白花,界线分明	5
	小计	30
体躯	5. 长、宽、深	5
	6. 肋骨间距宽,长而开张	5
	7. 背腰平直	5
	8. 腹大而不下垂	5
	9. 尻长、平、宽	5
	小计	25
泌乳系统	10. 乳房形状好,向前、后延伸,附着紧凑	12
	11. 乳房质地:乳腺发达,柔软而有弹性	6
	12. 四乳区:前乳区中等大,四个乳区匀称,后乳区高、宽而圆,乳镜宽	6
	13. 乳头:大小适中,垂直,呈柱形,间距匀称	3
	14. 乳静脉弯曲而明显,乳井大,乳房静脉明显	3
	小计	30

续表

项　　目	满 分 标 准	标准分值
肢蹄	15. 前肢:结实,肢势良好,关节明显,蹄质坚实,蹄底呈圆形	5
	16. 后肢:结实,肢势良好,左右两肢间宽,系部有力,蹄形正,蹄质坚实,蹄底呈圆形	10
	小计	15
合　计		100

表 16-3　公牛外貌鉴定评分表

项　　目	满 分 标 准	标准分值
一般外貌	1. 毛色黑白花,体格高大	7
	2. 有雄相,肩峰中等,前驱较发达	8
	3. 各部位结合良好而匀称	7
	4. 背腰平直而坚实,腰宽而平	5
	5. 尾长而细,尾根与背线在同一水平	3
	小计	30
体躯	6. 中躯:长、宽、深	10
	7. 胸部:胸围大,宽而深	5
	8. 腹部:紧凑,大小适中	5
	9. 后躯:尻长、平、宽	10
	小计	30
乳用特征	10. 头、体、后大腿的棱角明显,皮下脂肪少	6
	11. 颈长适中,垂皮少,鬐甲呈楔形,肋骨扁长	4
	12. 皮肤薄而有弹性,毛细而有光泽	3
	13. 乳头:呈柱形,排列距离大	4
	14. 睾丸:大而左右对称	3
	小计	20
肢蹄	15. 前肢:肢势良好,结实有力,左右两肢间宽;蹄形正,质地坚实,系部有力	10
	16. 后肢:肢势良好,结实有力,左右两肢间宽;飞节轮廓明显,系部有力,蹄形正,蹄质坚实	10
	小计	20
合　计		100

单元二　奶牛体型线性鉴定

单元目标

知识目标:掌握奶牛体型线性鉴定的基本原理及方法,明确各个观测指标的意义。

技能目标:能够运用奶牛体型线性鉴定方法对奶牛进行体型线性鉴定。

思政目标:奶牛体型线性鉴定需考虑诸多观测指标后才能够得出准确、客观的结果,这提示人们面对问题时,应该多角度看待。

扫码学
课件 16-2

→ **案例导学**

王某拟从市场上购买一批荷斯坦牛,但发现这批奶牛尻宽均在10~18 cm,那么该批奶牛可以购买吗?

→ **课前思考**

奶牛体型线性鉴定评分的范围是多少?

一、基本原理

奶牛体型线性鉴定是用来评估奶牛是否具有经济价值、生理功能和各重要性状的方法。进行奶牛体型线性鉴定时,按1~9分的范围对某一性状进行线性评分并将其转化为该性状的功能分,再根据各性状与生产性能相关性大小,对每个性状赋予一个加权系数,通过加权系数将各功能分转变为一个百分制总分,最后根据总分评定该奶牛的外貌等级。奶牛体型线性鉴定对提高奶牛生产性能具有积极意义。

二、奶牛体型线性鉴定流程

以荷斯坦牛为例。

1. 性状评分

(1)体型结构评分。

①体高评分,即十字部高评分。140 cm者属中等,评5分;130 cm者评1分;150 cm者评9分。在此范围内每±2.5 cm,体高评分±1。

②前段评分,即鬐甲与十字部的相对高度差。鬐甲与十字部等高,评5分;鬐甲低于十字部5 cm,评1分;鬐甲高于十字部5 cm,评9分。在此范围内每±1.25 cm,前段评分±1。

③体躯评分,即以胸围为依据,头胎和三胎的母牛分别以188 cm和194 cm为5分,头胎母牛在173~188 cm时,每±3.75 cm,体躯评分±1。头胎母牛在188~200 cm时,每±3.00 cm,体躯评分±1。三胎母牛在181~194 cm时,每±3.25 cm,体躯评分±1;194~206 cm时,每±3.00 cm,体躯评分±1。

④胸宽评分,即两肩胛骨后缘周径之间的最大距离,用前内裆宽表示。前内裆宽为25 cm时为中等,评5分;前内裆宽为13 cm时评1分;前内裆宽为37 cm,评9分。在此范围内每±3 cm,胸宽评分±1。

⑤体深评分:体深与粗饲料容纳能力相关,以腹下线表示。卷腹者,评1分;平直腹者,评3分,充实腹者,评5分;草腹者,评7分;垂腹者,评9分。

⑥腰强度评分:观察腰部结实程度,评价荐椎至第1腰椎之间的连接强度和腰部短肋的发育状态。腰部平直,评5分;腰部下凹,短骨发育短而细,评1分;腰部腰椎骨略有隆起,短骨发育长而粗,评9分。

(2)尻部。

①尻角度评分:尻角度与繁殖力有关,以腰角至同侧坐骨端的倾斜度,即腰角与坐骨端的相对高度为观测点进行评分。腰角高于坐骨端4 cm时为中等,评5分;腰角低于坐骨端5 cm,评1分;腰角高于坐骨端8 cm,评9分。腰角与坐骨端的相对高度在4~8 cm范围内,每±1 cm,尻角度评分±1;腰角与坐骨端的相对高度在-5~4 cm范围内,每±2.25 cm,尻角度评分±1。

②尻宽评分:尻宽与易产性有关,尻部越宽,产犊越顺利。尻宽以两坐骨端之间的距离为观测点进行评分,尻宽为18 cm时,评5分;10 cm时,评1分;26 cm时,评9分。此范围内每±2 cm,尻宽评分±1。

(3)肢蹄。

①蹄角度评分,即蹄壁与蹄底所成角度。蹄角度为45°时,评5分;15°,评1分;75°,评9分。在

Note

$15°\sim75°$范围内每$\pm7.5°$,蹄角度评分±1。

②蹄踵深度评分,即后蹄踵上沿与地面间的相对高度。2.5 cm时,评5分;0.5 cm时,评1分;4.5 cm时,评9分。在此范围内每±0.5 cm,蹄踵深度评分±1。

③骨质评分:以后肢骨骼的细致与结实程度为观测点。股骨(后大腿)粗厚疏松,评1分;宽、扁平、细,评9分;中等,评5分。

④后肢侧视评分:后肢姿势可直接影响肢蹄部的耐力。以飞节角度为观测点,飞节角度为$145°$时,评5分;$165°$,评1分;$125°$,评9分。在此范围内每加$5°$,后肢侧视评分减1。

⑤后肢后视评分:以后肢两个飞节是否平行,是否与地面垂直为观测点。后肢两个飞节平行垂直于地面,评9分;两个飞节之间距离较宽,近似平行,评5分;视两个飞节之间内向程度,评$1\sim9$分。

(4)乳房。

①乳房深度评分:乳房深度关系到乳房体积大小,一定的乳房深度有利于增加乳房体积,但乳房太深则易引起损伤和乳房炎,是下垂的表现。乳房深度评分以牛乳房底部距飞节连线的长度为观测点。头胎母牛乳房底部距飞节连线为12 cm时,评5分;20 cm时,评9分。三胎母牛当乳房底部高于飞节连线6 cm时,评5分;14 cm时,评9分。在此范围内,每±2 cm,乳房深度评分±1。

②乳房质地评分:以挤奶前后体积差异为观测点。乳房皮肤薄、手触摸乳房富有弹性、挤奶前后体积差异大的为腺质乳房,评9分;手触摸乳房无弹性、挤奶前后体积差异小,为结缔组织乳房,评1分;介于上述二者之间为半腺乳房,评5分。

③悬韧带评分:悬韧带强弱直接决定了乳房悬垂状况。悬韧带评分以后乳房基部到中央悬韧带的深度为观测点。沟深为3 cm时,评5分;沟深为0 cm,评1分;沟深为6 cm时,评9分。在此范围内,沟深每±0.75 cm,悬韧带评分±1。

④前乳房附着评分:它反映了乳房侧悬韧带附着的坚实程度,以手伸入前乳房与腹壁的难易程度表示,手很难伸入前乳房与腹壁时评9分,很容易时评1分,中等程度时评5分。

⑤前乳头位置评分:前乳头位置反映乳头分布的均匀程度,乳头位置关系到挤奶操作的难易程度和是否容易发生损伤。一般会把前乳房宽进行三等分,前乳头位置应恰好处于三等分线上。乳头为中央分布时,评5分;乳头分布越集中,分数越高;越离散,分数越低,评分波动于$1\sim9$。

⑥前乳头长度评分:乳头长度关系到挤奶操作的难易程度。乳头长度为5 cm时,评5分;10 cm,评9分;2.5 cm,评1分。在$5\sim10$ cm范围内,每±1.25 cm,前乳头长度评分±1;在$2.5\sim5$ cm范围内,每±0.625 cm,前乳头长度评分±1。

⑦后乳房高度评分:后乳房高度是影响乳房体积大小的因素之一,与产奶、储奶能力密切相关。后乳房高度常根据乳腺组织上缘与阴门基部的距离进行评定。当距离为24 cm时,评5分;大于32 cm时,评1分;小于16 cm时,评9分。在$16\sim32$ cm范围内每增加2 cm,减少1个线性分。

⑧后乳房宽度评分:后乳房宽度是另一个潜在的产奶、储奶能力评价指标,用乳腺组织上缘距离表示。距离为15 cm时,评5分;小于7 cm时,评1分;大于23 cm时,评9分。此范围内每±2 cm,后乳房宽度评分±1。

⑨后乳头位置评分:后乳头位置评分反映了乳头分布的均匀程度,乳头位置关系到挤奶操作的难易程度和是否容易发生损伤。把后乳房宽进行三等分,后乳头位置恰好处于三等分线上。乳头为中央分布时,评5分;乳头分布越集中,分数越高;越离散,分数越低,评分波动于$1\sim9$。

(5)乳用特征。

棱角性评分:棱角性评分是乳用特征的反映。中等程度为头狭长清秀,颈细长,鬐甲棘突高出肩胛,从侧面能隐约看到胸椎棘突突起和$2\sim3$根肋骨。大腿薄,四肢关节明显,全身皮肤薄,骨骼细,具有细致紧凑体型。极端肥胖的评1分,极端清秀的评9分。

2. 计算各部分得分和功能分转化

体型结构(body capacity,BC)$=15\%V_1+8\%V_2+20\%V_3+29\%V_4+20\%V_5+8\%V_6$

尻部(rump,R)$=36\%W_1+42\%W_2+22\%V_6$

肢蹄(limb foot,LF)$=20\%(X_1+X_2+X_3+X_4+X_5)$

$$泌乳系统(mammary system,MS)=30\%Y_1+35\%Y_2+35\%Y_3$$
$$前乳房(fore udder,FU)=45\%Y_4+20\%Y_5+5\%Y_6+8\%Y_1+12\%Y_2+10\%Y_3$$
$$后乳房(rear udder,RU)=23\%Y_7+23\%Y_8+14\%Y_9+12\%Y_1+14\%Y_2+14\%Y_3$$
$$乳房(udder,U)=20\%MS+35\%FU+45\%RU$$
$$乳用特征(dairy characteristic,DC)=100\%Z_1$$
$$最后得分(final score,FS)=18\%BC+10\%R+20\%LF+40\%U+12\%DC$$

奶牛体型线性鉴定评分要点及得分见表 16-4。

表 16-4 奶牛体型线性鉴定评分要点及得分

体躯划分	序号	性状	代号	中等程度评分要点	变化尺度	线性分	功能分
体型结构	1	体高	V_1	140 cm 评 5 分	每±2.5 cm,±1 个线性分		
	2	前段	V_2	鬐甲与十字部等高评 5 分	每±1.25 cm,±1 个线性分		
	3	体躯	V_3	头胎母牛 188 cm 和三胎母牛 194 cm 评 5 分	头胎母牛在 173~188 cm 时,每±3.75 cm,±1 个线性分。头胎母牛在 188~200 cm 时,每±3.00 cm,±1 个线性分。三胎母牛在 181~194 cm 时,每±3.25 cm,±1 个线性分;在 194~206 cm 时,每±3.00 cm,±1 个线性分		
	4	胸宽	V_4	前内裆宽 25 cm 时评 5 分	每±3 cm,±1 个线性分		
	5	体深	V_5	充实腹评 5 分	卷腹评 1 分,平直腹 3 分,草腹 7 分,垂腹 9 分		
	6	腰强度	V_6	腰部平直评 5 分	腰部下凹,短骨发育短而细评 1 分;腰部腰椎骨略有隆起,短骨发育长而粗评 9 分		
尻部	7	尻角度	W_1	腰角高于坐骨端 4 cm 时评 5 分	在 4~8 cm 范围内每±1 cm,±1 个线性分;在 -5~4 cm 范围内每±2.25 cm,±1 个线性分		
	8	尻宽	W_2	尻宽 18 cm 时评 5 分	每±2 cm,±1 个线性分		
肢蹄	9	蹄角度	X_1	45°时评 5 分	在 15°~75°范围内每±7.5°,±1 个线性分		
	10	蹄踵深度	X_2	2.5 cm 时评 5 分	每±0.5 cm,±1 个线性分		
	11	骨质	X_3	股骨(后大腿)细致与结实程度中等,评 5 分	股骨粗厚疏松评 1 分,宽、扁平、细评 9 分		
	12	后肢侧视	X_4	飞节角度为 145°时评 5 分	在 125°~165°范围内每加 5°,减 1 个线性分		
	13	后肢后视	X_5	两个飞节间距离较宽,近似平行,评 5 分	后肢两个飞节平行垂直于地面评 9 分;视两个飞节之间内向程度评 1~9 分		

续表

体躯划分	序号	性状	代号	中等程度评分要点	变化尺度	线性分	功能分
乳房之泌乳系统	14	乳房深度	Y_1	头胎母牛乳房底部距飞节连线 12 cm 或三胎母牛乳房底部高于飞节连线 6 cm 时,评 5 分	母牛乳房底部距飞节连线或高于飞节连线每±2 cm,±1 个线性分		
	15	乳房质地	Y_2	半腺乳房评 5 分	腺质乳房,评 9 分;结缔组织乳房,评 1 分		
	16	悬韧带	Y_3	沟深为 3 cm 时评 5 分	沟深每±0.75 cm,±1 个线性分		
乳房之前乳房	17	前乳房附着	Y_4	用手伸入前乳房与腹壁时难易程度中等评 5 分	手很难伸入前乳房与腹壁时评 9 分,很容易时评 1 分		
	18	前乳头位置	Y_5	乳头为中央分布时评 5 分	乳头分布越集中,分数越高;越离散,分数越低		
	19	前乳头长度	Y_6	乳头长度为 5 cm 时评 5 分	在 5～10 cm 范围内,每±1.25 cm,±1 个线性分;在 2.5～5 cm 范围内,每±0.625 cm,±1 个线性分		
乳房之后乳房	20	后乳房高度	Y_7	乳腺组织上缘与阴门基部的距离为 24 cm 时,评 5 分	在 16～32 cm 范围内每增加 2 cm,减少 1 个线性分		
	21	后乳房宽度	Y_8	乳腺组织上缘的距离为 15 cm 时,评 5 分	在 7～23 cm 范围内每±2 cm,±1 个线性分		
	22	后乳头位置	Y_9	同前乳头位置	同前乳头位置		
乳用特征	23	棱角性	Z_1	细致紧凑	极端肥胖评 1 分,极端清秀评 9 分		

单元三　奶牛体况评分

单元目标

知识目标:掌握奶牛体况评分的基本原理及方法。

技能目标:能够根据奶牛体况对处于不同生产阶段的奶牛进行体况评分。

思政目标:奶牛体况评分应本着准确、实用、简明、易操作的原则进行,应服务于牛场标准化生产,这提示人们在从事畜牧业相关工作时,应注意标准化、规模化。

扫码学
课件 16-3

案例导学

李某是奶牛场负责人,他发现牛场奶牛分娩后第 22 天至第 60 天,体重常会下降 60 kg,请问这个下降的重量是否符合奶牛体况评分下降要求?

课前思考

奶牛体况评分的分数范围是多少?

在牛场日常饲养管理中,个别奶牛常会出现过肥或过瘦现象。成年母牛若过于肥胖,往往易导致脂肪肝、酮病、难产、繁殖障碍等健康问题。反之,过瘦的成年母牛,会因缺乏足够的体能储备,出现泌乳峰值不高、持续期短、产奶量低等问题。故奶牛膘情是奶牛营养代谢正常与否的直接反映,也是判断奶牛是否高产与健康的标志之一。

检查奶牛膘情最简单、最有效的办法就是奶牛体况评分。奶牛体况评分即根据目测和触摸尾根、坐骨结节、腰角、脊柱及肋骨等关键部位的皮下脂肪蓄积情况而进行的直观评分。现阶段,奶牛体况评分已经成为奶牛饲养管理过程中的一个重要环节并逐渐制度化、标准化。

一、评分对象

奶牛体况评分对象主要是育成牛和成年母牛。每个月需定期对 6 月龄、12 月龄、第 1 次配种的育成牛进行评估。对成年母牛,需在干奶前、干奶期、产犊时、泌乳期进行体况评分。体况评分也是调整饲料配方的重要参照。对于大型牧场,因奶牛数量巨大,很难做到全员评定,故常根据牧场规模,选择牛群数的 10%～20% 进行评分。

二、体况要求

(1)干奶期体况评分为 3～3.5 分。
(2)成年母牛产犊时体况评分为 3.25～3.75 分。
(3)泌乳盛期体况评分为 2.5～3 分。
(4)采食高峰期、泌乳早期体况评分为 3～3.25 分。
(5)泌乳后期体况评分为 3.5～3.75 分。
(6)6 月龄、12 月龄育成牛体况评分为 3～3.5 分。
(7)第 1 次配种时,育成牛的体况评分为 3.5～3.75 分。
(8)青年牛产犊时体况评分为 3.5～3.75 分。

三、体况评分的实施

奶牛体况评分采用 5 分制,1 分表示奶牛十分消瘦,5 分表示奶牛过度肥胖。

1 分:过瘦,尾根深陷,尾根韧带、荐骨韧带清晰可见;髋结节、髋关节与坐骨结节三点连线角特别深,脊柱呈锯齿状,横突突出,可见部分超过 1/2,呈皮包骨样。

2 分:尾根凹陷,尾根韧带、荐骨韧带明显突出;髋结节、髋关节与坐骨结节三点连线角很深;脊柱可看到个别椎骨,横突 1/3～1/2 可见,皮与骨之间稍有些肉脂,整体消瘦。

2.5 分:尾根凹陷,坐骨结节和髋结节棱角清晰;髋结节、髋关节与坐骨结节三点连线角较深;脊椎丰满,看不到单根骨头,椎骨可见,横突上覆盖有 1.2～2.5 cm 体组织,边缘较丰满,坐骨结节有少许脂肪,若坐骨结节处无脂肪,横突到脊柱的一半能看见褶皱,评分介于 2～2.5 分。

3 分:尾根脂肪覆盖整个区域,皮肤光滑,凹陷,髋结节、髋关节与坐骨结节三点连线呈"V"形,脊柱呈高出的脊形,横突的 1/4 可见,髋结节呈圆形,若髋结节呈尖形,评分介于 2.5～3 分。

3.5 分:尾根两侧仍有一定凹陷,尾根上脂肪沉积较明显,荐骨韧带可见,基本看不见尾根韧带,髋结节、髋关节与坐骨结节三点连线呈"U"形;脊椎骨及肋骨上可感到脂肪沉积;横突之下凹陷不明显,若髋结节、髋关节与坐骨结节三点连线呈扁平"U"形,评分介于 3~3.5 分。

4 分:尾根两侧丰满且被脂肪覆盖,凹陷很小,髋结节、髋关节与坐骨结节三点连线呈直线形,脊柱不明显,椎骨不可见,横突边缘浑圆平滑,若荐骨韧带基本看不见,完全看不见尾根韧带,则评分介于 3.5~4 分。

4.5 分:尾根两侧丰满,皮肤几乎无皱褶,坐骨结节被脂肪包裹,髋结节、髋关节与坐骨结节三点连线呈直线形,脊柱不明显,背部"结实多肉",横突顶端不明显。

5 分:明显过肥,尾根被脂肪组织包围,整体呈圆形,脊柱被脂肪覆盖,横突边缘几乎不可见,被包裹在脂肪中。

单元四　牛的繁殖技术

扫码学
课件 16-4

单元目标

知识目标:掌握奶牛发情鉴定、人工授精、早期妊娠诊断及分娩与助产技术。

技能目标:能够对奶牛进行人工授精操作,鉴定奶牛是否发情、妊娠,对难产奶牛可以进行基本的助产操作。

思政目标:介绍农牧业知名专家、学者的工作事迹,帮助学习者树立正确的人生观、价值观。

案例导学

案例导学

小王作为牛场新进繁育员,负责牛场人工授精工作,1 年来发现牛场繁殖率很低,常发生屡配不孕现象,全场效益低下。请尝试分析该牛场繁殖率低下的原因。

课前思考

牛鲜精经镜检,未发现其呈云雾状,那么该精液可以制作冻精吗? 为什么?

一、发情鉴定

母牛发情时外部表现较明显,发情期短,排卵发生在发情结束后 10 h 左右,故生产实践中多借助外观试情法和直肠检查法来进行发情鉴定。

1. 外观试情法　外观试情法是母牛发情鉴定的主要方法,可以从母牛性欲、性兴奋、外阴部变化等方面来观察。根据母牛发情的表现可以将发情期分为发情初期、发情中期和发情后期。

(1) 发情初期:爬跨其他母牛,不安,哞叫数声,不愿接受其他牛爬跨。阴唇微肿,黏膜充血呈粉红色,阴门中流出少量透明黏液,如清水样,黏性弱。

(2) 发情中期:追随和爬跨其他母牛,愿意接受其他牛爬跨,哞叫。黏膜充血潮红,阴唇肿胀明显,阴门中流出大量透明黏液,黏性强,不易拉断。

(3) 发情后期:不爬跨其他母牛,也拒绝其他牛爬跨,停止哞叫。黏膜变为淡红色或潮红,阴唇肿胀消退,阴门中流出少量混浊黏液,黏性减退。

实际生产中,发情母牛会爬跨其他母牛或接受其他母牛爬跨,故发情母牛背毛常杂乱并带有粪泥等脏物,鉴于此,牧场常用发情检出器来鉴别发情母牛。当发情母牛被其他母牛爬跨时,药管内的药物被挤出,接触空气后变色(图 16-1),借此来识别发情母牛。此外,现代化牛群管理系统也常被运用于牛场内,管理人员可借助计步器(图 16-1)对牛群发情进行辅助鉴定。

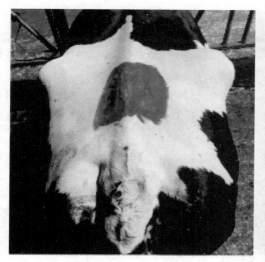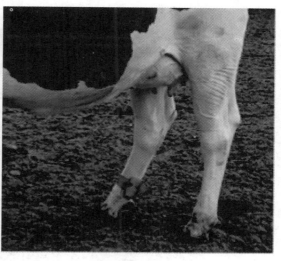

扫码看彩图

图 16-1　发情检出器内药物被挤出后遇空气变色情况和计步器

2. 直肠检查法

(1)操作方法:保定牛只,检查者穿工作服,佩戴专用直肠检查手套,用温水清洗牛外阴部和肛门,用纸巾擦干。然后在手臂上涂抹润滑剂,五指并拢成锥状,慢慢插入肛门并伸入直肠,掏出直肠内粪便,在直肠内将手掌伸开,掌心向下,按压抚摸手心下组织,在骨盆底部可以摸到 1 个纵向圆形而质地较硬的棒状物,即子宫颈,沿子宫颈向前可摸到角间沟,角间沟两侧的前下方即左右两子宫角,子宫角的两侧偏下方,即为椭圆形的卵巢,根据卵巢上卵泡的大小、质地来判断其是否发情及排卵时间。

(2)注意事项:直肠检查时要耐心细致,只许用指肚触摸,不可乱抠乱抓,当直肠出现强直性收缩或扩张时切勿强行检查,以免造成直肠穿孔或黏膜损伤。检查完后,将手臂用肥皂洗净,再用 75% 酒精消毒。

发情母牛卵巢表面可触摸到直径为 0.5～1.5 cm 的卵泡,按卵泡发育过程可以分为卵泡出现、卵泡发育、卵泡成熟、排卵四个阶段。卵泡出现阶段,卵巢稍增大,触摸时卵泡为一个软化点,波动不明显,此时母牛开始有发情表现,此时不宜输精。卵泡发育阶段,卵泡继续发育增大,呈小球状,波动明显,此时母牛发情表现减弱,甚至消失,仍不宜输精。卵泡成熟阶段,卵泡不再增大,但卵泡壁变薄,紧张性增强,有一触即破的感觉,此时为输精最佳时机。排卵阶段,卵泡破裂排卵,排卵位置形成一个小凹陷,在性欲消失后 10～15 h 发生,此时不宜输精。

二、人工授精

牛的配种方式分自然交配和人工授精两种。目前,人工授精技术几乎取代了自然交配且越来越普遍。

人工授精主要技术环节如下。

1. 精液采集　假阴道法进行采精(图 16-2),采精前用温开水擦洗包皮,充分唤起种公牛性欲,待采精种公牛前肢爬上台牛后,采精员站在种公牛右侧,右手握假阴道,左手托种公牛阴茎,顺势将阴茎套入假阴道内,种公牛腰部向前抖动时即为射精。采精完毕后,采精员要顺势取下假阴道,取出集精杯,保持精液温度为 30 ℃,快速送往检查室。

图 16-2　组装完成的假阴道

2. 精液品质检查 精液品质检查主要包括射精量、颜色、混浊度及精子活率、密度、畸形率,这是人工授精技术中至关重要的一环。通过精液品质检查,我们可以确定种公牛的种用价值,确定精液稀释倍数。

(1)射精量:公牛在一次采精时所射出的精液量。奶牛平均射精量为 5~10 mL,肉牛为 4~8 mL。

(2)颜色和混浊度:牛的精液密度大,每毫升约含有 10 亿个精子,呈乳白色。品质优良的牛精液在显微镜下观察,呈雾状,这种精液内精子活率、密度都很高。

(3)精子活率:精子活率为显微镜下呈直线前进运动的精子百分率。目前最常用的评分标准是十级评分法,视野中 90% 的精子呈直线前进运动,评分为 0.9,80% 的精子呈直线前进运动,评分为 0.8,呈直线前进运动的精子百分率每下降 10%,评分下降 0.1。

(4)精子密度:显微镜下精子密度分为密、中、稀三级(图 16-3),也常用血细胞计数法计算每毫升精液中的精子个数。

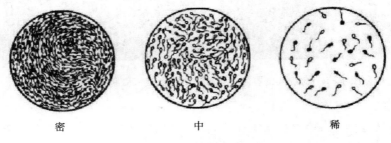

密　　　　　　　中　　　　　　　稀

图 16-3　精子密度

(5)精子畸形率:形态不正常的精子称为畸形精子(图 16-4),畸形精子数占总精子数的比例即精子畸形率。用于输精的精液,其精子畸形率不能超过 18%。

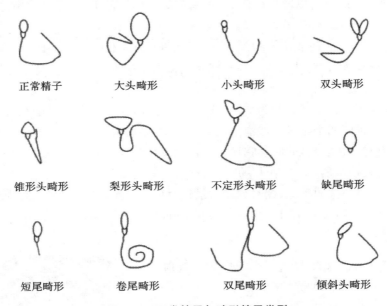

正常精子　　大头畸形　　小头畸形　　双头畸形
锥形头畸形　梨形头畸形　不定形头畸形　缺尾畸形
短尾畸形　卷尾畸形　双尾畸形　倾斜头畸形

图 16-4　正常精子与畸形精子类型

3. 冷冻精液的制作 冷冻精液可以增大精液体积,延长精子寿命,从数量、时间、空间上扩大种公牛利用价值。具体步骤如下。

(1)精液稀释:先配制好稀释液,在等温条件下,将精液和稀释液混合,可以采用一次稀释法或二次稀释法。一次稀释法,即将稀释液和精液一同置于 30 ℃环境中 3~5 min,取出后混合即可。二次稀释法,即第一次在 30 ℃下进行,而后将其置于冰箱内,使之在 1 h 内降温至 4 ℃,再用 4 ℃的第二稀释液稀释。二次稀释的目的是防止因环境突然改变而对精子造成潜在的伤害。

（2）平衡：稀释后的精液在 4 ℃下放置 2～4 h，称为平衡。平衡的目的在于让甘油渗入精子内部，发挥防冻保护作用，增加精子耐冻性。

（3）精液分装：精液有颗粒、细管、安瓿和袋装 4 种分装方法。生产实践中常用细管分装，即用长 12.5～13.3 cm、体积为 0.25 mL 或 0.5 mL 的聚氯乙烯复合塑料细管盛装精液。

（4）精液冷冻：精液冷冻方法有干冰埋藏法、液氮熏蒸法和程序化冷冻法，生产实践中常用程序化冷冻法进行冻精的批量生产。

（5）解冻：将细管冻精直接投入 37～39 ℃温水中，用玻璃棒搅拌，融化后取出备用。

4. 输精

（1）输精前的准备：用温水清洗并消毒待配母牛外阴。输精枪亦应消毒，精液必须进行精子活率检查，须符合输精标准。

（2）直肠把握输精法：将解冻好的精液装入输精枪，左手插入直肠，寻找子宫颈并固定，左臂用力下压，使阴门张开，输精枪自阴门向上斜插（图 16-5），避开尿道口后，向前方插入。双手配合，使输精枪对准子宫颈口，握着子宫颈的左手向前推子宫，右手顺势将输精枪插入子宫颈深部，输精。直肠把握输精法的优点是输精部位深、受胎率高。

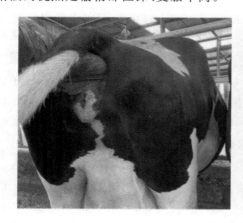

图 16-5　牛直肠把握与输精枪插入

三、早期妊娠诊断

早期妊娠诊断是减少空怀、提高繁殖效率的重要措施。根据妊娠期间母牛生理变化和外在表现，妊娠诊断可以采用阴道检查、直肠检查、孕酮水平测定和 B 超检查等多种方法，其中，直肠检查和 B 超检查是妊娠诊断中比较基本、可靠的方法。

1. 直肠检查　先找子宫颈，再将中指向前滑动寻找角间沟。找到角间沟后，手向下方移动，寻找子宫角，经产母牛体躯较大，子宫角多垂入腹腔，不易摸到。如遇该情况，可握着子宫颈向上、向后提拉，将手向前移，再触摸子宫角。触摸到子宫角之后，在子宫角尖端外侧或下侧找到卵巢，对双侧卵巢进行检查，妊娠母牛卵巢上有突出的黄体，质地较硬。若被检母牛已妊娠 2～3 个月，直接寻找子宫颈存在困难且角间沟、子宫角常因膨大而变形，故可直接触摸子宫中动脉或胎儿。妊娠中后期，可直接摸到增大的子宫阜。

2. B 超检查　一般可利用 B 超检查来探知胚胎存在及发育情况（图 16-6）。牛配种后 20 d 即可进行 B 超检查，准确率较高。

四、分娩与助产

经过一定时间的妊娠，胎儿发育成熟，母牛将胎儿及其附属膜从子宫排出体外的过程称为分娩。妊娠末期，因胎儿增大，羊水增多，子宫内压增高，达到一定程度时可引起子宫收缩。当胎儿发育成熟时，母体的脑垂体将分泌大量促肾上腺皮质激素（ACTH），促使胎儿的胎盘分泌大量雌激素，子宫

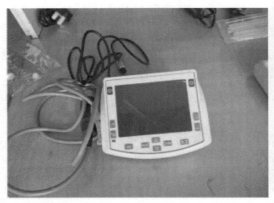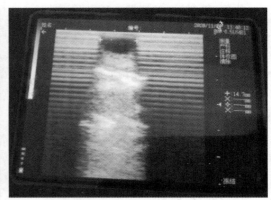

图 16-6　牛 B 超检查及检查结果

内膜分泌前列腺素（PGF2α）。前列腺素和促肾上腺皮质激素促使妊娠黄体萎缩,抑制母体胎盘和胎儿胎盘产生孕酮。上述过程可解除孕酮对子宫的抑制作用,增多的雌激素会刺激子宫收缩,进而促进前列腺素及催产素的合成、释放。此外,胎囊及胎儿前置部分会机械性地刺激子宫颈和阴道,反射性地引起母牛垂体后叶释放催产素。在前列腺素和催产素的共同作用下,子宫肌和腹部肌肉发生节律性收缩,将胎儿娩出。

1. 分娩征象　分娩前乳房迅速发育膨大,乳房内管腔因充满乳汁而膨胀,乳头表面具蜡状光泽,产前 1 周有初乳滴出。母牛临产时,前阴唇逐渐松弛变软、水肿,皮肤上的皱褶逐渐展平。阴道黏膜潮红,子宫颈肿胀、松软,子宫颈栓溶化变成半透明状黏液,随即排出阴门。骨盆韧带亦逐渐变柔软、松弛,耻骨缝隙逐步扩大,尾根两侧凹陷,以便于胎儿通过。在行动上,母牛表现为活动小心谨慎,起卧不安,尾巴高举,频频回顾腹部,常作排尿状,食欲降低,反刍次数减少或停止。

2. 牛分娩的特点　因母牛产道、胎儿及胎盘结构的特点,母牛分娩常表现出以下特点。

(1) 产程长,易难产:牛的骨盆构造复杂,骨盆轴呈 S 状。部分胎儿较大,胎儿的头部、肩胛及臀围均较其他家畜大,特别是较宽的额部,是最难产出的部分。此外,母牛分娩时的阵缩、努责均较其他家畜弱。

(2) 胎盘排出时间长,易滞留:牛的胎盘属于上皮绒毛膜与结缔组织绒毛膜相混合的混合型胎盘,胎儿胎盘常被母体胎盘包裹,故子宫肌的收缩不能促进母体胎盘和胎儿胎盘的分离,只有待母体胎盘肿胀缓解后,胎儿胎盘才有可能从母体胎盘上脱落下来。总之,上述因素均导致牛胎盘排出时间长,一般为 2～8 h。

3. 人工助产　人工饲养时,环境干扰因素的增加会影响牛的自然分娩进程,故出现难产的情况较多。因此,加强母牛分娩过程的监护是极其必要的。若分娩时出现异常,应及时给予必要的人工助产,以利于犊牛顺利产出和母牛安全。

(1) 产房准备:为安全分娩,应设立专用产房和分娩栏,产房要清洁、干燥、阳光充足、通风良好,还应宽敞明亮,便于助产操作。产房墙壁和地面要平整,无凹凸不平,便于消毒。产房褥草不可过短,以免犊牛误食而卡入气管内发生窒息,褥草要保证干净卫生,及时更换、消毒。临产母牛应在预产期前 1 周左右进入产房,随时注意观察分娩征象。

(2) 助产器械和药品:产房内应备有助产器械和药品,如酒精、碘酒、来苏尔、新洁尔灭、细线绳、剪刀、产科绳、手电筒、手套、手术刀、肥皂、毛巾、塑料布、药棉、纱布、催产素、镊子、针头、注射器、搪瓷盆、胶鞋、工作服等。

(3) 助产人员:产房内应有固定助产人员全天轮流值班,助产人员必须受过助产专业技能训练,熟悉母牛分娩生理规律,遵守助产操作规程及值班制度。助产人员要穿着工作服、剪指甲,手及手臂、工具和产科器械都要严格消毒,以防将病菌带入牛子宫内,引发生殖系统疾病。

(4) 助产流程。

①值班人员发现母牛有分娩征象时,用温度为 39 ℃ 的 0.1%～0.2% 的高锰酸钾溶液洗涤母牛外阴部及其附近区域,并用毛巾擦干。

②发现母牛子宫颈开张,羊水排出,但无力将胎儿娩出时,尤其是确认胎儿已经死亡时,要设法将胎儿拉出。如果母牛分娩动力过强,阵缩、努责频繁且强烈,间歇时间短,应将母牛后躯抬高或令母牛站立,让其缓慢走动。

③当胎儿前置部分进入产道时,助产人员应检查胎儿胎向、胎位和胎势,以便及早发现异常情况并及时校正,以免胎儿挤入骨盆太深而难以校正。

④当胎儿头部露出阴门外时,如覆有羊膜,需撕破羊膜并清除,擦净胎儿鼻孔内黏液,方便胎儿呼吸,防止胎儿因窒息而死亡。但也不能过早撕破羊膜,以免羊水过早流失,导致娩出胎儿时产道干涩,阻碍分娩进程。

⑤胎儿头部通过阴门时,如果阴唇及阴门非常紧张,可用双手扩张阴门并下压胎儿头部,使阴门横径扩大,促使胎头顺利通过,以免会阴和阴唇撕裂。

(5) 如出现下列情况,需帮助牵拉胎儿。

①头部产出过慢。

②胎儿产出慢。

③母牛努责、阵缩微弱,无力娩出胎儿。

④脐带受压,供血受阻:常见于胎儿倒生时,脐带常被挤压在胎儿和骨盆底之间,影响血液畅通而造成胎儿窒息死亡。

(6) 犊牛护理。

①保证呼吸畅通。胎儿产出后,应立即擦除口腔和鼻孔中黏液,并观察呼吸是否正常。若无呼吸或呼吸极其微弱,则应立即用草秆刺激鼻黏膜或用冷水淋于犊牛头部,以诱发或刺激犊牛呼吸反射。

②处理脐带。向胎儿方向捋脐带内血液,然后以细线在距脐孔 3 cm 处结扎,向下隔 3 cm 再用细线打一个结,在两个结之间涂以碘酒后,用消毒后的剪刀剪断,再在两个断端涂以碘酒(图 16-7)。每隔 12 h,用碘酒浸泡消毒 1 次,每次 5 min,总计 3 次。

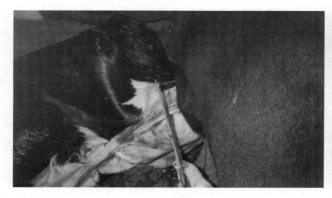 

图 16-7 断脐带和断脐带后的消毒

③擦干犊牛体表,犊牛出生后应迅速将其身上的羊水擦干,也可让母牛舔干。母牛食入羊水后,能增强子宫收缩,有利于胎盘排出。

④犊牛应尽早吮食初乳。待体表被毛干燥后,犊牛会试图站立,此时是哺喂初乳的时机。哺乳前先从母牛乳头内挤出少量初乳,擦净母牛乳头,令犊牛自行哺乳。及时哺喂初乳对犊牛健康及生存至关重要,因胎盘-血液屏障的存在,吮食初乳是新生犊牛获得抗体的唯一来源,摄取初乳中的大量抗体,可以增强犊牛对病原微生物的抵抗力。初乳含有镁盐,能够起到轻泻的作用,有利于胎粪的排出。

⑤检查胎盘排出情况。胎盘排出后,应检查是否完整排出,并注意将排出的胎盘及时从产房移出。

（7）产后护理。

①产出犊牛后,可饲喂母牛温热的麸皮粥,以利于其体力的恢复。

②清洗、消毒母牛后躯。

③密切注意观察母牛胎盘排出情况,随后几天应注意观察恶露排出情况。

情境小结

　　牛体质外貌鉴定、奶牛体型线性鉴定、奶牛体况评分的方法及注意事项,奶牛发情鉴定、人工授精、早期妊娠诊断及分娩与助产技术是本情境需掌握的重点内容。

知识拓展 16

知识拓展

了解卵母细胞体外培养技术。

自测训练

选择题

1. 成年母牛产犊时的体况评分范围应为（　　）分。

A. 2～3　　　　　　　B. 2.5～3.5　　　　　　C. 4～5　　　　　　D. 3.25～3.75

2. 奶牛体型线性鉴定的评分范围是（　　）分。

A. 1～5　　　　　　　B. 1～9　　　　　　　　C. 1～3　　　　　　D. 0～10

3. 奶牛细管冻精解冻时,水温应控制在（　　）。

A. 37～39 ℃　　　　B. 31～33 ℃　　　　　C. 40～43 ℃　　　　D. 33～35 ℃

4. 奶牛的平均射精量为（　　）。

A. 1～2 mL　　　　　B. 30～40 mL　　　　　C. 5～10 mL　　　　D. 15～20 mL

5. 发情母牛的卵巢表面可触摸到直径为（　　）的卵泡。

A. 0.03～0.09 cm　　B. 0.1～0.3 cm　　　　C. 0.5～1.5 m　　　D. 3.0～4.0 cm

情境十七　肉牛育肥技术

情境导入

　　目前,绿色健康生活理念已深入人心,牛肉以高蛋白质、低脂肪等特点受到广大消费者的喜爱,这也促使肉牛养殖业在产业结构调整中逐渐占据重要地位。但如何利用现有条件,完善肉牛饲养体系,促进牧民增收已成为现阶段肉牛养殖领域所共同关注的问题。

情境目标

　　▲知识目标
掌握肉牛育肥技术,熟悉影响肉牛育肥效果的主要因素及肉牛最佳育肥结束期。
　　▲技能目标
具备基本的肉牛育肥能力,能够完成牛场日常饲养工作。
　　▲思政目标
通过学习肉牛育肥技术,学习者应养成认真严谨、求真务实的工作态度。

扫码学
课件17

单元　肉牛育肥

单元目标

　　知识目标:掌握犊牛肉生产技术、育成牛育肥技术、架子牛育肥技术,熟知影响肉牛育肥效果的主要因素及肉牛最佳育肥结束期。
　　技能目标:具备基本的肉牛育肥能力,能够完成牛场日常饲养工作,会判断肉牛最佳育肥结束期。
　　思政目标:通过掌握肉牛饲养技术,学习者应养成吃苦耐劳、踏实肯干的工作态度。

案例导学

　　某些地区的肉牛进行放牧饲养时,一般是早放晚归,有些地方则是几天才回圈1次。然而很多养牛户慢慢发现这些牛在5—10月增重还不错,但在10月以后往往不见增重,甚至变瘦,却不知何故,请你分析原因并提出解决措施。

案例导学

Note

→ 课前思考

影响肉牛育肥效果的因素有哪些?

一、影响肉牛育肥效果的主要因素

肉牛育肥的目的是最大限度地提高牛肉产量并改善品质。在实际生产中,常阶段性地利用肉牛生长发育规律来实现育肥,故影响肉牛生长发育的因素亦是选择育肥技术时需要考虑的因素。

首先,肉牛育肥效果与品种密切相关。不同品种,不仅在育肥期对营养物质需要量及增重速度有差异,而且在成熟期、最佳屠宰体重等方面也存在差别,故不同品种应有不同的育肥模式。

其次,育肥效果与肉牛体型、早期生长发育情况、年龄息息相关。肉牛的体型会受躯干和骨骼大小的影响,肩峰平整且向后延伸至腰,后躯宽厚,是高产优质肉牛的标志。若肉牛早期生长发育受阻,虽肩峰平整且向后延伸,但到达腰与后躯时会变窄。肉牛的年龄也会影响育肥效果,因不同年龄所处发育阶段不同,机体组织的生长强度亦不相同,故在育肥期所需要的营养物质水平也不尽相同。幼龄牛的增重以肌肉、内脏、骨骼为主,成年牛的增重以沉积脂肪为主,故育肥技术也有很大差别。

再次,饲养环境的温度、湿度会影响肉牛的育肥效果,环境温度低于 5 ℃,牛体需增加产热量以维持体温,牛的采食量也相应增加,但饲料报酬较低。环境温度高于 25 ℃时,牛消化能力受到影响,食欲下降,采食量减少,消化率降低,增重下降。空气湿度会影响牛对温度的感受性,尤其是低温高湿或高温高湿,会加剧低温、高温对牛的危害,影响肉牛采食,进而影响肉牛生产性能的发挥。

最后,饲料品质、种类也会影响肉牛的育肥效果。幼龄牛需要较多蛋白质饲料,成年牛和育肥后期的牛需要较多能量饲料。此外,饲料添加剂的使用也可加快肉牛增重速度和提高饲料转化率。

二、肉牛最佳育肥结束期的确定

确定肉牛最佳育肥结束期,不仅能降低饲养成本,而且对提高牛肉品质具有积极意义。此外,总采食量和饲料利用率不仅影响肉牛育肥时间、出栏体重,还会影响牛肉嫩度、肌间脂肪沉积程度,故肉牛最佳育肥结束期的确定对肉牛生产具有重要意义。

最佳育肥结束期的确定方法如下。

1. 采食量 肉牛采食量与肉牛体重息息相关。育肥期间,采食量会随着育肥期延长而增加,当采食量出现下降趋势时,说明肉牛育肥期即将结束。当采食量下降为正常采食量的 1/3 或更少时,应该结束育肥。

2. 育肥指数 利用牛活重与体高的比值评估育肥指数,育肥指数可表示单位体高承载的活重。公牛育肥指数以 475% 为最佳。育肥指数计算公式:育肥指数＝牛活重/体高×100%。

3. 脂肪沉积程度 观察肉牛皮下、胸垂部、肋腹部、坐骨端、腰角部等部位的脂肪沉积程度。当皮下、胸垂部的脂肪较多,肋腹部、坐骨端、腰角部沉积的脂肪较厚时,说明育肥结束期已经来临。

三、犊牛肉生产技术

犊牛肉是指 12 月龄以前屠宰,整个饲养期以哺乳、精饲料为主的犊牛所产的肉。通过这种饲养方式生产的牛肉富含水分,鲜嫩多汁,蛋白质含量高而脂肪含量低。

1. 犊牛的选择 犊牛初生重需不低于 25 kg,尽量选择早期生长发育速度快的品种,如荷斯坦牛、海福特牛、安格斯牛等品种公犊。

2. 饲养与管理 小规模生产时,建议使用全乳饲喂,以降低饲养成本。大规模生产时,为保证所有犊牛生长发育潜力正常发挥,可以酌情保质、保量饲喂代乳品和育肥精饲料。犊牛出生后 3 d 内可以采用随母哺乳,3 d 后必须改由人工哺喂,每日按体重的 8% 饲喂牛奶,精饲料从出生后第 7 天开始饲喂并逐渐增加。1 月龄后,日喂奶量和代乳品量应保持不变,3 月龄后牛奶或代乳品饲喂量逐渐减少,精饲料采食量需逐渐增加,青绿饲料可自由采食。饲喂代乳品时应注意温度,犊牛在 1～2

周时,代乳品温度为 38 ℃左右,后续为 30～35 ℃。还需指出的是,代乳品应每日饲喂 2～3 次,日喂量最初为 3～4 kg,逐渐增加到 8～10 kg,4 周龄至 6 月龄期间能吃多少便饲喂多少。6 月龄至 12 月龄可停止饲喂牛奶或代乳品并择时出栏。

优质犊牛肉离不开精细的饲养管理,初生犊牛不仅要及时哺喂初乳,提高机体免疫力,减少疾病发生,在最初几天还要向代乳品中添加适量抗生素。饲喂时要做到定时、定量且注意卫生。犊牛舍温度应保持在 14～20 ℃,牛舍内每日清扫粪尿 1 次,并用清水冲洗地面,每周进行室内消毒 1 次,保证通风良好。

四、育成牛育肥技术

育成牛育肥是指犊牛断奶后直接进入育肥阶段,以高营养水平进行育肥。育肥方式包括持续育肥和放牧补饲配合强度育肥两种方式,目前多采用持续育肥方式。

持续育肥又称舍饲强度育肥,是指在育肥的全过程中始终保持高营养水平,一直到肉牛出栏。采用该种方法,饲养时间短,肉牛生长速度快,育肥效果好。

持续育肥的犊牛一般自由采食,这种方式不仅可以使每头牛根据自身营养需求摄入足够饲料,而且可以节约劳动力。同时,由于牛在不同时间采食,所以可减少食槽。大多数牧场每日喂 2 次或 3 次,饲料的饲喂顺序应该是先喂粗饲料,再喂精饲料,最后饮水。进入育肥期,按体重的 1.5％饲喂混合精饲料,自由采食粗饲料。喂干草时要另加维生素 A 5000 U。24 月龄体重达 450 kg 即可出栏。4～6 月龄精饲料参考配方:玉米 61％、高粱 9％、饼类 24％、植物油脂 3％、磷酸氢钙 1.5％、食盐 1.0％、碳酸氢钠 0.5％。7～12 月龄精饲料参考配方:玉米 65％、高粱 12％、饼类 20％、磷酸氢钙 1.0％、食盐 1.0％、碳酸氢钠 1.0％。13～24 月龄精饲料参考配方:玉米 65％、高粱 12％、饼类 15％、糠麸 5％、磷酸氢钙 1.0％、食盐 1.0％、碳酸氢钠 1.0％。

五、架子牛育肥技术

12 月龄以后开始育肥的牛为架子牛,也指骨架已经长成、进行短期高强度育肥的牛。架子牛育肥技术往往成本低,精饲料用量少,资金周转速度快,但利润微薄。

1. 架子牛的选择 架子牛的选择直接决定着育肥效果与经济效益,选择时主要考虑以下几个方面。

(1)品种:应该选择肉用品种或以肉用为主的兼用品种。

(2)年龄:牛增重速度会随年龄变化而变化,18～24 月龄是牛生长的高峰期。如果架子牛计划饲养 100～150 d 出售,则应选购 1～2 岁的架子牛。如选择在秋天收购架子牛,第 2 年出栏,则须选购 1 岁左右的架子牛,不可购买大牛。若利用粗饲料进行育肥,应选购 2 岁的架子牛。

(3)体重:生产高档牛肉时,应选择 11～17 月龄、体重为 250～300 kg 的架子牛。若生产中档牛肉,应选择年龄在 2～2.5 岁的架子牛。

(4)体型:要选择头宽、胸围大、胸深、管围粗的架子牛,这类牛在育肥期会有较高的增重。选择架子牛时,也应结合年龄判断架子牛体型大小,体型较大的架子牛应体躯深长,背部平宽,胸、腰、臀宽广且成一直线,嘴大,颈短,皮肤宽松,各部位发育匀称。须指出的是,符合该体型的架子牛应该健康无缺陷,遗传资料齐全。

2. 架子牛的运输 应从非疫区选购架子牛,所有牛必须有检疫合格证,检疫不合格的架子牛不得购入。

远距离购进架子牛时更要注意运输应激综合征,预防方法是运输前 2 d,肌内注射维生素 A 25 万～100 万 U。运输时,牛的密度不能过大,夏季注意防暑降温,冬季注意防寒保暖。

装车后,每头牛应注射抗应激药物,运输过程中注意补充饮水。到达目的地后 3～4 h 再饮水,首次饮水量不超过 10 kg。12 h 后可进行第二次自由饮水,水中加入 0.5 kg 麸皮更好。到达目的地的架子牛开始时仅饲喂优质干草或秸秆,不能饲喂苜蓿、青贮饲料和精饲料。观察牛反刍正常后,可饲喂精饲料,初期精饲料饲喂量为每头每天 1～2 kg,以后逐天增加,7 d 后恢复正常采食。

新购入的牛应隔离观察 2 周,若发现病牛,及时治疗,对于没有治疗价值的牛须直接淘汰。隔离观察期间须按照免疫计划进行疫苗注射及驱虫,隔离期之后,无病的牛方可入栏。

3. 架子牛的饲养　架子牛饲喂要定时、定量,少给勤添,多吃少动,尽量采用全混合日粮(TMR)。快速育肥分三期,需 90~180 d。最初 15 d 为适应期,多给水,多给草,少给精饲料。中期为增肉期,每 100 kg 体重饲喂精饲料 1 kg。后期为催肥期,每 100 kg 体重饲喂精饲料 1.2 kg。必须说明的是,精饲料应以能量饲料为主,少喂蛋白质饲料。

4. 架子牛管理　架子牛管理常因圈舍条件不同而异,主要有拴系式饲养、颈枷式饲养、散栏式饲养三种。一般采取颈枷式饲养或拴系式饲养,以减少其活动量,增高饲料利用率,提高育肥效果。拴系式饲养的细绳长度以牛能卧下为度。此外,架子牛管理要做好"六定":定槽饲喂、定时喂料、定量喂料、定人饲养、定时刷拭、定时消毒。每日应刷拭牛体 1 次,也可采用自动按摩器;每个月对牛舍内、外消毒 1 次。育肥期间保证充足饮水。

情境小结

　　犊牛肉生产技术、育成牛育肥技术、架子牛育肥技术是本情境的重点内容;此外,还需熟知影响肉牛育肥效果的主要因素。

知识拓展 17

知识拓展

什么是肉牛的"双肌"特征?

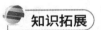**自测训练**

一、选择题

架子牛运输前需口服维生素 A,其作用是(　　　　)。

A. 防止应激　　　　　B. 补充营养　　　　　C. 增强抗病力　　　　　D. 促进采食

二、填空题

育肥指数＝＿＿＿＿＿＿/＿＿＿＿＿＿×100%。

情境十八　奶牛饲养管理

情境导入

现阶段,奶牛养殖的主要目标是养殖规模化、建设标准化、设备集约化、奶牛良种化、饲养规范化、管理信息化、产品优质化和环境生态化。在奶牛养殖业蓬勃发展的今天,实现现代化奶牛养殖的前提是践行有效的奶牛饲养管理模式。因此,本情境以荷斯坦牛为例,介绍奶牛饲养管理的基本理论和技术要点。

情境目标

▲知识目标

掌握后备牛、成年母牛、种公牛的饲养管理要点,掌握挤奶技术及全混合日粮饲喂技术,掌握奶牛生产性能测定的要点。

▲技能目标

具备基本的奶牛饲养管理知识,能够完成牛场日常饲养工作;熟练进行全混合日粮饲喂及挤奶操作;熟悉奶牛生产性能测定。

▲思政目标

通过系统学习,掌握现代化奶牛养殖知识,立足于理论,应用于实践,培养学习者认真严谨、求真务实的工作态度。

单元一　犊牛饲养管理

单元目标

知识目标:掌握哺乳犊牛、断奶犊牛饲喂要点,了解犊牛早期断奶方案。

技能目标:具备犊牛饲养的基本能力,能够对新生犊牛进行初乳饲喂,熟悉完成犊牛去角、去除副乳头操作,可对犊牛饲养密度进行准确判断。

思政目标:通过学习犊牛养殖注意事项,培养学习者细心、勤奋的品质。

扫码学
课件 18-1

案例导学

王某具有一定的肉牛养殖经验,现转型做奶牛养殖,对犊牛采用全阶段母乳饲养,请问这种饲养方式正确吗?会造成何种后果?

案例导学

Note

247

课前思考

犊牛早期断奶对奶牛饲养与管理有何好处?

犊牛是指出生6个月以内的小牛,其生理功能处于急剧变化的阶段,也是饲养难度最大、可塑性最强、相对生长强度最大的阶段。犊牛饲养管理方式和营养水平,与未来乳用特征、产奶潜力息息相关。犊牛阶段饲养任务的关键是尽早吃到足够的初乳、提高成活率、适时断奶、促进胃肠道发育、降低饲养成本,形成合格的犊牛群。

一、犊牛的培育目标

以荷斯坦牛为例。

(1) 犊牛留养标准:初生重≥28 kg。

(2) 日增重:0～2月龄犊牛日增重≥800 g,断奶体重为初生重的2倍,整体犊牛群达标率≥90%;3～6月龄犊牛日增重≥900 g,整体犊牛群达标率≥95%。

(3) 满6月龄犊牛体重≥190 kg,体高≥106 cm,整体犊牛群达标率≥90%。

(4) 整体牛群中平均犊牛接产成活率≥95%(青年牛产犊接产成活率≥93%,经产牛产犊接产成活率≥97%);母犊留养率≥85%。

(5) 出生24 h之后的犊牛,死淘率<8%。

(6) 犊牛0～60日龄发病率:腹泻发生率≤20%,肺炎发生率≤5%,其他疾病发生率≤10%。

(7) 血清被动免疫合格率≥95%(一般于24～72 h内抽血检测,血清总蛋白折光仪检测值≥5.5 g/dL)。

二、犊牛的生理特点

(1) 犊牛出生前,由于胎盘-血液屏障的存在,母体免疫球蛋白无法进入犊牛体内,因此,犊牛产出时,体内抗体含量极低,对外界疾病抵抗力极差。

(2) 犊牛瘤胃、瓣胃发育不完全且体积仅占复胃的30%,导致其对粗饲料消化率较低。

(3) 犊牛期神经系统功能不全,对外界高温、低温等不良环境适应性差。

(4) 犊牛相对生长强度较大,体型变化明显。

(5) 犊牛断奶时,需经历一个适应期。

三、犊牛的饲养管理

犊牛饲养管理往往分为两个阶段,即哺乳犊牛和断奶犊牛。

1. 哺乳犊牛 哺乳犊牛是指0～60日龄的小牛,哺乳犊牛会经历初乳饲喂和常乳饲喂两个阶段。

(1) 哺乳犊牛的培育目标:日增重≥800 g,断奶体重为初生重的2倍,整体犊牛群达标率≥90%。

(2) 初乳饲喂:一般来说,初乳指母牛分娩后0～3 d挤出的乳汁;严格来说,初乳为母牛分娩后第1次挤出的乳汁。过渡乳即第2次至分娩后4 d内的乳汁。常乳为分娩5 d后分泌的乳汁。初乳饲喂阶段一般指出生0～3日龄,一般来说,初乳饲喂阶段既包括初乳饲喂,也包括过渡乳饲喂。

①初乳的准备。

a.初乳温度应控制在37～39 ℃,北方地区冬季奶温可高于标准1～2 ℃。过热会导致口腔炎症及消化道损伤,过冷易导致犊牛腹泻。

b.初乳饲喂要点:初乳可大幅提高犊牛免疫力。因此,犊牛出生后24 h内最好饲喂2～3次初乳,总饲喂量为4～8 kg。第1次饲喂,需在犊牛出生后2 h内,能勉强站立时,饲喂4 kg初乳。第2次饲喂,出生后6 h内,饲喂2 kg初乳。第3次饲喂,出生后12 h内,饲喂2 kg初乳。此外,首次初乳饲喂必须是母牛分娩后2 h内第1次产出的乳汁;首次初乳饲喂量一般按犊牛体重的8%～10%计算;不能吮乳的犊牛需用灌服器饲喂(图18-1)并注意卫生和消毒。

扫码看彩图

图 18-1 用灌服器进行初乳饲喂

c.饲喂效果验证:初乳饲喂效果验证应该在饲喂后 24～72 h 抽血检测,血清总蛋白折光仪检测值≥5.5 g/dL,犊牛群整体血清被动免疫合格率≥95%。

②管理要点。

a.犊牛出生后,母牛会舔干犊牛身上的黏液。若母牛母性不强,也可用干毛巾或一次性纸巾擦干,及时用毛巾清理犊牛口、鼻、耳内黏液,确保呼吸顺畅。

b.犊牛出生后常会自行扯断脐带。如未扯断,需人工剪断,详细操作见情境十七单元四。

c.出生后 3 d 内,需给犊牛打耳标,做出生记录,建立健康档案,打耳标时,最好打到耳朵中间且要避开血管。

d.犊牛舍内温度应不低于 18 ℃,保持牛舍内清洁卫生。

(3)常乳饲喂:经 3 d 初乳饲喂后,犊牛须转入常乳饲喂,以牛奶或代乳粉为主,直至断奶。

①饲养方式:规模化牛场常采用犊牛岛或犊牛栏进行饲养。犊牛从出生到断奶期始终在犊牛岛或犊牛栏内单独饲养。犊牛岛或犊牛栏应设在坐北朝南处,配备通气窗、水槽、料槽、防太阳辐射屋顶等,北方地区因冬季寒冷,犊牛岛内常配备取暖灯,犊牛穿抗寒马甲。单独饲养的优点是干净卫生,圈舍空气新鲜,可避免犊牛相互吮吸所致的疾病传播,管理方便。

②常乳饲喂要点:常乳饲喂应坚持"五定""三不"原则,即定质、定量、定时、定温、定人,不混群饲养、不喂发酵饲料、不饮冰水。

定质:禁止饲喂劣质或变质牛奶、含抗生素牛奶、发霉变质饲料及被污染的饮水。

定量:每头每日饲喂牛奶 5～8 kg。

定时:每天 7 点、12 点、17 点饲喂,与奶牛挤奶时间保持一致。

定温:奶温应控制在 37～39 ℃,北方地区冬季奶温可以比规定高 1～2 ℃。

定人:固定饲喂人员,以免发生应激。

不混群饲养:哺乳期犊牛通常一牛一栏单独饲养,犊牛混群会增加疾病传染的风险。

不喂发酵饲料:因犊牛瘤胃发育缓慢,胃肠道微生物少,故为保证犊牛健康成长,不喂发酵饲料。

不饮冰水:禁止犊牛饮用冰水,避免消化不良、腹泻。

③牛奶向代乳粉的过渡。

a.0.5 月龄以内的犊牛只喂牛奶,不喂代乳粉,若要从牛奶饲喂过渡到代乳粉饲喂,则牛奶和代乳粉比例需按照 2∶1、1∶1、1∶2、0∶3 依次过渡。一旦全部转换为代乳粉饲喂,禁止再次饲喂

Note

牛奶。

b. 如果牛奶不够,需临时使用代乳粉,可以在牛奶中加入代乳粉的水溶液且比例不能超过 2∶1。使用代乳粉前,要仔细观察代乳粉是否有变质或者发霉情况,有无结块、变色、异味。代乳粉必须合理保存,做好防潮措施,保证干燥。

④饮水管理。

a. 开始供水时间:犊牛出生后第 2 天开始供水,自由饮水。开始前 15 d,水温为 37～39 ℃。

b. 水温:冬季,15～20 ℃;夏季,常温。

c. 水源更换频率:1 天 1 次。

d. 水桶清洗频率:每周清洗 3 次。

⑤开食料饲喂。

a. 饲喂时间:2 日龄开始添加颗粒饲料,自由采食。

b. 饲喂频率:2 次/天,每次将剩料清理干净,重新添加,保证颗粒饲料新鲜。开食料粗蛋白质比例为 21%～23%,粉末比例<5%。

c. 开食料添加量:出生后 20 d 以内,0.5 kg/d;20～40 d,1 kg/d;40～60 d,1.5 kg/d。

d. 达到断奶标准的颗粒饲料采食量:连续 3 d 每天采食 1.5 kg 以上,方可断奶。

颗粒饲料中粗蛋白质要求:哺乳期 23%,过渡期 21%。

颗粒饲料保存要求:避免阳光直射、通风、防霉变。

⑥断奶要点:从哺乳到全部采食饲料,对犊牛来说是一个应激源。为减缓应激,使犊牛能适应断奶后的饲养条件,常采用逐渐断奶法。断奶前逐渐减少牛奶饲喂量,每天饲喂次数由 3 次变为 2 次,然后改为 1 次。临近断奶时,可饲喂掺水牛奶,先按 1∶1 掺水饲喂,逐渐增加掺水量,最后用温水代替牛奶。

断奶标准:连续 3 d 颗粒饲料每天采食量超过 1.5 kg,即可断奶;断奶时,体重至少应为初生重的 2 倍,平均日增重 800 g 以上,犊牛体重不足初生重的 2 倍者可延迟 1 周断奶,达不到采食量的亦可延迟断奶。

⑦管理要点。

a. 犊牛管理要点需体现在"四勤"上。

勤观察:饲养人员应随时观察犊牛采食、饮水、排便情况及精神状态,发现异常及时报告并采取相应措施。

勤添料:饲料需按犊牛实际采食量分多次添加,确保随时吃到新鲜饲料,空槽时间不超过 2 h。

勤消毒:饲养人员应每天对水槽、料槽地面进行清理、刷洗和消毒,运动场每周需清理 1 次。

勤换垫草:垫草必须保持新鲜、干净、干燥、足量。

b. 温度及空气质量:牛舍温度应控制在 18～22 ℃,舍内空气不应有刺鼻的氨味。北方地区需具备冬季防寒保暖设施。

c. 垫草:每 3 d 更换 1 次垫草,垫草厚度为 20～30 cm,保证垫草干燥、干净、松软。犊牛腹泻时,应增加更换、添加次数,至少每天更换 1 次。

d. 环境卫生:牛舍在夏季时,每天打扫 1 次卫生,冬季 2～3 d 打扫 1 次卫生。圈舍的粪污要及时清理,被污染的垫草要及时更换,并用 20% 石灰水或 2% 氢氧化钠喷洒消毒地面。

e. 犊牛出生后 3 周内去角,1 周后复查。去角方法:涂抹去角膏或用电烙铁去角(图 18-2)。去角后要做好保护、消毒措施,防止结痂部位蹭掉,继发感染。

f. 去除副乳头:犊牛出生后 3 周内用消毒剪刀去除副乳头(图 18-3),3 周后复查。去除副乳头后必须涂碘酒,防止感染,3 d 内检查是否有感染情况,如发现异常,记录并通知兽医或负责人。

2. 断奶犊牛　断奶犊牛是指 61～180 日龄的小牛。

(1)断奶犊牛培育目标:61～180 日龄犊牛日增重≥850 g,整体犊牛群达标率≥95%。满 6 月龄犊牛体重≥185 kg,体高≥105 cm,整体犊牛群达标率≥90%。

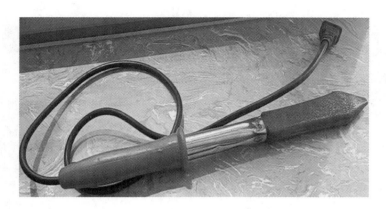

图 18-2 去角膏与去角用的电烙铁

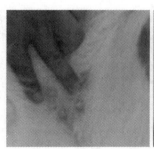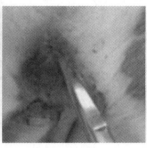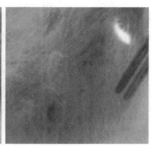

图 18-3 去除副乳头

（2）断奶犊牛的饲养。

①过渡期：61～74 日龄犊牛的饲养。

a.分群：断奶以后，应在原地过渡饲养 10 d，以减少转群应激，然后转入专门的过渡舍饲养，转群期间整群移动，切勿单头转移。

b.饲喂：断奶犊牛应自由采食 0～60 日龄时吃的颗粒饲料，保证每头犊牛的采食空间，并对采食情况做好记录。

c.饮水：24 h 提供清洁饮水，冬季提供 15～20 ℃清洁温水。

d.环境：每周清理牛舍 1 次并更换垫草，保证干净、舒适、干燥。牛舍内要保证通风和卫生。

e.活动空间：运动场保证每头犊牛有 3 m² 的活动空间。

f.断奶应激处理：每头犊牛必须持续记录采食量，达不到规定采食量的不能断奶。转入断奶牛舍的犊牛，若第 3 天还频繁哞叫，则应密切关注犊牛不安因素，如不敢下台阶、不敢钻颈夹等。必要时，可转回原舍待几天，再和下一批断奶犊牛一起转出。

②75～180 日龄的饲养。

a.分群：根据日龄和体重相近原则进行分群，每群 20～40 头，料槽内饲料要均匀分布，保证每头犊牛的采食空间。

b.采食：自由采食，采取"颗粒饲料＋优质干草"的方式进行饲喂，75～80 日龄时二者比例为 2∶1,81～85 日龄时为 1∶1,86～90 日龄时为 1∶2,90 日龄时以后为 0∶1。优质干草的饲喂量为 75～90 日龄，每头 0.25 kg/d;91～150 日龄，每头 1 kg/d;151～180 日龄，每头 1.5 kg/d。

c.饮水：保证 24 h 提供干净、清洁的饮水。冬季水温控制在 15～20 ℃，夏季为常温。

d.环境：每周清理牛舍 1 次，垫草厚度＞30 cm，牛舍应干燥、通风，夏季有遮阳设施，冬季有供暖设备，每周消毒 1 次。

e.日常观察：需指派专人对断奶犊牛进行日常观察，如是否腹泻、采食情况、是否咳喘等，发现异常应及时上报、检查及采取措施。

f.转群：6 月龄时，转入育成牛舍饲养，同时测量生长指标并做记录。

③管理要点。

a.分群时须注意饲养密度,控制采食槽位、饮水槽位和牛床数量。每头犊牛采食槽位长为30～50 cm,饮水槽位长为5～10 cm,牛床数量与牛头数相匹配。

b.对生长发育缓慢的犊牛找出原因,及时采取措施。

c.定期防治体内、体外寄生虫病和疥癣。

单元二　育成牛和青年牛饲养管理

扫码学
课件18-2

单元目标

　　知识目标:掌握育成牛和青年牛饲养及管理要点,了解育成牛和青年牛生长发育特点。

　　技能目标:具备基本的育成牛和青年牛饲养技能,能够对育成牛和青年牛饲养环境进行准确评估。

　　思政目标:育成牛饲养管理的好坏与母牛未来繁育和生产潜力关系密切,说明奶牛饲养可谓"一寸光阴一寸金"。

案例导学

案例导学

赵某拟通过提高日粮营养浓度来促进育成牛快速生长,请分析这种饲养方式的可行性。

课前思考

育成牛饲养时,应如何对其健康进行监控?

育成牛是指从断奶至配种前的母牛,其饲养管理的好坏与母牛未来繁育、生产潜力息息相关。育成牛时期,其生长发育往往呈现瘤胃发育迅速,骨骼、肌肉生长发育快,生殖功能变化大等特点。

一、育成牛的培育目标

体重≥350 kg,日增重≥700 g,体高≥1.26 m,体况评分为3～3.5分,13～14月龄可以进行配种。

二、育成牛的饲养管理

1.分群　每个月15号前对所有6月龄犊牛称量体重、记录,并将信息录入系统。将指标合格的牛只,从断奶牛舍转出至育成牛舍,合格率需达到95％以上。有条件的牛场,需每个月对从断奶牛舍转出的育成牛按照月龄进行分群,如7月1日—7月31日出生的牛放一起等,以便后续饲喂管理和繁殖配种。每次转移6月龄牛时,需按照顺序向后推移。每个月对12月龄的牛只进行体重称量、记录,并将信息录入系统。

2.饲喂　刚转出断奶牛舍的育成牛需饲喂约15 d的过渡全混合日粮(TMR),6～12月龄TMR配方中蛋白质含量不得低于15％。育成牛TMR宾州筛上层滞留饲料需控制在总饲料的10％～15％。剩料管理方面,应无剩料,空槽时间不得超过1 h;干物质采食量应控制在6～8 kg。

3.体况　育成牛体况评分应为3～3.5分。

4.环境控制　饲养密度不得超过颈夹数的100％。粪道每天清理1次。牛舍的牛床上和运动场内不得有石头、钢管、木板等杂物。

Note

5. **饮水槽清洗** 育成牛饮水槽的清洗：夏季每周 2 次，冬季每周 1 次。

6. **健康监控** 驻场兽医要保证每天至少对育成牛牛舍巡视 2 次，如发现病牛，要隔离治疗。

对生长发育缓慢的育成牛需找出原因，及时采取措施。定期防治体内、体外寄生虫病及疥癣等疾病。精准掌握育成牛生长发育情况，在 6 月龄、12 月龄及配种前进行体长、体重测定，并记入档案，作为培育、选种的基本资料。对 13～15 月龄达到配种标准的健康母牛，要做好发情鉴定，一旦发情，及时配种并将配种情况记入繁殖档案。

三、青年牛的培育目标

青年牛是指初次配种并妊娠后至第一次分娩产犊的母牛，其培育目标为，分娩后体重≥550 kg，临产体况评分为 3.5～3.75 分，首次产犊月龄需在 24 月龄左右。

四、青年牛的饲养管理

1. 饲养

（1）青年牛应提供充足的饮水，冬季需控制饮水温度，避免结冰。推荐使用 TMR 饲喂，每天投料 3 次，需保证饲料新鲜、充足，让青年牛自由采食。

（2）青年牛属于初产牛，其自身仍处于生长阶段，需单独组群饲养。

（3）饲养青年牛时，需要根据母牛体况、胎儿发育状态及时调整日粮营养结构。

（4）青年牛产前需饲喂低钾低钙日粮，预防产后瘫痪的发生。

2. 管理

（1）青年牛所用水槽需每 2 d 清理一次，所用料槽需每天清理一次。

（2）青年牛配种后，需用 B 超（配种后 28 d）或直肠检查技术（配种后 60 d）进行早期妊娠检查。

（3）维持良好的饲养环境，保证牛体健康，推算好预产期，防止流产。

（4）临近分娩时，需将青年牛转入产房，准备分娩。

单元三　干奶期奶牛的饲养管理

单元目标

　　知识目标：掌握干奶期奶牛饲养及管理要点，了解干奶的意义。

　　技能目标：具备基本的干奶期奶牛饲养技能，能够根据奶牛不同产奶量选择不同的干奶方法，熟悉干奶期的管理要点。

　　思政目标：了解干奶期的意义，在生活中要学会张弛有度。

扫码学
课件 18-3

➡ **案例导学**

牛场饲养的奶牛，到达干奶期后，不论其当时产奶量高低，一律进行干奶，请问这是为什么？

案例导学

➡ **课前思考**

高产奶牛为何一定要按预定干奶日期进行干奶？

　　干奶期是指奶牛分娩前 60 d 停止挤奶的这段时间，该阶段的牛称为干奶期奶牛。干奶期奶牛的饲养管理是成年奶牛饲养管理的重要环节，该环节可令乳腺组织得到周期性休整，瘤胃、网胃功能及体况逐渐恢复，亦可使某些在泌乳期难以治愈的疾病，在干奶期得到有效治疗。

一、干奶前的准备

1. 干奶期奶牛的选择　奶牛预产期前 70～84 d,根据预产期记录确定要进行干奶的牛只,干奶期体况评分应为 3～3.5 分。

2. 修蹄　干奶前 20～30 d 需进行修蹄。

3. 检胎　干奶前 7 d 对计划干奶的牛只进行胎检,如妊娠则正常干奶;如未妊娠则停止干奶,记录并通知配种员。

4. 乳房炎的检测　干奶前 7～14 d 对计划干奶的牛只进行乳房炎检测,如发现奶牛患有乳房炎,则治愈后再进行干奶。

二、干奶期持续时间与干奶方法

1. 干奶期持续时间　干奶期一般为 60 d,头胎牛、体弱牛、老龄牛、高产牛的干奶期最长应不超过 70 d,否则将影响牛体健康和生产性能。对于体格强壮、营养状况良好、产奶量较低的奶牛,干奶期可缩短至 45 d,但不能短于 35 d,否则会因干奶期过短而妨碍乳腺上皮细胞更新和再生,进而影响下一个泌乳期的产奶量。

2. 干奶方法　临近干奶时,奶牛乳腺分泌活动仍在进行,但不论产奶多少,到了预定的停奶日期,均应果断采取措施,使之停奶。具体干奶方法:对于高、中产奶牛,用 5～7 d 的时间对奶牛进行快速干奶。自干奶第 1 天起,需适当减少多汁饲料的饲喂,控制饮水,停喂精饲料。减少挤奶次数并打乱挤奶时间。干奶第 1 天,每天挤奶次数由 3 次改为 1 次,后续每 2 天 1 次,最后每 3 天 1 次。一般经 5～7 d 后,奶牛日产奶量下降到 10 kg 时,停止挤奶。若为低产牛,则在预定干奶日期停止挤奶即可。

干奶的总原则是最后一次将乳汁彻底挤尽,挤奶后用 75% 的酒精消毒乳头,然后向每个乳区注入一支含长效抗生素的干奶药膏,最后用 4% 的次氯酸钠溶液或其他消毒液浸浴乳头。之后不再触碰乳房,停奶后 3～4 d 要随时观察乳房变化,乳房最初可能会肿胀,但只要乳房不出现红、热、痛等不良现象即可。经 3～5 d 后,乳房内积聚的乳汁会逐渐被吸收,10 d 后乳房变软,处于停止活动的状态,干奶工作即结束。若停奶后乳房出现红、肿、热、痛等炎症反应,应重新挤奶,待炎症消失后再进行干奶。

三、干奶期的饲养管理

干奶期奶牛从泌乳牛群中分出后,应单独饲养,日粮以青粗饲料为主。日粮干物质饲喂量应控制在奶牛体重的 1%～2.2%,其中粗饲料的干物质饲喂量需达到体重的 1%～1.5%,精、粗饲料比控制在 2∶8。

1. 饲喂时间　不同牛场具体饲喂时间不同,一般与泌乳牛群同步上料。

2. 料槽检查　每 2 h 推料 1 次,保证每头牛都能吃到足够的饲料,空槽时间短于 2 h。

3. 确定饲喂量　饲喂前 2 h 检查剩料情况,剩料量须控制在 3%～5%,剩料超过 5% 时,应通知营养师。

4. 剩料清理　每天清晨、傍晚清理料槽,剩料可用于饲喂育成牛。

5. 清理饮水池　饮水池 2 d 清理 1 次,保持池内清洁、无污物。

6. 牛床整理　保持牛床干净、干燥、疏松、平整。粪污需及时清理,每周应疏松牛床。

垫草更换频率:沙子每周更换 1 次,牛粪 2 d 更换 1 次,锯末 3 d 更换 1 次。

7. 运动场整理　三合土地面或沙地:每周或每个月疏松平整 1 次,应保证运动场松软、舒适、无积水、无积粪、无硬物及尖锐物。

砖地或水泥地面:每周或每个月清扫运动场 1 次,保证运动场无积水、无积粪、无硬物及尖锐物,清理排水沟,保持其畅通无杂物。

8. 乳房及产前观察　干奶后需经常检查乳房情况,如果发现乳房肿胀、乳头分泌物异常,应通知兽医并增加乳房检查频率。产前应增加对奶牛的观察次数,若奶牛出现躁动不安、乳房肿胀、阴道充血、尿囊膨出等分娩征象,应由责任人立即将奶牛移入产房或通知接产人员。干奶期奶牛一般于预产期前 5 d 移入产房,并做好转群记录。转群时应避免单独转群,驱赶牛的动作要轻缓,禁止大声吆喝,禁止鞭打奶牛。

单元四　围产期奶牛饲养管理

知识目标：掌握围产期奶牛饲养及管理要点。

技能目标：具备基本的围产期奶牛饲养知识，熟悉围产期的管理要点。

思政目标：通过学习围产期奶牛的管理，树立"天下难事必作于易，天下大事必作于细"的意识。

扫码学
课件 18-4

案例导学

小王听闻奶牛产后瘫痪是缺钙所致，为了避免奶牛产后瘫痪的发生，小王在奶牛围产前期增加了高钙日粮的饲喂，结果还是出现了产后瘫痪，请分析其原因。

案例导学

课前思考

围产后期奶牛为何要尽快恢复采食量？

围产期是指奶牛产前、产后各 21 d，可分为围产前期和围产后期。围产前期指产前 21 d 到分娩，围产后期是指分娩至产后 21 d。围产期是奶牛生理功能发生巨大变化的时期，也是疾病多发期，如酮病、分娩应激、子宫炎症、乳房炎、产后瘫痪、皱胃左方变位等。

一、围产期奶牛的饲养

1. 围产前期　该时期应确保奶牛每日干物质采食量占体重的 1.6% 以上。为预防产后瘫痪，日粮应保持低钾低钙，钾、钙饲喂量不超过日粮干物质总量的 0.4%，以促进奶牛体内钙稳态调节机制的激活。保证优质粗饲料的供给，精、粗饲料比为 5∶5。此外还需保证维生素 A、维生素 D 等的供给。

2. 围产后期　该时期应确保奶牛每日干物质采食量占体重的 2.3% 以上。鉴于奶牛产后消化功能较弱，应向奶牛供给优质干草和适口性良好、易消化的精饲料。此外，因泌乳所需，应恢复日粮中钙、钾水平，钾、钙饲喂量可占日粮干物质总量的 1%～1.5%。

对产后食欲良好、粪便正常的奶牛可逐渐增加精饲料供给量，精、粗饲料比可由 5∶5 向 11∶9 过渡。围产后期奶牛饮水温度需控制在 37～39 ℃，切不可饮冰水。

二、围产期奶牛的管理

1. 围产前期奶牛的管理　奶牛产前 21 d，应及时转入围产前期牛舍进行饲养，圈舍需严格消毒并保持安静、卫生。牛床、牛产圈应铺厚约 15 cm 的清洁、干燥、柔软的垫草。临产前 3 d，根据乳房充盈程度对乳头进行药浴，每天 1 次。产房需日夜有人值班，当母牛有分娩症状时，及时赶入消毒好的牛产圈，一般情况下母牛可自然分娩。若需助产，应由专业兽医按规定程序进行助产。

2. 围产后期奶牛的管理　分娩后，10 d 之内，应每天观察并记录奶牛饲料采食量、反刍情况、粪便情况、胎衣及恶露排出情况，每天监测体温。分娩后于第 7、14、21 天监测酮体值，如有异常立即查找原因，及时处理。初产牛上挤奶厅时，每班次应安排在第一批挤奶，夏季注意防暑降温，供给清洁饮水。冬季注意防寒保暖，供给温水，切勿饮用冰水，每周进行奶牛生产性能测定（DHI）。

Note

单元五　泌乳期奶牛饲养管理

扫码学
课件 18-5

案例导学

单元目标

知识目标:掌握泌乳期各阶段奶牛饲养及管理要点。

技能目标:具备泌乳期奶牛饲养的基本技能,熟悉泌乳前期、中期、后期奶牛的饲养管理要点。

思政目标:通过学习不同阶段奶牛饲养管理工作要点,树立精细化、标准化管理意识。

案例导学

某养殖场为了追求产奶量,擅自对奶牛泌乳后期日粮结构进行调整,日粮精、粗饲料比由 7∶13 增加到 13∶7,结果发现产奶量虽有所提升,但饲养一段时间后,牛群的代谢性疾病却显著增加,请分析原因。

课前思考

为何泌乳期奶牛体重不可过分增加或减少?

奶牛泌乳期通常包含泌乳前期、中期、后期。不同时期,奶牛的泌乳能力、采食量、体重增减量、营养需要量、培育目标及饲养管理模式均存在差异。

一、泌乳前期奶牛的饲养管理

泌乳前期是指分娩后第 22～100 天,也称泌乳盛期。该阶段,奶牛产奶量迅速上升,第 35～55 天达到高峰。此时,食欲虽然逐渐恢复正常,但干物质采食量会在第 70～85 天达到高峰,故此期间奶牛处于能量负平衡状态。

1. 培育目标　奶牛体况评分≥2.5 分,产后 60 d 内体况评分下降值≤1 分,体况评分中 1 分约为 55 kg 体重。

2. 营养需要　产奶净能(NEL):7.0～7.2 MJ/kg。粗蛋白质(CP):16%～17%。干物质采食量(DMI):19～22 kg。非降解蛋白质:32%～33%。中性洗涤纤维(NDF):32%～35%,其中来自粗饲料的 NDF 占 70%。酸性洗涤纤维(ADF):19%～21%。粗脂肪(EE):3%。钙(Ca):0.9%。磷(P):0.4%。精、粗饲料比:11∶9。建议采用中国奶牛饲养标准,也可适当参考美国 NRC 营养需要。

3. 泌乳前期的饲养　提高日粮营养浓度,缓解产后营养、能量负平衡状态。此期间需饲喂苜蓿、燕麦等优质粗饲料,精、粗饲料比控制在 11∶9,日粮中 NDF 含量应在 32%～35%,同时需添加保护性脂肪和过瘤胃蛋白,以满足奶牛对能量和氨基酸的需要。合理添加维生素、矿物质和微量元素,稳定瘤胃内环境。

4. 泌乳前期的管理　每天定时挤奶 3 次,挤奶时间需根据气温、光照变化做出适当调整。圈舍需配备防暑、防寒设备,控制好牛舍通风、采光、温度、湿度等小气候,做好采食槽、饮水槽、通道、牛床等区域的卫生维护和消毒工作。

每天观察并记录奶牛采食、反刍、发情、排粪等情况,发现异常及时处理,每个月进行 DHI,并根据 DHI 报告调整饲养管理方案。此外,还需做好奶牛发情监测及配种工作,分娩后 30 d 进行生殖系统检查,如有异常,务必及时治疗;分娩后 50 d 进行配种及妊娠率统计,分析牛群整体繁殖状态是否正常;分娩后 60 d,对无发情表现的奶牛应及时分析未发情原因并采取措施使之发情。

二、泌乳中期奶牛的饲养管理

泌乳中期是指分娩后第 101～200 天,该时期奶牛食欲旺盛,采食量也处在高峰时期,该时期也是乳成分增加的时期。此时多数奶牛处于妊娠早期,产奶量开始出现下降趋势,奶牛处于能量正平衡状态。

1. 培育目标 奶牛体况评分为 3～3.25 分。

2. 营养需要 产奶净能(NEL):6.2～6.5 MJ/kg。粗蛋白质(CP):15％～16％。干物质采食量(DMI):17～19 kg。中性洗涤纤维(NDF):35％～40％。酸性洗涤纤维(ADF):21％～23％。粗脂肪(EE):3％。钙(Ca):0.75％。磷(P):0.4％。精、粗饲料比:9:11。

3. 泌乳中期的饲养 泌乳中期奶牛的日粮应降低能量饲料和蛋白质饲料比例,保证优质粗饲料的供应,精、粗饲料比为 9:11。奶牛体况评分需达 3 分左右,对低于 2.5 分或高于 3.5 分的奶牛,应进行补饲、限饲或调群干预。

4. 泌乳中期的管理 每天定时挤奶 3 次,挤奶时间需根据气温、光照变化做出适当调整。圈舍需配备防暑、防寒设备,控制好牛舍小气候,采食槽、饮水槽、通道、牛床等区域要定期消毒。

每天观察并记录奶牛采食、反刍、排粪、肢体发育、发情等情况,发现异常及时处理,每个月进行 DHI,并根据 DHI 报告调整饲养管理方案。

统计分娩后第 100 天仍未发情的奶牛头数,做好未妊娠奶牛的疾病诊疗工作。

三、泌乳后期奶牛的饲养管理

泌乳后期是指分娩后第 201 天至干奶。该阶段奶牛处于妊娠中后期,产奶量逐步下降,体况逐渐恢复。泌乳后期奶牛利用代谢能增重的效率约为 60％,显著高于干奶期的 48％,故业内普遍认为,泌乳后期是奶牛增加体重、恢复体况的最佳时期。

1. 培育目标 奶牛体况评分达 3～3.75 分。

2. 营养需要 产奶净能(NEL):6.0～6.3 MJ/kg。粗蛋白质(CP):13％～15％。干物质采食量(DMI):15～17 kg。中性洗涤纤维(NDF):40％～45％。酸性洗涤纤维(ADF):24％～26％。钙(Ca):0.5％。磷(P):0.4％。精、粗饲料比:7:13。

3. 泌乳后期的饲养 泌乳后期应降低日粮中能量饲料、蛋白质饲料的比例,增加粗饲料的饲喂量,精、粗饲料比可调整至 7:13。对过肥、过瘦的奶牛进行调群干预,对体况评分低于 3 分的奶牛适当提高日粮中的能量饲料比例。

4. 泌乳后期的管理 每天定时挤奶 3 次,挤奶时间需根据气温、光照变化做出适当调整,做好乳房保健,增强乳房炎监测力度。圈舍需配备防暑、防寒设施,控制好牛舍通风、采光、温度、湿度等小气候,做好食槽、水槽、通道、牛床等区域的日常卫生维护及消毒工作。

每天观察并记录奶牛采食、反刍、排粪和发情等情况,发现异常及时报告,加强人员管理,防止奶牛流产。每个月进行 DHI,并根据 DHI 报告调整饲养管理方案。

单元六 挤 奶 技 术

单元目标

知识目标:掌握挤奶的原理、方法及操作程序,了解奶牛的乳房护理要点。
技能目标:可熟练进行手工挤奶、器械挤奶操作,能够判断奶牛是否患有乳房炎。
思政目标:通过学习挤奶技术,培养学习者爱岗敬业、细心负责的工作精神。

扫码学
课件 18-6

案例导学

→ **案例导学**

某牛场中的奶牛正在挤奶,运动场方向突然传来巨响,此时奶牛群全部躁动不安且停止泌乳,试分析泌乳停止的原因。

→ **课前思考**

挤奶前为何要对乳头进行按摩?

奶牛场劳动强度最高、技术性最强的工作是挤奶操作,故常受奶牛场负责人的重视。作为挤奶工作人员,不仅要有爱岗敬业、认真负责的工作态度,还必须了解各类挤奶机器的基本构造、工作原理和使用方法,熟练掌握挤奶操作规程。

一、挤奶原理

挤奶原理是借助机器或手工,利用牛的排乳反射,模拟犊牛哺乳动作,将乳汁从乳房中挤出的过程。

二、泌乳生理

泌乳是成年奶牛分娩后,由体内激素作用所形成的维持性乳腺分泌活动。在催乳素、雌激素、孕激素的作用下,乳腺上皮细胞与周围血管发生物质交换,经选择性吸收,将血液中蛋白质、葡萄糖、甘油三酯等物质在乳腺上皮细胞内转变为乳蛋白、乳糖和乳脂肪等,并分泌到乳腺泡腔,再经乳腺导管系统转运至乳池保存。当泌乳母牛受到犊牛哞叫、挤奶员呼唤和挤奶器声响等刺激时,体内开始大量分泌催乳素,乳腺导管和乳头外周肌肉紧张度改变,经犊牛嘴巴、挤奶人员双手或挤奶机杯组有规律地挤压后,乳汁经乳腺导管、乳池和乳头排出体外。

三、挤奶方法与操作程序

1. 手工挤奶   手工挤奶操作相对简单,但要求挤奶人员具有一定的挤奶经验且人与牛能够和谐相处。

(1)挤奶前准备:挤奶人员要求穿戴好工作服,剪短指甲,将手洗净。挤奶器具需清洗、消毒。准备好消毒毛巾或消毒纸巾,配制好乳头药浴液。手工挤奶一般在牛舍进行,奶牛站定后,迅速将每个乳头的前三把乳汁挤入专用的乳汁检查杯中,检查杯中乳汁是否出现絮状、凝块或血,以判断奶牛是否患有乳房炎,如果正常则进行挤奶前药浴。

(2)挤奶前药浴:用新配制的乳头药浴液浸泡乳头,浸泡深度为乳头的2/3以上并保持30~40 s。

(3)挤奶作业:从奶牛准备到开始挤奶,不要超过90 s。用消毒毛巾或消毒纸巾擦干乳头上的乳头药浴液后迅速开始挤奶。手工挤奶时,挤奶人员应蹲在奶牛左侧后方1/3处,面向乳房,手握同侧乳头,交替挤奶。一般采用握拳挤奶法,即大拇指和食指紧扣乳头基部,接着中指、无名指和小指依次挤压乳头,将乳汁挤出。挤奶节奏应先慢后快,握拳频率80~100次/分,整个挤奶时间应控制在6 min以内。

(4)挤奶后药浴:挤奶结束后,再次使用乳头药浴液浸泡乳头。

2. 机器挤奶

(1)挤奶设备种类:我国奶牛场采用的挤奶设备主要有提桶式、推车式、管道式、坑道式、转盘式和挤奶机器人,提桶式和推车式挤奶设备常用于小型奶牛养殖户,管道式挤奶设备常用于传统拴系式饲养,大规模奶牛场常以坑道式挤奶设备为主,特大规模奶牛场多用转盘式挤奶台。

(2)挤奶机工作原理:挤奶机的工作原理是模仿犊牛吮乳动作,挤奶作业由真空泵和挤奶杯协同完成。在挤奶杯的作用下,一个挤奶节拍和一个休息节拍交替进行并完成一个挤奶周期。挤奶节拍时,真空泵经气管将挤奶杯双层套管内空气抽出,杯口收紧,套管内的真空负压形成一定吸力,迫使乳头孔张开,将乳汁吸出。休息节拍时,脉动泵换挡,套管内形成正压,杯口放松,挤奶杯下部封闭,处于休息状态。每分钟挤奶节拍设定为60~80次,奶牛挤奶工作应在5 min内完成。

(3)设备检查:挤奶前要对挤奶设备和用具进行常规检查,包括挤奶设备工作参数检查和卫生检查。工作参数检查主要观察真空泵压力、信息识别器是否正常。卫生检查需要注意毛巾或纸巾是否彻底消毒,乳头药浴液的配制是否符合要求,乳头杯内衬是否光滑完整,乳头杯内口有无污垢等。

(4)奶牛挤奶顺序:头胎奶牛、健康奶牛先挤奶,按高、中、低产牛群依次进行,最后是患病奶牛,且其挤出的奶要单独收集。

(5)挤奶操作规程。

①验奶:手持专用检查杯,每个乳区挤出三把乳汁,倾斜检查杯,根据杯中乳汁流动痕迹,初步检查有无乳房炎症状,若为絮状乳、凝块状乳或血乳,则当班不予挤奶,待其他牛只挤奶完毕后一同放出,另行处理。

②挤奶前药浴:用专用药浴杯对所有乳头进行药浴,乳头药浴液需浸没乳头至2/3以上,持续30~40 s,随后要用消毒毛巾或消毒纸巾擦干。须指出的是,一头奶牛配备一条消毒毛巾或一张符合要求的一次性消毒纸巾,毛巾和纸巾不可交替、反复使用,防止交叉污染和疾病传播。

③上杯:乳头擦干后,立即套挤奶杯,并将挤奶杯及橡胶输奶管摆正,开始挤奶。验奶、挤奶前药浴、上杯时间总计不得超过90 s。在挤奶过程中,奶牛晃动、抬腿等动作均会使挤奶杯和输奶管位置发生移动或扭转,影响挤奶的顺利完成。在整个挤奶期间,挤奶人员需全程观察,发现异常应立刻予以纠正和调整。

④脱杯:挤奶完毕后,挤奶杯会自动脱杯。对于没有自动脱杯的,挤奶人员应进行人工脱杯,避免过度挤奶,诱发乳房炎。

⑤挤奶后药浴:脱杯后再次使用乳头药浴液对乳头进行药浴,乳头药浴液需浸没乳头至2/3以上,持续30~40 s,然后放牛。奶牛场机器挤奶具体操作如图18-4所示。

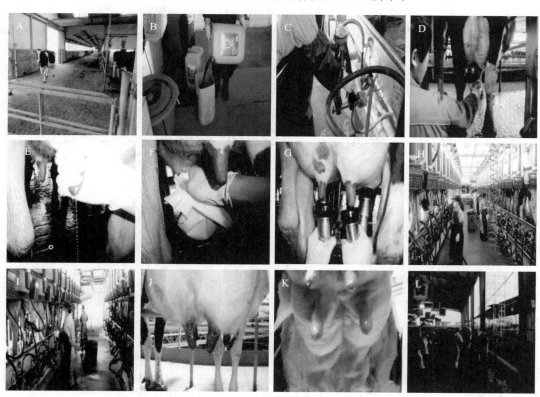

扫码看彩图

图18-4　奶牛场机器挤奶操作流程
A.将牛赶往挤奶厅;B.配制乳头药浴液;C.挤奶前检查机器;D.挤奶前药浴;E.验奶;
F.用消毒纸巾擦拭乳头;G.上杯;H.巡杯;I.脱杯维护;J~K.挤奶后药浴;L.放牛

（6）挤奶设备的清洁：清洗挤奶设备及管道的目的是除去残留在管道中的乳汁和细菌，防止残留的乳汁腐败变质。保持管道处于干净的状态，防止交叉污染，延长机器的使用寿命。具体要求是每个班次最后一头奶牛挤奶结束后及时对挤奶设备和管道进行清洁，常用两碱一酸清洗程序，即早、晚班挤奶后用碱洗，中班挤奶后用酸洗。

各步骤大致如下。

碱洗、酸洗前要进行预冲洗，水温控制在 38 ℃左右，先清洗挤奶机杯组，再装入底座，做不循环水冲洗，直到冲洗出的水变清澈为止。

碱洗时，向 80 ℃的水中加入碱性清洗液，调节 pH，再循环清洗 8～15 min，循环清洗后，水温不得低于 40 ℃，然后用 40 ℃温水做不循环冲洗，到 pH 试纸检测显中性为止。酸洗步骤同碱洗。

（7）挤奶环境的消毒：每班挤奶结束后要及时清洗挤奶厅，定期进行环境消毒。

四、奶牛乳房的护理

奶牛乳房健康往往受多个因素影响，如遗传因素、饲料因素、牛群管理、挤奶操作和环境卫生等，这些因素都会对乳房健康产生影响。生产实践中，应该对这些因素加以关注，发现问题要及时解决。

1. 遗传因素 乳房结构良好有利于奶牛的健康护理，对易患乳房炎的奶牛，要结合奶牛体型外貌参数进行线性评分，对乳房的结构、中悬韧带强度、乳头长度及乳用特征等性状进行检查，找出缺陷性状并逐步改良。

2. 饲料因素 建议实行标准化养殖，根据奶牛生产周期进行分阶段、分群饲养。因不同奶牛群产奶水平存在差异，故不同生产阶段的奶牛群需要配制不同的全混合日粮（TMR），保证奶牛摄入的营养和计算机计算的日粮营养一致，保持氮、氨基酸、钙及微量元素的供给平衡。

3. 牛群管理 奶牛群需合理分群，奶牛群内部口蹄疫的及时有效控制，布氏杆菌病和结核病的不断净化，均有利于保证奶牛健康及牛场生产安全。

4. 挤奶操作 保证挤奶设备稳定运行，严格消毒并进行有效的挤奶前、后药浴。

5. 环境卫生 加强对牛场污物、瓦砾、铁丝、玻璃等的清理，提供干净卫生、安全的牛床，防止乳头因外伤而感染。冬季防止奶牛长时间在雪地躺卧，以免乳房冻裂或冻伤，继发感染。

6. 干奶期治疗 干奶期应彻底检查乳腺疾病，若发现乳房炎，应严格按照程序治疗。总之，干奶期既是奶牛体况恢复和调整的时期，又是保证奶牛乳房健康的关键时期。

单元七　种公牛饲养管理

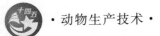

单元目标

知识目标：掌握种公牛饲养管理要点，了解种公牛性格特点。

技能目标：具备基本的种公牛饲养技能，熟悉种公牛管理。

思政目标：通过学习种公牛的饲养管理，培养学习者严谨、科学的工作习惯。

扫码学
课件 18-7

案例导学

小杜是牛场新进实习生，在给种公牛采精时，他发现有些公牛极不配合，致使采精工作无法顺利完成，而牛场老师傅给这些公牛采精时，往往非常顺利，请分析原因。

案例导学

课前思考

种公牛为何要一牛一栏进行饲养？

随着牛场人工授精和冷冻精液的日益普及,种公牛的饲养数量虽然大幅减少,但人们对种公牛的选择与质量要求越来越高。饲养种公牛的最终目的是在保证种公牛体质健康的基础上,尽可能多地生产优质精液,将其优良性状稳定地传给后代。生产实践证明,种公牛饲养管理过程中的任何环节均不能疏忽,否则种公牛的体质和性情将会变坏,精液质量下降,甚至丧失种用价值。因此,只有对种公牛进行科学饲养管理,才能保证其体格健壮,生产品质优良的精液,延长利用年限。

一、种公牛的饲养要点

种公牛饲养的好坏与精液品质息息相关。饲养种公牛时,饲料营养应全面,饲料中应富含多种微量元素。全价饲料是保证种公牛正常生产及生殖器官正常发育的基本条件,特别要指出的是,公牛饲料中应含有足量的蛋白质、矿物质和维生素,这些营养物质对精液的生成与质量的提高至关重要。种公牛饲养的注意事项如下。

(1)精饲料应由麦麸、玉米、豆饼、燕麦等蛋白质、能量饲料组成,采精频繁时,精饲料中可适当补加优质蛋白质。

(2)要保证优质豆科干草的供给量,控制青贮、微贮饲料等本身含有大量有机酸饲料的饲喂量,有机酸饲喂过多不利于精子生成。合理搭配使用青绿多汁饲料,但切勿过量饲喂多汁饲料和粗饲料,长期饲喂过多粗饲料,会使公牛消化器官扩张,形成草腹,导致公牛精神萎靡,影响配种效能。

(3)种公牛的日粮可由青草、青干草辅以混合精饲料构成。配制种公牛日粮时,干物质摄入量是一个重要指标,饲料干物质摄入量应基于种公牛实际体重和体况而定,一般成熟种公牛每日总干物质摄入量应为其体重的 1.3%。

(4)从断奶开始,种公牛需单槽喂养。两头公牛之间的距离应保持 3 m 以上,或用 2 m 高的栏板隔开,以免相互爬跨和攻击。饲喂种公牛要定时、定量,一般每日饲喂 3 次,饲喂顺序为先精后粗。种公牛冬季饮温水,水温控制在 35 ℃左右,夏季自由饮水,需指出的是,种公牛采精前或运动前后 0.5 h 内不宜饮水。

二、种公牛的管理要点

为了使种公牛体格健壮,精力充沛,除饲喂全价饲料外还必须有相应的管理办法。

1. 种公牛舍 种公牛舍除北方严寒地区外,一般以敞篷式为宜。种公牛舍的设计必须考虑人畜安全,种公牛舍围栏设置间距要保证饲养员能侧身通过。公牛好斗,为了确保饲养员安全,从断奶开始,必须分栏饲养,一牛一栏。公犊断奶前应习惯戴笼头牵引,10~12 月龄应穿戴鼻环,每天牵引训练,养成温顺性格。

2. 牵引 牵引种公牛要坚持双绳牵导,两人分别在牛两侧后方牵引,人和牛之间应保持一定的距离。对于性情暴躁的种公牛必须用钩棒牵引,即在牵引缰绳的同时,另一人两手握住钩棒,钩于鼻环,进行牵引。

3. 运动 种公牛必须做强制性运动,运动是种公牛日常管理中的一项重要工作。适当运动可增强种公牛肌肉、韧带、骨骼健康,防止肢蹄变形,保证种公牛性欲旺盛,提升精液品质。种公牛需每天运动 1 次,每次 2 h,行走距离约 4 km。

4. 刷拭 要求每天刷拭种公牛牛体 1 次,刷拭不可在饲喂时进行,以免牛毛和尘土落入饲槽,影响种公牛健康。牛体刷拭时,注意角间、额顶、头颈等处务必细致刷拭,清除污垢,防止这些部位积攒尘土,使牛皮肤发痒,形成顶人恶癖。冬季干刷,夏季湿刷,牛体刷拭不仅可以维护种公牛清洁,也可以增进种公牛对人的信任。

5. 性情调教 种公牛性情好坏直接影响其种用效果。鉴于种公牛具有记忆力强、自卫性较强等特点,调教种公牛需从幼年开始,饲养员通过抚摸、刷拭等活动与其建立感情及信任感。不能鞭打种公牛,不能随便更换饲养员,为种公牛治疗打针时,饲养员要避开。

6. 合理利用 种公牛正式投产后,每周采精 2 次。采精时应注意人畜安全,采精架应既不影响种公牛爬跨,又不伤害种公牛前蹄,采精室地面需做防滑处理,防止种公牛滑倒,确保种公牛爬跨安全。

扫码学
课件 18-8

案例导学

单元八　全混合日粮饲喂技术

单元目标

知识目标:掌握奶牛全混合日粮(TMR)设计、制作及饲喂原则,明确 TMR 的质量与饲养效果评价,了解 TMR 的特点与优势,熟悉奶牛分群与 TMR 定制。

技能目标:根据 TMR 制作工艺制作 TMR,熟悉不同 TMR 制作设备;可根据 TMR 饲喂流程进行饲喂;能够根据 TMR 物理形态及奶牛采食、排粪情况对 TMR 进行质量评价。

思政目标:通过学习 TMR 制作流程,培养学习者细心、认真的工作态度。

案例导学

王某用 TMR 饲喂奶牛,为简化工作流程,拟将高产牛、中产牛、低产牛 TMR 合成同一配方进行饲喂,请分析这样做的可行性。

课前思考

TMR 混合不均匀将会造成哪些后果?

全混合日粮(total mixed ration,TMR)是指根据奶牛日粮配方,将粗饲料、精饲料以及矿物质、维生素等饲料添加剂放在专用设备内,加适量水充分搅拌、切割、混合而制成的营养均衡的日粮,目前已被多数奶牛场广泛应用。

TMR 对奶牛饲养而言,无异于一场技术革命,运用 TMR 饲喂技术往往具有如下优势。首先,TMR 可与计算机配方设计相结合,控制日粮总营养水平,保证多项营养平衡和精、粗饲料比一定,维持瘤胃内环境相对稳定,确保奶牛正常消化功能和代谢率。其次,TMR 可与规模化饲养、散栏式饲养相适应,与机械化加工、智能化饲喂相结合,大大降低劳动强度,提高工作效率。此外,对不同生长、生产阶段的奶牛可进行 TMR 个性化制作,增强饲料特异性,充分发挥奶牛各生产阶段的泌乳潜力和繁殖潜力。最后,TMR 可提高泌乳母牛产奶量和乳成分,增加育成牛日增重和饲料转化率,提升奶牛场经济效益。

一、TMR 生产前的准备

实施 TMR 饲养工艺的前提和基础是奶牛分群,不同奶牛群应制作不同 TMR。奶牛场通常会制订 6 种不同类型的 TMR,即初产牛 TMR、高产牛 TMR、中产牛 TMR、低产牛 TMR、干奶期奶牛 TMR 和后备牛 TMR。

1. 人员准备　TMR 制备机必须由专人操作,操作人员必须经过专门培训,须具备如下能力。

(1)熟悉设备结构及工作原理。

(2)能够开展基本的设备维护和保养。

(3)制作 TMR 时,注意佩戴手套、穿安全靴。

(4)人员身体不适、饮酒后不得操作。

2. 原料准备

(1)精饲料:原料需经过必要的粉碎,预混料要提前与精饲料混合。

(2)干草:整捆干草需解开,去除打捆绳、塑料、毛发等杂物。除立式搅拌车以外,干草需进行切割,切割后长度控制在 7~12 cm。

（3）青贮饲料:青贮饲料窖每天开启宽度至少为 20 cm,开启时要用钩子掀开覆盖物,保证边缘清洁、无污染。取料时,需去除劣质、霉变、二次发酵的青贮饲料并将其放到指定地点。青贮饲料装料时,往往使用铲车,但必须保证装料过程中铲车铲子、料斗和地面的清洁,避免饲料散落,若有散料,可收集起来,饲喂青年牛。

3. TMR 制备机的准备 TMR 制备机包括固定式、牵引式和自走式三种。制备 TMR 前,需检测液压管路是否正常,箱体内是否干净、无异物,称量和传动系统是否正常。

（1）固定式 TMR 制备机:固定式 TMR 制备机的传动部位必须有防护罩,做好接地保护,避免触电。固定式 TMR 制备机加料口必须安装防护盖板,地坑四周也应安装防护栏。

（2）牵引式 TMR 制备机:牵引式 TMR 制备机的传动部位必须有防护罩。设备启动前,应将升降支腿升起,行驶过程中注意人、畜安全。人员进入箱体内操作时,设备必须停机,牵引式 TMR 制备机的启动钥匙必须由操作人员保管。

（3）自走式 TMR 制备机:自走式 TMR 制备机传动部位必须有防护罩。启动自走式 TMR 制备机后,检查各仪表是否显示正常,是否有报警提示,电磁阀是否正常。自走式 TMR 制备机在运行时必须将取料大臂放到最低位置,行驶过程中注意人、畜安全。人员进入箱体内操作时,设备必须停机,TMR 制备机的启动钥匙必须由操作人员保管。

4. TMR 的准备 须严格执行营养师制订的 TMR 配方。

二、TMR 的生产

TMR 生产时,首先要检查设备是否正常启动,有无异响、震动等,如发现异常,应及时停机,检查、维修。不论是固定式、牵引式还是自走式 TMR 制备机,它们制备 TMR 的流程均包括加料、搅拌、出料及剩料排空四个阶段。

（1）加料:加料顺序应遵循先干后湿、先长后短、先轻后重的原则。搅拌体积应为总体积的 50%~85%。要防止铁器、石块、包装线等杂物混入制备机。

（2）搅拌:搅拌时先加入干草,搅拌 3 min,其他饲料按顺序快速添加。搅拌时转速应控制在 300~800 r/min。当最后一种饲料加入后,再继续搅拌 5 min。TMR 的水分应控制在 45%~55%。

（3）出料:用 TMR 运输车或撒料车运输 TMR 到牛舍,通过调节撒料车出料口大小控制出料速度,时刻关注出料速度与投料距离。

（4）剩料排空:如箱体内有剩料,应向箱体内加入少量干草,搅拌并将剩料排空。

三、奶牛各阶段营养需要

奶牛营养需要应以《奶牛饲养标准》(NY/T 34—2004)为参考,见表 18-1。

表 18-1　奶牛营养需要(平均体重 680 kg)

营 养 素	干奶前期	围产前期	围产后期	泌乳前期	泌乳中期	泌乳后期
DMI/kg	13	10.5	18	23.6	22	19
NEL/(Mcal/kg)	1.39	1.51	1.71	1.79	1.73	1.53
脂肪/(%)	2	3	5	6	5	3
CP/(%)	13	15	19	18	16	14
瘤胃降解 CP/(%)	70	60	60	62	64	68
瘤胃非降解 CP/(%)	25	32	40	38	36	32
小肠可消化 CP/(%)	35	30	40	31	32	34
ADF/(%)	30	24	21	19	21	24
NDF/(%)	40	35	30	28	30	32
Endf/(%)	30	24	22	—	—	—
NFC/(%)	30	34	35	38	36	34

续表

营　养　素	干奶前期	围产前期	围产后期	泌乳前期	泌乳中期	泌乳后期
Ca/(%)	0.6	0.7	1.1	1.0	0.8	0.6
P/(%)	0.26	0.3	0.33	0.46	0.42	0.36
Mg/(%)	0.16	0.2	0.33	0.3	0.2	0.2
S/(%)	0.16	0.2	0.25	0.25	0.25	0.25
维生素 A/($\times 10^4$ U/d)	10	10	11	10	5	5
维生素 D/($\times 10^4$ U/d)	3	3	3.5	3	2	2
维生素 E/(U/d)	600	1000	800	600	400	200

四、奶牛各阶段 TMR 配方设计

　　TMR 配方要根据奶牛分群情况、牛群平均体重和基本信息并参考不同阶段奶牛营养需要以及奶牛场现有饲草、饲料种类、营养数据库和统计结果,利用 CPM 配方软件进行配方设计。规模化奶牛场,TMR 配方应根据牛群大小、所处生理阶段、平均生产水平和饲养模式等实际情况进行设计,表18-2、表18-3 所示为 TMR 参考配方。

表 18-2　成年母牛各阶段 TMR 配方　　　　　　　　　　单位:kg

原 料 名 称	泌乳前期	泌乳中期	泌乳后期	干奶前期	围产前期	围产后期
玉米	5.1	4.7	3.7	1.5	—	4
前期浓缩料	6.3	2.8	—	—	—	4.8
中后期浓缩料	—	3	4.8	—	—	—
产前混合料	—	—	—	—	5.7	—
干奶浓缩料	—	—	—	2.2	—	—
羊草	—	—	0.5	4.5	—	—
国产苜蓿	—	—	2.5	—	—	—
进口苜蓿	3.5	2.8	—	—	—	2.7
全株青贮	18	20	22	18	15	15
全棉籽	1.5	1.5	0.5	—	0.5	1.8
大豆皮	1.5	1.5	1.2	1	0.5	1
甜菜粕	2.8	2	2.2	—	0.5	2.2
燕麦草	1.5	1.5	1.5	1	3	1.5
啤酒糟	3.5	3.5	3.5	—	—	3.5

表 18-3　后备牛各阶段 TMR 配方　　　　　　　　　　单位:kg

原 料 名 称	0~2 月龄	3~4 月龄	5~6 月龄	7~14 月龄	15~23 月龄	24 月龄
玉米	—	—	—	0.8	1	—
后备牛浓缩料	—	—	—	1.8	2.2	—
犊牛前期配合料	自由采食	3.5	1.5	—	—	—
犊牛后期配合料	—	—	2.5	—	—	—
产前混合料	—	—	—	—	—	5.7
进口苜蓿	—	1	1.5	—	—	—
羊草	—	—	—	2.5	4	—
全株青贮	—	—	—	4	—	15
秸秆青贮	—	—	—	15	22	—

续表

原料名称	0～2月龄	3～4月龄	5～6月龄	7～14月龄	15～23月龄	24月龄
燕麦草	—	—	—	—	—	3
大豆粕	—	—	—	—	—	0.5
甜菜粕	—	—	—	—	—	0.5
全棉籽	—	—	—	—	—	0.5

五、TMR 饲喂

TMR 饲喂非常简单,对于固定式 TMR 制备机,可以采用带拖斗的卡车按照发料顺序发往各个牛舍,需要机械与人工相结合才能完成投喂过程。牵引式、自走式 TMR 制备机,在搅拌完成后可以自行到达对应牛舍进行自动卸料和饲喂,省时省工。TMR 饲喂需要注意以下事项。

(1)挤奶后进行 TMR 投喂,夏季成年母牛每天投料 3 次,后备牛每天投料 2 次。其他季节成年母牛每天投料 2 次,后备牛每天投料 2 次。但必须说明的是,在实际生产中,为了使牛群表现出较高的生产能力,TMR 投料还需观察剩料及空槽情况,剩料量不可超过 5%,也不应小于 3%,空槽时间不可超过 2 h,1～2 h 推一次料。

(2)TMR 管理员应根据每次采食剩料量和天气情况来决定下次 TMR 的制作量。如果日粮剩余量占投喂量的 3%～5%,则说明 TMR 投喂量适宜;若小于 3%,则说明投喂量不足,应适当增加投喂量;若超过 5%,则表示投喂量过多,需递减。每周至少对剩料称量 1 次,每 2 周取剩料样品送实验室检测营养成分,根据检测结果进行分析,制订改进措施。

(3)饲槽每天至少清洁 1 次,每周用 0.2% 高锰酸钾溶液对饲槽进行消毒。

六、TMR 的评价

1. 成分评价　于饲槽纵向不同部位取新鲜 TMR 样品 4 个,合并为 500～1000 g 样品,密封后送到实验室分析其 DM、CP、EE、灰分(Ash)、Ca、P、NDF 和 ADF 等的含量,建立奶牛场 TMR 监测数据库。利用 TMR 品控值与 TMR 配方标准值进行比对,各营养成分误差不得超过 0.5%。

2. 水分评价　TMR 水分应控制在 45%～55%,生产中常观察是否有较多精饲料附着在粗饲料表面、松散且不分离,色泽是否均匀,TMR 是否新鲜、无异味、不结块,用手抓紧 TMR,松手后 TMR 是否散开,手上是否均匀地黏着精饲料,综上,即可判断 TMR 水分是否合格。

3. 制作粒度和均匀度评价　双手持分析筛左右往复平行滑动 10 次,为一个重复,滑动速度大于 20 cm/s,每个重复结束后筛体旋转 90°,要求四个重复后,从上至下逐层观察:第一层,孔径大于 19 mm,TMR 存留 5%～10%;第二层,孔径 8～19 mm,TMR 存留 30%～40%;第三层,孔径 1.2～7.9 mm,TMR 存留 30%～40%;第四层,孔径小于 1.2 mm,TMR 存留小于 20%。

4. 剩料评价　剩料量应为 3%～5%,且无挑食情况。

单元九　奶牛生产性能测定

单元目标

知识目标:掌握奶牛生产性能测定(DHI)流程,明确待测牛群及奶样采集、样品保存等操作要点。

技能目标:可根据奶样测定结果及测定单位提供的相关信息,制作 DHI 报告。

思政目标:通过学习 DHI,培养学习者严谨认真的工作态度。

扫码学
课件 18-9

案例导学

→ 案例导学

某牛场进行 DHI 时,发现牛场牛奶中平均体细胞数为 63 万个/mL,请问这个数据能反映出何种信息?

→ 课前思考

什么是 DHI?

DHI 是奶牛群体改良(dairy herd improvement)的英文简称,也称为奶牛生产性能测定。DHI 是现代牛场饲养管理的重要工具,中国奶业协会于 1999 年设立了 DHI 工作委员会,制定了 DHI 技术标准及相关操作要求,这一举措也促进了 DHI 在牛场的普及。生产性能测定技术的普及、应用不仅可提高奶牛生产管理水平,还可为奶牛繁育工作提供数据支持。

一、DHI 的测定范围及测前准备

1. DHI 的测定范围　产后第 6 天至干奶前第 6 天的奶牛应进行 DHI,牛只与耳标号必须对应,且不能重复。

2. DHI 的测前准备

(1) 测定计划:每个月进行 1 次 DHI,测定间隔为 26～33 d。

(2) 人员准备。

资料员:牛群基本信息的记录、更新和上传。

挤奶厅负责人:组织采样。

采样员:采样、编号。

记录员:记录牛耳标号。

须注意,采样员和记录员必须通过岗前培训方可上岗。

(3) 工具的准备:采样工具须事先校准,校准周期为 3～6 个月。采样瓶必须由 DHI 中心配发且干净、无污染。采样瓶需事先用记号笔或条码或二维码进行标记。

二、DHI 的测定流程

(1) 收集奶牛谱系、胎次、产犊日期、干奶日期、淘汰日期等牛群饲养管理基础数据。

(2) 每个月采集 1 次泌乳牛奶样,获知其当天产奶量,通过 DHI 中心检测,获得牛奶成分、体细胞数等数据。

(3) 对这些数据统一整理分析,借助相关软件形成 DHI 报告。

(4) 利用收集的数据,组织开展奶牛良种登记、种公牛后裔测定、遗传评估及选种选配等工作,实现提升种质遗传水平、提高奶牛产量、增加养殖收益的目的。

三、奶样采集

1. 采样要求

(1) 每头牛每次采样量为 40 mL。

(2) 若每天挤奶 3 次,采样按 4∶3∶3(早∶中∶晚)的比例进行。

(3) 若每天挤奶 2 次,采样按 6∶4(早∶晚)的比例进行。

2. 采样前准备

(1) 清点所用流量计数量、采样瓶数量、采样记录表等。

(2) 挤奶前 15 min 安装好流量计,安装时注意流量计的进、出奶口,确保流量计倾斜度为 5°,以保证读数准确。

(3) 在采样记录表上填好牛场号、班组号、产奶量。

3. 采样操作 每头牛采样量为 40 mL,根据挤奶次数,按比例采样。每次采样要准确读数,正确记录。采样读数时眼睛应平视流量计刻度,发现流量计流量有明显出入时,应及时查明原因并予以处理。每次采样必须用 2 个容器反复混合至少 3 次,再倒入采样瓶。奶样从流量计中取出时,应把流量计中剩奶完全倒空,不能有滞留现象,将奶样放置于 4 ℃冷藏室。最后,应在采样记录表上填写取样日期、牛场名称、牛舍号、牛耳标号、日产奶量,经核对后采样人需签名确认。

4. 样品保存与运输

(1) 样品保存:为防止奶样腐败变质,每份样品中需加入重铬酸钾 0.03 g,在 15 ℃的条件下可保存 4 d,在 4 ℃冷藏条件下可保存 1 周。

(2) 样品运输:样品应尽快安全送达 DHI 中心实验室,运输途中需保持 4 ℃低温,不能过度摇晃。

5. 测定 奶样检测内容主要包括乳脂率、乳蛋白率、乳糖含量、尿素氮含量、全乳固体率和体细胞数等。企业常使用丹麦 Foss 公司的牛奶分析测定仪对牛奶成分进行检测,体细胞数的检测则使用流式细胞仪进行。

6. DHI 报告中的项目

(1) 测定日产奶量:泌乳牛需明确测定日当天 24 h 总产奶量。测定日产奶量只能反映牛只、牛群当前实际产奶水平,单位为千克(kg)。

(2) 乳脂率:牛奶中所含脂肪的百分比。

(3) 乳蛋白率:牛奶中所含蛋白质的百分比。

(4) 乳糖含量:牛奶中所含乳糖的量。

(5) 全乳固体率:测定日奶样中干物质的百分比。

(6) 分娩日期:被测牛只产犊日期,用于计算与之相关的指标。

(7) 泌乳天数:从分娩到本次采样的时间,能反映奶牛所处的泌乳阶段。

(8) 胎次:母牛已产犊的次数。

(9) 校正乳量:实际泌乳天数和乳脂率校正为第 3 胎泌乳天数中第 150 天、乳脂率 3.5% 的日产奶量,用于比较不同泌乳阶段和不同胎次牛只的产奶性能,单位为千克(kg)。

(10) 前次奶量:上次测定日产奶量,用于与当月测定结果进行比较,用于说明牛只生产性能是否稳定,单位为千克(kg)。

(11) 泌乳持续力:当综合考虑个体牛只本次测定日产奶量与上次测定日产奶量时,形成的一个新数据,称为泌乳持续力,该数据可用于比较个体生产持续能力。

(12) 脂蛋比:测定日奶样乳脂率与乳蛋白率的比值。

(13) 前次体细胞数:上次测定日测得的体细胞数,用于与本次体细胞数相比,反映奶牛场采取的预防管理措施是否得当,治疗手段是否有效。

(14) 体细胞数:每毫升牛奶样品中体细胞数量,牛奶中体细胞包括中性粒细胞、淋巴细胞、巨噬细胞及乳腺组织脱落的上皮细胞等,单位为个/毫升。

(15) 奶损失:因乳房受细菌感染而造成的产奶损失,单位为千克(kg)(据统计,奶损失约占牧场总经济损失的 64%)。

(16) 奶款差:奶损失乘以当前奶价,即损失部分的牛奶金额,单位为元。

(17) 经济损失:因乳房炎所造成的总损失,其中包括奶损失和乳房炎引起的其他损失,即奶款差除以 64%,单位为元。

(18) 总产奶量:分娩日起到本次测定日牛只的泌乳总量。对于已完成胎次泌乳的奶牛,则代表胎次产奶量,单位为千克(kg)。

(19) 总乳脂量:分娩日起到本次测定日牛只的乳脂总量,单位为千克(kg)。

(20) 总乳蛋白量:分娩日起到本次测定日牛只的乳蛋白总量,单位为千克(kg)。

(21) 高峰奶量:在泌乳牛本胎次测定中,所有测定日内的最高产奶量。

（22）高峰日：在本胎次泌乳测定中，产奶量最高时所处的泌乳天数。

（23）90 d 产奶量：泌乳 90 d 的总产奶量。

（24）305 d 预计产奶量：泌乳天数不足 305 d 时按 305 d 估计产奶量，达到或者超过 305 d 时按 305 d 实际产奶量统计，单位为千克（kg）。

情境小结

奶牛饲养管理涉及不同阶段奶牛、种公牛饲养管理，这是本情境的重点。TMR 饲喂技术、挤奶技术及 DHI 是奶牛场日常生产所必需的内容，应掌握。

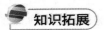知识拓展

一个生产周期内成年奶牛泌乳、采食及体重的变化。

知识拓展 18

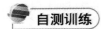自测训练

选择题

1. 牛最难饲养的阶段是（　　　）。

A.青年牛阶段　　　　　B.育成牛阶段　　　　　C.犊牛阶段　　　　　D.成年牛阶段

2. 在出生 6 个月以内的小牛，体内体积最大的胃是（　　　）。

A.瘤胃　　　　　　　　B.网胃　　　　　　　　C.瓣胃　　　　　　　　D.皱胃

3. 关于犊牛早期断奶，下列叙述错误的是（　　　）。

A.不利于乳腺的发育　　　　　　　　　B.降低犊牛培育成本

C.促进瘤胃的发育　　　　　　　　　　D.减轻劳动强度

第五篇　家兔生产技术

情境十九　兔场设计与设施

情境导入

兔场是集中饲养家兔和以养兔为中心而组织生产的场所,是家兔重要的外界环境条件之一。场址的选择、建筑的布局、兔舍的设计和建造及设备的选用是否科学合理,直接关系到兔场的工作效率和经济效益,甚至关系到养殖成败。为了有效地组织家兔生产,应根据家兔的生物学特性和兔场的发展规划,科学合理地选择、规划、设计和建造兔场,以合理利用自然和社会经济条件,保证良好的环境,提高劳动生产率。

情境目标

▲知识目标

掌握兔场选址与规划布局的基本要求,熟悉各类兔舍优缺点、常用设备及用具种类,掌握兔舍设计原则及建造要求等知识。

▲技能目标

基本具有兔场与兔舍合理规划设计的能力。

▲思政目标

增强环保意识,节能减排,走可持续发展道路。树立环保第一的道德观,树立正确的价值观。

扫码学
课件 19

单元一　兔场选址与规划布局

单元目标

知识目标:掌握兔场选址与规划布局的基本要求。

技能目标:初步掌握兔场选址方法,初步掌握规模兔场的规划布局。

思政目标:培养学习者观察、分析、解决问题的能力;使学习者明确保持生态平衡,维持人、动物、自然和谐发展的意义。

→ 案例导学

现代化兔场示例。

案例导学

Note

课前思考

如何进行兔场选址？如何合理规划兔场内建筑物？

兔场是集中进行家兔生产活动的场所，兔场选址与规划布局直接影响家兔的生活环境和企业的生产经营。科学地选址和规划布局兔场，除了便于场内的生产管理外，还可有效杜绝场外病原体进入场内，防止病原体在场内不同兔群之间传播，确保兔场生产健康发展。

一、场址选择

兔场的场址选择很重要，它不单纯涉及家兔的发展，同时有碍于居民的环境卫生，因此确定兔舍的建筑位置时，要特别注意确保人、畜的卫生和健康。

1. 地势、地形及面积 兔场要求地势较高、干燥，通风良好；背风向阳，以减少冬春季风雪侵袭，保持兔场相对稳定的温热环境；平坦而有适当的坡度，以利于排水。地面坡度以 1%～3% 为好；地下水位低，应在 2 m 以下，以免引起地面潮湿。同时选择排水良好的地方，尽量符合家兔的生活习性。不要在地势低洼的地方选址，否则对家兔的健康有影响。

地形要开阔、平整和紧凑，不要过于狭长和边角过多，以便缩短道路和管线长度，节约投资和利于管理。

兔场占地面积要根据家兔的生产方向、饲养规模、饲养管理方式和集约化程度等因素确定。在设计时，既要考虑满足生产，节约用地，又要为今后发展留余地。如以一只母兔及其仔兔占地 0.8 m² 建筑面积计算，兔场的建筑系数约为 15%，500 只基础母兔的兔场需要占地约 2700 m²。

2. 水源 生产过程中，兔场的需水量很大，如家兔的饮水、粪尿的冲刷、用具及笼舍的消毒和洗涤，以及生活用水等。因此，场址选择应将水源作为重要的因素考虑。兔场水源水量要充足，水质良好、清洁，不被细菌、寄生虫和有毒物质污染。首先，最好的水源是泉水、溪涧水、井水或城市中的自来水；其次是江河中流动的活水。不能用死水，死水中细菌、微生物和寄生虫较多，会使家兔得病。

兔场水源的水质必须符合畜禽饮用水标准（表 19-1）。

表 19-1　畜禽饮用水水质安全指标

项　目		标　准　值	
		畜	禽
感官性状及一般化学指标	色	≤30°	
	混浊度	≤20°	
	臭和味	不得有异臭、异味	
	总硬度（以 CaCO₃ 计）/(mg/L)	≤1500	
	pH	5.5～9.0	6.5～8.5
	溶解性总固体/(mg/L)	≤4000	≤2000
	硫酸盐（以 SO₄²⁻ 计）/(mg/L)	≤500	≤250
细菌学指标	总大肠菌群，MPN/100 mL	成年畜 100，幼畜和禽 10	
毒理学指标	氟化物（以 F⁻ 计）/(mg/L)	≤2.0	≤2.0
	氰化物/(mg/L)	≤0.20	≤0.05
	砷/(mg/L)	≤0.20	≤0.20
	汞/(mg/L)	≤0.01	≤0.001
	铅/(mg/L)	≤0.10	≤0.10
	铬/(mg/L)	≤0.10	≤0.05
	镉/(mg/L)	≤0.05	≤0.01
	硝酸盐（以 N 计）/(mg/L)	≤10.0	≤3.0

Note

3. **土质** 兔场土壤情况,如土壤的通气性、吸湿性、抗压性及土壤中的化学成分,都直接或间接对家兔及其建筑物产生影响。因此,兔场场址要求土质良好,透水、透气性强,不能被有机物或有毒物质污染,否则就会使家兔得病,危害家兔健康。

兔场的用地,最好的土质是沙壤土。沙壤土中沙粒和黏粒的比例适宜,兼具沙土和黏土的优点。沙壤土既克服了沙土导热性强、热容量小的缺点,又弥补了黏土透水、透气性差,吸湿性强的不足,且抗压性较好,膨胀性小,适合作兔舍地基。但在一些地区,由于客观条件的限制,选择最理想的土壤并不容易。这就需要在兔舍的设计、施工、使用和其他日常管理上,设法弥补当地土壤的缺陷。

4. **位置** 兔场的位置要远离交通要道和繁华居民区,但要求距离水源方便且较近,兔场要在居民区的下风处,距居民区 200 m 以外建立,与交通主干线距离不应小于 200 m;与一般道路距离不小于100 m。兔舍与兔舍之间,也要有 50 m 左右间距。舍外要有消毒设备,以防传染病的发生。另外,交通要方便,以便于运输;再者,有些疾病(如巴氏杆菌病和球虫病等)是鸡兔共患的,不应将兔舍建在鸡舍附近,至少要间隔 100 m,以防增加相互传染的机会;兔有昼伏夜出的习性,夜间活动频繁,分娩也多在夜间进行,而白天多数时间处于静息、睡眠状态。鸡的生活节律恰好相反,白天采食、运动,夜间就进入睡眠状态。因而,若二者房舍相距很近,彼此会相互干扰。

实际上,选择一个完全符合要求的场址是比较困难的,所以选址时应掌握上述要求,灵活运用,各地具体情况不同,应有所侧重,如在南方,越夏防潮很重要;而在北方高寒地区,向阳、干燥则是很重要的。

二、规划布局

达到一定规模的兔场最好分区布局,为了便于生产管理和疫病防治,兔场一般分为生产区、辅助生产区、生活管理区、兽医隔离区四大块。

1. **基本原则** 兔场建筑物的布局应从人和兔的健康角度出发,以建立最佳生产联系和卫生防疫条件,合理安排不同区域的建筑物。特别是在地势和风向上进行合理布局。生活管理区应占全场的上风处和地势较高的地段,其次为辅助生产区,生产区建在下风处和地势较低处,但应在兽医诊断室和病兔隔离舍的上风处。

2. **兔场布局**

(1)生产区即养兔区,是兔场的主要建筑区,兔场的核心。其建筑物包括种兔舍(种公兔舍和种母兔舍)、繁殖兔舍、育成兔舍、幼兔舍或育肥兔舍。优良种兔(即核心群)舍应设在环境最佳的位置。繁殖兔舍要靠近育成兔舍,以便兔群周转。幼兔舍和育肥兔舍应靠近兔场一侧的出口,以便出售种兔和商品兔。

(2)辅助生产区:主要建筑物和设施有饲料加工车间、饲料库(包括饲料原料库和饲料成品库)、维修间、变电室、供水设施等。辅助生产区要单独成为一个小区,应与生产区隔开,并保持一定距离。饲料原料库和加工车间应尽量靠近饲料成品库,以缩短生产人员的往返路程。

(3)生活管理区包括办公室、职工宿舍、食堂、文化娱乐场所等,应单独分区设立。考虑工作方便和兽医防疫,生活区既要与生产区保持一定距离,又不能太远。在生活管理区通往生产区的入口处要设置消毒设施。

(4)兽医隔离区包括兽医诊断室、病兔隔离舍、尸体处理室等,它们均应设在兔场的下风处和地势较低处,与生产区保持一定的距离,以免疫病传播。

(5)其他:大、中型兔场,兔舍间应保持 10~20 m 的间隔,在间隔地带内栽种树木,道路应分运送饲料、产品的净道和运送粪便、垃圾、病兔、死兔等的污道,尽量避免相互交叉而引起交叉感染(图19-1)。

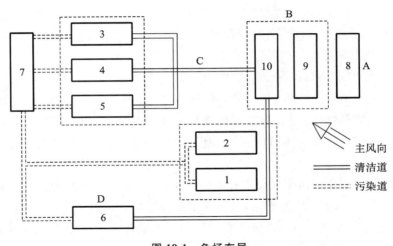

图 19-1　兔场布局

A.生活管理区；B.辅助生产区；C.生产区；D.兽医隔离区

1、2.核心群舍；3、4、5.繁殖兔舍和育肥兔舍；6.兽医诊断室；7.粪便处理场；8.生活管理区；9、10.办公室

单元二　兔舍设计和建造

单元目标

知识目标:掌握兔舍设计原则及建造要求,熟悉各类兔舍优缺点。

技能目标:初步掌握兔舍的设计和建造,能够初步确定兔舍建筑形式。

思政目标:培养学习者观察、分析问题的能力,加强对中国气候条件多变的国情教育。

案例导学

兔场和兔舍的设计。

课前思考

如何设计和建造兔舍?

兔舍设计和建造是否科学、合理是影响家兔生产效率高低的重要因素,其决定着兔场内外气流、光照、温度、湿度、卫生防疫等多种环境因素的变化。合理的兔舍设计与建造,能降低劳动强度,降低建设成本,提供家兔生长繁殖适宜的环境,有利于家兔的繁殖、生长、管理和防疫,提高生产质量,提高经济效益。

一、兔舍设计的原则

影响兔舍设计的因素很多,如养兔规模、饲养品种、生产方式、地域差别、资金投入等,要求不同,设计也不尽相同,但无论哪种兔舍,在设计与建造时都必须遵循一些基本原则。

1. 适应家兔的生物学特性　兔舍设计必须充分考虑家兔的生物学特性,尤其是生活习性。家兔喜欢干燥,在场址选择时就应考虑降低湿度措施;家兔怕热耐寒,在确定兔舍朝向、结构及设计通风设施时就要注重防暑;家兔喜啃硬物(啮齿行为),建造兔舍时,在笼门边框、产仔箱边缘等处,凡是能被家兔啃咬到的地方,都要采取必要的加固措施或选用合适的、耐啃咬的材料。

2. 有利于提高生产效率 兔舍既是家兔的生活环境,又是饲养人员日常管理和操作的工作环境。如果兔舍设计不合理,会增大饲养人员的劳动强度,降低工作效率。因此,兔舍设计与建造不仅要符合家兔生物学特性,还要便于饲养人员的日常管理和操作。

3. 满足家兔生产流程的需要 家兔的生产流程是由家兔的生产特点所决定的,它由许多环节组成,受多种因素影响。生产类型、饲养目的不同,生产流程也会有所不同。兔舍设计应满足相应生产流程的需要,而不能违背生产流程,要避免生产流程中各环节在设计上的脱节或不协调、不配套。如种兔场,以生产种兔为目的,就需要按种兔生产流程设计、建造相应的种兔舍、仔兔舍、后备兔舍等;商品兔场,则需要设计、建造种兔舍、育肥兔舍(或产毛兔舍,或商品皮兔舍)等。各种类型兔舍、兔笼的结构要合理,数量要配套。

4. 力求经济实用,科学合理 兔舍设计要因地制宜,就地取材,力争做到经济耐用,科学实用。除了要符合家兔生物学特性,兼顾工作环境外,还必须考虑饲养规模、饲养目的、家兔品种、饲养水平、生产方式、卫生防疫、地理条件及经济承受能力等多种因素。不可一味追求兔舍建筑的现代化,要讲究实效,注重整体的合理、协调,努力提高兔舍建筑的投入产出比。同时,兔舍设计还应结合生产经营者的长远规划,为以后的长期发展打好基础。

二、兔舍设计与建造的一般要求

兔舍不同于民用住房,更不同于工业厂房。它既是家兔的生活空间,又是生产车间。对兔舍设计与建造,既有建筑学方面的技术要求,又有家兔生物学特性方面的专业要求。这里主要从养兔的专业角度介绍兔舍设计与建造的一般要求。

1. 基本要求 兔舍设计应符合家兔的生活习性,有利于家兔生长发育及生产性能的提高,便于饲养管理和提高工作效率,有利于清洁卫生,防止疫病传播。

2. 兔舍的朝向 兔舍应坐北朝南或偏东南,尤其在北方,兔舍的朝向很重要。夏季要有利于通风,冬季要避免西北风的吹袭。

3. 兔舍建筑材料 兔舍的建筑材料,特别是兔笼材料要坚固耐用,防止被家兔啃咬损坏;在建筑上应有防止家兔打洞逃跑的措施。

4. 防护措施 家兔胆小怕惊,抗兽害能力差,怕热,怕潮湿。因此,在建筑上要有相应的防雨、防潮、防暑降温、防兽害及防严寒等措施。

5. 地面处理 兔舍地面可用水泥地面,要求平整、坚实、致密、防潮、保温,舍内地面较舍外地面要高 $20\sim25$ cm,舍内走道两侧要有坡面,以免水及尿液滞留在走道上;室内墙壁、水泥预制板兔笼的内壁、承粪板的承粪面要求平整光滑,易于清除污垢,易于清洗消毒。

6. 窗户和门 兔舍窗户的采光面积为地面面积的 15%,阳光的入射角度不低于 $25°$。兔舍朝南面开的窗户宜大而高,以垂直方向为好;朝北面开的窗户宜小一些。考虑到保温效果,可用木结构的窗户框架。钢窗比较牢固,有利于防止野兽和老鼠的入侵,但传热快。根据兔场经济条件决定是否在窗户上安装纱窗,但是在种兔场的繁殖兔舍,为了防止夏季蚊虫叮咬,最好安装活动式的纱窗。

兔舍的门要严密、结实、保温,能防野兽和老鼠的入侵。为了便于饲料和车辆的出入,大门要有一定的宽度,一般采用两扇式门,门向外开。

7. 兔舍屋顶 兔舍大多采用"人"字形屋顶。屋顶材料不仅要求隔热、不透水,还应经济方便,为保证通风换气,可在屋顶上设置排气孔。

8. 排水系统 粪尿沟沿蓄粪池方向成 $1°\sim1.5°$ 的坡度,以便在打扫和用水冲刷时能将粪、尿顺利排出舍外,也便于尿液随时排出舍外,从而降低舍内湿度和有害气体浓度。

9. 消毒池 在兔场和兔舍入口处应设置消毒池或消毒盆,并且要方便更换消毒液。

三、兔舍建筑形式

我国地域辽阔,各地气候条件千差万别,经济基础各异,兔舍建筑形式也各不相同。实际建设时,采用何种兔舍建筑形式和结构需依据当地气候、环境、经济条件、饲养规模、饲养品种及方式而定。家庭散养户宜采用简单的兔舍建筑形式,可利用旧棚舍或闲置的房屋养兔;具有一定规模、专业户性质的养兔场,则宜建造比较规范的兔舍,实行笼养,以便于日常管理。对商品肉兔一般可建简易兔舍,造价要低廉,可因地制宜、就地取材、因陋就简;建造种兔舍一般要求建好一些。建筑材料一般应在热带和亚热带具有良好的隔热性能,在寒带具有良好的保温性能,使之在兔舍内能够控制小气候环境,夏季有利于防高温侵袭,冬季有利于母兔繁殖和减少饲料消耗。按照兔舍密封程度、空间、兔笼排列等划分,兔舍类型主要有以下几种。

1. 按兔舍密封程度划分

(1) 封闭式兔舍(图 19-2):这种兔舍四周有墙,上有屋顶,前后墙装有窗户,依赖门、窗和管道通风换气。其优点如下:保温、隔热,便于舍内环境控制和管理,可防兽害,且饲养管理方便,仔幼兔成活率和饲养人员劳动效率要高一些,还有利于全价颗粒饲料饲喂、自动饮水、同期发情、人工授精等先进技术的应用。缺点如下:建筑成本高,且粪尿沟在舍内,当饲养密度过大或管理不良时,舍内有害气体浓度高,呼吸道疾病较多,需要良好的通风条件,特别是在冬季,要解决好通风与保温的矛盾。此种形式兔舍是目前我国应用最多的一种。

(2) 无窗式兔舍(图 19-3),即环境控制舍。为了与有窗封闭式兔舍区别,特单独列出。此种兔舍有墙无窗(或设应急窗,平时不使用),舍内的通风、温度、湿度和光照完全靠相应的设备由人工控制或自动调节,并能自动喂料、喂水和清除粪便。这种兔舍的优点如下:不受季节的影响,可充分发挥家兔的潜力,提高饲料转化率;降低了鼠、鸟及昆虫等进入兔舍的可能性,有利于防止各种疾病的传播;便于机械化作业,降低了劳动强度,提高了劳动效率。缺点如下:一次性投资较大,运行费用较高,耗电量大;对建筑物和附属设备要求很高,务必达到良好而稳定的性能,方可正常运转;要求饲养管理水平高,必须供给家兔全价营养的饲料,否则,兔群的营养代谢性疾病严重。此种兔舍在国外主要应用于种兔饲养和集约化的商品肉兔生产,国内这种兔舍很少。

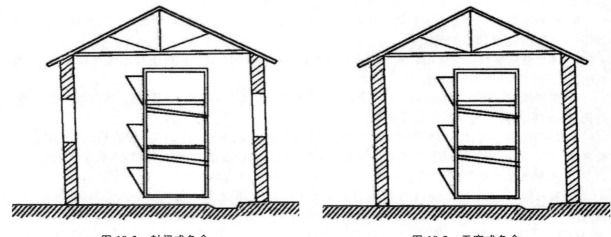

图 19-2 封闭式兔舍 　　　　　　　　图 19-3 无窗式兔舍

(3) 开放式兔舍(图 19-4):这种兔舍三面有墙,上有屋顶,正面(向阳面)敞开或设有铁丝网。优点:有利于通风采光,保持空气新鲜,家兔的呼吸道疾病及眼疾较少,管理方便,造价较低。缺点:舍内温度随外界气温变化,无法进行环境控制,不利于防兽害。此种兔舍适合较温暖的地区采用。

(4) 半开放式兔舍(图 19-5):这种兔舍三面有墙,上有屋顶,正面(向阳面)设有半截墙。为防止兽害,半截墙上部可安装铁丝网。冬季为了保温,可装塑料膜,夏季为了有利于通风,可在后墙设窗户。优点:通风、采光较好,有一定的防寒能力。此种兔舍适合四季温差小而较温暖的地区。现有新型半开放式卷帘可用于这种兔舍,可利用卷帘来控制舍内温度和通风。

(5) 棚式兔舍(图 19-6):这种兔舍四周无墙,用立柱支撑舍顶,仅防雨淋和部分日晒。其优点是空气流动大,光照充足,结构简单,造价低,投资少。缺点是不防兽害,无法进行环境控制,舍内温度变化大,母兔繁殖率、仔幼兔成活率和饲养人员劳动效率受外界环境气候影响较大。此种兔舍适合冬季不冷、夏季不热的地区。

图 19-4　开放式兔舍

图 19-5　半开放式兔舍

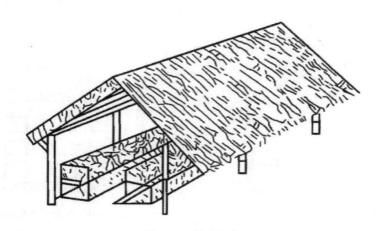

图 19-6　棚式兔舍

2. 按空间划分

（1）地上兔舍。优点：舍内环境便于调节，有利于舍内通风和采光，土地利用率高。缺点：造价稍高。此种兔舍适合土地资源紧张、资金较雄厚的大中型集约化养兔场。

（2）地下式兔舍。优点：冬暖夏凉，噪声小。缺点：通风和采光困难，湿度较大，清粪劳动强度大。此种兔舍适合寒冷地区。

（3）半地下式兔舍。此种兔舍集地上兔舍和地下兔舍的优点，造价低。不便于管理和清粪，舍内湿度较大。此种兔舍适合较寒冷地区小型兔场。

3. 按舍内兔笼排列方式划分

（1）单列式兔舍（图 19-7）：兔舍内部沿纵轴布置一列兔笼的兔舍，在我国南方多见。一般为 2 层或 3 层重叠兔笼。门在兔舍南面，笼门朝南，兔舍北墙可开窗。兔笼与南墙之间为走道，靠北墙为粪尿沟和清粪道，也有的将粪尿沟设于舍外，这样做可减小舍内氨气、硫化氢等有害气体的浓度，防止水汽的大量蒸发，保持舍内空气干燥。此种兔舍跨度小，通风透光性好，但不利于保温，兔舍的利用率低。此种兔舍适合气候温暖地区和饲养种兔。

（2）双列式兔舍（图 19-8）：兔舍内部沿兔舍纵轴方向布置两列兔笼的兔舍。兔笼在舍内布置有"背靠背"和"面对面"两种形式："背靠背"是指兔笼背靠背排列，粪尿沟在中间，走道靠南北墙；"面对面"是指粪尿沟靠南北墙，中间为走道。此种兔舍舍内温度相对稳定，通风透光性良好，较单列兔舍的跨度大一些，兔笼朝北一列的保暖、采光性较差，但由于饲养密度大，兔舍的利用率也较高。此种兔舍在我国各地应用较普遍。

图 19-7　单列式兔舍

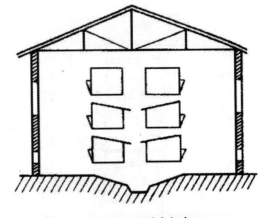

图 19-8　双列式兔舍

（3）多列式兔舍（图 19-9、图 19-10）：兔舍内部沿兔舍纵轴方向布置三列或三列以上兔笼的兔舍。舍内兔笼放置以单层或双层为宜，兔笼层数多，不利于通风采光。此种兔舍跨度大，适合大型集约化兔场。

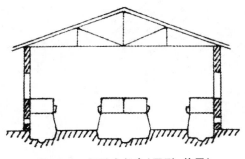

图 19-9　多列式兔舍（四列，单层）

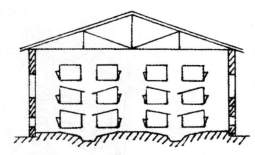

图 19-10　多列式兔舍（四列，三层）

单元三　兔舍常用设备及用具

单元目标

知识目标：熟悉兔舍常用设备及用具种类，熟悉家兔笼具的安装及维护方法。

技能目标：能正确选择兔舍常用设备及用具，并进行安装与维护。

思政目标：培养学习者观察、分析问题的能力及动手能力，培养良好的职业习惯。

案例导学

➡ 案例导学

兔场笼具示例。

➡ 课前思考

如何选择合适的笼具？

除了选择场址、设计和建造兔舍外,兔舍内笼具等设备的选用及摆放也是决定养兔业发展的重要因素,科学、合理地选用便于饲养管理和疫病防治的养殖设备及用具可以提高工作效率及养殖效益。

一、兔笼

目前,家兔生产基本采取规模饲养,而兔笼是现代家兔生产中不可或缺的重要设备。家兔笼养,使之完全在人工环境下生活,其全部生活过程(即采食、饮水、排泄、运动、休息和繁衍后代等活动)都在笼内进行,与其祖先的野外生活方式有很大差异。因此,适宜的笼具可以给家兔创造一个良好的生活空间,提高生产效率。

1. 兔笼设计的基本要求 兔笼设计一般应选材经济,造价低廉,经久耐用,便于刷洗和操作管理,并且符合家兔的生理要求。

(1)兔笼规格:家兔的品种、年龄和性别决定兔笼的规格和大小,一般以家兔能在笼内自由活动为原则。室内兔笼宜比室外兔笼略小,种公兔和大型兔品种的兔笼应大些。一般每只后备种兔、公兔和母兔所需面积为 0.25～0.4 m²,育肥兔为 0.12～0.15 m²。兔笼有关尺寸见表 19-2 和表19-3,仅供参考。

表 19-2　室外兔笼尺寸　　　　　　　　　　　　　　　　　单位:cm

品 种 类 型	宽	深	前 檐 高	后 檐 高
大型兔	100～120	65	60～70	40～45
中型兔	80～85	65	60～70	40～45
小型兔	70～75	65	60～70	40～45

表 19-3　室内兔笼尺寸　　　　　　　　　　　　　　　　　单位:cm

品 种 类 型	宽	深	前 檐 高	后 檐 高
大型兔	75～90	75	45～50	35～40
中型兔	60～75	75	45～50	35～40
小型兔	45～60	75	45～50	35～40

(2)兔笼构件:兔笼主要由笼壁、笼门、笼底板和承粪板等构成。

①笼壁:一般可用水泥板或砖块砌成,也可用金属板条、钢丝网、铁皮或竹片等钉成。采用水泥预制件或砖砌,必须预留笼底板和承粪板搁肩,搁肩宽度以 3～5 cm 为宜;采用金属板条、木栅条或竹条,栅条以间距 10～15 mm、宽 15～30 mm 为宜。另外,笼壁必须光滑,以防造成家兔外伤。用竹片制作时,光面向内;用砖砌时,需用水泥砂浆抹平。如果用金属板条钉制,为防兔尿顺墙而下,腐蚀金属,笼壁 6 cm 以下最好不用金属材料或涂防锈漆。

②笼门:一般安装于笼前,可用竹片、粗铁丝、铁丝网、镀锌钢丝或打眼铁皮制成。要求笼门启闭方便、内侧光滑,且能防兽害。为方便操作管理,食槽、草架、饮水装置最好安装于笼门外,做到不开门喂食、喂水、喂草。

③笼底板(图 19-11):兔笼最重要的部分,要便于家兔行走,间距不可太大,表面要光滑,否则易造成家兔骨折和脚皮炎的发生。笼底板最好安装成可拆卸的,便于定期取下刷洗、消毒。笼底板材质一般可选用镀锌冷拔钢丝或竹片。用镀锌冷拔钢丝制成的笼底板,要求焊接网眼规格为 7.5 cm×1.3 cm 或 5 cm×1.3 cm,钢丝直径为 1.8～2.4 mm;如用锦纶冷拔钢丝或镀塑料冷拔钢丝,效果更佳。用竹片钉成的活动式笼底板,要求竹片光滑平直,竹片宽 2.2～2.5 cm,厚 0.7～0.8 cm,竹片间距 1～1.2 cm。为防兔脚形成向两侧的划水姿势,竹片钉制方向应与笼门垂直。

④承粪板:一般用水泥预制件、地面砖等制成。若用水泥预制件,厚度为 2～2.5 cm。在多层兔笼中,下层兔笼的笼顶就是上层兔笼的承粪板,因此,承粪板应向笼体前面伸出 3～5 cm,后面伸出 5～10 cm。以避免上层兔笼的粪尿、污水溅污下层兔笼。为了使粪、尿能够经板面自动落入粪尿沟

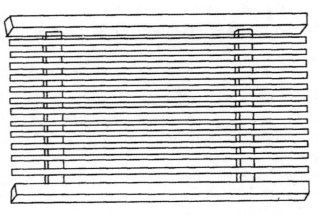

图 19-11　笼底板

和清扫方便,设计安装时承粪板还应向笼后壁倾斜15°左右,呈前高后低斜坡状。

（3）总体高度:为了便于操作管理和维修,兔笼总高度应控制在 2 m 以下,最上层笼底不超过 1.5 m。笼底板与承粪板间、底层兔笼与地面之间都应有适当的空间,以便于清洁、管理和通风透光。通常,笼底板与承粪板之间的距离前面为 15～18 cm、后面为 20～25 cm,以利于清扫粪尿;底层兔笼底边离地面高度为 30～35 cm,以利于打扫卫生、通风和防潮。

2. 兔笼种类　各地因技术水平、经济水平、生态条件、养兔习惯及生产规模等不同,采用的兔笼形式及制作材料亦各不相同。

（1）根据制作材料划分。

①金属兔笼:兔笼的主体部件用金属材料（如金属丝网、金属板冲床下脚料、金属板条等）制作,适合不同规模的种兔生产及商品兔生产。优点:通风透光性好,坚固耐啃咬,易于观察和管理,适合用多种方法消毒,使用方便。缺点:容易锈蚀,特别是承粪板,使用年限短;导热性强,易导致大型兔发生脚皮炎;造价较高。用金属兔笼配以竹制笼底板和耐腐蚀的承粪板是最理想的笼具,适合室内养兔或比较温暖地区使用。

②水泥预制件兔笼:以钢筋水泥制成兔笼支架及兔笼主体的大部分,多配以竹制笼底板和金属笼门,在我国南北方均有采用。主要优点:坚固耐用,耐腐蚀,耐啃咬,适合用多种方法消毒,造价低廉,可以拆装。主要缺点:通风透光性差,占地面积大,不能整体移动,冬季保温性能差。

③砖、石制兔笼:多以砖、石、水泥或石灰砌成,我国南方各地室外养兔多见。一般建 2～3 层,笼舍合一。主要优点:就地取材,较经济,坚固耐用,防兽害,保温隔热性能较好。缺点:通风差,不易彻底消毒,占地面积大,管理不方便。室外砌制笼舍,夏季防暑和冬季保温较难。

④木制兔笼:以木为主要原料制作。优点:轻便,移动性强,取材方便,隔热性能好,方便维修。缺点:不耐啃咬,难以彻底消毒,不宜长久使用。

⑤竹制兔笼:以不同粗细的圆竹和竹板制作而成。优点:轻便,取材方便,隔热,较耐啃咬。缺点:难以彻底消毒,时间久了骨架易松动变形。竹制兔笼在我国南方产竹地区家庭养兔中使用较普遍。

⑥全塑型兔笼:采用工程塑料零件组装而成,也可一次压模成型。优点:结构合理,拆装方便,便于清洗和消毒,耐腐蚀性能较好,家兔脚皮炎发生率较低。缺点:造价较高,不耐啃咬,塑料容易老化,且只能采用溶液消毒,因而使用不普遍。

（2）根据兔笼固定方式不同划分。

①固定式兔笼:以砖、石、水泥等直接在地上垒砌而成。其坚固耐用,但不能搬移。一般作为永久性建筑物,如水泥预制件兔笼。

②活动式兔笼:由金属或竹、木、塑料等轻型材料制作而成,可进行搬移。这类兔笼适合小规模养兔场采用。

③组装固定式兔笼：由金属等制成单体兔笼，再以金属支架连成一体，放置于兔舍地板上。若干单笼组合成一列兔笼，可重新拆装，但不能轻易搬迁。这类兔笼适合规模化、工厂化养兔场采用。

（3）根据兔笼放置环境不同划分。

①室内兔笼：将兔笼置于室内，不必考虑兔笼本身的防风、遮雨和遮光作用。这类兔笼适合工厂化生产和环境气候条件较差的地区使用。

②室外兔笼：将兔笼置于室外，笼舍合一，要求兔笼的功能全面，既能遮光避雨，又能防风防寒。这类兔笼适合家庭小规模饲养和气候条件较好的地区采用。

（4）根据兔笼层数多少划分。

①单层兔笼：兔笼在同一水平面排列。缺点：饲养密度小，房舍利用率低。优点：通风透光性好，便于管理，环境卫生好。这类兔笼适合饲养繁殖母兔。

②双层兔笼：利用固定支架将兔笼在上、下2个水平面组装排列。较单层兔笼增大了饲养密度，管理也比较方便。

③多层兔笼：由3层或更多层兔笼组装排列。饲养密度大，房舍利用率高，单只家兔所需房舍的建筑费用低。但层数过多时，最上层与最下层的环境条件（如温度、光照）差别较大，操作不方便，通风透光性不好，室内卫生难以保持。一般不宜超过3层。

（5）根据兔笼组装排列方式划分。

①重叠式兔笼：上、下层笼体完全重叠，层间设承粪板。兔舍的利用率高，单位面积饲养密度大。但重叠层数不宜过多，以2~3层为宜。舍内的通风透光性差，兔笼上、下层的温度和光照不均匀。

②全阶梯式兔笼：在兔笼组装排列时，上、下层笼体完全错开，粪便直接落入笼下的粪尿沟内，不设承粪板。饲养密度较高，通风透光性好，便于观察。由于层间完全错开，层间纵向距离大，上层笼的管理不方便。同时，清粪也较困难。因此，全阶梯式兔笼最适合双层排列和机械化操作（图19-12）。

③半阶梯式兔笼：上、下层兔笼之间部分重叠，重叠处设承粪板（图19-13）。由于缩短了层间兔笼的纵向距离，所以上层笼易于观察和管理，较全阶梯式兔笼饲养密度大，兔舍的利用率高。它是介于全阶梯式和重叠式兔笼中间的一种形式，既可手工操作，也适合机械化管理。因此，此种兔笼在我国有一定的实用价值。

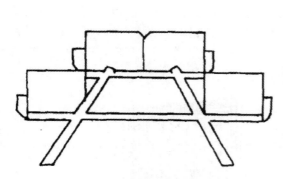

图 19-12 双层全阶梯式兔笼

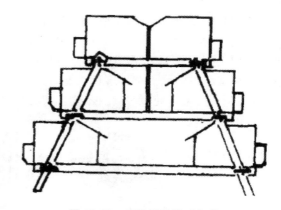

图 19-13 三层半阶梯式兔笼

二、饲槽

饲槽是用于盛放混合饲料，供兔采食的必备工具。饲槽应具备结构简单、方便采食、坚固耐啃、易清洗消毒、防止扒料等特点。因制作材料不同，有竹制饲槽、陶制饲槽、水泥饲槽、铁皮饲槽、塑料饲槽之分，按喂料方式不同可将饲槽分为简易饲槽和自动饲槽，具体配置何种饲槽应根据兔笼形式而定。简易饲槽制作简单，成本低，适合盛放各种调制类型的饲料，但喂料时工作量大，饲料容易被污染，也容易造成家兔扒料浪费。自动饲槽容量较大，安置在兔笼前壁上，适合盛放颗粒饲料，从笼外添加饲料，喂料省时省力，饲料不容易被污染，浪费少，但制作较复杂，成本较高。饲槽类型见图19-14。

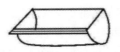

| 竹制简易饲槽 | 陶制饲槽 | 翻转式饲槽 | 抽屉式饲槽 | 自动饲槽 |

图 19-14　饲槽类型

1. 竹制简易饲槽　将粗竹筒劈成两半,除去节,两端分别钉在两块梯形木块上,使之不易翻倒。梯形木块上端宽 10 cm 左右,底边宽 16 cm 左右,高 6 cm 左右,饲槽的长度可任意确定。

2. 陶制饲槽　陶制饲槽为圆形,饲槽口径为 14 cm 左右,底部直径 17 cm 左右,高 5 cm 左右,饲槽剖面呈梯形,这样可防止饲槽被兔掀翻。这种饲槽清洗方便,造价低,同时可作水槽使用。

3. 翻转式饲槽　翻转式饲槽用镀锌铁皮制作,形状有多种。饲槽底部焊接一根钢丝,伸出两端各 2 cm 左右(用作转轴),卡在笼门饲槽口的两侧卡口内,用于翻转饲槽。外口的宽度大于笼门的饲槽口,防止饲槽全部翻转到兔笼里边。喂料后,将安装在饲槽口上方的活动卡子卡住饲槽即可。这种饲槽拆卸比较方便,喂料时无须打开笼门。

4. 抽屉式饲槽　抽屉式饲槽用镀锌铁皮制作,形状如半个圆盆,圆形面朝里、平面向外安装在笼门的饲槽口内。在饲槽一侧外缘焊接一根钢丝(与饲槽垂直),上、下两端各伸出 1.5 cm 左右(用作转轴),卡在笼门饲槽口的一侧,用于转动饲槽。饲槽的另一侧安装一个活动搭扣,喂料后将饲槽扣在笼门上固定。这种饲槽与翻转式饲槽一样,喂料时无须打开笼门,拆卸比较方便。

5. 自动饲槽　自动饲槽用工程塑料模压成型或用镀锌铁皮制作,兼具储料及喂料作用,多用于大规模兔场及工厂化、机械化兔场。饲槽悬挂于兔笼门上,笼外加料,笼内采食。料槽由加料口、储料仓、采食口和采食槽等几个部分组成。隔板将储料仓和采食槽隔开,仅底部留 2 cm 左右的间隙,使饲料随着兔的不断采食,采食槽内的饲料不断减少,储料仓内的饲料缓缓补充。为防止粉尘进入兔呼吸道而引起咳嗽和鼻炎,槽底部常均匀地钻上小圆孔。这种饲槽使用省时省工,但造价较高,制作较复杂,且限制家兔饲料的调制类型。

三、草架

草架是投喂粗饲料、青草或多汁饲料的饲具,使用草架可保持饲草新鲜、清洁,减少脚踏和粪、尿污染所造成的浪费,预防疾病。在我国,农民为养兔主体,兔食以草为主。因此,草架是必备的工具。国外大型工厂化养兔场,尽管饲喂全价颗粒饲料,仍设有草架,投放粗饲料(如稻草),供兔自由采食,以防发生消化道疾病。草架多设在笼门上,以铁丝、木条、废铁皮条制成,呈"V"形,分为固定式和翻转式,家兔通过采食间隙采食。不同草架类型见图 19-15。

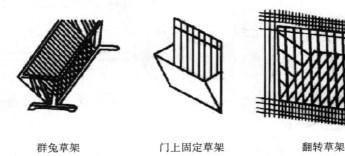

| 群兔草架 | 门上固定草架 | 翻转草架 |

图 19-15　草架类型

四、饮水器

小型兔场多用瓶、盆或盒等容器作为饮水器,取材方便,投资小,但这种容器容易被粪、尿和饲料污染,需经常刷洗,劳动强度较高。此外,家兔爱啃咬,经常弄翻容器,不仅影响饮水,还会造成兔舍潮湿。因此,除了小型兔场和家庭兔场以外,多数采用不同形式的自动饮水器。

1. 瓶式饮水器 将注水的瓶倒扣在特制的饮水槽上,瓶口离槽底 1~1.5 cm,槽中的水被家兔饮用后,空气随即进入瓶中,水流入槽中,保持原有水位(即瓶口与槽底之间的高度),直至将瓶中水喝完,再重新灌入新水(图 19-16)。饮水器固定在笼门一定高度的铁丝网上,饮水槽伸入笼内,便于家兔饮水,而又不容易被污染。水瓶在笼门外,便于更换。瓶式饮水器投资小,使用方便,水污染少,可防止滴水漏水,但需每日换水,适用于小型兔场。

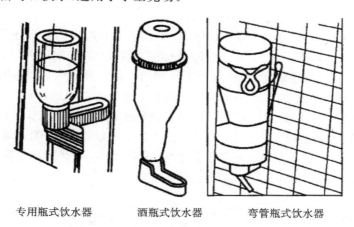

专用瓶式饮水器　　酒瓶式饮水器　　弯管瓶式饮水器

图 19-16 瓶式饮水器

弯管瓶式饮水器由一个带有金属弯管的塑料瓶组成(图 19-16)。将塑料瓶倒挂于笼门上,弯管伸入笼内。当家兔饮水时,触及弯管头部,破坏了水滴的表面张力,水便从弯管中流出。弯管固定在瓶盖上,当水饮完后,拔掉瓶盖灌入新水即可。

2. 乳头式自动饮水器 乳头式自动饮水器采用不锈钢或铜制作。饮水器与饮水器之间用乳胶管及三通串联,进水管一端接于水箱,另一端则予以封闭。这种饮水器使用时比较卫生,可节省喂水的工时,但也需要定期清洁饮水器乳头,以防结垢而漏水。乳胶管宜选用无毒有色管,以避免管内长苔藓而堵塞和污染水流。

工作原理:乳头式自动饮水器由外壳(饮水器体)、阀杆、弹簧和橡胶密封圈等组成(图 19-17)。平时阀杆在弹簧的弹力下与橡胶密封圈紧紧接触,使水不能流出。当家兔触动阀杆时,杆回缩并推动弹簧,使阀杆和橡胶密封圈间产生间隙,水通过间隙流出,家兔可饮到水。当家兔停止触动阀杆时,阀杆在弹簧的弹力作用下恢复原状,停止流水。有的乳头式自动饮水器不是靠弹簧推动阀杆密封,而是靠锥形橡胶密封圈与阀座在水压作用下密封。当家兔嘴触动阀杆时,阀杆歪斜,橡胶密封圈不能封闭阀座,水从阀座的缝隙中流出。也有用钢球阀来封闭阀座的乳头式饮水器。

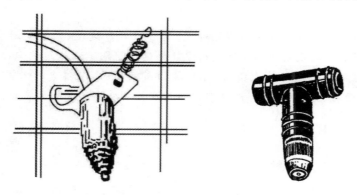

图 19-17 乳头式自动饮水器

五、产仔箱

产仔箱又称巢箱,是母兔筑巢、分娩产仔、哺乳以及 3 周龄前仔兔的主要生活场所,其制作的好坏对断奶仔兔的成活率有直接影响。产仔箱应符合母兔繁殖行为特点,使母兔在舒适的条件下分娩

Note

和哺乳。并且,产仔箱要求能保温,仔兔不易爬出箱外。通常在母兔接近分娩时将产仔箱放入笼内或挂在笼外。产仔箱的制作材料有木板、纤维板、塑料等,但应都能保温、耐腐蚀、防潮湿。

1. 平口产仔箱 用 1 cm 厚的木板钉制,上口水平,箱底可钻一些小孔(图 19-18),以利于排尿、透气,且仔兔不易滑倒。产仔箱不宜做得太高,以便母兔跳进跳出,一般产仔箱规格为长 45~50 cm,宽 25~30 cm,高 15~18 cm。产仔箱上口四周必须光滑,不能有毛刺,以免损伤母兔乳房,导致乳房炎。这种产仔箱制作简单,适合家庭养兔场采用。

2. 月牙状缺口产仔箱 采用木板钉制,其高度要高于平口产仔箱。产仔箱一侧壁上部留一个月牙状的缺口(图 19-19),以供母兔出入。这种产仔箱可竖起也可横放使用。母兔分娩时,将产仔箱横放,地方较广;分娩后,将产仔箱竖起,使仔兔不易爬出。仔兔开食后,再将产仔箱横放,使仔兔可自由出入。这种形式的产仔箱,对接产和采用自然哺乳的方法哺乳均很方便。

3. 悬挂式产仔箱 采用保温性能好的发泡塑料、轻质金属材料等制作。产仔箱悬挂于金属兔笼的前壁笼门上,在与兔笼接触的一侧留一个大小适中的方形缺口,缺口的底部刚好与笼底板齐平,以便母兔和仔兔出入,产仔箱上方加盖一个活动盖板(图 19-20)。这种产仔箱模拟洞穴环境,适应母兔的习性。同时,产仔箱悬挂在笼外,不占笼内面积,管理非常方便。

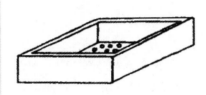

图 19-18　平口产仔箱

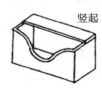

竖起　横倒

图 19-19　月牙状缺口产仔箱

图 19-20　悬挂式产仔箱

六、养兔配套设备

1. 运输笼(箱) 运输笼(箱)仅作为种兔或商品兔运输途中使用,一般不配置草架、饲槽、饮水器等。要求制作材料轻,装卸方便,结构紧凑,笼内可分若干小格,以分开放兔;要坚固耐用,透气性好,大小规格一致,可重叠放置,有承粪装置(防止途中尿液外溢),适合用各种方法消毒。制作材料可选用竹子、柳条、金属、纤维板、塑料等。

2. 耳号钳 耳号钳是专门用于在兔耳朵上刺字或打耳标的工具,适合手工操作,使用简单。

3. 养兔机械 规模化兔场常备的养兔机械有饲草切割机、饲料粉碎机、饲料混合机、饲料压粒机等。

情境小结

　　兔场设计与设施包括兔场选址与规划布局、兔舍设计和建造、兔舍常用设备及用具三个部分内容。其中兔场选择与规划布局以及兔舍设计和建造是兔场设计的核心,它们与兔舍内笼具等设备的选用及摆放共同决定着兔场内、外环境因素的变化,包括舍内外气流、光照、温度、湿度、卫生防疫条件优劣、劳动强度等,而这些对养兔业的发展具有至关重要的作用。

知识链接

全国部分地区建筑朝向;种兔场建设标准。

知识拓展

兔场建筑图纸的识别;兔场粪污处理方法。

知识链接 19

知识拓展 19

 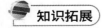

自测训练

一、选择题

1. 下列不属于家兔生活习性的是( )。

A. 胆小怕惊　　　　　B. 喜干燥,恶潮湿　　　　C. 耐热怕寒　　　　　D. 喜啃咬

2. 兔舍建造时,为防止雨水及地面水流入兔舍,便于粪、尿的清理及自然流出,舍内地面较舍外地面要高( )cm。

A. 20~25　　　　　B. 15~20　　　　　C. 10~15　　　　　D. 5~10

3. 兔场选址时,地下水位应在( )m 以下,以免引起地面潮湿。

A. 1　　　　　B. 2　　　　　C. 3　　　　　D. 4

二、填空题

1. 按照舍内兔笼排列方式可将兔舍分为_____、_____和_____。

2. 兔笼主要由_____、_____、_____和_____等构成。

3. 根据兔笼组装排列方式,兔笼可分为_____、_____和_____三种类型。

4. 规划兔场建筑物时,生活管理区应占全场的_____风处和地势较_____的地段,其次为辅助生产区,生产区建在_____风处和地势较_____处,但应在兽医诊断室和病兔隔离舍的_____风处。

5. 粪尿沟坡度一般设置为_____,以便粪、尿顺利排出舍外。

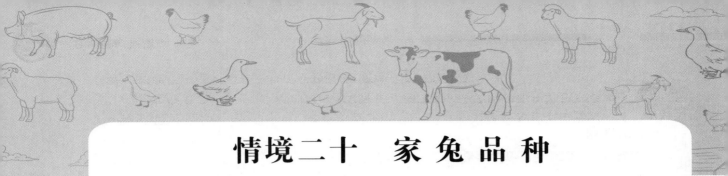

情境二十 家 兔 品 种

情境导入

　　家兔品种繁多,目前世界上大约有60个家兔品种,按照不同的分类标准将家兔分成不同类型的品种。按体型大小可以将家兔分为大型品种、中型品种和小型品种,按照育成程度可以将家兔分成育成品种和地方品种,按家兔的经济用途可将家兔分为肉用兔、毛用兔、皮用兔、皮肉兼用兔。

情境目标

　　▲知识目标
　　熟悉不同家兔品种特征,熟悉肉用兔、毛用兔、皮肉兼用兔品种来源、生产性能及主要缺点,熟悉皮用兔品种毛色特点。
　　▲技能目标
　　能准确识别不同家兔品种,能完成外貌特征的识别。
　　▲思政目标
　　增强学习者关爱动物的意识,养成较高的职业素养。

单元一 肉用兔品种

单元目标

　　知识目标:熟悉不同肉用兔品种特征,熟悉不同肉用兔品种来源、生产性能及主要缺点。
　　技能目标:能准确识别肉用兔品种,能完成肉用兔外貌特征的识别。
　　思政目标:养成认真的学习态度,提高观察能力,培养精益求精的工匠精神。

　　→ 案例导学

　　不同肉用兔品种示例。

　　→ 课前思考

　　如何完成不同肉用兔品种外貌特征的识别?如何通过来源、生产性能及主要缺点来找出不同肉用兔品种的共同点?

肉用兔的经济特性是以生产兔肉为主,其90日龄体重应达到2.5 kg以上,如新西兰白兔、加利福尼亚兔。

一、单一品种

1. 比利时兔

(1)来源:产于比利时,后经改良选育而成,是一个较古老的大型肉用品种。引入我国后,各地广为饲养,但主要分布于河北、山东、辽宁等省。比利时兔对我国许多兔种的改良和新品种的育成都起到了重要作用。

(2)外貌特征:其毛和外貌酷似野兔,被毛深红色带黄褐色或深褐色;颊部突出,额宽圆,鼻梁隆起,耳较长,耳尖有光亮的黑色毛边,眼球黑色,胸腹紧凑,骨骼较细,肌肉丰满,四肢粗大,尾背黑。由于清秀、体长、腿长,奔跑能力强,比利时兔被誉为兔族中的"竞走马"。

(3)生产性能:比利时兔具有适应性强、泌乳力高、生长发育快、繁殖力高等优点,其40 d断奶重达1.2 kg,3月龄重2.8~3.2 kg,成年体重5.5~6 kg,最大可达9 kg,每窝产仔7~8只。

(4)主要缺点:对饲料条件要求较高,不甚耐粗饲。由于体型较大,不适合在金属网笼底上饲养,否则容易得脚皮炎和脚癣。

2. 新西兰白兔

(1)来源:新西兰兔在20世纪初育成于美国,系用弗朗德兔、美国白兔和安哥拉兔等杂交选育而成,是著名的中型肉用品种,有红色、黑色和白色三个品系。新西兰白兔是其中最主要的一个变种。在美国、新西兰等国家除肉用外,还广泛作为实验用兔。在全世界饲养多,分布广。

(2)外貌特征:新西兰白兔全身被毛纯白,稍带黄色,眼睛粉红色,头较短粗,额圆宽,耳较小、直立,耳尖钝圆,耳稍厚;体型中等,后躯滚圆,腰肋丰满,四肢较短,健壮有力,脚底有粗毛,浓密、耐磨,可防脚皮炎,适合笼养。全身结构匀称,发育良好,具有肉用品种的典型特征。

(3)生产性能:该品种最大的特点是早期生长发育快,产肉率高,肉质细嫩。2月龄体重1.5~2 kg,3月龄体重2.7 kg以上,成年母兔体重4~5 kg,成年公兔体重4~4.5 kg。产肉率高,可达50%~55%。繁殖力强,年产4~5胎,每胎产仔8只以上。

(4)主要缺点:毛皮品质欠佳,白色不纯净,毛密度小,毛出峰不整齐。对饲养管理水平要求较高,不甚耐粗饲,在中等偏下饲养管理水平下,早期增重快的优势得不到充分发挥。

3. 加利福尼亚兔

(1)来源:育成于美国加利福尼亚州,先用喜马拉雅兔和青紫蓝兔杂交,从产生的青紫蓝毛色的杂种兔中选出公兔,再与新西兰白母兔交配,经选育而成。在美国的饲养量仅次于新西兰白兔。引入我国以后表现一直良好,以加利福尼亚公兔与比利时母兔杂交,杂交优势率达29.21%。

(2)外貌特征:头清秀,颈粗短,耳小直立,胸部、肩部和后躯发育良好,肌肉丰满,肉质鲜嫩。体躯被毛白色,耳、鼻端、四肢下部及尾部为黑色,故俗称"八点黑"。被毛特征依据年龄、季节而变化,眼睛为红色。

(3)生产性能:加利福尼亚兔早期生长快,40 d断奶重达1~1.2 kg,2月龄重1.8~2 kg,成年兔重3.5~4.5 kg。母兔性情温顺,繁殖力强,母性强,泌乳力高,仔兔成活率高;适应性好、抗病力强、杂交效果好,毛皮品质好。

二、专门化肉兔配套系

特点是利用杂交优势生产商品兔,饲料转化率高,前期生长快,出栏早,经济效益好。

1. 齐卡肉兔配套系 齐卡肉兔配套系由德国齐卡家兔基础育种场培育,是当今世界上著名的肉兔配套系之一,于20世纪80年代初育成。商品兔70日龄体重2.5 kg。

2. 艾哥肉兔配套系 艾哥肉兔配套系在我国又称布列塔尼亚兔,是法国艾哥(ELCO)公司培育的肉兔配套系。商品兔70日龄体重2.4~2.5 kg。

3. 伊拉肉兔配套系 伊拉肉兔配套系是法国欧洲兔业公司在20世纪70年代末培育成的杂交品系。商品兔70日龄体重2.52 kg。

<h1 style="text-align:center">单元二　毛用兔品种</h1>

知识目标：熟悉不同毛用兔品种特征，熟悉不同毛用兔品种来源、生产性能及主要缺点。

技能目标：能准确识别毛用兔品种，能完成毛用兔外貌特征的识别。

思政目标：引导学习者在学习过程中内省、顿悟，提高学习能力和应变能力。

案例导学

案例导学

不同毛用兔品种示例。

课前思考

如何完成不同毛用兔品种外貌特征的识别？如何通过来源、生产性能及主要缺点来找出不同毛用兔品种的共同点？

安哥拉兔原产于土耳其，是一个较典型长毛兔品种。现在各国饲养的毛用兔，都是引用安哥拉兔培育而成的，安哥拉兔被各国引入后培育成不同的品系，主要有英系、法系、中系、德系、日系等品系。主要品系被毛白色，现已育成多种毛色的彩色长毛兔。安哥拉兔全身密生长毛，毛长 5 cm 以上，最长可为 10 cm 以上。耳、额、脚上有长毛，但不同品系被毛覆盖有较大差异。

2000 年，全国家兔育种委员会组织专家，对该兔生产性能进行测定，800 只母兔，200 只公兔的测定结果如下：公兔平均体重 5111 g，最高个体 6250 g；母兔平均体重 5197 g，最高个体 6750 g。公兔平均估测年产毛量 1715 g，最高个体 2475 g。母兔平均估测年产毛量 1940 g，最高个体 2955 g。国内外公认该兔年产毛量达世界领先水平，该兔在四川等西部地区大面积推广，但该兔在粗放饲养管理条件下，生产性能下降较明显。

1. 法系安哥拉兔

(1)外貌特征：全身被白色长毛，粗毛含量较高。额部、颊部及四肢下部均为短毛，耳宽长且较厚，耳尖无长毛或有一撮短毛，耳背密生短毛，俗称"光板"。被毛密度差，毛质较粗硬，头型稍尖。新法系安哥拉兔体型较大，体格健壮，面部稍长，耳长而薄，脚毛较少，胸部和背部发育良好，四肢强壮，肢势端正。法系安哥拉兔是为手工艺需要培育而成的，培育过程中重视毛纤维的长度和强度。其头部、四肢下部无长毛，是与英系安哥拉兔相区别的主要特征。

(2)生产性能：法系安哥拉兔体型较大，成年兔体重 3.5～4.8 kg，高的可达 5 kg，体长 43～46 cm，胸围 35～37 cm。年平均产毛量公兔为 900 g，母兔为 1000 g，最高可达 1300 g；被毛密度为每平方厘米 13000～14000 根，粗毛含量为 13％～20％。年繁殖 4～5 胎，每胎产仔 6～8 只；配种受胎率为 58.3％。1980 年以来，我国引入了一些新法系安哥拉兔，这些兔产毛量高，粗毛含量高，适应性和繁殖力较强，对我国培育粗毛型长毛兔起到了积极作用。

2. 英系安哥拉兔

(1)外貌特征：在英国多用于观赏，逐渐向细毛型方向发展。体型较小，全身被毛雪白，蓬松似棉球，被毛密度较差，毛长而细软，有丝光，戗毛含量很少，不超过 1.5％。耳端有缨穗状长绒毛，飘出耳外，甚为美观，俗称"一撮毛"，额毛、颊毛较多。

（2）生产性能：成年兔体重 2.0～3.0 kg，年产毛量平均为 300～500 g。繁殖力较强，体质弱，抗病力不强。

3. 德系安哥拉兔

（1）外貌特征：德系安哥拉兔是世界上著名的细毛型长毛兔，我国又称西德长毛兔，西德长毛兔最大特点是被毛密度大，细毛含量高（95%）。毛丛结构明显，不易缠结（缠结毛占比为 5%～8%），有明显波浪形弯曲。耳中长、直立，耳尖有耳缨，头部被毛覆盖。面部绒毛不甚一致，有的无长毛，亦有额毛、颊毛丰盛的，但大部分耳背无长毛，仅耳尖有一撮长毛，俗称"一撮毛"。四肢、腹部密生绒毛。体毛细长柔软，排列整齐。四肢强健，胸部和背部发育良好，背线平直，头型偏尖削。

（2）生产性能：德系安哥拉兔体型较大，成年兔体重 3.5～5.2 kg，体长 45～50 cm，胸围 30～35 cm。年产毛量公兔为 1254 g，母兔为 1498 g，最高可达 2000 g；被毛密度为每平方厘米 16000～18000 根，粗毛含量为 5.4%～6.1%，年繁殖 3～4 胎，每胎产仔 6～7 只，配种受胎率为 53.6%。该品种是目前世界上产毛量最高和毛质最好的安哥拉兔纯系之一，在提高我国长毛兔产量和兔毛品质方面发挥了重要作用。但其繁殖力较弱，死仔率较高，对饲养管理要求较高，抗病力较弱。

4. 中系安哥拉兔 中系安哥拉兔是我国引进法、英两系后杂交，并掺入中国白兔的血统，经过多年选育而成的毛用兔品系，1959 年通过鉴定。该品系安哥拉兔全身被毛普遍较稀，容易缠结，体型较小。成年兔体重 2.5～3.0 kg，年产毛量为 350～750 g。在上海，以本地安哥拉兔作母本，德系安哥拉兔作父本，经过级进杂交与横交固定，培育出唐行长毛兔，分 A 型和 B 型两种，成年兔体重为 4.5 kg，年产毛量为 950～1050 g。在安徽，以德系长毛兔与新西兰白兔杂交和横交选育成的皖系长毛兔，成年兔体重 4.2 kg，年产毛量在 830 g 以上。在浙广以本地长毛兔与德系安哥拉兔进行杂交，高强度择优选育成镇海长毛兔，分 A、B、C 三型，这种兔主要特点是体型大、生长快、产毛量高、绒毛粗、密度大、不缠结。成年公兔体重 5.5～5.8 kg，成年母兔体重 6.1～6.3 kg，公兔年产毛量为 1700～1900 g，母兔年产毛量为 2000～2200 g。繁殖力也很强。

单元三 皮用兔品种

单元目标

知识目标：熟悉不同皮用兔品种毛色特点，熟悉不同皮用兔品种特征。

技能目标：能准确识别皮用兔品种，能完成皮用兔外貌特征的识别。

思政目标：加强规范意识，加强人与动物和谐相处的生态环保意识。

案例导学

不同皮用兔品种示例。

课前思考

如何根据毛色辨认皮用兔品种外貌特征？如何通过识别毛色说明不同皮用兔的特点？

皮用兔品种是指以兔皮为主要产品的家兔品种。

力克斯兔是一种典型的皮用兔品种，皮酷似珍贵的毛皮兽水獭的皮，故我国群众习惯称之为獭兔。獭兔产于法国，学名为力克斯兔，是普通兔的突变种，经法国牧师吉利数代选育、扩繁后，于 20

案例导学

世纪 30 年代转入英国、德国、日本和美国等国家饲养。獭兔的毛皮具有短、平、细、密、美、牢六大优点,被毛色型有 40 余种,以白色居多,其次为海狸色、红色、黑色、蓝色、碎花色等。为获得天然多色彩的兔皮,在最先出现的海狸色獭兔的基础上,经数十年选育,美国已育成 14 个标准色型的品系,英国育成 28 个标准色型的品系,德国有 15 个标准色型的品系。我国引进饲养的主要有美系、德系和法系及系间合成獭兔。系间合成獭兔体型中等,成年兔体重 3.0~4.5 kg,体长 45~50 cm,胸围33~38 cm。一年可繁殖 4~6 胎,每胎产仔平均 6~8 只。体重达 3 kg 以上可屠宰取皮,毛皮质量好,产肉率较高。

1. 白色獭兔　全身被毛洁白,富有光泽,没有任何污点或杂色毛,是毛皮工业中最受欢迎、最有价值的毛色类型之一。目前所见的白色獭兔均为白化体,即眼睛呈粉红色,爪为白色或玉色。被毛带污色、锈色或黄色,或带有其他杂毛者,都属于缺陷兔或不合格兔。

2. 海狸色獭兔　全身被毛呈红棕色,背部毛色较深,体侧部颜色较浅,腹部毛为淡黄色或白色。纤维的基部为瓦蓝色,中段呈深橙色或黑褐色,毛尖部略带黑色。这是最早育成的獭兔色型之一,被毛绒密柔软,深受消费者欢迎。眼睛呈棕色,爪为暗色。被毛呈灰色,毛尖黑色或带白色、胡椒色,前肢有杂色斑纹者,均属缺陷兔或不合格兔。

3. 蓝色獭兔　全身被毛为纯蓝色,柔软似绒,自基部至毛尖色泽纯,为最早育成的獭兔色型之一,是各类獭兔中绒毛最柔软的一种,属毛皮工业中较受欢迎的毛色类型之一。眼睛呈蓝色,爪为暗色。被毛带霜色、锈色、白色、杂色或带白色斑点者,均属缺陷兔。

4. 银灰色獭兔　银灰色獭兔又名真灰鼠力克斯兔。全身被毛烟灰色(蓝色至深蓝色),绒毛全为灰蓝色,毛尖变黑色或白色为不合格兔。该兔体型较大,易饲养。

5. 花色獭兔　花色獭兔又称花斑兔、碎花兔或宝石花兔。花斑表现有一定的规律,呈一定的典型图案。具体表现:两耳毛色相同,鼻部有花斑,背部、体侧、臀部均带有花斑,花斑面积一般占全身的 10%~50%。斑的分布有两种方式:一种是全身被毛以白色为主,杂有一种其他不同颜色的斑点,斑点颜色有黑色、蓝色、海狸色、猞猁色、紫貂色、海豹色、青紫蓝色、巧克力色、蛋白石色等;另一种是全身被毛以白色为主,同时杂有两种其他不同颜色的斑点,颜色有深黑色和橘黄色、紫蓝色和淡黄色、巧克力色和橘黄色、浅灰色和淡黄色等。

单元四　皮肉兼用兔品种

单元目标

　　知识目标:熟悉不同皮肉兼用兔品种特征,熟悉不同皮肉兼用兔品种来源、生产性能及主要缺点。

　　技能目标:能准确识别皮肉兼用兔品种,能完成皮肉兼用兔外貌特征的鉴别。

　　思政目标:注重动物福利,增强保护意识。

→ **案例导学**

不同皮肉兼用兔品种示例。

→ **课前思考**

如何完成不同皮肉兼用兔品种外貌特征的识别? 如何通过生产性能及外貌特征来找出不同皮肉兼用兔品种的共同点?

案例导学

目前,我国圈养的皮肉兼用兔品种主要有中国白兔、青紫蓝兔、哈尔滨白兔、大耳白兔等。

1. 中国白兔 中国白兔是我国长期培育而成的一个优良皮肉兼用品种。

(1)外貌特征:中国白兔被毛颜色多为纯白色,少数为黑色、灰色、棕色。中国白兔被毛短而浓密,毛长2.5 cm,饿毛多;皮板厚实;眼红色,头小嘴尖;颈短,耳小直立,耳尖圆厚;后躯健壮,善于奔跑,无肉髯,体型较小,体质结实紧凑。

(2)生产性能:该品种为早熟小型品种,初生重40~50 g,3月龄断奶时体重1.2~1.3 kg,成年兔体重达到2.5~3.0 kg。该品种繁殖力强,年产6~7胎,对频密繁殖适应性强,母兔性情温顺,哺乳性好,仔兔成活率高;耐粗饲,抗寒、抗病、适应性强,皮毛质量好。

2. 青紫蓝兔 青紫蓝兔原产于法国,体型分大型(巨型)、中型(美国型)、小型(标准型)三种。

(1)外貌特征:青紫蓝兔毛色为灰蓝色,夹有全黑与全白的粗毛,吹开被毛呈现彩色漩涡,较为美观,被毛密度均匀,有光泽。该品种兔眼睛呈茶褐色或蓝色,眼圈和尾端、尾底为白色,耳尖及尾背呈黑色,后额三角区和腹部为浅灰色。

小型(标准型):体型较小,体质结实紧凑,耳短直立,面部较圆,颌下无肉髯。成年母兔体重2.7~3.6 kg,成年公兔体重2.5~3.4 kg。

中型(美国型):由标准型青紫蓝兔选育而成,体型中等,腰臀丰满,成年母兔体重4.5~5.4 kg,成年公兔体重4.1~5.0 kg。

大型(巨型):体大耳长,有的一耳直立、一耳下垂,有肉髯,成年母兔体重5.9~7.3 kg,成年公兔体重5.4~6.8 kg。

(2)生产性能:青紫蓝兔性情温顺,耐粗饲,体格健壮,抗病力强;生长发育快;产肉率高,毛皮品质较好;繁殖力强,年产4~5胎,每胎产仔7~8只,哺乳性好。该兔在我国分布很广,尤以标准型和美国型饲养量较大。

3. 哈尔滨白兔 哈尔滨白兔又称哈白兔,是中国农业科学院哈尔滨兽医研究所培育的大型皮肉兼用型品种。

(1)外貌特征:公、母兔全身被毛纯白,有光泽,长度中短;身大,眼呈红色,尾短上翘,四肢端正。公兔胸宽较深,背部平直稍凹,母兔胸肩较宽,背部平直,乳头8对,体形匀称紧凑,骨骼粗壮,肌肉发达丰满。

(2)生产性能:哈白兔初生重60~70 g,90日龄体重2.5 kg,成年公兔体重5.5~6.0 kg;遗传性能稳定,繁殖力强,每胎产仔8~10只,成活率为80%。早期生长发育快,屠宰率高。皮毛质量好,适应性强,耐寒,耐粗饲,抗病力强。

4. 大耳白兔 大耳白兔也称日本大耳白兔,原产于日本,是以中国白兔为基础选育而成的中型皮肉兼用品种。引入我国后,长期选育形成了大、中、小三种类型。

(1)外貌特征:大耳白兔毛色纯白,眼睛红色,两耳长大直立,耳根细、耳端尖,形如柳叶,耳薄,血管清晰,适合注射与采血,是理想的实验用兔。母兔颈下有皮肤皱褶形成的肉髯,颈部和体躯较长,四肢粗壮。

(2)生产性能:繁殖力强,年产4~5胎,每胎产仔8~10只,多的可达12只。大型兔成年体重5.0~6.0 kg,中型兔3.0~4.0 kg,小型兔2.0~2.5 kg。母兔泌乳量大,体格强健,较耐粗饲、耐寒,适应性强、生长发育较快,肉质较佳。

5. 塞北兔 由原张家口农业高等专科学校用比利时兔和公羊兔杂交培育成的皮肉兼用品种。

(1)外貌特征:被毛大多是黄褐色,其次是白色和少量黄色。特征是耳宽大,一耳直立,一耳下垂。鼻梁上有黑色山峰线。颈、四肢短粗。

(2)生产性能:体型较大,成年兔体重5.0~6.5 kg,繁殖力强,耐粗饲,性情温顺,易管理。

此外,皮肉兼用兔品种还有安阳灰兔、太行山兔等。

情境小结

　　按家兔的经济用途可将家兔分为肉用兔、毛用兔、皮用兔、皮肉兼用兔。家兔品种主要通过外貌特征和生产性能辨认。

知识链接 20

知识拓展 20

知识链接

识别不同用途的家兔品种。

知识拓展

归纳目前我国家兔品种市场前景：用途、销售渠道、销售情况、发展趋势等。

自测训练

一、选择题

1. 肉用兔的经济特性是以生产兔肉为主，其 90 日龄体重应达到（　　）kg 以上。

A. 2　　　　　　　　B. 2.5　　　　　　　　C. 3　　　　　　　　D. 3.5

2. 家兔品种繁多，目前世界上大约有（　　）个家兔品种。

A. 45　　　　　　　　B. 55　　　　　　　　C. 60　　　　　　　　D. 70

3. 下列选项中哪个属于肉用兔品种？（　　）

A. 新西兰白兔　　　　B. 塞北兔　　　　　　C. 白色獭兔　　　　　D. 加利福尼亚兔

4. （　　）是一种典型的皮用兔，皮酷似珍贵的毛皮兽水獭，故我国群众贯称獭兔。

A. 力克斯兔　　　　　B. 安哥拉兔　　　　　C. 加利福尼亚兔　　　D. 比利时兔

5. 大耳白兔是以（　　）为基础选育而成的中型皮肉兼用兔品种。

A. 中国白兔　　　　　B. 新西兰白兔　　　　C. 白色獭兔　　　　　D. 日本大耳白兔

6. 下列选项中哪一个不属于单一品种兔？（　　）

A. 比利时兔　　　　　B. 新西兰白兔　　　　C. 蓝色獭兔　　　　　D. 加利福尼亚兔

二、填空题

1. ＿＿＿＿＿是我国长期培育而成的一个优良＿＿＿＿＿品种。

2. 新西兰白兔属于＿＿＿＿＿品种，花色獭兔属于＿＿＿＿＿品种，安哥拉兔属于＿＿＿＿＿品种。

3. ＿＿＿＿＿原产于土耳其，是一个较典型＿＿＿＿＿品种。现在各国饲养的毛用兔，都是用＿＿＿＿＿培育而成的，其被各国引入后培育成不同的品系，主要有＿＿＿＿＿、＿＿＿＿＿、＿＿＿＿＿、＿＿＿＿＿、＿＿＿＿＿等品系。

4. 我国圈养的皮肉兼用型兔主要有＿＿＿＿＿、＿＿＿＿＿、＿＿＿＿＿、＿＿＿＿＿等。

5. ＿＿＿＿＿在 20 世纪初育成于＿＿＿＿＿，系用＿＿＿＿＿、＿＿＿＿＿和＿＿＿＿＿等杂交选育而成，是著名的中型肉用兔品种，有＿＿＿＿＿、＿＿＿＿＿和＿＿＿＿＿三个品系。

6. 专门化肉兔配套系有＿＿＿＿＿、＿＿＿＿＿、＿＿＿＿＿。

情境二十一 家兔饲养管理

情境导入

　　家兔的生长发育与饲养管理条件密切相关,且家兔具有繁殖力强、生长速度快、个体价值低、群体饲养经济效益高的生产特点,因此应根据家兔的生物学特性,了解家兔的营养需要,采取科学的饲养管理方法,这样才能将兔养好,从而促进养兔业的健康发展。

情境目标

　　▲知识目标
掌握家兔的营养需要及不同兔群的饲养管理要点。
　　▲技能目标
能进行种兔、仔兔、幼兔和青年兔的饲养管理。
　　▲思政目标
引导学习者增强科学饲养意识和强农兴牧的专业责任感,促进人与动物和谐相处,增强学习者的社会认同感。

扫码学
课件 21

单元一 家兔的营养需要

单元目标

　　知识目标:掌握家兔的营养需要。
　　技能目标:能够初步制订适合所在兔场生产需要的家兔饲养标准,设计饲料配方。
　　思政目标:培养学习者正确的义利观及良好的职业道德。

➡ 案例导学

家兔的消化特点及采食习性。

➡ 课前思考

如何确定家兔的能量需要量? 如何确定家兔的蛋白质、脂肪等营养素的需要量?

案例导学

Note

家兔的营养需要是指不同品种、年龄、体重、生理状态及生产水平条件下,家兔对各种营养成分的需要量,不仅要求营养成分种类齐全,而且要求各种营养成分间保持适当比例,既能满足家兔特定条件下的营养需求,又不出现营养缺乏或过剩,这是制订家兔饲养标准和设计饲料配方的基础。家兔的营养需要主要包括能量需要、蛋白质需要、脂肪需要、粗纤维需要、矿物质需要、维生素需要和水的需要等。

一、能量需要

家兔的能量主要来源于储存在食物中的化学能。能量在动物体内的转化遵循能量守恒定律:既不会凭空产生,也不会凭空消失,只是从一种形式转化为另一种形式。能量转化的过程中会产生热能,而这些热能主要用于维持体温恒定。

1. 家兔的能量代谢　家兔的一切生命活动(包括生长、繁殖、泌乳、运动和维持正常体温等)所需的能量,均来自日粮中的糖类、脂肪和蛋白质在体内的转化。

能量储存于饲料的糖类、脂肪和蛋白质中。这些能量最初来源于太阳,最终作为光合作用的产物储存于植物中。饲料在氧弹测热器中充分燃烧产生的热量,称为饲料总能(GE)。饲料总能被家兔利用的比例取决于饲料的种类和家兔的消化能力。消化是指饲料在胃肠道中受物理、化学作用,由复杂的大分子化合物分解成较小的分子的过程。这种较小的分子易于被机体吸收,消化吸收的能量称为消化能(DE)。未被消化吸收的物质形成粪便排出体外。粪便中所含的能量称为粪能(FE)。能量进一步损失,以尿素等含氮物质从尿中排出体外,尿中所含能量称为尿能(UE)。另有一小部分以甲烷的形式损失掉。消化能减去尿能和甲烷能(CH_4E)称为代谢能(ME)。在养分代谢过程中能量发生进一步损失(热增耗 HI)。剩余的能量可被家兔用于维持和生产,称为净能(NE)。饲料能量在家兔体内的转化过程如图 21-1 所示。能量单位为焦耳(J),1 kJ=1000 J,1 MJ=1000 kJ。

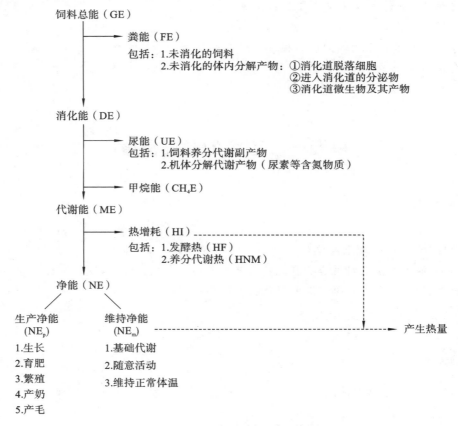

图 21-1　饲料能量在家兔体内的转化过程

2. 家兔能量需要的影响因素　家兔对能量的需要受品种、性别、年龄、营养状况、日粮构成和环境温度等因素的影响。

（1）品种：研究表明，皮用兔、肉用兔的消化能需要量为 10.45 MJ/kg，毛用兔的消化能需要量为 9.8～10.04 MJ/kg。

（2）性别：成年公兔的基础代谢能量需要为 0.237 MJ/kg 代谢体重，母兔为 0.209 MJ/kg 代谢体重，公兔比母兔高出 13.4%。

（3）年龄：幼兔在生长阶段能量代谢旺盛，对能量需求较高；成年公兔在维持需要的基础上增加 20%；母兔在妊娠后期和泌乳期对能量需求高。

（4）营养状况：当日粮能量水平低于需要量时，能量的利用率较高；日粮能量水平过高，能量的利用率会降低。

（5）日粮结构：当日粮的粗纤维含量适中时，饲料的消化率高，日粮的能量利用率高；当日粮粗纤维含量过高时，饲料的消化率会受影响，日粮的能量利用率低。

（6）环境温度：恒温动物的体温一般超过环境温度时，体热会散失到环境中去。在一定的环境温度范围内，动物安静时的正常代谢产热量可降到最低且足以弥补体热的散失；环境温度发生变化时，机体不需额外的生理产热来维持体温，而是靠外周血管的收缩或扩张或出汗来调节，这一温度范围称热适中区。热适中区的上、下限温度分别称为上、下限临界温度。当环境温度高于上限临界温度时，家兔心搏加快，呼吸频率增加；当环境温度低于下限临界温度时，家兔呼吸频率降低。家兔过热或过冷时均需要额外的能量消耗。对于健康的成年家兔，临界温度范围为 5～30 ℃，生长繁殖期的最适温度为 15～25 ℃。

3. 各种家兔的能量需要 计算家兔对能量的需要量可参考以下数据：维持状态的成年家兔每千克活重每日需要 0.33～0.35 MJ 消化能，在配种期为 0.39～0.49 MJ 消化能，在妊娠期为 0.44～0.49 MJ 消化能。哺乳母兔的需要量比非配种期的母兔多 1～2 倍，4～11 周龄兔为 0.73～0.95 MJ 消化能。

二、蛋白质需要

蛋白质是一切生命的物质基础，是细胞的重要组成部分，是机体内功能物质的主要成分，是组织更新修补的重要原料；蛋白质还可供能和转化为糖、脂肪。蛋白质是一类数量庞大的由氨基酸组成的物质的总称。蛋白质的主要组成元素是碳、氢、氧、氮，大多数蛋白质还含有硫，少数含有磷、铁、锌、铜、锰、碘等元素。各种蛋白质的含氮量差异不大，一般按 16% 计算。组成家兔蛋白质的氨基酸有 22 种，蛋白质中的氨基酸都是 L 型的。氨基酸种类、数量和排列顺序不同可构成各种不同的蛋白质。家兔生长发育及生产所需的氨基酸有些需通过饲料提供，有些可以在体内合成。机体不能合成或合成量不能满足需要而必须由饲料提供的氨基酸称为必需氨基酸，其余的为非必需氨基酸。蛋白质的营养需要实质上是氨基酸的营养需要。现行的家兔饲养标准对以下氨基酸作了规定：蛋氨酸、胱氨酸、赖氨酸、精氨酸、苏氨酸、色氨酸、组氨酸、异亮氨酸、缬氨酸和亮氨酸共 10 种。在为家兔配制日粮时要注意满足氨基酸需要量。

1. 蛋白质的消化吸收 饲料中的蛋白质被家兔采食后，在胃内开始消化。首先胃酸使具有立体结构的蛋白质变性（家兔采食的是天然的蛋白质，具有三维立体结构），具有三维立体结构的蛋白质分解成单股链状，暴露出对蛋白水解酶敏感的肽键。这些变性的蛋白质和经胃蛋白酶水解而成的多肽，在小肠中受胰蛋白酶和胰肽酶 E 的进一步分解，释放出许多末端肽键，它们在小肠腔和黏膜中氨肽酶、羧肽酶和其他特殊肽酶的作用下，降解为含氨基酸数量不等的各种多肽和氨基酸。有些小分子多肽（2～6 个氨基酸）被整体吸收。有许多证据表明，多肽被吸收进入黏膜细胞后，经二肽酶水解为氨基酸。氨基酸的吸收主要在小肠的上 2/3 段进行。被吸收的氨基酸主要是经门静脉到肝脏，参与合成蛋白质。剩余部分经脱氨作用释放出氨，在肝中形成尿素，随尿排出体外。脱氨后的不含氮部分可用于合成体脂或分解成二氧化碳和水。小肠中未消化的蛋白质进入大肠和盲肠，部分受肠道细菌作用，分解为氨基酸，为细菌所利用，合成菌体蛋白。未被消化吸收的饲料蛋白质和部分细菌、消化道脱落细胞及消化酶随软粪排出。软粪被兔吞食，再经胃和小肠消化吸收。据报道，家兔每日从软粪中可食入 2 g 菌体蛋白，这对成年家兔有重要意义。

2. 影响饲料蛋白质消化率的因素 在大多数饲料中,蛋白质的消化率为75%～90%。如果一种饲料中蛋白质不能被家兔所利用,就不能说是一种优质蛋白质饲料。蛋白质的消化受下列因素的影响。

(1)蛋白质种类:蛋白质种类不同,消化率不同。如羽毛粉和豆粕,羽毛粉含粗蛋白质86%,但仅有30%～40%可以被消化;而豆粕的粗蛋白质含量只有40%～47%,但是其消化率可达到79%以上。若仅以蛋白质总量为评价依据,羽毛粉极具吸引力,但在日粮中大量使用时,家兔会因蛋白质消化率低而影响生长。

(2)日粮纤维素水平:秸秆、干草、花生皮等都含有大量的纤维素,当此类饲料在日粮中所占比例过大时,不仅本身难以消化,而且会降低蛋白质的消化吸收。一般日粮的粗纤维水平应不超过17%。

(3)加热处理:在生产加工过程中,长时间加热会降低蛋白质的消化率。如豆饼蒸煮时间过长,会破坏赖氨酸的正常结构,使赖氨酸发生环化反应,从而降低蛋白质的消化率。

(4)蛋白酶抑制因子:很多农副产品含有蛋白酶抑制因子,使蛋白质消化率降低。如生马铃薯含糜蛋白酶抑制因子,生大豆含胰蛋白酶抑制因子,当马铃薯和大豆被加热熟化后,这两种蛋白酶抑制因子被灭活,蛋白质的消化率提高。

3. 家兔蛋白质的需要量

(1)家兔对蛋白质的维持需要:家兔通过呼吸、循环、酶及内分泌系统的活动而氧化产热,补充机体组织消耗量,保持体温恒定、体重不变、身体健康,并进行有限的非生产活动,家兔这种处于休闲或逍遥状态的营养需要即为家兔的维持需要。维持需要受家兔的品种、体重、年龄、性别、营养状况、自由活动程度及气温等因素影响。一般体重大、体型大、气温高或气温低时,维持需要都增大。家兔处于27 ℃的环境中时,维持需要最低。生产情况下,维持需要占总需要量的一半以上。研究表明,家兔每千克活重的可消化蛋白质维持需要量为1.7～2.2 g。

(2)繁殖家兔的蛋白质需要:家兔的性成熟比体成熟早,在良好营养条件下,身体健康的青年母兔,4月龄就开始发情。一般来说,母兔6～7月龄、体重2.5 kg以上才可配种繁殖。参与初配的母兔要保持中等体况,不肥不瘦才会有较高的受胎率和产仔率。为满足以上要求,配种前的青年母兔营养水平稍高于维持需要即可。

妊娠母兔的蛋白质需要,必须满足母体和胎儿的双重需要。日粮中严重缺乏蛋白质,会使母兔体重减轻,泌乳量降低,发情及性周期异常,不易受胎,即使受胎,胎儿也会发育不良,甚至形成怪胎、死胎及弱胎。日粮中蛋白质过多,对母兔同样有不利影响,不仅造成蛋白质浪费,而且引起母兔机体代谢紊乱。剩余的蛋白质以能量的形式储存在体内,将导致母兔过肥,繁殖能力降低。蛋白质的供给要以妊娠期子宫、胎儿、乳腺的增长为依据,妊娠前期蛋白质的需要量在维持需要基础上增加10%,后期则增加40%～50%。美国NRC兔饲养标准(1980)规定,妊娠母兔的日粮蛋白质水平应为18%,国内的有关研究则建议使用蛋白质水平为15%～16%的日粮。在考虑蛋白质水平的同时要注意必需氨基酸的平衡。

种公兔的蛋白质需要,要以保持公兔体质健康、性欲旺盛、配种能力强、精液品质好为目标,一般在配种期间日粮粗蛋白质水平为15%～17%。

(3)泌乳母兔的蛋白质需要:母兔产仔后开始泌乳,其泌乳量受品种、年龄、胎次、产仔数、饲养管理水平等因素影响而变化。一般母兔日泌乳量为50～150 g,高产母兔最高日泌乳量可达200～300 g。产后前3 d泌乳量较少,以后渐增,18～21 d达到泌乳高峰;此后泌乳量缓慢下降,30 d后下降迅速。泌乳母兔的粗蛋白质日需要量如下:体重4 kg母兔日粗蛋白质维持需要量为28.78 g;日泌乳200 g,含乳蛋白质20.8 g。粗蛋白质转化为乳蛋白质的比例按45%计,则需要粗蛋白质46.22 g。故体重4 kg、日泌乳200 g的母兔,日需粗蛋白质75 g,采食粗蛋白质含量为18%的日粮417 g可满足需求。

(4)产毛兔的蛋白质需要:毛纤维全由蛋白质构成,含硫氨基酸——胱氨酸含量较高。胱氨酸参与构成兔毛的角蛋白纤维,胱氨酸含量对兔毛的产量和弹性、强度等纺织性能有重要影响,因此要注意供给含硫氨基酸。各种饼类、苜蓿、麸皮等含硫量较高,饲喂这些饲料可提高产毛量。一般认为,日粮中粗蛋白质含量达到$15\%\sim17\%$,蛋氨酸+胱氨酸达0.7%即可满足要求。

(5)生长育肥兔的蛋白质需要:家兔的生长育肥取决于遗传,遗传潜力的发挥依赖于良好的营养条件。家兔从出生至性成熟为生长递增期,生长迅速。性成熟后生长变慢,成年后则体重基本维持恒定。在商品肉兔生产中,为了充分利用兔早期增重快的特点,供给全价日粮,并任其自由采食。日粮中粗蛋白质含量为18%、蛋氨酸+胱氨酸含量为0.56%、赖氨酸含量为0.8%、精氨酸含量为0.8%,可望有较好育肥效果。

三、脂肪需要

脂类(脂肪)是不溶于水而溶于有机溶剂(如乙醚和苯)的一类有机物。脂类可分为两种:可皂化脂类和非皂化脂类。可皂化脂类包括简单脂和复合脂,非皂化脂类包括固醇类、类胡萝卜素及脂溶性维生素类。简单脂即甘油三酯,是动物体内储存能量的主要形式,主要参与能量代谢。1 kg甘油三酯中平均含有$31.3\sim41.7$ MJ消化能,是玉米的2.5倍。复合脂除含有疏水基团外,还含有亲水极性基团,包括磷脂、鞘脂、糖脂和脂蛋白。复合脂共同构成动、植物细胞成分(细胞核、线粒体等)的生物膜,参加复杂的生物合成和分解代谢的各种酶通常集中在生物膜的表面,因此这类脂具有重要的作用。

1. 脂肪的消化和吸收 十二指肠是脂肪消化吸收的主要部位,脂肪和其他养分的机械分离在胃中就已开始,初步的乳化在胃及十二指肠中,进一步的乳化是在和胆盐接触之后。乳化后的脂肪微粒与胰脂肪酶接触的面积更大,在胰脂肪酶作用下,脂肪的脂肪酸从甘油三酯分子上水解下来。脂肪吸收的主要形式是甘油一酯和脂肪酸,少量甘油二酯可被吸收。甘油一酯和脂肪酸被吸收后在肠道黏膜内重新合成甘油三酯,并重新形成乳糜微粒后运往全身各组织。在肝脏中,用来合成机体需要的各类物质,或在脂肪组织中储存起来,或用于供能,产生能量及二氧化碳和水。

2. 影响脂肪和脂肪酸利用率的因素

(1)脂肪酸链的长度:长链不饱和脂肪酸的吸收率比低熔点短链不饱和脂肪酸吸收率低。

(2)脂肪酸中双键的数量:不饱和脂肪酸含量高的植物油吸收率高于动物油,消化率为$83.3\%\sim90.7\%$。

(3)家兔的周龄:幼兔对饱和脂肪酸的吸收能力较差,随周龄增大而提高。

3. 家兔的脂肪需要量 脂肪对家兔具有重要营养功能,如构成机体组织,储存和供给能量,促进脂溶性维生素的吸收等。家兔的产品中也含有一定量的脂肪,如兔乳中含13.2%的乳脂,兔毛中含0.84%的油脂,兔肉中含8.4%的脂蛋白。因此,脂的供给量必须满足以上需求。一般认为,家兔日粮中粗脂肪的含量达到$3\%\sim5\%$即可。

四、粗纤维需要

粗纤维包括半纤维素、纤维素和木质素,它在维持家兔胃肠道正常的消化功能、提供能量、形成硬粪和预防毛球病等方面起着重要作用。

1. 纤维素的消化代谢 家兔体内不分泌纤维素酶,只能借助盲肠和结肠内微生物来进行消化。4周龄后的仔兔盲肠内细菌便具有较强的分解粗纤维的能力。在盲肠内,粗纤维被分解为挥发性脂肪酸(VFA),包括乙酸、丁酸、丙酸,乙酸和丁酸还可在乳腺中合成乳脂,丙酸在肝脏中合成葡萄糖。未被分解的粗纤维随粪便排出。

2. 粗纤维的生理功能

(1)提供能量:在盲肠内,粗纤维被分解成VFA,其中乙酸78.2%、丁酸12.5%、丙酸9.3%,这些VFA被盲肠黏膜吸收入血,参与体内代谢,每1 g乙酸、丙酸、丁酸氧化产生的热能分别为14.43 kJ、19.08 kJ、24.9 kJ。家兔通过这些脂肪酸摄取的能量,相当于每日能量需要的$10\%\sim20\%$。另据报道,细菌代谢产生的丁酸是正常结肠细胞生长的首选原料,丁酸还可通过稳定DNA和加速肠上皮细胞损伤修复来促进正常细胞的形成。

（2）维持肠道微生态平衡：家兔盲肠和结肠内有大量微生物，纤维素有利于维持其平衡，减少家兔腹泻。研究表明，日粮纤维素水平的增加（从7％、9％、12％到14％），可促进家兔盲肠内双歧杆菌、拟杆菌、乳酸杆菌、消化球菌等有益菌繁殖，抑制大肠杆菌等有害菌繁殖，从而维持肠道内正常消化功能，预防家兔腹泻和肠炎。

（3）促进消化系统的发育：研究表明，不同粗纤维含量的日粮饲喂仔兔和幼兔，其消化系统的发育不同。较高的粗纤维含量，可使兔胃的体积增大，肠道变长、增粗，黏膜充分发育，消化道重量增加。适当的粗纤维含量对胃液、肠液和胆汁的分泌以及上皮细胞的分泌与吸收起促进作用。一方面是粗纤维的机械刺激作用，促进黏膜的血液循环；另一方面，粗纤维分解产生的丁酸为肠黏膜的代谢提供充足的能源。

（4）增强胃肠蠕动：肠道的运动方式有三种，即蠕动、钟摆运动和分节运动。这些复杂运动的产生，对促进营养物质的消化吸收、粪便的形成和排出起重要作用。其运动节律受到神经和体液的调节，但与肠道内容物状态有关系。粗纤维以其较大的粒子片段和粗糙的表面刺激胃肠蠕动，加速食糜向下部移行。纤维的分解产物也是大脑中枢调节肠道运动和分泌的刺激物。实验和生产经验表明，适量粗纤维，可维持粪便的正常状态和正常排泄，而过高或过低的粗纤维含量容易使家兔发生便秘或腹泻。

（5）减少异食癖的发生：摄取饲料和自身粪便是家兔的正常采食行为，除此以外的啃食被称作异食癖，如食毛、食足、食仔、食土和啃食笼具等。异食癖被划归为代谢性疾病，不同的异食癖有不同的诱因，但实践和实验表明，家兔的很多异食癖与粗纤维不足有密切关系，尤其是啃食笼具和食毛，在限制采食的情况下异食情况更加严重。适量的粗纤维在消化道吸水膨胀，使家兔产生饱腹感。家兔门齿具有终生生长的特性，欲保持适宜的长度，必须不断得到磨损，日粮粗纤维在其中扮演着重要角色。

（6）肠道解毒：第一，粗纤维具有结合作用。粗纤维及其分解中间产物与毒素紧密结合或松散结合成纤维-毒素复合体，起到解毒或减毒的作用。第二，粗纤维具有一定的吸附能力，使毒素聚集于纤维表面，减少毒素对肠黏膜的破坏。第三，粗纤维具有隔离作用。较大分子量的粗纤维在肠道内使毒素和肠黏膜不直接接触，起到"鳞片样"保护作用。第四，粗纤维具有促排作用。粗纤维可机械地刺激肠道蠕动，加速肠道内容物的排泄，缩短毒素在肠道内的停留时间。现代人类营养学和医学研究也证实，适量的膳食纤维，对预防便秘，减轻肠道内毒素的毒害作用及降低结肠癌的发生率起重要作用，被誉为"第七营养素"。

（7）提高种兔的繁殖力：生产实践表明，不同的日粮组成，家兔的繁殖力不同。以青粗饲料为主饲养的家兔，产仔数普遍较多；而以"精料型"饲料饲养的家兔，产仔数有减少的趋势。研究表明，适量的粗纤维对控制种兔的体况，减少脂肪沉积，维持正常的性活动起重要作用。适量的粗纤维可以缓解妊娠早期由于营养水平过高而造成的胚胎死亡。

3. 家兔对粗纤维的消化率　家兔拥有发达的盲肠，又有食软粪的特点，因此不少人认为其对饲料中粗纤维的消化率较高。但事实并非如此，国内外大量研究表明，与其他草食家畜相比，家兔不能有效地利用含粗纤维较高的饲料。家兔和其他动物（杂食动物、成年猪）比较，其对纤维素的消化并不是十分有效。家兔对一般饲料中的纤维素消化率为20％～24％，远低于牛、羊（46％～53％），甚至低于马（45％）和猪（40％）。但是，家兔对饲料中干物质的消化率并不低，甚至高于牛、羊和马。这说明家兔对非纤维性组分（如粗蛋白质、粗脂肪、淀粉等）的消化率高于其他草食动物。

4. 家兔的粗纤维需要量　粗纤维虽不易消化，但对维持家兔正常的消化功能和预防腹泻，促进家兔正常排粪和预防食毛等均有重要意义。日粮中含粗纤维12％～15％，可减少肠炎的发生，预防食毛，促进家兔生长。一般推荐家兔日粮粗纤维水平为12％～16％，幼兔不能低于8％，成年兔不能高于20％。粗纤维含量过低会导致肠道蠕动减慢，消化功能紊乱，出现腹泻并诱发魏氏梭菌病；过高则会导致家兔能量摄入不足，生产性能下降。

五、矿物质需要

1. 家兔需要的矿物质种类　家兔至少需要14种矿物质。矿物质的生理意义：促进骨骼和牙齿的形成,是多种酶的成分,是蛋白质、器官、血液的成分,促进肌肉和神经发挥功能,维持机体代谢过程,维持渗透压平衡。矿物质根据家兔对其需要量的高低分为常量元素和微量元素。常量元素包括钙、磷、钾、钠、氯、镁、硫,微量元素包括钴、硒、铜、锌、锰、碘、铁等。有些矿物质(如硫、钾和镁)在通常的家兔日粮中含量充足,不需专门添加,但在家兔有疾病或追求最大生产效益时应予以添加。

2. 家兔的矿物质需要量

(1)常量元素:目前家兔日粮中只对钙、磷、钠的需要量作过明确的表述。由于家兔肠中的微生物可产生植酸酶,因而植酸盐可被家兔很好地利用;玉米-豆粕型日粮中75%的磷表观消化率接近于磷酸氢钙;大部分磷通过家兔吃软粪循环利用以达到植酸磷的完全利用。钙磷比对家兔来说不是很重要,至少在育肥兔生产上表现不明显,生产中钙磷比为12∶1的日粮对生长家兔的行为也不会产生多大的危害。日粮中钙、磷水平随家兔年龄、品种、日粮组成的不同而不同,推荐生长育肥兔日粮中钙添加量为4~10 g/kg,磷为2.2~6 g/kg。兔乳富含钙、磷,大约比牛乳要高出3~5倍,因此,泌乳期家兔比生长期家兔和家兔不泌乳时对钙、磷的需要量要高,饲料中钙需要量为4.5~6.5 g/kg,磷需要量为3.5~4.5 g/kg。一只母兔在产奶高峰期一次可排出2 g钙,建议母兔日粮中钙为7.5~13.5 g/kg,磷为5~8 g/kg。对生长育肥兔来讲,日粮中镁的需要量在0.3~3 g/kg;大多数干草料中镁的真消化率和表观消化率都很高,商品兔日粮中镁的添加量还没确定。日粮中钾的含量超过10 g/kg时会降低饲料吸收率,另外钾过量会阻碍镁的吸收;实际生产中建议钾的添加范围在6.5~10 g/kg。在实际生产中,肉用仔兔和泌乳母兔对钠的需要量分别为2.0~2.3 g/kg和2.2~2.5 g/kg,以氯化钠形式存在的过量的钠(氯化钠超过15 g/kg)对家兔的生长有危害。氯的营养需要量确定为1.7~3.2 g/kg,过量的氯(4.7 g/kg)也不会影响动物行为。钠、钾、氯之间的比例对肉兔的生产性能有影响,肉兔对酸尤其敏感,因此,应尽量避免破坏钠、钾和氯之间的平衡。

(2)微量元素:研究表明,在母兔日粮中添加80 mg/kg的铁使饲料中含铁总量为129 mg/kg时有益于母兔生产,铁的建议添加量一般在30~100 mg/kg;在商业生产条件下,大多数预混料中又额外添加了30~50 mg/kg。建议铜的添加量为5~20 mg/kg,长毛兔和繁殖母兔需要量要高。锰的添加量为2.5~30 mg/kg,商品矿物质预混料中含量一般为10~75 mg/kg,建议最佳添加量范围为8~15 mg/kg。建议锌的添加量在30~60 mg/kg。当家兔获得0.1~0.3 mg/kg的硒时,能提高胎重和初生重。在欧洲,为防止硒对母兔及育肥兔生产性能的损害,近年来禁止在预混料中添加硒。在我国,因为没有详细的指导添加量,饲料中最好添加少量的硒,以避免长期生产中可能的潜在问题。目前还没有实验确定家兔对碘的需要量,母兔缺碘比生长育肥兔更敏感,饲料中碘的添加量为1.1 mg/kg,实际生产中预混料添加量为0.4~2 mg/kg。尽管 AEC(1987)建议钴的添加量为1.0 mg/kg,有关文献记录的需要量却为0~0.25 mg/kg。家兔生产中即使日粮中维生素B_{12}不足也不会出现钴缺乏症,家兔日粮中钴的含量一般规定为0.25 mg/kg。

六、维生素需要

1. 维生素的种类 维生素是天然食物和饲料中存在的不同于蛋白质、糖类、脂肪、矿物质和水,既不能供给能量,也不能形成动物体结构物质的营养素,维生素在家兔体内需要量极少,但为正常组织的健康发育、生长和维持所必需。

维生素分为脂溶性维生素和水溶性维生素两大类。前者包括维生素A、维生素D、维生家E、维生素K,后者主要包括B族维生素和维生素C。脂溶性维生素和脂肪一起吸收,因此有利于脂肪吸收的条件也有利于脂溶性维生素的吸收。脂溶性维生素在体内有一定的储存量。除维生素B_{12}外,其他水溶性维生素并不在体内储存,摄入过多时,会从尿中迅速排出。因此,为避免缺乏症,必须每日供给水溶性维生素。脂溶性维生素主要经胆汁由粪中排出,水溶性维生素主要从尿中排出。水溶性维生素过多时,毒性较小;脂溶性维生素中的维生素A和维生素D过多时,会产生严重后果。

2. 家兔的维生素需要 家兔在有足够数量青绿饲料的情况下,一般不会发生维生素缺乏症。在冬季和早春缺乏青绿饲料时,应注意维生素A、维生素D、维生素E等脂溶性维生素的供应,由于

B族维生素能在体内合成,因此一般不易缺乏,但在特殊情况下(如应激状态下)或高生产性能时也需要额外补充。

NRC(1987)公布了家兔日粮中维生素 A 的添加量以 16000 U 作为安全用量的上限。对生长繁殖的母兔来说,维生素 A 的添加量没有明确的规定,文献中报道的使用量一般为 60～10000 U,实际生产中,育肥兔一般为 6000 U,繁殖兔为 10000 U。家兔对维生素 D 的需要量很低,不应高于 1300 U。实际生产中,维生素 D 过量比缺乏更可能出现问题。对于育肥兔和母兔,建议维生素 E 添加量分别为 15 mg/kg 和 50 mg/kg,在免疫力低或球虫病感染的兔群中应加大用量。一些研究表明,家兔肠道合成的维生素 K 可以满足正常机体的需要,但是繁殖兔还需要额外补充,一般为 1～2 mg/kg。

家兔肠后段的微生物合成大量的水溶性维生素,通过食粪行为被家兔利用,可满足 B 族维生素最低需要量。但为了满足最大生产需要,如快速生长的肉兔和高产母兔,日粮中需添加 B 族维生素,包括维生素 B_1、维生素 B_2、维生素 B_6、维生素 B_{12} 等。

七、水的需要

水是最基本的和最重要的营养物质,但又经常被忽略。成年家兔体内含水量大致为60％～75％。

1. 水的生理功能　水是组成体液的主要成分,对家兔体内正常的物质代谢具有特殊的重要作用。

(1)水是体内的重要溶剂:家兔体内各种营养物质的代谢过程都离不开水。

(2)水可调节体温:水的比热较大,体内产热过多时,热能则被水分吸收,通过热量交换和血液循环,经皮肤或呼气散发而维持正常体温。同时高温情况下,家兔可通过出汗、喘息等蒸发散热方式降温。

(3)水可保持畜体的形状:动物体内的水分参与细胞内、外的化学作用,促进新陈代谢,调节组织的渗透压,维持细胞正常的形状、硬度和弹性,因此能维持兔体形状。

(4)水是润滑剂:以水为主要成分的唾液、关节囊液等可以起到润滑作用,易于吞咽或减少摩擦。

(5)水是家兔体内化学反应的媒介:家兔体内一切化学反应均在水中进行。

2. 家兔体内水的来源　家兔体内水的来源主要有以下三个方面。

(1)饮水:家兔体内水分的主要来源。据报道,在食粪的情况下,每千克活重需饮水 12～16 mL。家兔越小,每单位体重需水越多。在 15～25 ℃条件下,家兔饮水量一般为采食干草量的 2～2.5 倍。哺乳母兔和幼兔可达 3～5 倍。

(2)饲料水:各类饲料中均含有水分,如青绿饲料含水量为 70％～95％,谷实类为 12％～14％,饼粕类为 10％,粗饲料为 12％～20％,这部分水也是家兔体内水的主要来源。

(3)代谢水:由机体营养物质代谢所产生的水,如氧化 1 g 脂肪、糖类、蛋白质分别产生1.19 mL、0.56 mL、0.45 mL 水。代谢水数量有限,占体内水来源的 16％～20％。

3. 影响需水量的因素　需水量受家兔的品种、年龄、体重、生产水平、饲料特性及气候条件的影响。一般情况下,幼兔需水量比成年兔多,泌乳母兔比育肥兔多,夏季比冬季多。日粮中含蛋白质高时,需水量也增加。

单元二　种兔饲养管理

单元目标

　　知识目标:掌握种公兔和种母兔的饲养管理要点。

　　技能目标:能进行种公兔、空怀母兔、妊娠母兔和哺乳母兔的饲养管理。

　　思政目标:培养学习者爱岗敬业、勇担责任、甘于奉献的精神。

案例导学

种兔舍示例。

课前思考

如何饲养种公兔？如何饲养种母兔？

一、种公兔的饲养管理

饲养种公兔的目的主要是配种、繁殖后代。从遗传学理论看,公兔在群体的遗传效应大于母兔。种公兔饲养的好坏直接影响母兔的受胎率、产仔数及仔兔的生活力和质量。在本交情况下,一只公兔一般可负担 8~12 只母兔的配种任务,在人工授精情况下,可提高到 50~150 只,如果采取冷冻精液,一只优良种公兔可负担上千只甚至上万只母兔的配种任务,其后代有 500~800 只,多者可达几十万只,真可谓"母兔好,好一窝,公兔好,好一坡"。优良种公兔的标准:一要体格健壮,不肥不瘦,达到种用膘度;二要性欲旺盛,配种能力强;三要精液品质好,与配种母兔受胎率高。种公兔饲养管理的好坏可以对改良整个兔群品质起到很大作用,它直接关系到育种工作的成败。因此,在公兔的基因确定之后,做好种公兔的饲养管理至关重要。

1. 种公兔的选择 根据品种特征,选留个体大、性欲旺盛、外表雄壮、四肢稳健有力的公兔作种兔。皮用种兔除具备上述条件外,还要被毛平整稠密、戗毛少、个体大;毛用种兔除具备上述标准外,还要产毛量大。

有下列情况的公兔要及时淘汰:所配母兔产仔数少、生产能力低下,或产仔虽多,但仔兔发育不良、成活率低、品质不良。应将生产力高、品质好的留作种公兔。

2. 种公兔的饲养

(1) 注意营养的全面性和均衡性:种公兔日粮中各种营养物质都不能缺少,特别是蛋白质、维生素和矿物质尤为重要。实践证明,种公兔配种期如能加喂适量的豆饼、豆渣、苜蓿等富含蛋白质的饲料,以及加喂胡萝卜、大麦芽、青草等富含维生素的饲料,精液品质就可以提高。此外,种公兔饲养还应注意营养供给上的均衡性、长期性。在配种前 20 d 左右就要开始调整种公兔的日粮,加强营养。特别是在配种旺季,更要保证种公兔的营养水平。实践证明,配种旺季,每天如能加喂 1/4~1/2 个鸡蛋或 5 g 左右的鱼粉或牛奶、羊奶等,就能一定程度上提高精液品质。

(2) 饲料体积要小:培育一只好的种公兔,从小到大都不宜喂给体积大、水分过多、难消化的饲料,防止增加消化道负担,引起腹大下垂,配种困难。后备公兔如全部用秸秆或大量多汁饲料饲喂,不仅生长发育慢,成年后达不到种兔应有的发育标准,而且种用性能差,失去应有的种用价值。在实践中观察到,种公兔的食欲不如幼兔旺盛,也不如母兔旺盛。所以,在种公兔的饲料选择上要注意可消化性和适口性,不宜喂给过多的体积大的粗饲料。

(3) 玉米等高能量饲料喂量不宜过多:实践证明,种公兔日粮中能量水平过高,如采用育肥日粮,会使公兔过肥,造成其性欲减退,精液品质下降,将会影响配种效果。因此,种公兔要定期称重,根据体重变化来调整饲料配方,增加或减少能量饲料比例,使公兔保持种用膘度和旺盛的性欲。

3. 种公兔的管理

(1) 防止早配,及时分群:家兔一般 3~4 月龄性成熟,6~7 月龄体成熟,体成熟后才能配种。过早配种会影响优良种公兔的生长发育,缩短优良种公兔的利用年限,因此,满 3 月龄后就应将公、母兔分开,实行单笼饲养,防止早配或乱配现象,否则将严重影响种公兔生长发育而使其失去种用价值。

(2) 实行空间隔离:公兔笼应远离母兔笼,以避免受异性刺激,否则,公兔常会焦躁不安,影响性

Note

欲和配种效果。后备公兔和种公兔应分开,单笼饲养。因为公兔的群居性差,会相互咬斗。如几个公兔饲养在一起,会相互爬跨,咬斗后会致残致伤。

（3）使用要合理:公母兔比例,人工辅助交配时以 1∶10 左右为宜,如采用人工授精可以降低到(1∶150)～(1∶100)。青年公兔每天交配 1 次,成年公兔每天可交配 2 次,且应安排在上午、下午各 1 次,配种 2 d 休息 1 d。毛用种公兔的采毛时间应该间隔短一些,以提高精液质量,并要做到"五不配",即公兔食欲不振不配,身体有病不配,换毛期间不配,饲喂前后不配,天热没有降温设备不配。

（4）运动:适当的运动可以增进公兔食欲,提高其配种能力。因此,种公兔的笼舍应尽量大一些,以便于其运动,还应定期将公兔放入运动场让其运动,每周运动 3～5 次。长期缺乏运动的公兔,四肢软弱,体质差,配种效果不好。

（5）经常检查公兔的生殖器官:发现疾病,要立即停止配种,以防影响公兔健康或将疾病通过交配传染给母兔。如果是非传染性疾病,治愈后的公兔可继续使用,如果是传染病,应予以淘汰。长毛兔在参加配种时,应将被毛剪短,特别是阴部被毛,以保持兔体的清洁卫生。

（6）建立公兔档案,防止近亲交配,做到血统清楚:每次配种要做好详细记录,以便分析和测定公兔的配种能力和种用价值,为选种育种提供参考资料。

二、种母兔的饲养管理

种母兔是兔群的基础。养好种母兔是扩大兔群、提高生产能力的重要前提。由于种母兔在不同生理阶段存在很大的差异,所以应该根据其各生理阶段的特点进行不同的饲养管理。种母兔可以分为空怀、妊娠和哺乳三个阶段。

1. 后备母兔的选择　后备母兔要符合以下几点:在同一群体中生长发育良好,毛色光亮,体格匀称,两眼有神,四肢稳健,乳头有 4 对以上,阴部无炎症。母兔在 3 月龄就应与公兔分开饲养,以免乱配早孕,影响以后的生产能力。后备母兔一般应在 7 月龄、体重达到 3 kg 以上再安排配种。

2. 空怀母兔的饲养管理　空怀母兔是指性成熟后或仔兔断奶后,到再次配种受胎之前这段时间的母兔,也称休产期母兔。该期母兔的主要任务是恢复膘情,调整体况,为下次妊娠做准备。

（1）空怀母兔的饲养:母兔由于在妊娠、产仔、泌乳期间消耗大量营养,身体比较瘦弱,为了尽快恢复体质,再次发情、妊娠,需要补充多种营养物质以提高其健康水平。所以在这个时期,饲料应以青绿多汁饲料为主,适当搭配精饲料,青绿饲料与精饲料之比按 4∶1 左右搭配,使空怀母兔维持中等膘情,具备繁殖体况。养好空怀母兔的关键是"看膘喂料",即保持母兔有七八成膘,过肥则减少精饲料喂量,增加运动;过瘦则应在配种前半个月增加精饲料喂量,尽快恢复膘情。

（2）空怀母兔的管理。

①适宜的环境条件:光照要充分,保证光照时间在 16 h 以上。温度、湿度要合适,并要加强运动。

②刺激发情:对长期不发情的母兔,可用孕马血清促性腺激素（PMSG）催情,每只每次肌注 100 U（1 mL）,或肌注苯甲酸雌二醇 1 mL,一般 2～3 d 后即可发情。也可把母兔和公兔一起放入运动场或关在同一笼内,让公兔追逐以刺激母兔发情。

③确定空怀期长短:母兔空怀时间的长短视繁殖密度而定,若年产 4 胎,每胎空怀期为 10～15 d;年产 7 胎以上,就没有空怀期。在母兔体质过于瘦弱时应适当延长空怀期,减少配种胎次,并喂以青绿多汁饲料,补充适量精饲料,使其尽快恢复体况。

3. 妊娠母兔的饲养管理　妊娠母兔是指配种受胎后到分娩产仔这段时间的母兔。母兔妊娠期为 30～31 d,由于品种、产次和营养水平不同,缩短或延长 1～3 d 均属正常。这个时期饲养管理的好坏,将直接影响母兔的产活仔数、仔兔初生重及仔幼兔的成活率。这期间要根据母兔的生理特点和胎儿生长发育规律采取必要的饲养管理措施,提供全面营养,加强对母兔的护理,防止流产。此外,还要做好产前准备和产后护理等工作。

（1）妊娠母兔的饲养:整个妊娠期分为三个阶段,即胚期 12 d、胎前期 6 d、胎儿期 12 d,也有分两个阶段的,即妊娠前期和妊娠后期。妊娠前期指孕后前 18 d,包括胚期和胎前期,因前期胚胎增重速度很慢,需要的营养物质不多,饲养水平稍高于空怀母兔即可。妊娠后期即胎儿期,从妊娠第 19

天开始,胎儿增重加快,这一阶段增重量等于出生仔兔体重的70%~90%,所以妊娠后期的饲养水平要比空怀期高1~1.5倍。日粮中可以补充一些鱼粉、骨粉、豆浆等饲料,粗蛋白质应占日粮16%,同时补给矿物质和维生素。在妊娠后15 d,开始逐渐增加饲料喂量,但在临产前1~2 d,应根据母兔的体况和乳房充胀情况,适当调整精饲料供给量,以防产后乳汁分泌过快过多,导致母兔发生"乳结";或过迟过少,因仔兔吃不饱而被咬伤乳头诱发乳房炎。

妊娠母兔喂料量一般控制在每天140~180 g,若以青粗饲料为主,应补加精饲料,精饲料量应控制在每次100~120 g。母兔临产前2~3 d,由于胎儿增长,压迫胃肠,母兔食欲不振,采食量减少,有的母兔拒食精饲料,可给予适口性好、易消化、营养价值高的饲料(如优质青绿饲料)代替颗粒饲料。整个妊娠期的饲料不仅在数量上随胚胎的发育而逐渐增加,而且在质量上也要注意营养物质的全价性。

(2)妊娠母兔的管理:在管理上重点做好护理保胎工作,防止流产。母兔流产多发生在孕后第13天至第23天。引起流产的原因有机械性、疾病性和营养性三种。机械性流产多由惊吓、挤压、捕捉、摸胎方法不当等引起。疾病性流产多由巴氏杆菌病、沙门氏菌病及其他生殖器官病引起。营养性流产多由营养不全、喂量不足、突然改变饲料或喂给发霉变质的饲料等引起。

妊娠期,特别是孕后13~23 d是保胎的关键时期,在护理上应注意以下几点:采用摸胎法对母兔进行妊娠诊断时,时间应在配种后8~10 d进行,过早不能确诊,过晚影响补配,摸胎的手法要准确,动作要轻柔,不要挤捏,确定妊娠后,不要再触动母兔腹部;不无故捕捉妊娠母兔,单笼饲养妊娠母兔;保持环境安静卫生;饲料要清洁、卫生,营养价值全面,不要突然改变;发现疾病要及时治疗,毛用兔在妊娠后期应禁止采毛、梳毛。产前3~4 d准备好产仔箱,消毒干净后铺上干燥柔软的干草。产前1~2 d将产仔箱放入兔笼内。产房应由专人负责,注意冬季保温防寒,夏季防暑。产后母兔由于口渴要立即饮水,所以应及时放上红糖水,冬季要给母兔饮温水。

(3)做好产前准备工作:为了便于生产上的管理,有条件的兔场,为了防止母兔将仔兔产在产仔箱外或掉到粪尿沟里冻饿而死,可将妊娠已达25 d的母兔调整到同一兔舍内,产前安排专人值班,实施同期配种、同期产仔。分娩前要准备好饲料和饮用水,以备母兔分娩后食用。因为分娩后的母兔又渴又饿,如事先未准备好饮用水和饲料,母兔就会被迫蚕食仔兔。在产前要对兔笼和产仔箱进行消毒,消毒后的兔笼和产仔箱为防母兔乱抓或不安,应用清水冲洗干净,消除异味。消毒、晒干的产仔箱放入笼内后,为了让母兔熟悉环境,便于衔草、拉毛做窝,要放入干净、柔软的垫草。在检查初产母兔产前表现时,发现母兔不会拉毛和衔草筑窝的,应做好人工辅助工作,用柔软的毛、草做好产窝,夏季要防暑、防蚊,冬季室内要保温、防寒。

(4)做好产后护理工作:母兔分娩通常只需20~30 min,仔兔连同胎衣一并产出,母兔将脐带咬断,吃掉胎衣,舔净仔兔身上的羊水和血液后,仔兔即可吃奶,过程很短。对产前没有拉毛的母兔,可人工帮助拉毛。产仔箱要整理好,污染的垫草和死胎也要清除,并将仔兔用兔毛盖好。拉毛的作用有三个:第一,拉下的兔毛可以做暖窝,避免初生仔兔受冻死亡;第二,拉毛后可使母兔乳头充分暴露,有利于仔兔找到乳头吃奶;第三,拉毛可刺激乳腺分泌乳汁,使泌乳量增多。实践证明,母兔拉毛越多,泌乳量越多,母性也越好,否则泌乳量较少,母性也差。产后要注意预防仔兔的黄尿病和母兔乳房炎。

4. 哺乳母兔的饲养管理 哺乳母兔是指分娩后至仔兔断奶这一时期的母兔。哺乳期一般为28~45 d,商品兔断奶时间早于种用兔。一般商品兔30~40 d断奶,种用兔40~45 d断奶。做好哺乳母兔的饲养管理,一是为仔兔提供量多质好的奶水,保证仔兔的正常生长发育,使仔兔少得病,增重快,成活率高;二是保证母兔能维持良好的体况和繁殖力,以利于再次发情受孕。

(1)哺乳母兔的饲养:哺乳母兔每天的泌乳量为60~150 g,高产的为150~250 g。兔奶营养特别丰富,其蛋白质和脂肪的含量比牛奶、羊奶高3倍多,矿物质高2倍多(表21-1)。因此,哺乳母兔的饲养水平要高于空怀母兔和妊娠母兔。饲料质量较差或喂量不足会影响母兔的泌乳量和健康,从而导致仔兔生长发育不良,抗病力下降,甚至死亡。给哺乳母兔加料必须逐步进行。分娩后1~2 d,

母兔体质较弱,食欲和消化能力较差,可以不喂或少喂精饲料,以喂青绿多汁饲料为主;3 d后逐渐增加精饲料喂量;到 20 d 左右泌乳量达到最高峰,日产奶约 200 g,饲喂量也要相应增加。实际喂量多少,要根据哺乳母兔的消化泌乳情况及仔兔粪便情况加以合理调整,如母兔消化正常,产仔箱内很少有仔兔粪尿,而仔兔又能吃饱,说明喂量合理。如果母兔和仔兔都消化不良,粪便稀软,说明母兔喂料过多,仔兔吃奶过量,要及时减料。特别是母兔产后 1~2 周内不能加料太猛,否则母兔可能发生肠毒血症而突然死亡,5~6 日龄的仔兔也可能因肠毒血症而死亡。在哺乳期,营养水平要适宜,不能一味追求高水平。营养水平太高,产生乳汁过多,由于哺乳次数少,乳汁在乳房内胀满,极易发生乳房炎。

表 21-1　兔奶、牛奶、羊奶的营养成分比较表　　　　　　　　　　单位:%

奶　　别	蛋　白　质	脂　　肪	乳　　糖	矿　物　质
兔奶	10.4	12.2	1.8	2.0
牛奶	3.1	3.5	4.9	0.7
羊奶	3.1	3.5	4.6	0.8

(2)哺乳母兔的管理:平时将仔兔从母兔笼中取出,安置在适当的地方,由专人看管,哺乳时把仔兔送回母兔笼内,分娩初期每天哺乳 2 次,早晚各 1 次,每次 10~15 min,20 日龄后每天 1 次。每天清扫兔舍,清除粪便,兔笼应每周消毒 1 次,饲喂用具及水槽每次喂料和给水前均应刷洗干净,保持清洁卫生。

及时了解母兔泌乳情况,减少仔兔吊奶受冻的发生;增强母兔体质,避免母仔争食和仔兔干扰;哺乳母兔的乳房每隔 7~10 d 应清洗 1 次,防止仔兔通过吮乳时感染球虫卵囊,引起球虫病的发生。对母兔的乳房、乳头要经常检查,如发现硬块,乳头红肿,触之有热痛感即为乳房炎或隐性乳房炎,应及时治疗。经常注意观察兔笼、产仔箱内有无尖利物,如有要及时清除,防止刺伤母兔乳房造成葡萄球菌感染。

哺乳母兔正常产仔时一般是边产仔边喂奶,最迟在产后 1~2 h 内进行喂奶。如果产仔后 5~6 h 还不喂奶,就要分析原因,采取相应措施。首先,要检查母兔乳房是否有硬块,乳头是否有破伤及红肿,如因乳房炎而不喂奶,就要按乳房炎进行治疗。其次,如果母兔没有患乳房炎,而是由于母性不好,有奶不喂,这多见于初产母兔,就要强迫喂奶。方法是将母兔用手按住,让仔兔找到奶头吃奶,每天练 1~2 次,经 3~5 d,母兔就会自动喂奶。再次,如果母兔的确是无奶,这时一方面要对仔兔采取寄养或人工喂奶方式,另一方面要对母兔进行催奶。催奶方法:喂催奶片,每天 2 次,每次 1 片,连续喂 3~5 d;多喂青绿多汁饲料,喂鲜蒲公英、车前草等中草药更有效;也可适当喂些牛奶、羊奶、豆浆、豆腐渣及蚯蚓粉等含蛋白质丰富的饲料。鲜蚯蚓要用开水泡至发白后,切碎拌上红糖喂给,每天 2 次,每次 1~2 条;干蚯蚓可研磨成粉拌入饲料中。

当母兔产前不拉毛时,应赶快进行人工拔毛,以刺激母兔泌乳,增加奶量,为新生仔兔创造舒适的环境,不致使新生仔兔受寒受冻和饥饿。

单元三　仔兔饲养管理

单元目标

知识目标:掌握仔兔的概念及仔兔饲养管理要点。
技能目标:能进行仔兔的饲养管理。
思政目标:培养学习者爱岗敬业的精神,及适合相应岗位的职业素养和职业能力。

案例导学

案例导学

仔兔舍示例。

课前思考

什么是仔兔？如何饲养仔兔？

从出生到断奶这一时期的小兔称仔兔。这段时期是仔兔由胎生期转至独立生活的一个过渡阶段。仔兔出生后，生存环境条件发生了急剧变化，新生仔兔生长发育速度快，但对环境适应能力差，因此，对仔兔的饲养管理要非常精细，才能保证仔兔的正常发育，减少死亡只数，提高成活率。

根据生长发育特点，仔兔这一时期可分为两个阶段：①睡眠期：仔兔从出生到 12 日龄左右。刚出生的仔兔，眼睛紧闭，耳孔闭塞，体表无毛，如果护理不当，很容易死亡。②开眼期：仔兔出生后 12 d 左右(8～14 d)眼睛开始睁开，眼睛开始睁开之后的时期称为开眼期。此期是养好仔兔的第二个关键时期。仔兔的饲养管理主要包括以下几个方面。

一、早吃奶，吃足奶

仔兔生下头 20 d 内全靠吃奶度日，特别是母兔产后 1～3 d 内分泌的初乳，不仅含有较多的蛋白质、维生素、矿物质，而且含有免疫球蛋白，能增强仔兔的抗病力，且具有轻泻性，有利于仔兔排尽胎粪。在母兔产后 6 h 之内应检查仔兔是否吃到初乳，凡吃足初乳的仔兔，腹部圆鼓，胃部呈乳白色(透过腹部可看到胃内乳汁)，安睡不动。凡吃奶不足者，则腹瘪胃空，到处乱爬，吱吱乱叫。发现仔兔吃不上或吃不饱奶，要检查原因，设法解决。一般解决方法如下。

1. 寄养 如果母兔产仔过多，或患乳房炎等，仔兔可采取寄养方式。与"保姆"兔产仔时间先后不超过 3 d 时容易寄养成功，这时只要在被养仔兔的身上涂一些"保姆"兔的奶即可，也可在"保姆"兔鼻端涂点清凉油或大蒜汁。为了便于寄养，应对母兔群实行同期配种，同期产仔，这具有重要的经济意义。

2. 分批哺乳 母兔产仔多，且没有合适的"保姆"兔时，可将仔兔分成两批进行哺乳，早晨给体小的仔兔喂奶，傍晚给体大的仔兔喂奶。这种方法只要加强母兔营养供应，并及早给仔兔开食补饲是可行的。

3. 人工喂奶 将牛奶等加热至 37 ℃左右，倒入眼药瓶内，接上自行车气门嘴上用的一段"鸡肠子"(细胶管)即可喂奶。由于兔奶的蛋白质、脂肪含量比牛奶、羊奶要高，所以最好在鲜牛奶中加入新鲜卵黄。

4. 弃仔 在不得已的情况下，可以将那些瘦小体弱的仔兔扔弃，以保证少量体质好的仔兔生长发育。特别是准备留作种用的仔兔，更要留少留好，保证留作种用的后备仔兔健壮。

二、做好开食补料工作

仔兔出生 12 d 左右开眼后追着母兔吃奶，生长加快，而此时母兔泌乳量却日渐减少，为了解决这一矛盾，避免仔兔营养不足的情况发生，应及时补饲。开食补饲时间一般从 16～18 d 开始。过早仔兔会因肠胃功能尚未健全，而发生消化道疾病。补饲开始时可用少量的嫩青草、野菜诱食，23 d 左右可逐渐混入少量粉料，补饲量要由少到多，少量多次，每天喂 5～6 次。

三、防酷暑，防鼠害，冬季防寒

夏季防暑和冬季保温是保证仔兔成活率的关键之一。因为初生仔兔体表无毛，生后 4～5 d 才开始长出细毛，其体温随外界环境温度变化而发生变化，自身对体温的调节功能很差，特别是寒冷季节，仔兔很容易被冻死。所以，母兔产仔时要保持产仔箱内温度达到 20～25 ℃，产仔箱用隔热材料制作，底部垫一层隔热保温材料(如泡沫塑料)，箱内垫些保温性能好、吸湿性强的材料和垫草，如柔软的麦秸或稻草、干净的禽毛、碎刨花等，上面用垫草和兔毛盖好。产仔箱内装盖兔毛的多少要根据

Note

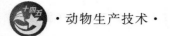

气温的变化进行灵活调整,冬季天冷要多盖,夏季可少盖或不盖。

鼠害和吊奶是仔兔非正常死亡的常见原因。鼠害也是一些兔场初生仔兔伤亡的主要原因,初生仔兔全身无毛,老鼠最爱吃,所以要重视防鼠工作,除要灭鼠外,还要在夜间对产仔箱进行集中管理,防止老鼠危害。吊奶是仔兔正吃奶时母兔跳出产箱,将仔兔带出产箱外,此时如不及时将仔兔送回产箱,很容易被冻死。造成吊奶的原因如下:①母兔在喂奶时受到惊吓;②母兔乳汁少,小兔咬住乳头不放;③母兔乳房有炎症。应针对原因加以预防。

四、搞好卫生,预防疾病

每天要检查产仔箱,发现产仔箱潮湿或母兔在箱内排粪,要及时清除,以免仔兔误食母兔粪便感染球虫病。晴天时,产仔箱要多晒太阳,以起到消毒杀菌作用。仔兔开食后粪、尿增多,更要保持产仔箱内的清洁。

仔兔在吃奶期常发生大肠杆菌病和黄尿病。大肠杆菌病主要是由于笼舍和产仔箱卫生不良,母兔乳头沾染上致病性大肠杆菌,哺乳时致病性大肠杆菌被仔兔吃到胃肠内,由于仔兔抗病力弱,故易发病死亡。所以搞好产仔箱卫生是预防仔兔大肠杆菌病的重要措施。仔兔黄尿病是由仔兔吸吮患乳房炎母兔的乳汁引起的,死亡率很高,预防该病主要措施是母仔隔离,做好母兔乳房炎的防治。

五、提倡母仔分开养

实践证明,母仔分开养,好处很多,主要如下:①便于人工控制温度,做到冬暖夏凉;②可以防鼠害、防兽害;③能防止母兔无故伤害仔兔;④可避免仔兔误吃母兔粪便,减少球虫病的发生。

母仔分养的做法:仔兔出生后就和母兔分开,每天定时给仔兔喂奶1~2次。可从出生到仔兔12日龄,拿仔留母,把仔兔养在室温10~15 ℃的安全室内,12日龄到断奶期间还可留仔,每天定时将母兔放回仔兔舍内哺乳。仔兔窝数多时,要防止仔兔产仔箱号与其母兔号搞错,接触仔兔时严禁特殊气味污染仔兔。母兔自然哺乳的时间和次数,第一次给仔兔哺乳多在产后1 h内,以后每天哺乳1~2次。多数母兔1天哺乳1次,时间多在清晨;如哺乳2次,则1次在清晨,1次在傍晚。每次哺乳时间为2~5 min。不管是母仔分养还是人工喂奶,都要遵循母兔自然哺乳的规律。

六、适时断奶

仔兔断奶时间的早晚,应根据饲养水平、繁殖制度、仔兔发育情况以及兔的品种、用途等情况而定。目前国内外发展趋势是进行早期断奶。一般为20~42 d,如英国为21~24 d,法国为20~28 d,德国为25 d,我国根据目前农村的饲养水平,一般为40 d左右。种兔、长毛兔、獭兔一般宜在35~40日龄断奶;肉用商品兔则视母兔的泌乳情况、繁殖季节可采用28~30日龄断奶。断奶过早会影响仔兔的发育,进而导致仔兔生长缓慢,成活率下降;断奶太迟,影响母兔的终身繁殖仔数。

仔兔断奶有两种方法:一种是一次性断奶,即一次将母仔分开,再不接触,适用于仔兔发育均匀的情况;另一种是当仔兔发育大小不均时,进行分批断奶,即先将体质强的分开,体质弱者继续哺乳,经数日后,视情况再行断奶。离乳母兔在断奶后2~3 d,只喂青绿饲料,停喂精饲料,使其停奶。

单元四　幼兔和青年兔饲养管理

单元目标

知识目标:掌握幼兔和青年兔的饲养管理要点。
技能目标:能进行幼兔和青年兔的饲养管理。
思政目标:培养学习者吃苦耐劳的精神和团队协作的能力。

306

案例导学

案例导学

幼兔和青年兔舍示例。

课前思考

什么是幼兔和青年兔？如何饲养幼兔和青年兔？

一、幼兔的饲养管理

从断奶到 3 月龄的小兔称为幼兔。幼兔是家兔生长发育的旺盛期,但其消化能力不强,抗病力弱,若饲养管理不当,不仅会降低生长速度和成活率,而且会影响兔群品质和良种特性的表现,所以这个阶段必须认真做好饲养管理工作。

实践证明,幼兔阶段是死亡率最高、较难养好的时期,这与幼兔的生理特点有关。第一,幼兔处在生长发育的高峰期,同时处在第一次年龄性换毛期。因此,幼兔对营养物质有着迫切的需求,经常可以看到幼兔贪吃。但是,幼兔的消化系统功能还不完善,消化力差,往往会因贪吃引起腹泻,一旦出现消化系统疾病,其肠壁通透性会增大,一些大分子有害物质会通过肠壁进入血液循环,所以幼兔患病后常表现得十分严重,死亡率很高。第二,断奶后的幼兔得不到母乳中一种抗微生物的乳因子,这种乳因子是由母乳中的一种基质同仔兔胃内的酶发生反应产生的。第三,断奶幼兔胃内胃酸的浓度达不到成年兔的胃酸浓度,故幼兔特别容易感染球虫病。第四,幼兔神经调节功能不健全,对环境的适应能力差,胆子小。一旦受到惊吓,造成全场惊群,全舍幼兔狂奔乱撞,影响采食、消化及排泄,阻碍生长,严重时诱发疾病。第五,从仔兔到幼兔,环境发生很大的变化(如断奶、饲料改变),打耳号、笼舍改变、疫苗改变、药物预防等应激因素,会导致幼兔抗病力下降,易感染多种传染病,最严重的是球虫病、大肠杆菌病、巴氏杆菌病及兔瘟。防疫工作一旦疏忽,易暴发传染病,则造成严重损失,甚至全群覆没。因此养好幼兔的关键是加强饲养管理,做好防病工作。

1. 断奶前后饲料、环境、管理三不变 能否顺利断奶,安全度过过渡期,是提高幼兔成活率的基础。由于刚断奶的幼兔适应环境能力很差,所以断奶后要尽量做到断奶前的饲料、环境、管理三不变。变化必须逐步进行,使幼兔能够逐渐适应。

2. 实行分群饲养 断奶后的幼兔应按年龄与体重大小不同,实行分群饲养。一般笼养时每笼 4～5 只,群养时每群 10 只左右。群养时最好设运动场,让幼兔自由出入活动,增强体质。

3. 合理搭配饲料 高能量饲料要限喂,50％以上的死亡幼兔是由消化系统异常所致。实验证明,幼兔的死亡与饲料中大量喂给玉米等高能量饲料有关,因此减少玉米等高能量饲料的喂量,增加苜蓿等高纤维饲料的喂量,对防治幼兔肠炎有良好的作用。美国养兔研究中心推荐的低肠炎饲料配方如下:小麦粉 20％,豆饼粉 21％,苜蓿粉 54％,废糖蜜(制糖业加工副产品)3％,动物脂肪 1.25％,磷酸钙 0.25％,食盐 0.5％。这个配方中加入废糖蜜和动物脂肪,目的在于增加非淀粉的热能含量,以满足幼兔快速生长对能量的需要。含水分多的青绿饲料,特别是菜叶等要限喂,发酵酸败的饲料要禁喂。

4. 幼兔日粮中可拌入适量牛奶、羊奶 在养兔实践中都有这样的体会,给断奶后的幼兔,特别是体弱或准备留作种用的幼兔,在日粮中拌入适量的牛奶、羊奶或奶粉后效果很好,可提高其成活率。其原因是奶类能使幼兔消化道更快地形成微生物群系,适应断奶后的新条件,而且奶类含有丰富的易消化吸收的蛋白质等营养物质。

5. 喂法上要定时限量,少量多餐,还要保证幼兔充足、清洁的饮水供给 幼兔有贪吃的习性,因此必须定时限量,尤其是幼兔爱吃的饲料,如青绿多汁饲料等,一次不能喂得过多,以防伤食和拉稀。每天固定饲喂时间,喂量多少要根据上一次喂食后是否剩料或不足以及幼兔粪便的软硬、消化的好坏进行增减。幼兔生长快,食量大,必须保证充足的饮水,以保证机体物质代谢正常进行,促进幼兔生

Note

长。一般情况下冬季每天换水 1 次,其他季节每天换水 2 次。气温高时应做到清水不断,饮水常换。

6. 加强运动,增强体质,注意防止寒流等气候突变给幼兔造成伤害　幼兔爱活动,处于肌肉和骨骼增长的旺盛阶段。每天放其在户外运动 3～4 h,多晒太阳,以促进消化,增进食欲,促进钙、磷吸收,增强体质。但同时幼兔比较娇气,对环境变化很敏感,特别是寒流等气候突变,更要做好预防工作。幼兔胆子特别小,易受惊,受惊吓后就会异常紧张,呼吸加快,严重时会导致消化不良,发育受阻。因此,在管理中要切实把好环境关。

7. 做好卫生防疫工作　幼兔阶段易感染多种传染病,做好防疫工作至关重要。首先,要做好笼舍的清洁工作,注意消毒,以减少疾病的发生;其次要根据季节特点做好疾病的预防,如春秋季预防口腔炎、肺炎及感冒,夏季尤其是雨季重点预防球虫病,可在饲料中经常添加氯苯胍、磺胺类、痢特灵等防球虫病的药物。饲料中经常加入洋葱、大蒜等药用植物,对防病促生长都有作用。制订完善的免疫程序,按时接种疫苗。除了注射兔瘟疫苗外,还要根据实际情况注射巴氏杆菌、魏氏梭菌及波氏杆菌疫苗等,确保兔群安全。

二、青年兔的饲养管理

从 3 月龄到初配这一时期的兔称青年兔,或称育成兔,打算留作种用的又称后备兔。青年獭兔、肉兔准备出售,所以也称商品兔。这个阶段的家兔,各种疫苗免疫已经结束,产生了很强的免疫力;生长发育快,采食量增加,很少发病,相对比较好养。

1. 青年兔的饲养　日粮以青粗饲料为主,精饲料为辅。青年兔的消化器官已得到充分锻炼,采食量加大,体内代谢旺盛,生长发育快,尤其是骨骼和肌肉。因此,青年兔日粮要以青粗饲料为主,精饲料为辅,要注意营养的全价性,蛋白质、矿物质和维生素都不能缺少。对计划留作种用的后备兔,要适当限制能量饲料,防止过肥,并要注意饲料体积不宜过大,以免撑大肚腹,失去种用价值。

2. 青年兔的管理　青年兔的管理重点是适时分群上笼。满 3 月龄的青年兔已开始性成熟,为防止早配、乱配,公、母兔必须分开饲养。4 月龄以上的公兔,准备留作种用的要单笼饲养,以免互相爬跨,影响生长发育;长毛兔也要实行单笼饲养,以防污染被毛,降低产品品质;凡不适合留作种用的公兔,要及时去势,转为育肥兔。此外,还应加强后备兔的运动,以增强体质,促进其骨骼和肌肉的充分发育。据报道,后备兔运动充足比得不到运动的兔增重要高 5%～10%。因此,在设计兔舍时,后备兔的兔笼应宽大一些或设置运动场,扩大运动面积,以加大运动量,促进青年兔的健康快速生长。

情境小结

　　家兔饲养管理包括家兔营养需要、种兔饲养管理、仔兔饲养管理、幼兔和青年兔饲养管理四个部分。饲养管理的好坏,对家兔产品的产量、质量以及种兔的繁殖力有很大的影响。科学的饲养管理,要根据家兔本身生长发育的规律及品种、性别、年龄、生理状态等的不同特点和要求,采取相应的饲养管理技术。

知识链接 21

知识链接

家兔的饲养标准;肉兔营养需要量;兔场环境控制。

知识拓展 21

知识拓展

家兔免疫及药物预防;家兔人工授精技术。

Note

自测训练

一、选择题

1. 采用摸胎法对家兔进行妊娠诊断可在配种后( )d进行。

A. 4   B. 6   C. 9   D. 15

2. 关于仔兔的叙述不正确的是( )。

A. 出生到12日龄为睡眠期   B. 生后8~10 d长出细毛

C. 生产中常出现吊奶现象   D. 16~18日龄开始补饲

3. 青年兔是指( )期间的兔。

A. 从断奶至90日龄   B. 从断奶至60日龄

C. 从断奶至初配   D. 从3月龄到初配

4. 家兔日粮中粗纤维的适宜比例为( )。

A. 3%~5%   B. 6%~8%   C. 9%~11%   D. 12%~16%

二、填空题

1. 根据仔兔的生长发育特点,仔兔可分为_____期和_____期。

2. 仔兔的断奶方法有两种,分别是_____和_____。

3. 采用摸胎法对家兔进行妊娠诊断应在配种后_____ d进行,动作要_____、_____,以防家兔流产。

4. 家兔消化道内的微生物可以合成_____和_____,所以组织生产的时候可以不考虑它们的缺乏问题。

Note

[1]　陈润生.猪生产学[M].北京:中国农业出版社,1995.

[2]　李和国,彭少忠.猪生产[M].2版.北京:中国农业出版社,2009.

[3]　李立山.猪生产[M].北京:中国农业出版社,2011.

[4]　李立山,张周.养猪与猪病防治[M].北京:中国农业出版社,2006.

[5]　李宝林.猪生产[M].北京:中国农业出版社,2001.

[6]　朱淑斌,潘琦.养猪与猪病防治[M].北京:中国农业出版社,2012.

[7]　刘小明,谢大识,谭德展.猪生产与疾病防治[M].咸阳:西北农林科技大学出版社,2019.

[8]　张登辉,冯会中.畜禽生产[M].3版.北京:中国农业出版社,2015.

[9]　李和国,马进勇.畜禽生产技术[M].北京:中国农业出版社,2016.

[10]　郑万来,徐英.养禽生产技术[M].北京:中国农业出版社,2014.

[11]　席克奇.禽类生产[M].北京:中国农业出版社,2009.

[12]　张玲.养禽与禽病防治[M].北京:中国农业出版社,2019.

[13]　尤明珍,张玲.禽的生产与经营[M].2版.北京:高等教育出版社,2010.

[14]　周新民,蔡长霞.家禽生产[M].北京:中国农业大学出版社,2011.

[15]　赵有璋.中国养羊学[M].北京:中国农业出版社,2013.

[16]　岳炳辉,闫红军.养羊与羊病防治[M].北京:中国农业大学出版社,2011.

[17]　计成.动物营养学[M].北京:高等教育出版社,2008.

[18]　范颖,宋连喜.羊生产[M].北京:中国农业大学出版社,2008.

[19]　程凌.养羊与羊病防治[M].北京:中国农业大学出版社,2006.

[20]　赵有璋.现代中国养羊[M].北京:金盾出版社,2005.

[21]　孟和.羊的生产与经营[M].北京:中国农业出版社,2001.

[22]　倪可德.农畜矿物质营养[M].上海:上海科学技术文献出版社,1995.

[23]　闫红军.养羊与羊病防治[M].2版.北京:中国农业大学出版社,2015.

[24]　张恒业,张桂云.家兔标准化生产[M].郑州:河南科学技术出版社,2012.

[25]　陈宁宁,杨芹芹.肉兔标准化生产技术[M].石家庄:河北科学技术出版社,2014.

[26]　吴信生.肉兔健康高效养殖[M].北京:金盾出版社,2009.

[27]　陈树林,孙志宏.家兔养殖新技术[M].咸阳:西北农林科技大学出版社,2005.

[28]　潘雨来.家兔高效规模养殖技术[M].南京:河海大学出版社,2006.

[29]　卢德勋.系统动物营养学导论[M].北京:中国农业出版社,2004.

[30]　昝林森.牛生产学[M].3版.北京:中国农业出版社,2017.

[31]　何英俊,李润元.草食家畜生产[M].北京:科学出版社,2012.

[32]　昝林森.牛生产学实习指导[M].北京:中国农业出版社,2018.

[33]　内蒙古蒙牛乳业(集团)股份有限公司等.奶牛场标准化操作规程:活页版[M].北京:中国农业出版社,2016.

［34］　朱士恩.家畜繁殖学［M］.5 版.北京：中国农业出版社,2011.

［35］　邱怀.牛生产学［M］.北京：中国农业出版社,1995.

［36］　邱怀.现代乳牛学［M］.北京：中国农业出版社,2002.

［37］　冯仰廉,陆治年.奶牛营养需要和饲料成分［M］.3 版.北京：中国农业出版社,2007.

［38］　冯仰廉.肉牛营养需要和饲养标准［M］.北京：中国农业大学出版社,2000.

［39］　冯仰廉.反刍动物营养学［M］.北京：学科出版社,2004.

［40］　莫放.养牛生产学［M］.北京：中国农业出版社,2003.

［41］　王锋,杨瑛.无公害牛奶生产技术［M］.昆明：云南科技出版社,2002.

［42］　王锋.肉牛绿色养殖新技术［M］.北京：中国农业出版社,2003.

［43］　张忠诚.家畜繁殖学［M］.3 版,北京：中国农业出版社,2000.